Philip und Phylis Morrison
Das Geheimnis
unserer Wahrnehmung

Philip und Phylis Morrison

DAS GEHEIMNIS UNSERER WAHRNEHMUNG

Warum wir wissen, was wir wissen

Droemer Knaur

Für Galilei, der uns eine neue Welt eröffnete

Übersetzung aus dem Amerikanischen: Cornelia Hermanns
Redaktion: Wolfram Strölc

Veröffentlicht mit der Genehmigung von Random House, Inc., New York

Titel der amerikanischen Ausgabe: »The Ring of Truth«

Umschlaggestaltung: Claus-J. Grube Design, München
Umschlagfoto: Brown Lionel / The Image Bank
Satz: Compusatz GmbH, München
Druck und Bindung: Neue Stalling GmbH & Co KG, Oldenburg
Printed in Germany
ISBN 3-426-26397-1
5 4 3 2 1

Inhaltsverzeichnis

Das Picknick auf dem Spielfeld, das nie stattfand. Die Picknickszene wurde in einem Studio auf Video aufgezeichnet, dessen Fußboden und Wände grün gestrichen waren; das Entscheidungsspiel wurde ganz normal in Houston auf Video aufgenommen. In einem Regieraum wurden die beiden Bilder zusammengemischt. Das Grün wurde elektronisch aus dem Bild mit dem Picknick herausgezogen, der Umriß des Picknickmotivs als schwarze Silhouette in die Baseballszene projiziert. Anschließend wurden beide Bilder verbunden. Die Abbildungen zeigen stellvertretend an einem Bild, was für alle Bilder des Films in gleicher Weise durchgeführt werden mußte.

1
SEHEN

Zur Einführung

Der vorliegende Text und seine Bilder sollen eine allgemeinverständliche, dabei einigermaßen gründliche Einführung in Teilbereiche der Naturwissenschaft geben. Ausgangspunkt ist die Frage: »Woher wissen wir das?« Der prinzipielle Skeptiker mag so fragen, doch kann sich hinter dieser Frage auch ein tieferes Interesse an der so schweren wie reizvollen Aufgabe verbergen, neue Wissensgebiete kennenzulernen und kritisch zu beurteilen.

Ich bin theoretischer Physiker und befasse mich seit meiner Studentenzeit vor nun schon fünfzig Jahren mit Physik. Hin und wieder habe ich mich im Lauf der Jahre auch ein wenig mit der praktischen Seite des Fachs beschäftigt, vor allem mit der damals in den Anfängen stehenden, verhängnisvollen Kerntechnik, die im Zweiten Weltkrieg entwickelt wurde. Die moderne Astronomie, die vor dreißig Jahren ihren Anfang nahm, fesselte mich wie viele andere Physiker besonders. Durch meine Lehrtätigkeit, bei der ich Schüler und Studenten aller Altersstufen unterrichtete, konnte ich immer wieder aufs neue fasziniert beobachten, wie unterschiedlich Menschen sich mit den Problemen und Aufgaben einer Wissenschaft auseinandersetzen, denen sie zum erstenmal begegnen.

Ich habe im folgenden nicht vor, nur wissenschaftliche Autoritäten zu Wort kommen zu lassen und ihre großartigen Entdeckungen vorzustellen. So verschafft man sich keinen wirklichen Einblick in die Wissenschaft. Wir wollen uns vielmehr einige der Beobachtungen ansehen, die zu bestimmten, meiner Meinung nach richtigen Ergebnissen geführt haben, und dann untersuchen, wie man zu diesen Ergebnissen gekommen ist. Dann mag der Leser entscheiden, ob ihn das, was er vor sich hat, überzeugt oder nicht. Einzig auf diese anschauliche Weise, mit dem Beweismaterial vor Augen, lassen sich neue Ergebnisse, Theorien und Erfindungen begreifen, ohne daß man dabei nur deren faszinierende Namen lernt – und sich davon verwirren läßt. Die Erfahrung mit der Wissenschaft kann außerordentlich vielfältig sein: so alltäglich wie eine Brille oder der heiße Backofen in der Küche, so überraschend wie die enormen Mahlzeiten der Radrennfahrer, so schön wie das kunstvoll bearbeitete Gold antiker Handwerker und so neu wie ein Video-Regenbogen, der die Bewegung einer fernen Milchstraße zeigt. Wir werden jede dieser Erfahrungen auf ihre Bedeutung befragen und daraus wichtige Schlußfolgerungen und natürlich auch Fragen der heutigen Naturwissenschaft ableiten.

Sobald ein Wort gedruckt ist, klafft eine zeitliche Lücke zwischen Verfasser und Leser. Jeder hat diese Erfahrung schon gemacht. Der Leser eines Buches ist nicht gezwungen, der Gliederung des Autors zu folgen (anders der Hörer einer Rede, der allerdings die Möglichkeit hat nachzufragen). Wörter auf stummem Papier haben nicht annähernd die »realistische« Wirkung der bewegten Bilder des Bildschirms. Was Film und Fernsehen zeigen, sieht wie die wirkliche Folge von Ursache und Wirkung aus, und dieser Eindruck wird durch das optische Umfeld um das im Mittelpunkt stehende Geschehen noch verstärkt. Diese Totalität erweckt den Eindruck von Glaubwürdigkeit, auch wenn (was meist der Fall ist) das Geschehen durch Methoden manipuliert worden ist, die von der verengten Perspektive der einäugigen Kamera bis zur komplett zusammengeschnittenen optischen Aufbereitung einer konstruierten Erzählung reichen. Natürlich hat auch das Wort als Beweismittel ähnliche Grenzen, aber bei ihm entfällt die optische Manipulation; das Wort ist weiter vom

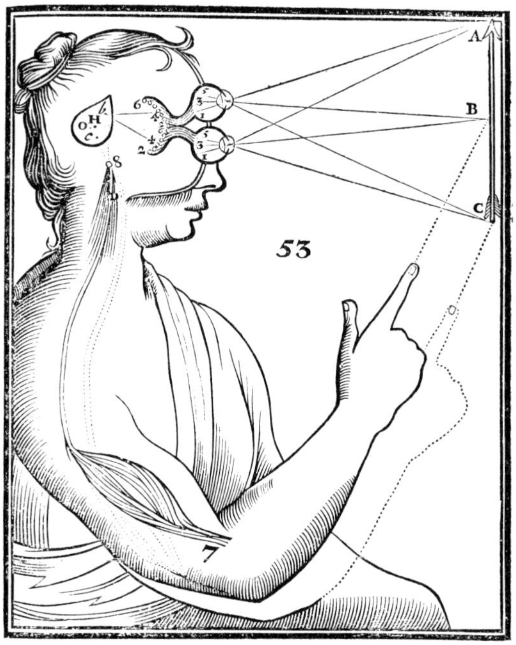

Descartes äußert sich über den komplizierten Aufbau des Sinnesorgans Auge in einem seiner frühen Essays aus dem siebzehnten Jahrhundert. Die Sinnesorgane erscheinen bei ihm bereits als in den Menschen eingebaute »Instrumente«.

Fluß der direkten sinnlichen Erfahrung des Sehens und Hörens entfernt. Jeder Leser muß aktiver sein als der Zuschauer, er muß das Geschehen selber mitgestalten, und ebendiese Aktivität scheint mir für den Erwerb von Wissen wesentlich. Der Leser muß selbst entscheiden, ob das hier in Wort und Bild vorgelegte Material zur Erhellung des Geheimnisses unserer Wahrnehmung beitragen kann.

Die heutige Dominanz von Film und Fernsehen gründet auf dem Fluß der aneinandergestückelten Zeit: In Sportsendungen wird das bei Wiederholungen in Zeitlupe deutlich; darüber hinaus spielt es bei einem Großteil aller Fernsehsendungen eine Rolle, selbst dort, wo es überhaupt nicht auffällt, wie bei den Spätnachrichten. Mit den allmächtigen Kommunikationsmitteln Film und Fernsehen können Ursache und Wirkung mißachtet oder sogar umgekehrt werden. Ist das Gesetz der Kausalität erst einmal aufgebrochen und der unaufhaltsame Fluß der Zeit angehalten, kann der Filmemacher mit Leichtigkeit verschiedene Schauplätze zu einem einzigen Bild montieren; wir sehen uns dann plötzlich bei einem friedlichen Picknick, auf dem Bildschirm von Baseballspielern umringt, die einen hitzigen Kampf um die Meisterschaft ausfechten, bei dem wir überhaupt nicht anwesend waren.

So offensichtliche Täuschungen, wie sie geschickte Cutter von Filmen und Videos zustande bringen, ob sie nun bewußt irreführen oder einfach unterhalten wollen, kümmern den Wissenschaftler wenig. Der Käufer eines Gebrauchtwagens muß fürchten, hinters Licht geführt zu werden. Ich will das Vertrauen in die Redlichkeit eines Geschäftspartners nicht geringschätzen, aber echtes Vertrauen schließt stets die *Möglichkeit* der Überprüfung ein. Eine Behauptung, die Vertrauen verdient, wird dieser Forderung fast immer auf die eine oder andere Weise entsprechen. Das eigentliche Anliegen der Wissenschaftler hat dagegen mehr mit Selbsttäuschung zu tun. Herauszufinden, wie die Welt um uns aufgebaut ist, ist eine sehr schwierige Aufgabe. Forscher, selbst ganze Forschergenerationen, können irren. Und darum müssen wir uns auch das Beweismaterial samt der ihm zugrunde liegenden Beobachtungen und der Schlußfolgerungen ansehen und nicht nur das aus dem Zusammenhang gerissene Ergebnis.

Wie wir sehen

In diesem einführenden Kapitel wollen wir versuchen, einmal ausführlicher der Frage nachzugehen, wie wir die Welt um uns wahrnehmen. Hier könnte man daran denken, zwei Arten des Sehens zu unterscheiden, einmal unsere »alltäglichen« Sehgewohnheiten und dann jenes andere Sehen, den spezialisierten, genauen Blick des Wissenschaftlers.

Allerdings soll zwischen diesen beiden Arten des Sehens im weiteren nicht unterschieden werden. Meiner Meinung nach entsprechen die beiden Sehweisen sich

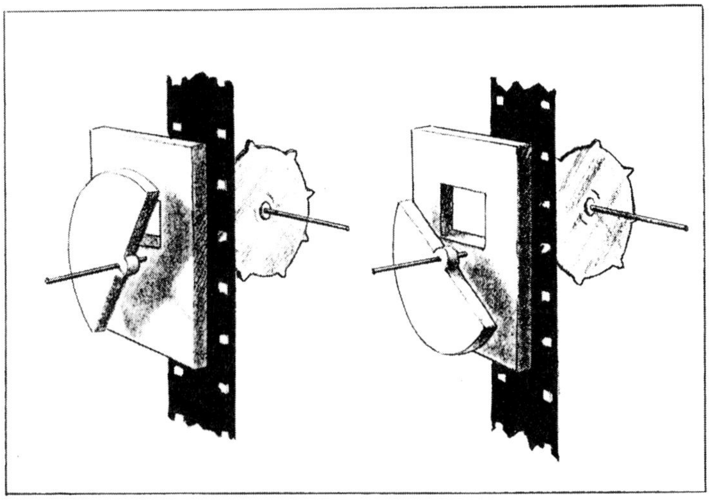

Der halbkreisförmige Verschluß einer Filmkamera ist ungefähr die Hälfte der Zeit geschlossen. In dieser Phase wird der Film weitertransportiert. Sobald der Film den Transport ausgeführt hat, öffnet sich der Verschluß für die nächste Einstellung. Eine ähnlich ruckartige Bewegung des Films ist später bei seiner Vorführung erforderlich. Durch den geschickten Einsatz von Filtern und Farblinsen und entsprechende Verschlußöffnungen wäre es möglich, Zuschauern, die im selben Raum nebeneinandersitzen, auf derselben Leinwand zwei völlig verschiedene Filme vorzuführen.

über weite Strecken ziemlich genau. Die erste Gemeinsamkeit ist, daß beide für ihre Tätigkeit auf Instrumente angewiesen sind. Beim alltäglichen Sehen wird das menschliche Auge benutzt, das lediglich ein dem Menschen eingebautes Instrument ist. Das wissenschaftliche Sehen verwendet eine Vielzahl wissenschaftlicher Instrumente, angefangen vom heute vertrauten Fernrohr bis hin zu verschiedensten elektronischen Sensoren, und täglich werden neue erfunden. Ein Blick auf die Arbeitsweise der Sehinstrumente – der natürlichen wie der künstlichen – und auf ihre Leistungsfähigkeit und ihre Grenzen läßt uns vieles besser verstehen, angefangen von der Frage, wie wir die Ereignisse des täglichen Lebens wahrnehmen, bis hin zum Eindruck, den das Laboratorium der methodischen Wissenschaft uns vermittelt.

Unser Wissen wird überwiegend durch die innere Natur der Instrumente selbst determiniert. Vorsätzliche Täuschungen wie das Picknick auf dem Sportplatz, die ein Ereignis vorspiegeln, das sich nie ereignet hat, sind demgegenüber weniger wichtig.

Jeder wird bestätigen, daß er Sonnenlicht durch das geschlossene Augenlid lediglich als rötlichen Schimmer wahrnimmt. Alle paar Sekunden schließen wir beim Lidschlag die Augen. Die Zeit, die wir mit geschlossenen Augen verbringen, beträgt bis zu fünf Prozent der wachen Zeit. Wir ignorieren diesen Verlust völlig und empfinden den Sehfluß trotzdem als kontinuierlich.

Erstaunlicherweise blendet die Filmkamera, ein Produkt der Technik des 20. Jahrhunderts, aus dem Geschehen, das mit ihr gefilmt wird, weit mehr aus als das menschliche Auge. Die Bilder eines Films machen nur einen Bruchteil dessen aus, was sich vor der Linse abspielt, denn das einfallende Licht wird durch den lichtundurchlässigen Metallverschluß so häufig unterbrochen, daß der Kamera zwangsläufig ein Drittel, oft sogar die Hälfte des Geschehens entgeht. Und doch fügen wir dieses Stückwerk mit Auge und Gehirn zu einem dahinströmenden, ununterbrochenen Fluß bewegter Bilder zusammen, ohne daß wir uns dabei bewußt anstrengen müßten. Der »Lidschlag« der Kamera

stört dabei sogar noch weniger als der Lidschlag des Auges.

Das soll andeuten, wie ähnlich die beiden Instrumente sich sind, jenes aus Metall und Glas und jenes aus Fleisch und Blut. Wir beurteilen Ereignisse immer aufgrund unvollständiger Informationen, die ihrerseits auf Voraussetzungen beruhen, die gewissermaßen in die Instrumente eingebaut sind, mit denen wir Wirklichkeit sehen und deuten. Und natürlich war bei der Entwicklung der Kamera, die überwiegend nach empirischen Prinzipien verlief, das Ziel, dem Auge und seiner Sehweise möglichst nahezukommen.

Ein Photograph kann aus einer Serie von Schnappschüssen, die verschiedene Phasen einer Bewegung zeigen, leicht ein »Daumenkino« basteln. Werden uns die Momentaufnahmen in der richtigen Reihenfolge gezeigt, und zwar sehr schnell hintereinander, dann entsteht jener uns so vertraute Fluß der Bewegung, auch wenn die Bewegung ursprünglich gar nicht vorhanden war. (Fast jeder hat schon einen Filmstreifen gesehen, an dem deutlich wurde, daß ein Film nichts anderes ist als eine Folge schnell hintereinander aufgenommener, unbewegter Bilder, die dem Auge in rascher Folge mit bis zu vierundzwanzig Einstellungen pro Sekunde gezeigt werden. Zwischen den Einstellungen schließt sich der Verschluß und verhindert so für die bis zur nächsten Einstellung benötigte Zeit, daß der Zuschauer das sich bewegende, verschwimmende Bild sieht.)

Auge und Gehirn neigen also dazu, Bewegung als kontinuierliche Bewegungen aufzufassen. Dies ist ein Ergebnis ihrer Evolution. Im Alltag begegnet ein Mensch einer ruckartigen Stakkatobewegung selten. Wir haben das Gefühl, daß der schwere Baseballschläger weich schwingt; und selbst dann, wenn wir ihn während eines Schlages nur für Momente optisch wahrnehmen, bauen wir uns noch beharrlich ein Bild auf, das dieselbe weiche, durchgängige Bewegung zeigt, die wir gewöhnlich wahrnehmen.

Solche bewegten Bilder haben eine erstaunliche Macht. Auge und Verstand liegt kein anderes Material vor als eine Folge von Momentaufnahmen. Trotzdem vermögen sie uns das überzeugende Bild einer durchgängigen Bewegung zu vermitteln. Wir haben diese Fähigkeit sicher ererbt, aber vielleicht kommt dazu auch noch unsere eigene Übung. Man kann also nach allem, was wir über unser Sehvermögen wissen, mit Recht sagen, daß wir eine kontinuierliche Bewegung nicht eigentlich *sehen* können. Wir schließen vielmehr, daß eine weiche Bewegung abläuft, auch wenn wir nur Ausschnitte sehen. Hier haben wir ein deutliches Beispiel für die Ähnlichkeit zwischen der Alltagserfahrung und den Grundlagen der Wissenschaft: In beiden Fällen spielt die aus der Erfahrung abgeleitete Theorie eine entscheidende Rolle.

Die alltägliche, vom gesunden Menschenverstand bestimmte Wahrnehmung – hier sei an ihre Feinheiten erinnert, die viel umfassender sind als in unserer simplen Beschreibung angedeutet und die noch niemand ganz verstanden hat – verfährt nach den Gesetzen der in den Menschen eingebauten Instrumente wie Auge und Ohr, eben den Sinnesorganen. Man vergleiche das mit der Naturwissenschaft. Auch hier ermöglichen uns Instrumente Einblicke in die verschiedenen Bereiche unserer Welt. Wissenschaftliche Instrumente sind keine Organe, die fast allen Menschen angeboren sind, sondern Geräte, die im Lauf der Zeit von Menschenhand geschaffen wurden. Oft ermöglichen sie ein ganz neues Sehen, das die Leistung der angeborenen Sinnesorgane, die sich auf biologischem Weg, ohne bewuß-

Ein geschickter Zauberer kann eine Papierkugel plötzlich verschwinden lassen – aber nur für die Person, der er gegenübersteht. Jeder andere Zuschauer kann den Weg der Kugel leicht verfolgen. Für die erfolgreiche Durchführung dieses verblüffenden Tricks, der zugleich so leicht durchschaubar ist, muß der Zauberer die Arbeitsweise des Auges genau kennen.

Ein quadratisches weißes Blatt Papier scheint die vier schwarzen Scheiben teilweise zu überdecken. Das Auge braucht einen Moment, bis es sich auf die optische Täuschung eingestellt hat. Was passiert, wenn die aus den Scheiben herausgeschnittenen Segmente V-förmig sind? Wie weit dürfen die Scheiben auseinander liegen? Wie die zweite Abbildung zeigt, funktioniert die Täuschung auch bei Einkerbungen mit gekrümmten Rändern und roten Scheiben. Ist dieser Effekt auf einen inneren Verarbeitungsprozeß unseres Gehirns zurückzuführen?

tes menschliches Zutun, entwickelt haben, noch erheblich verstärkt. Die Aufgabe, die sich im Alltag wie in der Wissenschaft stellt, ist zu sehen, wie die verschiedenen Perspektiven, die die jeweiligen Instrumente liefern, zu einer einheitlichen Sicht vereinigt werden können. Sich mit dem Sehen im Alltag zu beschäftigen heißt gleichzeitig auch, sich mit wissenschaftlichen Sehweisen zu beschäftigen, die in der Regel leichter zu begreifen sind, als eine Antwort zu geben auf die Frage, warum wir eine Person, die ins Zimmer tritt, sofort erkennen.

Das alltägliche Sehen ist ein komplexer Vorgang, auch wenn wir gewöhnlich ganz gut damit zurechtkommen. Es ist freilich interessant, einmal darauf zu achten, was mit unseren Sehgewohnheiten geschieht, wenn ein Zauberer sie manipuliert. Der Zauberer kennt unsere Gewohnheiten und will uns dadurch verblüffen, daß er Erwartungen enttäuscht, die wir uns im Kontakt mit der Welt entwickelt haben.

Ein solcher Zauberer ist der charmante Jeff McBride, ein einfallsreicher und listiger junger Mime aus New York. Hier das Gespräch, das ich vor kurzem mit ihm führte.

ZAUBERER: So führen Sie unsere geduldige Versuchsperson an der Nase herum. Das ganze Publikum weiß, wie der Trick funktioniert – nur sie nicht. Entscheidend ist, daß die Leute verstehen, wie ihre optische Wahrnehmung funktioniert, und nicht, wie der Trick geht. Wenn ein guter Zauberer seinen Zuschauern etwas vorspielt, will er sie hinters Licht führen; das ist sein Beruf. Während es also Ihre Aufgabe als Wissenschaftler ist, verborgene Gesetze aufzudecken, versuchen wir zwar auch, uns wissenschaftliche Erkenntnisse zunutze zu machen, aber diese möglichst zu verbergen. Wir greifen alles auf, was die Wissenschaft lehrt, und verwenden es gegen unser Publikum.

PHYSIKER: Aber wie Sie sehen, sind es zwei Seiten derselben Medaille.

ZAUBERER: Ja, im Prinzip ist es dieselbe Sache.

PHYSIKER: Dieselbe Sache, nämlich die Wahrnehmung, zu der die Irreführung gehört, die die Natur auch ohne Ihr Zutun als Zauberer hervorruft.

ZAUBERER: Wir versuchen, Dinge vorzuführen, die in der Natur nicht möglich wären, und dazu nutzen wir die Informationen, die der Wissenschaftler der Natur abgewinnt.

PHYSIKER: Sie haben es sowohl mit Ursachen zu tun, die keine Wirkungen haben dürften, wie mit Wirkungen, deren Ursachen verborgen sind. Wenn Sie beides verbinden, glauben die Zuschauer, daß die jeweilige Ursache eine bestimmte Wirkung hervorruft, auch wenn das offensichtlich nicht möglich ist. Das Kaninchen ist nicht im Zylinder.

ZAUBERER: Das Kaninchen ist nicht im Zylinder. Man verwendet das, was die Leute sehen, gegen sie. Der Mensch hat nur zwei Augen, und die bewegen sich gleichzeitig und gehen immer gleichzeitig in

eine Richtung. Sie können sich nicht gleichzeitig auf zwei Dinge konzentrieren. Was ich in diesem speziellen Fall tue, ist, mit einer langsamen Bewegung der einen Hand die Augen abzulenken, während die andere Hand sich sehr schnell bewegt. Wenn Sie hier auf meine Hand schauen, sehen Sie nicht, wie die Papierkugel über Ihren Kopf davonfliegt.

Sie haben also den ganzen Morgen zugesehen, wie ich diese Papierkugel hochwerfe und wieder auffange; sobald ich sie hochwarf, verschwand sie einfach. Aber jetzt wissen Sie, was passiert. Ich berücksichtige das und nutze Ihre Erwartung bezüglich der Bewegung der Kugel aus. Ich ändere die Bewegung, und Sie sehen plötzlich, wie der Ball, der eigentich verschwinden sollte, sich in etwas ganz anderes verwandelt!

An dieser Stelle verblüffte der Zauberer den klugen Physiker so, wie er es angekündigt hatte. Statt daß die Papierkugel in hohem Bogen davonflog, wie sie es unzählige Male vor den Augen der Zuschauer getan hatte, geschah etwas völlig anderes. Verwirrt starrte ich auf ein Feuerwerk weißer Papierschlangen, das sich vor mir entlud. Der Effekt war umwerfend, wenn auch nach den vorangegangenen Ausführungen leicht zu verstehen.

Der Zauberer hatte sich noch eine weitere Einsicht zunutze gemacht. Warum hatten die Luftschlangen sich nicht verknäuelt, sondern waren pfeilgerade aus der Hand des Zauberers geflogen? Es stellte sich heraus, daß sie an vielen Stellen mit Bleikügelchen beschwert waren, deren Gewicht die Bewegung durch die Luft beschleunigt hatte.

Schaut man in einen Spiegel, sieht man dort das eigene Gesicht: Der Spiegel reflektiert das Bild. Wäre dieser Vorgang nicht so alltäglich, würde es paradox erscheinen, daß man sich sieht, indem man von sich weg auf eine Wand schaut, an der ein Spiegel hängt. Ein Spiegel manipuliert unsere Wahrnehmung. Der dabei ablaufende physikalische Vorgang ist im Grunde leicht zu verstehen.

Optische Eindrücke müssen von Auge und Gehirn verarbeitet werden. Manchmal sind wir uns dessen bewußt; manchmal läuft der Prozeß völlig unbewußt ab. Erkenntnisse der letzten zehn, zwanzig Jahre machen das deutlich. Die Zeichnung zeigt vier tortenförmige, schwarze Scheiben auf einem Blatt Papier. Sehen Sie sich die Scheiben ein paar Sekunden lang genau an, um der Verarbeitung durch Auge und Gehirn Zeit zu lassen. Ein zweites Blatt, das etwas heller ist als der Hintergrund, scheint Segmente der vier Scheiben zu überdecken. Dieses Blatt existiert nur in unserer Einbildung, es hat keine reale Entsprechung auf dem Papier oder in den Scheiben. Das Gehirn des Betrachters ist dafür verantwortlich.

Nun werden die Variablen verändert. Statt schwarzen dienen jetzt rote Scheiben als Kontrast; die Ausschnitte haben gekrümmte Kanten statt geraden, und anstelle der vier Scheiben, die ein Quadrat umschreiben, haben wir drei Scheiben und ein Dreieck. Wieder braucht die unbewußte Verarbeitung in Auge und Gehirn etwas Zeit. Dann erscheint auch hier ein zweites Blatt; der Kontrast ist vielleicht weniger stark als bei den schwarzen Scheiben, aber nun hat das imaginäre Blatt gekrümmte Ränder statt der geraden.

Vorgetäuschte Tiefen

Weil wir zwei Augen haben, können wir nahe Gegenstände räumlich, also dreidimensional, sehen. Der Abstand zwischen den Augen erlaubt uns, geringfügig unterschiedliche Perspektiven desselben Gegenstands wahrzunehmen. Dieses doppelte Bild verarbeiten wir zu einem Bild, dessen Inhalt uns deutlich entfernt und räumlich erscheint. Bei größeren Entfernungen werten wir dafür andere Anhaltspunkte wie die Erkennbarkeit von Einzelheiten oder das atmosphärisch bedingte Verblauen aus. Nicht alles ist uns dabei angeboren: Als kleine Kinder müssen wir experimentieren und nach dem Mond greifen, wir müssen erst langsam durch immer neue Versuche die Gestalt der Welt begreifen lernen, besonders was entferntere Gegenstände betrifft. Daß wir Gegenstände in der Nähe räumlich wahrnehmen, scheint dagegen angeboren.

Das hier gezeigte Bildpaar aber stellt unsere räumliche Wahrnehmung auf eine harte Probe. Unter einer Lupe sieht man, daß es aus vielen kleinen, schwarzen und weißen Dreiecken besteht. Die Dreiecke sind in beiden Bildern identisch angeordnet, nur in der Mitte des rechten Musters ist eine Dreiecks-Anordnung etwas nach links verschoben. Betrachtet man die Bilder für sich, ist es schwer zu sagen, wo genau die Grenze dieser Veränderung verläuft. Sieht man aber durch ein Stereoskop oder bringt auf die hier beschriebene Methode die beiden Bilder zu einem zusammen, findet man die Stelle ohne bewußte Anstrengung: Man sieht dort ein gesprenkeltes Dreieck über einem gesprenkelten Hintergrund schweben. Viele winzige Unterschiede und Ähnlichkeiten der gesamten Anordnung müssen dazu von Gehirn und Auge verarbeitet werden. Es dauert eine Weile, bis das Bild erscheint, ein sicheres Zeichen, daß die Verarbeitung erst vollständig ablaufen und die Position aller Dreiecke aufeinander beziehen muß.

Ein willkürlich gemustertes Bild in Stereo-Ausführung. Zuweilen ist die stereoskopische Wirkung auch ohne das für diesen Zweck entwickelte Instrument zu sehen. Versuchen Sie, durch *die beiden Bilder hindurchzusehen, indem Sie die Augen auf eine größere Entfernung einstellen. Halten Sie ein Blatt Papier so zwischen Nase und Buch, daß jeweils ein Auge nur ein Bild sehen kann. Dabei sollte helles Licht auf die Bilder fallen.*

Um einen eigenen Würfel zu basteln, braucht man nur das abgebildete Muster auf ein Stück Papier zu kopieren, es auszuschneiden, zu falten und zu kleben. Man nimmt die Ecke so in die Hand, daß man die offene Seite sieht. Nun streckt man den Arm aus und macht ein Auge zu. Nach einiger Zeit erscheint die Innenseite der Ecke als Außenseite. Bewegt man sie dann langsam hin und her, sieht das Auge eine Bewegung, die gegensätzlich zur Bewegung der Hand scheint. Auch die von unten beleuchteten Würfel der Photographie meint man von außen zu sehen, während man in Wirklichkeit ihre Innenseite sieht.

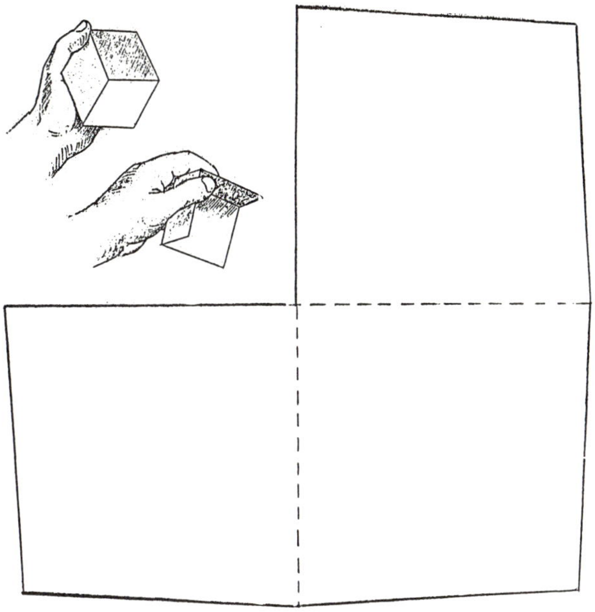

Solche optischen Täuschungen, die Gaetano Kanizsa aus Turin entdeckt hat, sind inzwischen gut untersucht. Eine Erklärung ist einfach: Auge und Gehirn streben bei der Verarbeitung dieser Anordnungen nach Vereinheitlichung; so entsteht der Eindruck, als ob ein zweites Blatt über den eingekerbten Scheiben liege, das etwas heller ist und sich dadurch vom Hintergrund abhebt. Die Anordnung wird gewissermaßen in die dritte Dimension erhoben. Man kann das mit zwei aufeinanderliegenden Händen vergleichen. Das zweite Blatt, das wir uns einbilden, scheint wie eine Hand, die auf der anderen liegt, ein wenig aus der flachen, zweidimensionalen Fläche des Papiers herauszuragen. Diese dritte Dimension ist offensichtlich das Produkt einer unbewußten Verarbeitung durch Auge und Gehirn.

Die Würfel der Photographie zeigen noch deutlicher, wie wir den dreidimensionalen Raum wahrnehmen. Sie scheinen von oben beleuchtet. In Wirklichkeit kommt das Licht von unten; von unten kann eine Hand einen Schatten werfen, von oben nicht. Was wir sehen, sind jeweils die inneren Ecken der zum Betrachter offenen, hohlen Würfel. Betrachtet man die dreidimensionalen Würfel nun allerdings mit einem geschlossenen Auge – wie die einäugige Kamera –, entsteht der Eindruck, daß die Ecken der oberen, beleuchteten Würfel vorspringen. Dreht man den Kopf, bewegen sich die verkehrt gesehenen Ecken plötzlich seltsam: Sie scheinen der Kopfbewegung zu folgen.

Eine einfachere, ebenso verblüffende Version dieses Versuchs ist leicht herzustellen. Man braucht dazu nur drei Flächen eines Würfels aus Papier oder Pappe (das Muster ist oben auf der Seite abgebildet). Dann hält man den Würfel so in der Hand, daß die Ecke von innen zu sehen ist. Schließt man jetzt ein Auge, kann man das offene Auge beinahe bei jedem Licht davon überzeugen, daß es nicht die innere, sondern die äußere Ecke eines Würfels sieht (das Gegenteil würde in der Tat nur schwer gelingen). Der Eindruck ist so stark, daß die Bewegung, die der Würfel für das Auge ausführt, der Bewegung der Hand entgegengesetzt scheint. Es ist, als ob der Würfel in der Hand zum Leben erwacht wäre. Auge und Gehirn haben die Gegebenheiten des dreidimensionalen Raums verkehrt und damit auch den Eindruck der Bewegung. (Der Leser sollte nicht versäumen, dieses verblüffende Experiment selbst durchzuführen.)

Was dabei vorgeht, läßt sich einfach erklären. Die zweidimensionale Netzhaut kann dem weißen Würfel nicht genug Informationen entnehmen, um zu entscheiden, ob sie die Ecke von innen oder außen sieht. Sie zieht den falschen dreidimensionalen Schluß. In

Perspektive

Ein kleines Kind greift neugierig nach dem hellen Mond, der ihm wie eine silberne Münze erscheint. Das Kind weiß noch nicht, was Perspektive ist, könnten wir sagen. Das Bild des Mondes, das in das Auge einfällt, hat ungefähr die Größe einer Münze oder eines nicht allzu weit entfernten Balls. Im Gegensatz zu einem kleinen Kind, das noch nicht laufen kann, wissen wir aus der Erfahrung, daß der Mond weit außerhalb unserer Reichweite liegt und wir mit einer Rakete drei Tage brauchen, ihn zu erreichen.

Das Wesen der Perspektive besteht darin, daß wir mit Hilfe eines zweidimensionalen Bildes, das auf einen Schirm hinter einer Linse fällt, sei es auf die menschliche Netzhaut oder den Film einer Kamera, einen dreidimensionalen Raum wahrnehmen. Das ist eine recht abstrakte Vorstellung, wie aus der Geschichte der Malerei hervorgeht. Die antiken und mittelalterlichen Maler, zu einem gewissen Grad auch noch spätere asiatische Künstler, verwenden diese Abstraktion in ihren Bildern nicht. Perspektive entsteht durch den Strahlenkegel, der von einem entfernten Objekt in das beobachtende Auge einfällt. Die kegelförmige Anordnung der Strahlen ist der Grund, warum sich die Schienen eines Eisenbahngleises einen halben Kilometer von uns entfernt zu berühren scheinen.

Die Kamera arbeitet nach denselben Prinzipien wie das Auge, und dasselbe versuchten auch die großen Maler der Renaissance, die erstmals die Regeln zusammenstellten, durch die ein Gefüge konvergierender Linien einen räumlichen Eindruck erweckt. Solche Regeln sind auch in das System von Linse und Netzhaut eingebaut, denn wir sehen die gleichen zusammenlaufenden Schienen, welche die Kamera zeigt, obwohl wir natürlich wissen, daß die Gleise in Wirklichkeit nicht schmäler werden.

Das Verfahren der Maler ist nur eine Möglichkeit, dem, was das Auge sieht, eine räumliche Dimension zu verleihen. Vom Mond wird das Auge genarrt: Der Mond ist so groß und so weit entfernt, daß wir ihn nicht auf die gewohnte Weise in ein räumliches Bezugssystem einordnen können.

Die Künstler der Renaissance beherrschten die Regeln des perspektivischen Zeichnens bald. Die gezeigten Beispiele stammen von dem flämischen Architekten Vreedeman de Vries und dem Nürnberger Maler Albrecht Dürer. Die auf Dürers Holzschnitt dargestellte Methode, eine perspektivisch stark verkürzte Abbildung zu schaffen, wurde von ihm selbst entwickelt.

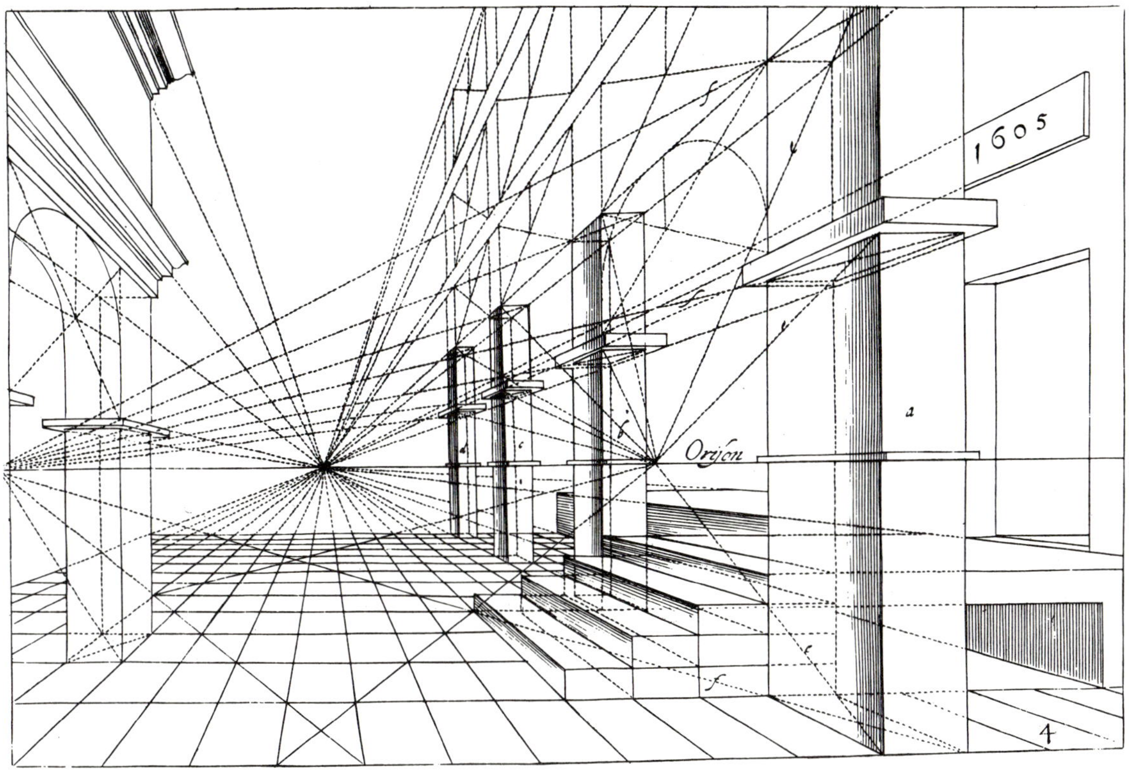
1605
Orison
4

Orison
5

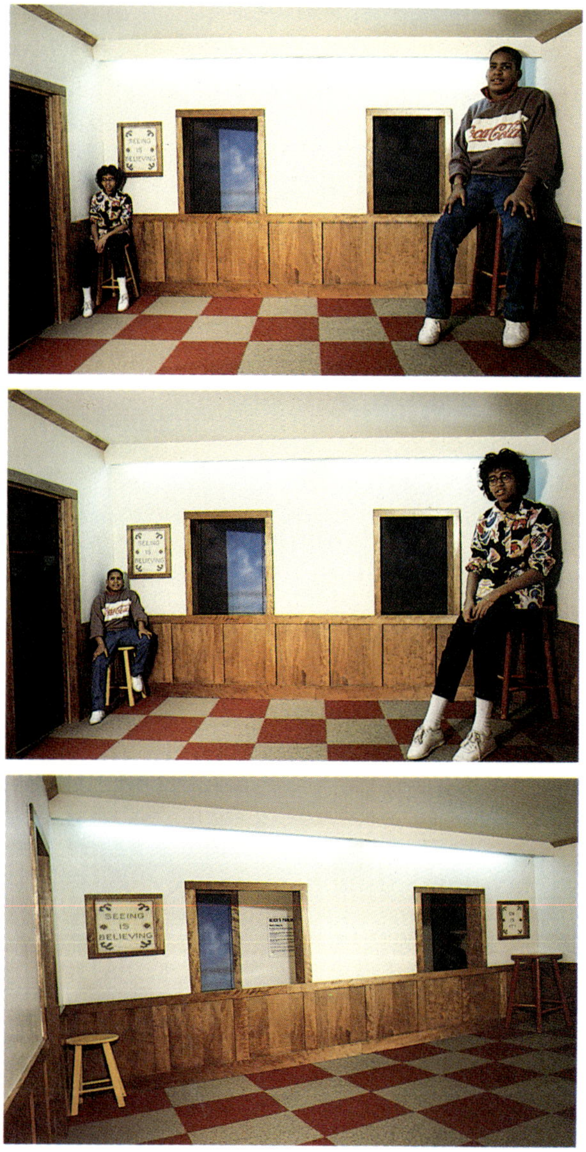

Ein schiefes Zimmer, das nach den Anweisungen Adelbert Ames' im Wissenschaftsmuseum von Virginia aufgebaut wurde. Der Raum sieht völlig normal und rechteckig aus, solange man ihn durch ein an einer bestimmten Stelle angebrachtes Guckloch mit einem Auge betrachtet. Befinden sich nun zwei Personen in gegenüberliegenden Ecken des Zimmers, merkt man an den Größenverhältnissen erst, wie eigenartig der Raum konstruiert sein muß, auch wenn er selbst dann noch normal erscheint, wenn die beiden Personen die Plätze tauschen. Wie der Raum wirklich aussieht, ist gar nicht so leicht zu erkennen; das unterste Bild kommt der Wirklichkeit am nächsten.

Ähnlich wird das Auge von einer bestimmten Architektur getäuscht – erstmals von der verspielten Architektur des Barock, später noch raffinierter von Adelbert Ames in Dartmouth –, bei der es keine gleichlangen Säulen, keine horizontal verlaufenden Decken und keine rechtwinkligen Fenster gibt, dafür aber alle Arten von Schrägen und Verzerrungen, die nach den Regeln der Perspektive ein Bild erzeugen, dem eigentlich ein ganz anderer realer Raum entsprechen müßte.

Diesen Täuschungen der Wahrnehmung sind wir freilich nicht hilflos ausgeliefert. Ein paar Hilfen sind in unser sensorisches System eingebaut: Die Augenlinsen versuchen sich auf die jeweilige Entfernung einzustellen, die beiden Augen sehen leicht unterschiedliche Bilder, der Computer von Netzhaut und Gehirn konstruiert ein dreidimensionales Bild. Gegenstände in der Nähe verstellen leicht die Sicht auf weiter entfernte und liefern so Anhaltspunkte für deren Entfernung. Vor allen aber ist der Betrachter ja nicht gezwungen, sich wie ein festgewachsener Kyklop am selben Ort aufzuhalten; er kann verschiedene Blickwinkel einnehmen, die weiter auseinanderliegen als jedes Augenpaar, und so feststellen, daß der Mond, der hinter dem nächsten Hügel hervorkommt, in Wirklichkeit viel weiter weg ist.

Die sogenannte lineare Perspektive, die annähernd dem entspricht, was die Augen aufgrund ihrer Bauweise sehen, scheint erstmals kurz nach 1400 in Florenz von Filippo Brunelleschi, dem Architekten der Domkuppel, und dem ihm befreundeten Künstlerkreis bewußt verstanden worden zu sein. Jahrhunderte lang beherrschte diese Perspektive dann die europäische Malerei, und heute ist sie jedem von uns zusätzlich durch die Welt der Photographie vertraut, obwohl wir durch Duchamp und Picasso wissen, daß man auch ohne sie gut zeichnen kann.

Auch die alten Florentiner wußten das. Die lineare Perspektive befriedigt das Auge dadurch, daß sie die Bildfläche als eine Art Fenster auf einen dreidimensionalen Raum behandelt. Es gibt aber noch andere Methoden, die Welt darzustellen, angefangen mit der genialen Malerei der alten Ägypter, die den Pharao überlebensgroß inmitten kleiner Bauern darstellen, bis hin zu den nüchternen Zeichnungen des Architekten und Ingenieurs, die maßstabsgetreu sind wie kleine Karten.

Wenn ein Maler einen Fliesenfußboden malt, malt er im Vordergrund große Fliesen und läßt die Fliesen dann zum Hintergrund hin kleiner werden. Aber der Architekt und der Bauherr, der die Rechnung bezahlt, wissen natürlich, daß die weiter hinten liegenden Fliesen genauso groß und viereckig sind wie die im Vordergrund. Die Welt, in der wir leben, ist räumlich, dreidimensional. Was wir sehen und photographieren, ist dagegen nicht räumlich, sondern ein flaches Bild. Die optische Wahrnehmung der Tiefe wird durch komplexe Regeln bestimmt, denen die Maler der Renaissance sich angenähert haben. Am besten können wir die zwei Welten dadurch miteinander versöhnen, daß wir verschiedene Perspektiven einnehmen: Ein Wechsel der Perspektive hilft, selbst Dinge besser zu verstehen, die weit jenseits aller optischen Darstellbarkeit liegen.

ähnlicher Weise versuchen wir auch in anderen Fällen, aufgrund unzulänglicher Anhaltspunkte die dritte Dimension zu ergänzen; manchmal urteilen wir dabei falsch.

Das Studium der menschlichen Wahrnehmung ist eines der komplexesten Gebiete der Naturwissenschaft; trotzdem kommt jeder Mensch mit ihr zurecht. Die untersuchten Fälle führten zu überraschenden Ergebnissen, die freilich nach einigem Nachdenken einleuchten. Erinnern wir uns an die Wahrnehmung der Bewegung: Wir nehmen Bewegung nicht als ruckartiges Stakkato wahr – auch wenn das alles ist, was die Augen sehen. Wir empfinden die Bewegung fester Objekte als weich und zusammenhängend. So bauen wir uns eine Welt auf; Verstand und Sinne versuchen gemeinsam, unsere selektiven Wahrnehmungen zu sinnvollen Zusammenhängen zu verarbeiten. Ähnliches gilt für die räumliche Wahrnehmung. Wir sehen das zweidimensionale Bild auf der Netzhaut nicht als das, was es ist, sondern versuchen statt dessen, eine dreidimensionale Welt zu konstruieren; die dritte Dimension ergänzen wir aus Teilinformationen, die die flache Netzhaut liefert.

Was wir wahrnehmen, ist mehr, als die Sinnesorgane uns auf direktem Wege liefern; es ist durch die Struktur dieser Organe determiniert und schließt ererbte und individuelle Vorstellungen und Erfahrungen ein. Auch die Ergebnisse wissenschaftlicher Instrumente bedürfen der Interpretation. In Wissenschaft wie Alltag muß eine zusammenhängende Welt erst auf der Grundlage der durch Sinnesorgane und wissenschaftliche Instrumente zugänglich gemachten Daten hergestellt werden. Was wir lernen, fällt uns selten in den Schoß; ein wenig Anstrengung unsererseits muß hinzukommen.

Daß Auge und Gehirn zu einem zweidimensionalen Bild ein passendes dreidimensionales Bild suchen und aus einer Reihe von Einzelaufnahmen eine kontinuierliche, weiche Bewegung machen, wurde erst vor kurzem erkannt. Es ist eine Erkenntnis des Computerzeitalters. Das menschliche Nervensystem ähnelt offensichtlich in mancher Hinsicht einem Computer. Genaueres wissen wir freilich noch nicht. Wir wissen nur, daß es sich um einen organischen, dabei äußerst komplexen Prozeß handelt.

Das meistbenutzte optische Instrument ist neben dem Spiegel die Lesebrille. Auch hier wirken Sinnesorgan und künstliches Instrument zusammen; die wachsende Geschicklichkeit der Handwerker des Mittelalters war dabei die Voraussetzung für die Erfindung des Instruments. Die Brille ist ein einfaches Instrument zur Verbesserung der menschlichen Sehkraft. Sie erlaubt der alternden natürlichen Augenlinse eine schärfere Einstellung, indem sie eine zusätzliche Linse aus Glas davorsetzt.

Die erste Brille wurde vor rund siebenhundert Jahren hergestellt; sie dürfte der zufälligen Entdeckung eines gewitzten Handwerkers zu verdanken sein, nicht einem neuen Verständnis der Natur des Auges. Bemerkenswert ist aber, daß die heute über die ganze Welt verbreitete Brille mit ihrer sinnfälligen Form und den Linsen aus Glas eine umwälzende Entdeckung in der Geschichte der wissenschaftlichen Instrumente möglich machte. Gemeint ist nicht irgendein beliebiges Instrument, sondern ein Instrument, das in kürzester Zeit unsere Vorstellung vom Universum von Grund auf veränderte. Was die Brillenmacher schließlich erfanden, war das Fernrohr.

Wie man besser sehen kann

Galileo Galilei, der in Padua, Venedig und Florenz arbeitete, machte das Fernrohr zu einem wirkungsvollen wissenschaftlichen Instrument. Mit dem Fernrohr entdeckte er innerhalb von fünf Jahren einen Kosmos, den noch keiner vor ihm gesehen hatte und der der gesamten modernen Wissenschaft mächtigen Auftrieb gab. Es ist das Universum Galileis, in dem wir heute noch leben. Alle diese großartigen Entdeckungen begannen mit der kleinen Brille.

Büchermenschen mit Brillen erwarten wir am ehesten in einer Bibliothek. Die abgebildeten Fresken befinden sich im Kapitelsaal eines Ordens in einer kleinen Stadt bei Venedig, der eine der erlesensten Handschriften-

Gelehrte Männer bei der Arbeit in der Bibliothek von Treviso bei Venedig. Tomaso da Modena malte diese Fresken um 1350. Die Bilder sind eine wichtige Etappe auf dem Weg zum lebensnahen Portrait. Jede der dargestellten Personen hat eine individuelle Aufgabe zu verrichten wie Korrekturlesen, das Zerschneiden und Zusammensetzen von Texten, das Abschreiben, das Lesen oder das Überprüfen von Details. Der Gelehrte mit der Brille, die hier zum erstenmal abgebildet wird, hat allerdings ein Jahrhundert vor deren Erfindung gelebt.

sammlungen des vierzehnten Jahrhunderts besaß. Die Schönheit der Fresken wäre allein Grund genug für einen Besuch. Doch wir waren wegen eines bestimmten Gemäldes gekommen, auf dem eine Brille zu sehen ist. Es handelt sich um die älteste bildliche Darstellung einer Brille, die man bislang kennt. Der Künstler muß die Brille bei Zeitgenossen in Gebrauch gesehen haben. Das bedeutet nicht, daß auch der ehrwürdige Dominikaner, den er hier portraitiert, solche Gläser jemals benutzt hat; dieser Gelehrte war damals schon lange tot. Der Künstler hat den berühmten alten Latinisten nie zu Gesicht bekommen, und es ist unwahrscheinlich, daß er ein Portrait von ihm gehabt hat. Der Maler muß eine Brille gesehen und sich dann gedacht haben, daß sie gut zu einem berühmten Gelehrten passen würde; also stattete er einen der Gelehrten, die er hier bei der Arbeit in der großen Bibliothek malt, mit einer solchen Brille aus.

Die Fresken entstanden vor gut sechshundert Jahren. Brillen wurden sicherlich schon früher benutzt – der Künstler wird nicht zur Zeit ihrer Erfindung an Ort und Stelle gewesen sein –, aber trotzdem dürfte der erste Gebrauch einer Brille nicht lange zurückliegen, und das Ereignis muß irgendwo in der Nähe stattgefunden haben, so daß dieses Gemälde vielleicht überhaupt die älteste Darstellung einer Brille ist, die es gibt.

Auch Historiker haben einen Hinweis auf die Erfindung der Brille entdeckt. Dabei handelt es sich nicht um ein Bild, sondern um einen Text, genauer gesagt um eine Predigt, die fast fünfzig Jahre vor der Entstehung des Gemäldes mehr oder weniger im originalen Wortlaut niedergeschrieben wurde. Ein Priester aus

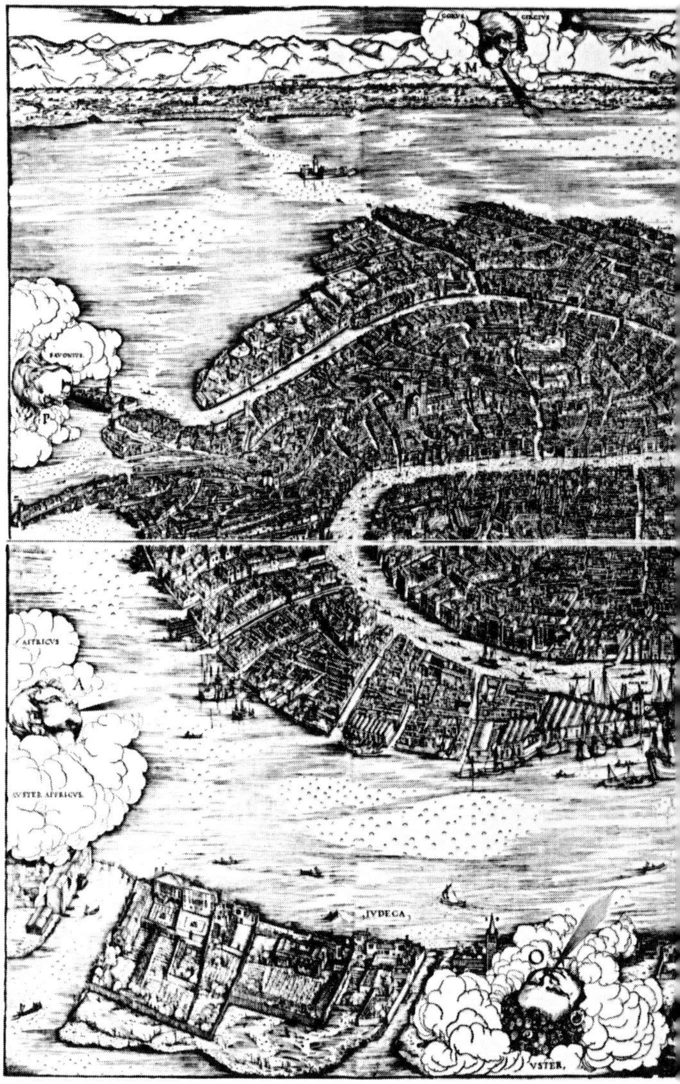

Ansicht von Venedig um 1500. Es handelt sich um die erste wirklichkeitsgetreue Karte einer Stadt überhaupt. Das moderne Venedig ist gut erkennbar. Der Holzschnitt wurde mit sechs Stöcken gedruckt. Die Ansicht schräg von oben geht auf die Phantasie des Künstlers Jacopo de' Barbari zurück, der sich hier in die Vogelperspektive hineingedacht hat. In der Mitte der Karte ist der Markusplatz mit dem großen Glockenturm zu erkennen, auf dem Galilei sein Fernrohr ausprobierte. Die Insel am oberen Rand der Karte ist Murano, damals wie heute ein Zentrum der Glasindustrie.

Pisa, der in Florenz zu Besuch war, sagt darin: »Es ist keine zwanzig Jahre her, daß man die Kunst entdeckte, Brillen zu fertigen, mit denen man besser sehen kann, eine höchst nützliche und notwendige Kunst... Ich selbst habe den Mann gesehen und gesprochen, der die Brille entdeckte und als erster herstellte.« Soweit die Worte des Priesters an einem sonntäglichen Morgen im Winter des Jahres 1306.

Der Text spricht eine klare Sprache. Er ist vielleicht nicht ganz so aussagekräftig wie das Gemälde; wir wissen nicht einmal, wie jene erste Brille ausgesehen hat. Kam sie der modernen Form so nahe wie die Brille auf dem Bild? Insgesamt aber kann kaum ein Zweifel daran bestehen, daß die Herstellung von »Brillen, mit denen man besser sehen kann«, vor rund siebenhundert Jahren in der Toskana begann. Dasselbe Handwerk ist heute eine Industrie von beträchtlichem Umfang und beliefert den ganzen Erdball mit diesem meistverwendeten aller optischen Instrumente.

Unsere Geschichte begann gegen Ende des Mittelalters, als die norditalienischen Städte ein reges Leben entfalten. Das städtische Handwerk wächst rasch. Einer seiner Zweige war die Herstellung und Verarbeitung von Glas; dort wird die Brille erfunden.

Der entscheidende Akt unserer langen Geschichte findet allerdings erst dreihundert Jahre später statt, um 1600. Es war eine turbulente Zeit, eine Zeit des Übergangs, in der die katholischen Fürsten Europas und die römische Kurie zielbewußt gegen die Reformation vorgingen. Die Atlantikstaaten entwickelten sich zu den wichtigsten europäischen Ländern; Paris und London wuchsen jetzt schneller als Mailand, Venedig oder Florenz. Nur das päpstliche Rom konnte noch mithalten. Unsere Zeit ist die Zeit Shakespeares und Drakes, Rembrandt van Rijns, Velázquez' und Poussins. Venedig konnte nicht länger behaupten, »Beherrscherin des prächtigen Ostens« zu sein. Aber der mit der See vermählte Stadtstaat war immer noch reich und mächtig; venezianische Galeeren hatten entscheidend zum Seesieg von Lepanto beigetragen, der den Vorstoß der Türken nach Westen beendete. Damals war Galilei noch ein Kind. Zu den venezianischen Musikern dieser Zeit zählt Monteverdi, zu den Malern Caravaggio. Florenz konnte sich zwar nicht mehr eines Leonardo oder Michelangelo rühmen, aber die reichen Medici-Herzöge beherrschten weiterhin von Florenz die Toskana, und die Arbeiten der florentinischen Künstler waren immer noch unübertroffen.

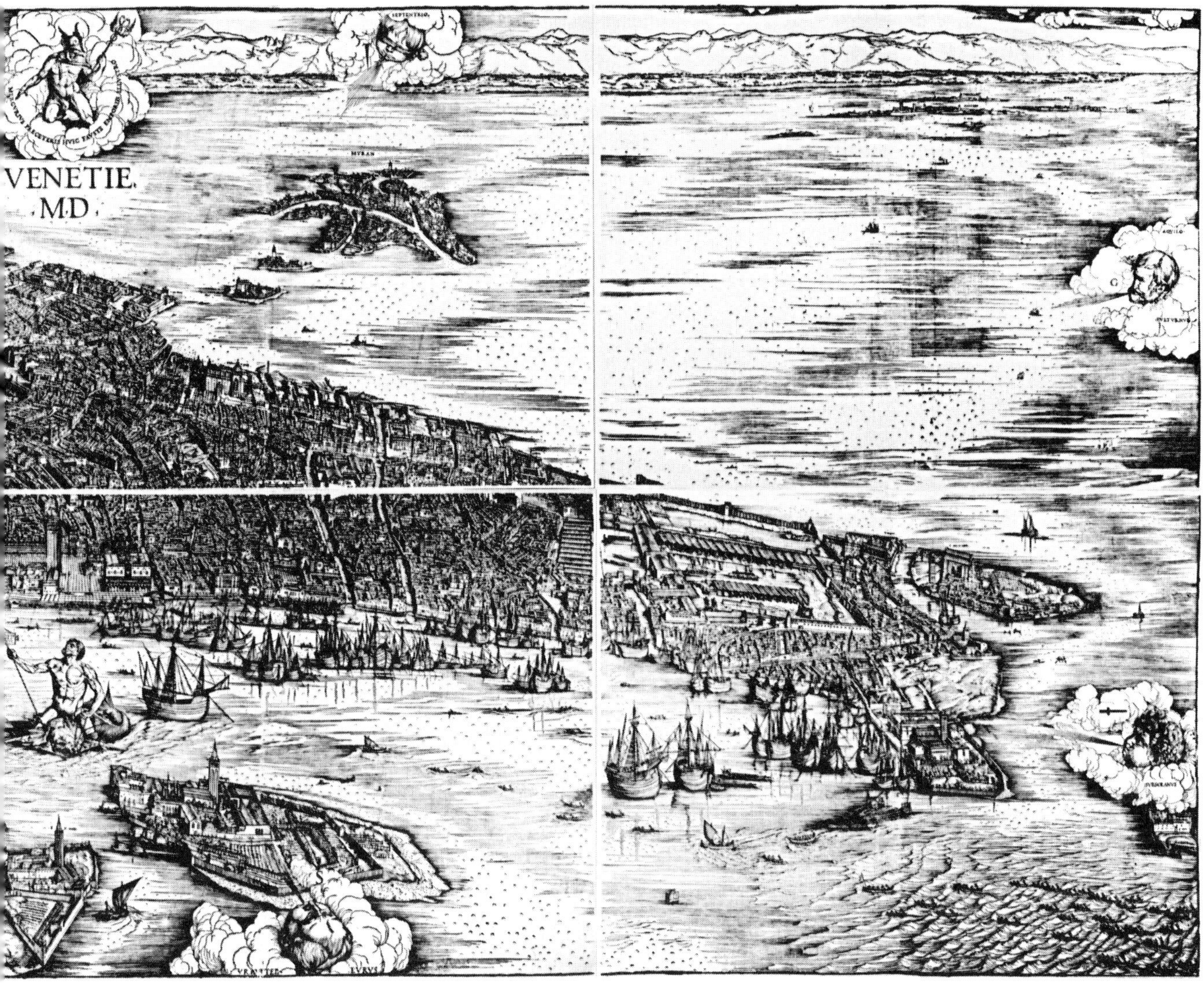

Hauptakteur des Dramas ist Galileo Galilei, der 1564 bei Pisa als Sohn eines alten florentinischen Geschlechts zur Welt kam. Schon als junger Mann wurde er Professor für Mathematik an der Universität Pisa, wo seine unkonventionellen Ansichten ihn bei seinen Kollegen nicht gerade beliebt machten. Als der Vater starb, verließ Galilei Pisa und die Toskana und ging nach Padua, das zu Venedig gehörte und eine hervorragende Universität hatte.

In Padua übernahm er mit achtundzwanzig Jahren den Lehrstuhl für Mathematik. Der rothaarige Galilei war ein brillanter Wissenschaftler, energisch, geschickt mit den Händen, ein ausgezeichneter Schriftsteller, ein talentierter Musiker und guter Weinkenner, der gleichzeitig durch familiäre Pflichten stark beansprucht wurde. An der berühmten Universität Padua, dem Zentrum der Gelehrsamkeit der Republik Venedig, sollte er beinahe zwanzig Jahre verbringen, ständig über sein Gehalt klagend und kaum an den Vorlesungen interessiert, die er im jährlichen Turnus halten mußte.

Was ihn viel mehr fesselte, war das intellektuelle Leben Paduas. Aus ganz Europa strömten hier begabte Studenten und hervorragende Gelehrte zusammen, die das Geistesleben der Zeit mit neuen Ideen befruchteten. William Harvey, der berühmte englische Arzt, der später den Blutkreislauf entdecken sollte, machte

Glas

Das Wort *Glas* bezeichnet, ähnlich den Wörtern *Keramik* und *Legierung*, eine ganze Gruppe von Materialien und nicht eine bestimmte, genau definierte Substanz. Es gibt auch natürliches Glas, vulkanische Schmelzmasse wie Obsidian. Zuerst taucht der glatte und glänzende Stoff in den Schmelzöfen vorgeschichtlicher Handwerker als Glasur auf, als Umhüllung oder Dekoration eines keramischen Kerns. Glasuren kennt man in Ägypten seit frühester Zeit, also seit dem vierten Jahrtausend v. Chr. Glas wurde lange als eine Art künstlicher Edelstein verwendet, als Halbedelstein, der wie ein Stein geschnitten und poliert wurde, oder, wie bereits gesagt, als Schmelze, die einen Kern aus Keramik oder Sandstein durch eine dicke Glasur vergrößern sollte.

Geblasenes Glas kam erstmals um Christi Geburt in Syrien auf. Die Technik verbreitete sich bemerkenswert rasch innerhalb von zweihundert Jahren in der ganzen römischen Welt und gelangte bis nach England und Rußland. Rohmaterialien waren Sand, Kalkstein, Holzasche oder ein anderer alkalischer Stoff, außerdem große Mengen Brennmaterial, zu jener Zeit hauptsächlich Holzkohle. Die bewaldeten europäischen Provinzen des Römischen Reiches waren günstige Standorte für die Herstellung von Glas. Die Römer benutzten bereits Fensterglas, wenn auch noch relativ selten. Zur Zeit des Niedergangs des Römischen Reiches waren eine ganze Reihe von Kirchen bereits mit Glasfenstern ausgestattet. Große Fenster für Kirchen und Schlösser gibt es seit dem Spätmittelalter.

In Norditalien und besonders Venedig gab es im zehnten Jahrhundert reiche Handwerkszentren. In Venedig hatte man schon vor 1200 die Glasschmelzöfen auf die kleine Insel Murano ausgelagert, vielleicht um die Belästigung durch Rauch und Feuer abzustellen, vielleicht auch, um die Betriebsgeheimnisse der Handwerker vor Spionen zu schützen. Murano war fünfhundert Jahre lang in der europäischen Glasmacherei führend. Mehr als einmal wurden Glasbläser durch Schmeicheleien und Bestechungen dazu überredet, ins Ausland zu gehen und ihr Handwerk in anderen Ländern wie Holland, Frankreich und Böhmen auszuüben.

Ein Schmelzofen für die Herstellung und das Blasen von Glas. Solche Öfen waren wahrscheinlich um 1550 auf Murano in Gebrauch. Die Abbildung enthält eine Menge aufschlußreicher Details bis hin zu einem zerbrochenen Glasgefäß im Vordergrund.

Durchsichtiges Glas herzustellen erfordert einigen Aufwand. Der Schmelzofen muß lange Zeit auf hoher Temperatur gehalten werden, was einen entsprechenden Vorrat an Brennmaterial erfordert; der Schmelztiegel muß so groß sein, daß das Material der Wände nicht die gesamte Schmelze verunreinigt; die Schmelze muß so lange flüssig gehalten werden, bis alle Blasen und Unreinheiten verschwunden sind; alle Rohstoffe müssen veredelt und ständig überprüft werden. Weißer Sand und sorgfältig gereinigter Kalk und Sodaasche machen das Glas klar; schon eine kleine Verunreinigung durch ein Eisenteilchen macht das Glas grünlich.

Diese Bedingungen waren im zwölften Jahrhundert in den norditalienischen Städten erfüllt, die einen eifrigen Handel mit Glasgefäßen und Fensterglas betrieben. Um 1280 kam ein gewitzter Handwerker aus Pisa oder Florenz auf den Gedanken, Glas als Brille zu verwenden. Man kann vermuten – ein Beweis fehlt –, daß der Vorläufer der Brille weder geschliffen noch poliert war: Wahrscheinlich war die Oberfläche eines durchsichtigen, geblasenen Glasstückes zufällig ausreichend glatt gewesen und hatte genau die richtige Wölbung aufgewiesen, und ein aufmerksamer alter Glasbläser hatte gemerkt, daß er damit trotz schwindender Sehkraft schärfer sah.

Der Rest war eine Frage der Geschicklichkeit. Einzelne, von Hand gehaltene Vergrößerungsgläser aus poliertem Glas oder Edelstein mögen schon viel früher bei Steinschneidern und anderen Handwerkern, die bei ihrer Arbeit genau sehen mußten, in Gebrauch gewesen sein. Die große Idee von 1280 war es, billig Glaslinsen herzustellen, die einen bestimmten Abstand vom Auge brauchten und so groß waren, daß sie durch eine Fassung vor dem Auge gehalten werden konnten. Die Bücher lesenden Kleriker, die Briefe und Rechnungen schreibenden Kaufleute und die an Zahl rasch zunehmenden Handwerker, die Feinarbeiten ausführten, waren dankbare Abnehmer der Brille. Alle diese Berufsgruppen wollten sich die Sehkraft auch im Alter erhalten. Um 1400 hatte die Brille den Weg bis an den Hof von China gemacht. Nach 1450 verbreitete sich der Buchdruck im Westen, und immer mehr Menschen lernten lesen und eine Brille benützen.

Alte Glasperlen, vermutlich aus Murano.

Die Kunst der Linsenschleiferei

Eine Drehmaschine, auf der nach 1620 in Florenz Linsen geschliffen wurden. Während Don Dilworth seine Schleifmaschine mit einem kleinen Elektromotor betreibt, muß diese Vorrichtung noch durch die Muskelkraft eines Lehrlings angetrieben werden.

Don Dilworth schleift heute noch Linsen nach der alten Methode.

Vom unbearbeiteten Glas zur polierten Linse.

sein medizinisches Examen zu der Zeit in Padua, als Galilei dort Professor war. Galilei brachte es immer wieder irgendwie fertig, die Mittel aufzutreiben, die er für seine Forschung und die dazu nötige Ausrüstung brauchte – für neuartige physikalische Apparaturen der verschiedensten Art. Nach einiger Zeit sah er sich sogar in der Lage, einen Gehilfen anzustellen, der ihm bei der Arbeit zur Hand ging. Zusammen bauten sie eine auf Galileis eigenen Entwurf zurückgehende raffinierte Rechenmaschine aus Messing, die sie in ganz Europa vertrieben. Im Frühsommer des Jahres 1609 drang zu diesen beiden Männern in ihrer Werkstatt für Präzisionsinstrumente eine aufregende Nachricht aus Venedig, der vierzig Kilometer entfernten, geschäftigen Hauptstadt: Das Fernrohr war erfunden worden.

Über vierhundert Jahre war die Insel Murano das in der Glasherstellung weltweit führende Zentrum. Wir wissen es nicht mit letzter Gewißheit, aber es ist wahrscheinlich, daß ein Großteil des Glases, das Galilei für seine Linsen benutzte, in Murano hergestellt wurde, wenn auch ein Teil davon sicher aus Florenz kam. Daneben kaufte er auch einige fertige Linsen von venezianischen Handwerkern. Schmuckglas wird auf der Insel heute noch nach der Methode der alten Handwerker von Hand gefertigt, Linsenglas dagegen nicht mehr. Als Brennmaterial dient heute nicht mehr Holzkohle, sondern Erdgas oder Öl; die umliegenden Wälder sind schon lange abgeholzt.

Glas ist bis heute das wichtigste Material für hochwertige Linsen. Aber eine Scheibe aus klarem Glas, das Produkt des Schmelzofens, ist nur das Rohmaterial einer Linse. Die Herstellung von Linsen und Spiegeln ist ein eigener Handwerkszweig. Glas zu blasen und zu formen heißt, Glas in heißem Zustand zu bearbeiten; man arbeitet dabei am besten in der Nähe des Schmelzofens. Das geduldige Arbeiten am kalten Glas dagegen, das Schleifen, Polieren und Schneiden, wird meist an einem anderen Ort ausgeführt. Wie wurden Linsen vor der automatischen Fabrikation unserer Zeit hergestellt? Wir fanden einen Mann, der aus Freude an der Arbeit optische Linsen auf fast die gleiche Weise von Hand herstellt wie die Brillenmacher zu Galileis Zeiten. Er arbeitet nach der Methode, die auch Galilei verwendete, als er im Sommer 1609 mit der Linsenschleiferei begann. Don Dilworth aus Massachusetts und Maine ist freilich nur nebenberuflich Linsenschleifer der alten Art. Von Beruf ist er Spezialist für modernste Linsen. Seine komplexen Designs und seine modernen digitalen Berechnungssysteme für Linsen finden weltweit Verwendung.

Für die handgefertigten Linsen benutzt Dilworth einen kleinen Elektromotor, der die Muskelarbeit eines Lehrlings ersetzt. Ansonsten unterscheiden sich nur seine Materialien in nennenswertem Umfang von der Praxis des siebzehnten Jahrhunderts. Linsen wie die, die Dilworth in seinem Keller herstellt, waren eine der Voraussetzungen unseres heutigen Wissens über das Universum. Aber erleben wir ihn selbst.

Die Schleif-und-Polier-Maschine steht auf einem Tisch und ist zum größten Teil aus Holz. Der Getriebemotor dreht in regelmäßiger Bewegung eine Auflagefläche, auf die das untere der beiden Gläser gelegt wird, die bearbeitet werden sollen. Das obere Stück wird von einem Arm gehalten, den die Hand des Linsenschleifers nach Belieben über das sich drehende untere Glas bewegen kann; wie stark das obere Stück dabei auf das untere drückt, steht im Ermessen des Linsenschleifers. Das obere Glas ist frei beweglich aufgehängt, es dreht sich aber nur durch den Kontakt mit dem unteren Glas. Dieses Verfahren ist nur eine Methode, um Gläser mit sphärisch gewölbter Oberfläche herzustellen.

> DILWORTH: Eine Linse herzustellen ist eigentlich ein einfacher Vorgang. Man nimmt zwei Scheiben Glas von annähernd gleicher Größe. Dann gibt man das Schleifmaterial, angefeuchtete Sandkörner, zwischen die beiden Scheiben. Wenn die Maschine sich dreht, schleifen die Gläser sich gegenseitig. Man schleift zuerst mit einer rauhen Schmirgelmasse, bis man eine gekrümmte Oberfläche von etwa dem richtigen Durchmesser erhält.
>
> Dann reinigt man die Gläser, geht zu einem feinkörnigeren Sand über und schleift wieder ein paar Minuten lang. Man reinigt wieder und bringt einen noch feinkörnigeren Sand auf das Glas. Das Schleifen sollte erst nach vier bis fünf Durchgängen mit immer feinkörnigerem Sand beendet werden.

Will man eine konkave Wölbung erzielen, also ein Glas, das in der Mitte dünner und zum Rand hin dicker ist, legt man das Glas, das konkav geschliffen werden soll, in die obere Fassung ein. Dann führt man den Arm so, daß das obere Glas sich über den Rand des sich unten drehenden Glases bewegt. Der Druck des unteren Stücks konzentriert sich auf eine kleine Fläche, und die scharfe Kante des unteren Stückes schleift die Mitte des oberen Stückes aus. Man kommt dabei schnell voran. Man muß wenig Druck anwenden, und die relative Bewegung zwischen den Oberflächen, durch die die ganze Arbeit verrichtet wird, ist klein.

> DILWORTH: Wenn ich die Oberfläche anders gekrümmt will, also den Rand dünner als die Mitte, lege ich das rohe Formstück nach unten. Die Oberfläche des oberen Glases wird immer konkav. Man beeinflußt die Wölbung durch die Bewegung des Armes, den Druck und die Größe der Sandkörner.

Es braucht nur ein wenig Geduld, um eine solche gewölbte Oberfläche herzustellen. Das ist dann freilich noch keine brauchbare Linse: Das Glas ist noch nicht durchsichtig. Es hat eine halb durchsichtige, trübe Oberfläche, wir sprechen deshalb von Mattglas. Ist der Schleifvorgang beendet, beginnt deshalb der zweite

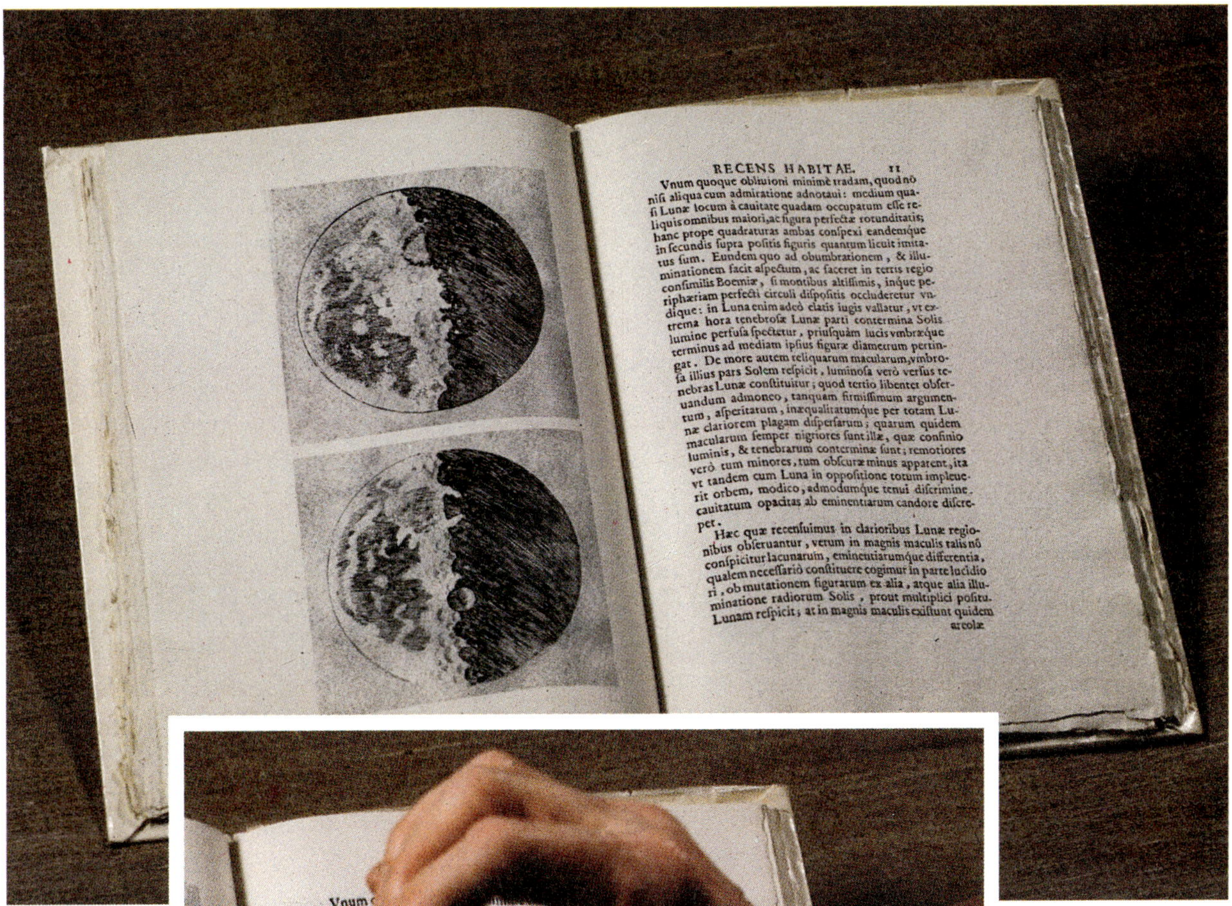

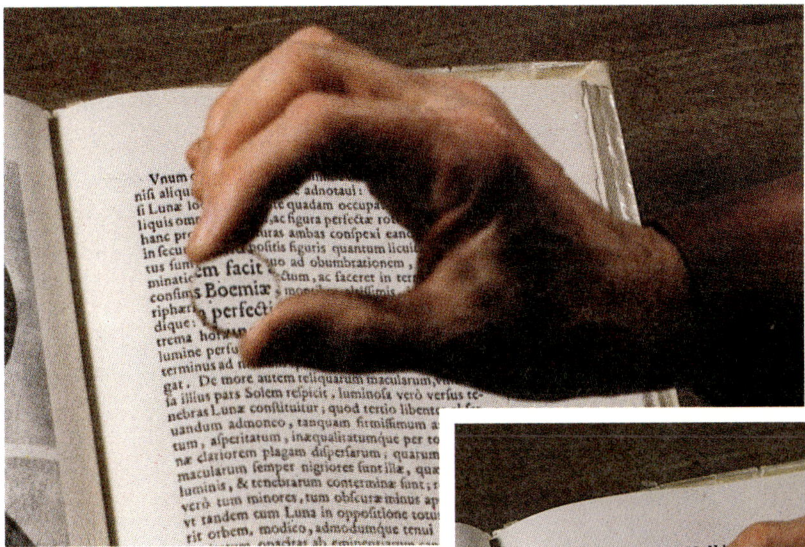

Zwei Linsenarten, die in der Stärke den um 1600 als Augengläser erhältlichen Linsen entsprechen. Das Vergrößerungsglas hat eine konvexe Form, es ist in der Mitte am dicksten; das Verkleinerungsglas ist konkav.

Das erste Fernrohr. Auf der Piazza San Marco hält van Helden die dazu nötigen beiden Linsen (es sind die gleichen wie auf der vorhergehenden Seite) in der richtigen Reihenfolge und der richtigen Entfernung vor das Auge, um so die optischen Eigenschaften jenes holländischen Fernrohrs zu reproduzieren, das 1609 nach Venedig kam.

Teil, das Polieren. Für diesen Schritt verwendet man keinen harten Gegenstand wie ein rohes Formstück, sondern eine Form aus weichem Pech, die so gewölbt ist, daß sie sich der geschliffenen Fläche genau anschmiegt.

Für das Polieren verwendet man außerdem eine weiche Schmirgelmasse.

DILWORTH: Anstelle der harten Sandpartikel, die sich zwischen den harten Glasflächen bewegen und sie schleifen, haften die kleinen Teilchen der Poliermasse an dem weichen Pech. Sie wirken wie winzige Messerchen, die die Unebenheiten des Glases einebnen. Dieser Teil der Arbeit ist der langweiligste, aber durch ihn wird die endgültige, spiegelnde Oberfläche der Linse erzeugt.

Die Qualität meiner Linsen ist trotz der einfachen Ausrüstung sehr viel besser als alles, was Galilei hätte herstellen können. Wir haben die bessere Ausrüstung, das bessere Glas und den besseren Schmirgelsand. Ich denke, man kann wohl sagen, daß die schlechteste Linse, die ich hier unten gemacht habe, noch weit besser ist als alles, was Galilei überhaupt hätte machen können.

Auf dem großen öffentlichen Platz von Venedig, der Piazza San Marco, dem Mittelpunkt der aristokratischen Republik, unternahm Galilei die ersten öffentlichen Schritte, die zur Entdeckung des neuen Himmels führen sollten. Ich traf mich auf dem altehrwürdigen, schönen Platz mit Albert van Helden, Professor für Geschichte der Naturwissenschaft an der Universität Rice und Verfasser der besten modernen Studie über die Entwicklung des Fernrohrs. Wir sprachen über jene lang zurückliegenden Ereignisse.

PHYSIKER: Die Brillenmacher haben also zuletzt das Fernrohr erfunden.

HISTORIKER: Das ist richtig. Sie hatten dazu drei Jahrhunderte gebraucht. Zwei Arten von Linsen waren dabei wichtig. Einmal ein Vergrößerungsglas aus der Zeit um 1300 v. Chr. Es wurde von Gelehrten verwendet, deren Augenlicht im Alter nachließ. Mit ihm konnten sie ihre Handschriften lesen. Gedruckte Bücher gab es damals ja noch nicht.

PHYSIKER: Wir haben das erste Bild eines Gelehrten gesehen, der solche Gläser trägt.

HISTORIKER: Gelehrte verwendeten das Vergrößerungsglas schon relativ früh. Hält man ein solches Glas über eine Buchseite, so sieht man deutlich, wie es die Buchstaben vergrößert. Hält man es dicht vor das Auge, kann man es als Brille verwenden. So sah die ursprüngliche Brille aus; die dafür verwendeten Linsen waren noch konvex, also in der Mitte am dicksten.

Es gibt eine zweite Art der Linse, die auch von jungen Leuten benutzt wurde und heute noch wird. Mit ihr will man besser in die Ferne sehen. Diese Linse verkleinert die Dinge; halten Sie sie über das Blatt, erscheinen die Buchstaben kleiner. Die Linse ist konkav, sie wird gegen den Rand dicker.

Beide Linsen zusammen machen Galileis Fernrohr aus. Da es beide Linsenarten schon seit Mitte des fünfzehnten Jahrhunderts gab, stellt sich die Frage, warum

Ein Glockenturm in New England, zuerst mit bloßem Auge gesehen, dann mit einer konkaven Linse und zuletzt mit zwei Linsen in der Anordnung des holländischen Fernrohrs. Das Zifferblatt der Uhr wird dadurch bereits erstaunlich stark vergrößert.

das Instrument nicht schon damals erfunden wurde. Es ist nicht schwer, den teleskopischen Effekt zweier Linsen zu entdecken.

PHYSIKER. Was muß man also tun, um ein Fernrohr zu bekommen?

HISTORIKER: Das Wirkungsprinzip ist im Grunde einfach. Man nimmt ein konkaves Glas, hält es vor das Auge und richtet es auf einen entfernten Gegenstand wie einen Kirchturm. Man sieht den Turm scharf, aber verkleinert. Hält man nun das konvexe Glas dicht vor das konkave, sieht man die Gegenstände immer noch scharf und in der gleichen Größe. Sobald man nun das konvexe Glas weiter wegbewegt, bekommt man eine Art Zoom-Wirkung: Der Turm scheint größer und größer zu werden, bis das Bild an einem bestimmten Punkt verschwimmt. Das ist dann die maximale Vergrößerung, die Sie erreichen können; und so funktioniert ein Fernrohr. Wenn ich in jeder Hand eine Linse halte, die konvexe vor der konkaven, habe ich praktisch ein funktionierendes Fernrohr in der Hand, natürlich ohne Fassung.

PHYSIKER: Und wie groß war das erste holländische Fernrohr?

HISTORIKER: Etwa so groß, wie ich jetzt die Hände halte; es hatte eine dreifache Vergrößerung und war circa 30 cm lang.

PHYSIKER: Natürlich haben wir die Stärke der Linsen – also die Wölbung ihrer Oberfläche – für unseren Versuch entsprechend gewählt. Solche Linsen gab es um 1600 schon, es waren damals die Standardgläser für Brillen.

HISTORIKER: Das ist richtig. Solche Linsen hätte man, wenn auch vielleicht in etwas schlechterer Qualität, in der Werkstatt eines Brillenmachers zu Beginn des siebzehnten Jahrhunderts gefunden. Man könnte also sagen, daß die für ein Fernrohr benötigten Linsen erst eine gewisse Verbreitung erfahren mußten. Dann freilich wurde das Fernrohr in kurzer Zeit erfunden.

Für ein Fernrohr dieser Art, das nach Galilei benannt ist, braucht man zwei konvexe und zwei konkave Linsen. Je mehr sich die Krümmung der beiden Linsen unterscheidet, desto stärker ist die Vergrößerung. Gegen Ende des 16. Jahrhunderts war die Herstellung von Linsen für Fernrohre mit dreifacher Vergrößerung nichts Außergewöhnliches mehr.

Galilei auf dem Glockenturm. Blick auf Murano einmal mit bloßem Auge, dann mit dem holländischen Fernrohr und schließlich so, wie er sich den venezianischen Stadträten im August 1609 durch Galileis Fernrohr bot. Ein Rat, der bei der Vorführung dabei war, schreibt begeistert: »Ich schloß mich den vielen Menschen an ... welche die großartige und unvergleichliche Wirkung von Galileis Fernglas erleben wollten ... Man konnte die Leute in ihren Wohnungen sehen ... und in den Gondeln.«
Der Blick hat sich bis heute nicht verändert.

PHYSIKER: Es ist leicht, auf die richtige Kombination der Linsen zu kommen, wenn man fertige Linsen benutzen kann. Das erklärt, wie Sie ja auch geschrieben haben, warum Galilei das Fernrohr in kurzer Zeit aufgrund vager mündlicher Beschreibungen ein zweites Mal erfinden konnte. Nur wenige Tage oder Wochen nachdem er zum erstenmal von dem Fernrohr gehört hatte, das ein Holländer dem Rat von Venedig vorgeführt hatte, baute er in Padua sein eigenes funktionierendes Fernrohr.

HISTORIKER: Galilei hat ja selbst nie behauptet, das Fernrohr erfunden zu haben. Sobald man wußte, daß es das Instrument gab, war es wirklich sehr einfach, es ein zweites Mal zu erfinden.

PHYSIKER: Aber entscheidend ist, daß er das Fernrohr nach den mehr oder weniger zufälligen Anfängen weiterentwickelt und auf geniale Weise verwendet hat.

HISTORIKER: Ebendarin beruht Galileis Bedeutung für die Geschichte der Wissenschaft.

Mit den Linsen, die wir, wie vor uns Galilei, auf die Plattform des Campanile mitgenommen hatten, sahen wir uns dieselbe Aussicht an, die er gesehen hatte. Mir leuchtete sofort ein, daß das holländische Fernrohr mit der dreifachen Vergrößerung für eine

Zwei der ersten Fernrohre Galileis, die heute in Florenz zu sehen sind. Eines ist mit gegerbtem Leder überzogen, vermutlich ein Geschenk für Großherzog Cosimo. Das größere der beiden ist nicht verziert. Auf dem Ausschnitt ist die konvexe Linse zu erkennen, deren Ränder verdeckt sind, damit man, wie Galilei herausgefunden hatte, »noch schärfer sehen« kann.

Seemacht eine wichtige Sache war. Wie muß erst die neunfache Vergrößerung der verbesserten Version Galileis die Ratsherrn von Venedig beeindruckt haben, die im August 1609 vom Campanile nach Murano hinüberblickten!

Galilei beließ es nicht dabei. In November gelang ihm die zwanzigfache, im folgenden Januar vielleicht sogar die dreißigfache Vergrößerung, die allerdings nicht besonders erfolgreich war. Mit Galileis Fernrohren konnte erstmals ein neuer Kosmos erforscht werden, und bis heute verdanken wir das, was wir über die Sterne wissen, diesen Instrumenten.

Wie hart müssen Galilei und sein Gehilfe in jenem Sommer und Herbst gearbeitet haben! Für die ersten Fernrohre mußten sie das beste Glas finden und daraus Linsen schleifen und polieren, die den besten Stücken der kommerziellen Linsenhersteller ähnlich waren, sie aber im Detail weit übertrafen, und sie mußten das neue Instrument zu voller praktischer Anwendbarkeit entwickeln.

Glücklicherweise sind zwei aus der Sammlung des Großherzogs der Toskana stammende Fernrohre Galileis erhalten geblieben. Sie sind heute in dem schönen Museum der Geschichte der Naturwissenschaften in Florenz ausgestellt. Eines ist reich mit Ornamenten verziert und war wahrscheinlich das »Vorzeige«-Modell des Herzogs. Das andere sieht mehr wie ein gewöhnliches Arbeitsinstrument aus; es wird nicht das erste seiner Art gewesen sein, aber seine Eigenschaften lassen auf eine frühe Arbeit schließen. Für ein brauchbares Fernrohr konnte man von hundert Linsen vielleicht fünf bis zehn Paare verwenden, wie Galilei sich Jahre später erinnert. Galilei und sein Partner müssen in dieser ersten Zeit eine Menge Linsen hergestellt haben.

Außerdem brachte Galilei sich damals selbst den Umgang mit dem Fernrohr bei und entwickelte dabei großes Geschick. Wir besitzen einen Brief von ihm, aus dem das hervorgeht. Galilei schreibt:

Ich muß Ihnen jetzt noch erklären, was beim Gebrauch des Fernrohrs zu beachten ist. In Kürze, das Instrument muß sehr ruhig gehalten werden. Es ist daher von Vorteil, für eine stabile Auflage zu sorgen, um jenes Zittern der Hand zu vermeiden, das durch das Kreisen des Blutes in den Adern und das Atmen hervorgerufen wird … Günstig ist es, wenn das Rohr sich je nach Bedarf um acht bis zehn Zentimeter ausziehen läßt. Ich habe festgestellt, daß es für die

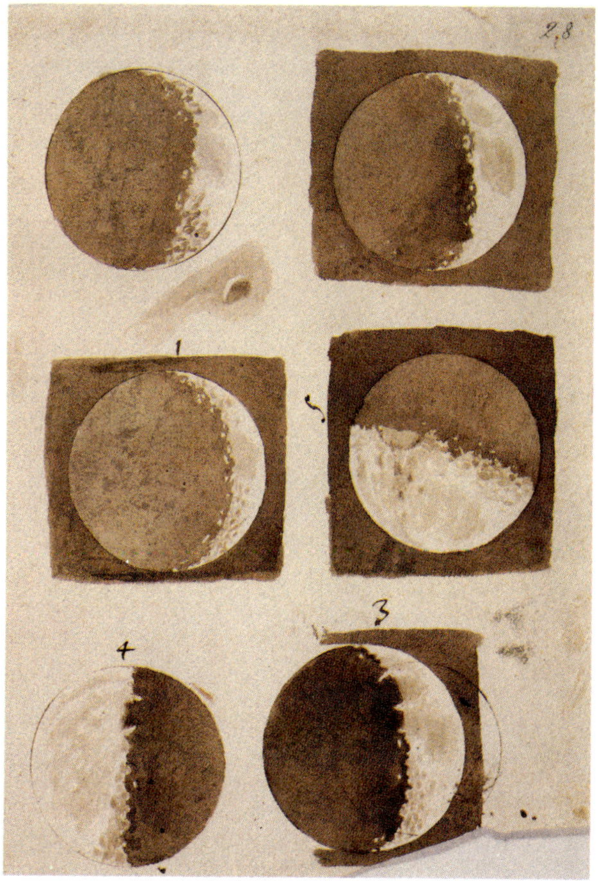

Landschaft einer neuen Welt: sechs Tuschzeichnungen des Mondes (das Detail zeigt einen Krater). Die Bilder stammen von Galilei selbst, der ein geübter Zeichner war. In jenen Tagen waren solche Bilder nicht reproduzierbar; die Holzschnitte, die man nach dieser Vorlage machte und Galileis Buch beilegte, sind sehr viel gröber.

Beobachtung nahe gelegener Objekte länger, für die Beobachtung entfernterer Objekte dagegen kürzer sein sollte. Die konvexe Linse, also die vom Auge am weitesten entfernte, sollte zu einem Teil bedeckt sein ... Dies ermöglicht, die betreffenden Objekte deutlicher wahrzunehmen. Soviel kann ich Ihnen gegenwärtig sagen. Ich grüße Sie von Herzen und wünsche Ihnen das Beste.

Von meinem Haus, den 7. Januar 1610
Ihr getreuer Diener
Galileo Galilei

Der Brief war an eine hochgestellte Persönlichkeit gerichtet, wurde allerdings nie abgeschickt. Vielleicht dachte Galilei, daß er darin zu viel von den Entdeckungen verriet, die seinem wunderbaren Buch vorbehalten bleiben sollten. Es ist keine Übertreibung, zu sagen, daß dieses Buch uns den Weg zum Himmel öffnete.
Es trug den Titel *Sternenbotschaft* und machte Galilei schlagartig berühmt. Der Großherzog wurde zu seinem Gönner. Galilei wohnte mit seiner Familie in Florenz, bezog ein höheres Gehalt und hatte keine Lehrverpflichtungen. Dafür war er jetzt finanziell von der herzoglichen Gunst abhängig und nicht mehr von den zwar dürftigen, aber sicheren Zuwendungen, die die Republik Venedig ihm vertraglich zugesichert hatte. Fürsten leben nicht ewig, und ihre Söhne haben vielleicht kein Interesse mehr an einem alten Wissenschaftler, besonders dann nicht, wenn dieser sich mit Rom streitet. Lehrstuhlinhaber dagegen bleiben auf ihren Posten.

Galilei schloß mit seinem ersten Fernrohr den alten Riß zwischen Himmel und Erde. Welche Wunder erblickte er da! Seit Ewigkeiten schien der Mond auf die Welt herab, schon tausendmal war er hinter der Kuppel des Doms zu Florenz aufgegangen. Aber erst als Galilei sein Fernrohr auf den Himmel richtete, konnten menschliche Augen genauer erkennen, wie dieser Mond aussah. Galilei sagt von ihm:

Am vierten oder fünften Tag nach Neumond, wenn der Mond als Sichel erscheint, ist ... die Grenze, die den dunklen Teil vom hellen trennt, eine unebene, rauhe und stark gewellte Linie ...
Eine ähnliche Erscheinung kann man auf der Erde

Der sechzigjährige Galilei; das Portrait wurde in Rom von Ottavio Leoni geschaffen.

»Und wie die Schatten und Vertiefungen auf der Erde immer kleiner werden, je höher die Sonne steigt, so verlieren die Flecken auf dem Mond ihre Schwärze, wenn die Sichel wächst.« Sonnenaufgang im Mondgebirge! Galilei hatte einen Blick auf die Geographie des Mondes getan. Er rechnete aus, daß die hohen Berge auf dem Mond mehr als sechs Kilometer über die Mondebene hinausragen.

bei Sonnenaufgang beobachten, wenn man in Täler blickt, die noch nicht von Licht durchflutet sind, während die umliegenden Berge auf der der Sonne zugewandten Seite bereits in glühenden Farben leuchten.

Galilei sah, wie das Licht auf dem Mond sich änderte. Natürlich sieht jeder von uns, daß der Mond Phasen durchläuft, aber die Veränderungen, die Galilei sah, gehen für das bloße Auge unmerklich langsam vonstatten. Vergrößert man den Mond, kann man sie dagegen leicht verfolgen, eine aufregende Beobachtung, die heute jeder mit einem kleinen Fernrohr leicht selbst nachvollziehen kann.

Da ist noch etwas, das ich nicht übergehen darf, denn es versetzte mich in nicht geringes Staunen: Etwa in der Mitte des Mondes befindet sich eine Aushöhlung, größer als die übrigen Vertiefungen und vollkommen rund. Ich habe … versucht, sie so genau wie möglich in einer Zeichnung wiederzugeben … Was die Verteilung von Licht und Schatten angeht, so gleicht diese Höhlung einem Lande wie Böhmen, wenn dasselbe auf allen Seiten von hohen Bergen umschlossen wäre, die genau im Kreis angeordnet sind.

Galilei hatte auf dem Himmelsgestirn eine Landschaft wie auf der Erde ausgemacht und war selbst der erste Maler dieser Landschaft.

Die Erkenntnis, daß der Mond Ebenen und Berge wie die Erde hatte, war nicht die einzige, sensationelle Botschaft von den Sternen, die Galilei mit dem Fernrohr entzifferte. Nur wenige Monate vor Erscheinen seines Buches hatte er mit dem Fernrohr gesehen, daß ganz in der Nähe des hellen Planeten Jupiter drei schwächere, auf einer geraden Linie angeordnete Sterne glänzten. Die Entdeckung erregte sein Interesse. Er beobachtete die Sterne ein paar Nächte lang und entdeckte zu seinem Erstaunen, daß sie tatsächlich Trabanten des Jupiter waren. Sie blieben immer an dessen Seite; sie kreisten um den Jupiter, kamen ihm nah, entfernten sich wieder und wurden manchmal sogar von dem

Der Himmel vor der Erfindung des Fernrohrs

Es wäre falsch zu denken, daß die Astronomie mit Galilei begann. Genausowenig begann sie mit den Griechen oder einer anderen historisch faßbaren Persönlichkeit.

Die Beschäftigung mit der Ordnung des Himmels ist sehr alt, vielleicht so alt wie die Menschheit selbst. Seit alters wurde alles aufgezeichnet, was mit bloßem Auge sichtbar war, darunter seltene Ereignisse wie das Auftauchen eines neuen Sterns oder Kometen, eine Sonnenfinsternis oder eine ungewöhnliche Planetenkonstellation. Praktische Himmelskunde wurde überall betrieben. Damals wußte auf dem Land jeder, was heute nur noch wenige wissen, daß nämlich mit Aufgang des Vollmonds die Sonne untergeht.

Auch Mathematiker trugen auf ihre Weise zur Erklärung der Himmelserscheinungen bei. Sie konnten die Positionen von Sternen und Planeten sehr genau berechnen. Die abgebildete Sternenkarte aus Metall mit ihren geometrischen Gravuren ist ein präziser, tausend Jahre alter arabischer Himmels-Kalkulator, ein sogenanntes Astrolabium, das von einem hochentwickelten Verständnis zeugt. Wir können die Geschichte des Astrolabiums über 1500 Jahre von den Ursprüngen im östlichen Mittelmeer über die Weiterentwicklung durch die islamische Kultur bis nach England im Westen und Indien im Osten verfolgen. Die Punkte, die auf dem Astrolabium helle Sterne repräsentieren, sind in den richtigen Abständen voneinander eingezeichnet, so daß jeder Stern dieser Sternenkarte des nördlichen Himmels auf dem Platz steht, der ihm in Wirklichkeit zukommt. Die Sternenkonstellationen der Nacht und über das Jahr können mit Hilfe der eingravierten Kurven auf der Metallscheibe korrekt eingestellt werden, selbst der Ort der Beobachtung kann dabei berücksichtigt werden. In diesem Instrument steckt mehr Wissen, als wir hier wiedergeben können, aber auch so entsteht ein Eindruck von der Genialität dieser Geometrie. Zu erwähnen bleibt, daß auch der heute weltweit benutzte Jahreskalender, der seit 3000 Jahren auf den Tag genau ist, bereits vor der Entdeckung des Fernrohrs erstellt wurde.

Aus der Praxis der Astronomen und den Berechnungen der Mathematiker entstand schließlich eine Philosophie des Universums. Der Künstler dieses mittelalterlichen Mosaiks aus Sizilien stellt das Universum symmetrisch und in leuchtenden Farben dar. Nach Ansicht der Philosophen war die Bewegung auf der Erde ungeordnet und unvorhersehbar, während sie am Himmel in regelmäßigen, kreisförmigen Bahnen erfolgte. Irdische Materie sei überwiegend eine farblose, träge Masse, während am Himmel alles leuchtete. Alles Irdische sei Geburt und Tod, Wachstum und Verfall unterworfen, die himmlische Welt dagegen sei ewig.

Seit der Schöpfung war unser Universum also zweigeteilt, in den vollkommenen Himmel und die unvollkommene Erde. Wie konnten zwei so unterschiedliche Welten je eins werden?

Planeten verdeckt, so daß zuzeiten vier von ihnen zu sehen waren, dann wieder nur drei oder zwei. Galilei begann in seinem ersten Buch die komplexe Choreographie, die den Bahnen dieser Monde zugrunde lag, erst zu erahnen. Die Ordnung, die er hier sah, nahm ihn so gefangen, daß er ihr Muster auf Schritt und Tritt mit dem Fernrohr verfolgte und sogar während seiner Reise nach Rom nicht davon abließ. Innerhalb von zwei, drei Jahren hatte er die Figuren des Tanzes so genau aufgezeichnet, daß er die Standpunkte der Jupitermonde auf einige Zeit voraussagen konnte.

Van Helden und ich begaben uns zu einem zwanzig Kilometer stromaufwärts von Florenz gelegenen Landhaus, der alten Villa delle Selve, wo Galilei, der oft bei dem reichen Besitzer der Villa zu Gast war, das zweite Buch seiner Himmelsbeobachtungen fertigstellte. Wir saßen auf der Gartenmauer und sprachen über Galilei. Welche Bedeutung hatten seine frühen Entdeckungen?

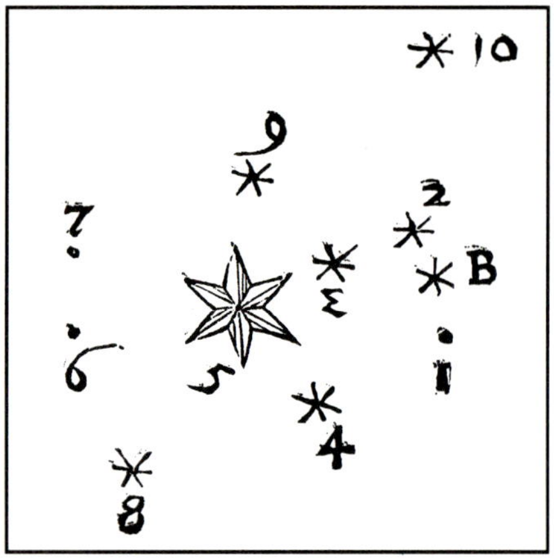

HISTORIKER: Die Menschen lebten auf einmal in einer ganz anderen Welt. Die Satelliten des Jupiter waren aus mehreren Gründen eine aufregende und erstaunliche Entdeckung. Erstens zeigten sie, daß die Erde nicht der einzige Planet war, um den ein Mond kreiste. Zweitens stand jetzt fest, daß es, egal, an welche Weltordnung man glaubte, mehr als ein Zentrum der Bewegung gab. Und die Sensation der Entdeckung lag nicht zuletzt darin, daß sie so völlig unerwartet kam, da man diese Monde nicht mit bloßem Auge sehen kann.

PHYSIKER: Warum benannte Galilei die Monde nach den Medici?

HISTORIKER: Nun, der Gedanke an den Mäzen spukt doch immer im Hinterkopf des Wissenschaftlers herum, das ist ja heute dasselbe.

Erste Entdeckungen mit dem Fernrohr

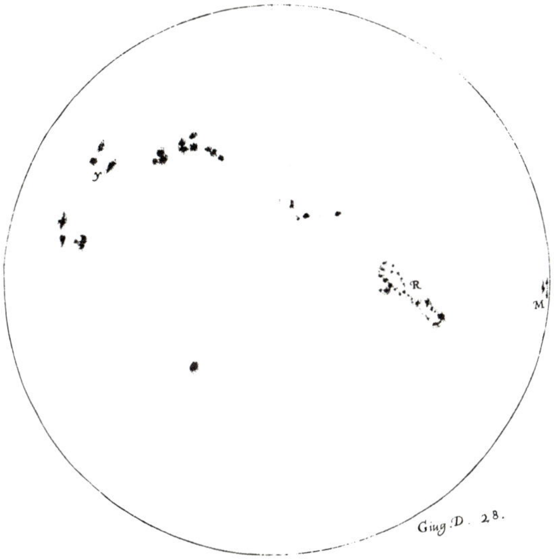

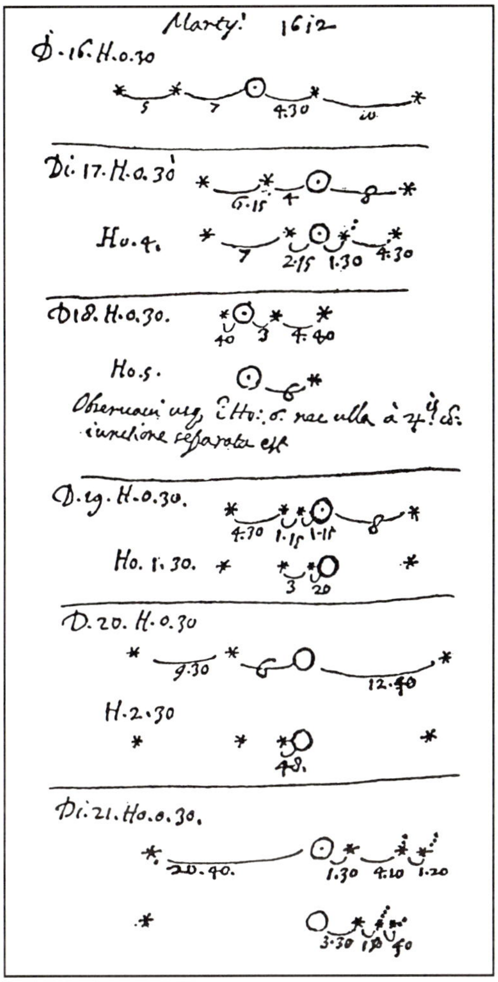

Galilei verfertigte aussagekräftige Zeichnungen des neuen Himmels, den er sich durch sein Fernrohr erschloß: Zu sehen sind hier der Mond mit seinen Kratern und die von Galilei entdeckten Sonnenflecken.
Für die meisten von uns besteht der Sternhaufen der Plejaden aus sechs oder sieben Sternen. Die kleinere Sternenkarte links wurde 1579 von einem scharfsichtigen Astronomen gezeichnet, der mit bloßem Auge allein elf Sterne erkennen konnte. Galilei dagegen konnte 1609 mit seinem ersten Fernrohr dort gleich mehrere Dutzend neuer Sterne ausmachen. (Moderne Photographien dieses Sternhaufens sind in Kapitel 6 abgebildet.)
Die Skizzen rechts zeigen den Jupiter als eine runde Scheibe mit den kleinen, ihn umkreisenden Monden: Auf diese Weise hielt Galilei die Bewegung der Monde in den Nächten des Frühjahrs 1612 fest.
Die zwei stärker aufgetragenen Skizzen stammen aus Briefen Galileis. Eine zeigt den Planeten Venus, dessen Größe, wie das Fernrohr erkennen ließ, schwankte, während der Planet wie der Mond Phasen durchlief; die Venus ist immer dann am größten, wenn sie zunimmt. Auf der anderen Skizze ist der Saturn zu sehen: Der Saturn schien Galilei ein rätselhaftes Dreigestirn zu sein; erst fünfzig Jahre später sollte Christiaan Huygens die berühmten Ringe entdecken.

PHYSIKER: Und jeder hauptberufliche Astronom braucht einen Geldgeber. Wenn ich noch etwas anderes ansprechen darf: Ich meine, Galileis wichtigste Erkenntnis ist in einem unvergeßlichen Satz jenes ersten Buches mit den Zeichnungen der Mondkrater zusammengefaßt. Galilei sagt, daß ein bestimmter Teil des Mondes ihn an Böhmen erinnere. Er zieht einen direkten Vergleich zwischen dem Mond und der Erde. Ich denke, daß ihm dieser Vergleich mehr Schwierigkeiten einbrachte, daß er mehr Spekulationen wachrief und gleichzeitig einen größeren Schritt für die Wissenschaft darstellte als seine übrigen Entdeckungen zusammen. Sobald erst einmal ausgesprochen war, daß die Sterne in ihrer Beschaffenheit der Erde vergleichbar sind, war der Weg frei, die materielle Einheit der Welt bis in die entferntesten Regionen des Himmels auszudehnen und in umgekehrter Richtung bis in die Mikrostruktur der Materie.

HISTORIKER: Ganz sicher spielten nicht nur Galileis Worte eine entscheidende Rolle, sondern die Tatsache, daß er sie durch sichtbare Beweise belegen konnte. Prinzipiell kann jeder die Oberfläche des Mondes für sich entdecken. Selbst mit einem einfachen Fernglas können wir die an Wundern so reiche Oberfläche des Mondes sehen.

PHYSIKER: Gab es zu jener Zeit viele Leute, die das taten?

HISTORIKER: Um 1608 gab es meiner Meinung nach schon Tausende kleinerer Ferngläser mit drei- bis vierfacher Vergrößerung.

PHYSIKER: Wahrscheinlich waren sie noch nicht besonders gut. Aber was geschah als nächstes?

HISTORIKER: Um etwa 1620 muß es in Europa Ferngläser mit fünf- bis sechsfacher Vergrößerung zu Hunderten gegeben haben. Damals war die Mondlandschaft also nicht nur Wissenschaftlern zugänglich, sondern auch der Phantasie der Dichter; wir wissen das aus der Literatur.

PHYSIKER: Die Monde des Jupiter sind auch relativ leicht zu sehen.

HISTORIKER: Das stimmt. Aber man brauchte bei den kleinen Linsen des siebzehnten Jahrhunderts eine ausreichend starke Vergrößerung und einige Geduld, wenn man etwas erkennen wollte.

PHYSIKER: Die Geduld ist der wunde Punkt, will man die Monde nicht nur einmal sehen, sondern die Gesetze ihrer Bewegung bestimmen. Das Wetter schlägt um, und der Himmel bewölkt sich, Sie vergessen die ganze Sache und verreisen über das Wochenende ... Ich selbst konnte die Bewegung der Jupitermonde nie verfolgen.

HISTORIKER: Die Satelliten des Jupiter kann man nur an ihrer Bewegung unterscheiden, während wir bei unserem Mond schon mit einem raschen Blick viel erkennen können. Regelmäßige Beobachtung oder ein schneller Blick: das ist ein riesengroßer Unterschied.

PHYSIKER: Eigentlich bemerkenswert, daß Galilei die Bahnen der vier Satelliten so genau verfolgen konnte, daß er nach nur zwei oder drei Jahren Beobachtung zutreffende Vorhersagen machen konnte.

HISTORIKER: Galilei war kein Philosoph im Lehnstuhl, der über das Weltall spekulierte, ohne das, was er sah, gründlich erforscht zu haben. Galilei verallgemeinerte aufgrund eigener Beobachtungen. Er machte plausible Aussagen über das Universum, die auf soliden Informationen beruhten, er verfuhr genauso, wie unserer Meinung nach heutige Wissenschaftler verfahren sollten.

Als Galilei seine Fernrohre zum erstenmal nach Rom brachte, verfolgte er einen ernsthaften Zweck. Er wollte das neue Himmelsgewölbe im Detail einigen ihm ebenbürtigen Wissenschaftlern vorführen, den Mathematikern und Astronomen der Jesuiten am Collegio Romano. Die Jesuiten hatten sein Buch gelesen, nun sollten sie auch die Möglichkeit erhalten, seine Instrumente zu benutzen.

Die Jesuiten untersuchten Galileis Fernrohre, nahmen sie auseinander, bauten sie wieder zusammen und sahen sich damit die Wunder des Himmels an, die Galilei beschrieben hatte. Und sie zeigten sich überzeugt. Öffentlich und im privaten Gespräch bekundeten sie, daß sie an die Wahrheit der neuen Botschaft von den Sternen glaubten. Die Fürsten und Prälaten, Herzöge und Kardinäle standen nicht zurück. Bald sah Galilei sich im Mittelpunkt einer glanzvollen Gesellschaft, denn auch die römische Oberschicht wollte an der neuen Entdeckung teilhaben.

Galilei verstand es, seiner Sache nach Kräften zu dienen. Als er einmal auf der anderen Seite des Tiber in einer großen Villa zu Gast war, die auf einem Janiculum genannten Hügel lag, ergriff er die Gelegenheit und lud alle Anwesenden ein, durch sein Fernrohr auf eine bekannte Kirche zu schauen, die ungefähr drei Kilometer entfernt stadteinwärts lag. Die Gäste konnten die Kirche in allen Einzelheiten erkennen und sogar eine wohlbekannte, in Stein gemeißelte Inschrift lesen. Wenn man durch das Fernrohr so wahrheitsgetreu eine allseits bekannte Kirche sehen konnte, verdiente dann nicht auch Galileis Entdeckung der unsichtbaren Jupitermonde Glauben?

Bei einer anderen Gelegenheit erhielt das Fernrohr den gelehrt klingenden Namen, den es heute noch trägt: *telescopio.*

Galileis Reise nach Rom 1611 war zweifellos ein Triumph.

Eine neue Himmelsordnung, zu der jährlich neue Entdeckungen dazukommen, muß das nicht früher oder später zum Widerspruch mit der Bibel führen? Genauso sahen es die konservativen Geistlichen einer Zeit, in der die römische Kirche gegen die Folgen der protestantischen Reformation kämpfte, die halb Europa erfaßt hatte.

Die Geschichte ist bekannt. Die Inquisition verpflichtete Galilei zum Schweigen, zuerst 1616 durch eine Warnung, dann 1633 durch massive Drohung. Galilei verbrachte die letzten acht Lebensjahre in einer Art Hausarrest. Dort arbeitete er, bis er erblindete. Sein letztes Buch mußte er in den protestantischen Niederlanden veröffentlichen lassen, in Italien war das nicht mehr möglich.

Ein bezeichnendes Ende: die Tragödie eines Mannes und zugleich die Tragödie einer Gesellschaft, Ausdruck eines gewaltigen Konflikts. Die Zeit war gespalten; wichtige inhaltliche Probleme mußten der Auseinandersetzung um Macht und Autorität weichen. Es ist freilich nicht die Wissenschaft, die bei dieser Tragödie Schaden genommen hat. Die Monde des Jupiter kreisen immer noch auf ihren Bahnen, Planeten und Sonnen drehen sich weiter, das Fernrohr ist als Instrument der Wissenschaft allgemein anerkannt.

Für viele Historiker besteht die wichtigste Feststellung Galileis darin, daß die Sonne der Mittelpunkt ist, um den die Planeten kreisen. In bezug auf Galileis frühe Zeit mögen sie recht haben; die Feststellung ist zweifellos bedeutend. Aber meiner Meinung nach ist sie nicht das Wichtigste, was wir Galilei verdanken; das stolzeste Vermächtnis Galileis ist das Fernrohr selbst.

Ein neuer Mond

Cigolis Mariä Himmelfahrt.

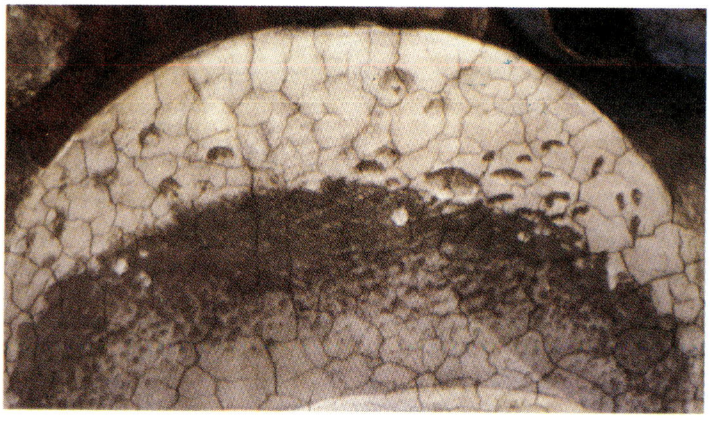

Hier ein weiteres Beispiel dafür, wie schnell sich die neue Botschaft von den Sternen verbreitete. Galileis florentinischer Freund Lodovico Cigoli war ein herausragender Maler seiner Zeit. Der Papst hatte ihn mit einem Gemälde für die Kuppel der päpstlichen Kapelle einer großen Kirche in Rom beauftragt. Cigoli entschied sich für eine Darstellung der Jungfrau Maria. Traditionsgemäß wurde sie oft auf dem Mond stehend abgebildet, wobei man sich den Mond als plastische Sichel dachte.
Während die Darstellung der Jungfrau bei Cigoli ganz in der Tradition steht, ist der Mond neu. Cigoli malte den durch das Fernrohr sichtbaren Mond, der mit seinen Gebirgen und Kratern der Erde ähnelte. Es war ein Mond, wie Cigoli ihn von seinen gemeinsamen Beobachtungen mit Galilei in Erinnerung hatte. Mit diesem einzigartigen Gemälde hat die neue, durch das Fernrohr möglich gewordene Sicht des Himmels in die Welt der künstlerischen Phantasie Einzug gehalten.

Die Unbefleckte Empfängnis von Murillo.

Das Fernrohr spielt nach wie vor eine bedeutende Rolle. Mit ihm gewinnen wir Erkenntnisse und Einsichten von bleibendem Wert, Erkenntnisse, die neue Theorien nach sich ziehen und ihrerseits ausgebaut oder, wenn sie falsch sind, berichtigt werden müssen.
Hier beginnt der Kreislauf von Anschauung und Überprüfung, so charakteristisch für die auf dem Experiment und dadurch gewonnener Erkenntnis beruhende Naturwissenschaft. Solche Erkenntnisse verlieren nicht an Wert; im Gegenteil, neue Erkenntnisse bauen organisch auf alten auf. Man kann immer weiterfragen: Hat der Jupiter vier Monde oder mehr? Müssen die Vorhersagen der Tabellen durch die eine oder andere Ergänzung verbessert werden? Sind frühere Messungen richtig oder falsch?
Leicht sieht man, wie so eine Erkenntnis zur anderen kommt. Entscheidend ist, daß jede neue Erkenntnis zu neuen Fragen führt, zu neuen Erklärungen und schließlich zu einer Erweiterung der Theorie und zu neuen Konzepten. Fünfzig Jahre nach der Erfindung des Fernrohrs, zwanzig Jahre nach Galileis Tod, mag es in Europa bereits ein Dutzend Observatorien gegeben haben. Diese Observatorien waren mit immer besseren Instrumenten ausgerüstet; man konnte mit ihnen mehr Einzelheiten erkennen und schwächere Sterne sehen, genauer messen und mehr vom dem verstehen, was man sah.
Diese Entwicklung hat nicht aufgehört. Ein Besuch im Garten von Galileis letztem Wohnsitz in Arcetri inmitten stiller Hügel am Rand von Florenz zeigt das auf eindrucksvolle Weise. Der alte Wohnsitz wird wieder-aufgebaut, damit eines Tages die benachbarten Astronomen hier arbeiten können. Auf der anderen Seite des kleinen, mit Olivenbäumen bestandenen Tals liegt, mit Sicht auf Galileis Haus, ein modernes Observatorium,

Galileis Nachfolger

In dem Jahrhundert nach Galilei wurden seine Erkenntnisse bestätigt und systematisch ausgebaut. Die Fernrohre wurden verbessert, ihre Verwendungsmöglichkeiten ausgeweitet. Empirische Beobachtung und theoretische Reflexion erweiterten das Wissen der Astronomen und ermöglichten ein immer besseres Verständnis der Bilder, die sie sahen.

Dieses Bild eines deutschen Astronomen veranschaulicht, welche Unsicherheit bezüglich der Beschaffenheit des Saturn herrschte. Durch C, D, F, G und H werden verschiedene Hypothesen ausgedrückt.

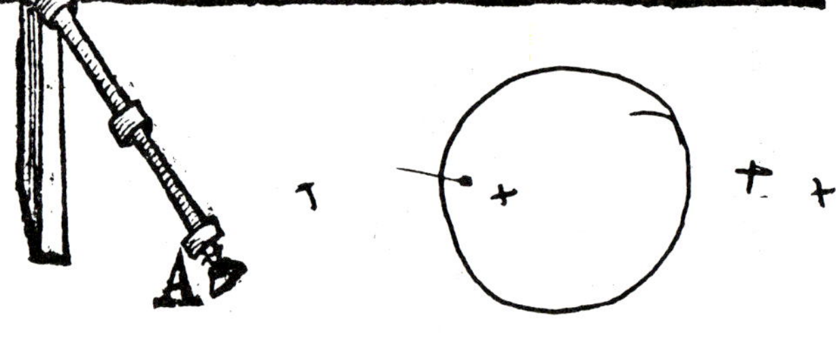

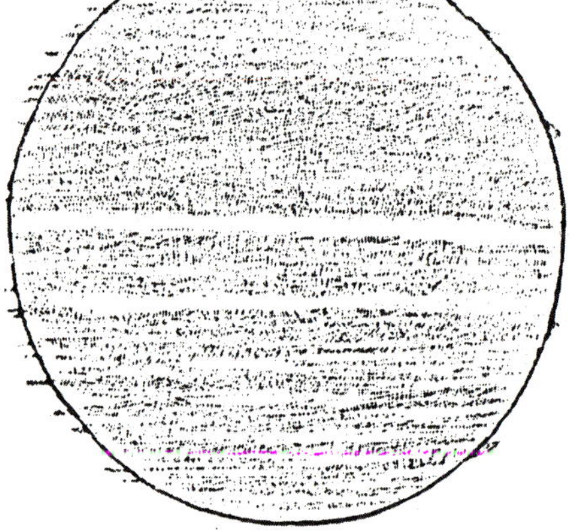

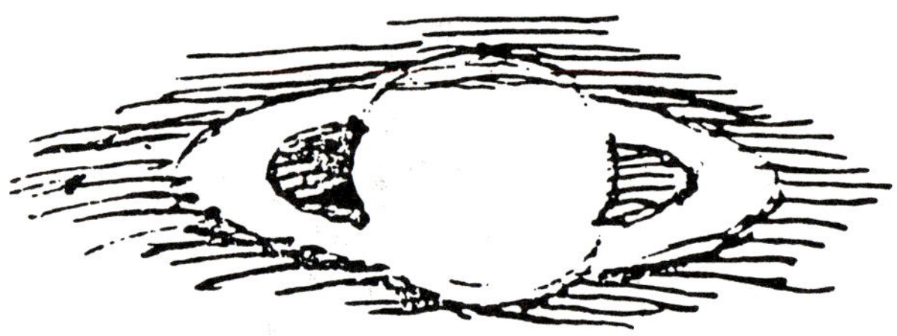

Um 1650 wandte sich der berühmte Christiaan Huygens der Astronomie zu. Er benützte Fernrohre, die er und sein Bruder selbst herstellten. Die Skizze zeigt die dunklen Bänder des Jupiter und den kleinen runden Schatten, den einer der Monde auf die Oberfläche des Jupiter wirft; daneben der Planet Saturn mit seinem geneigten Ring.

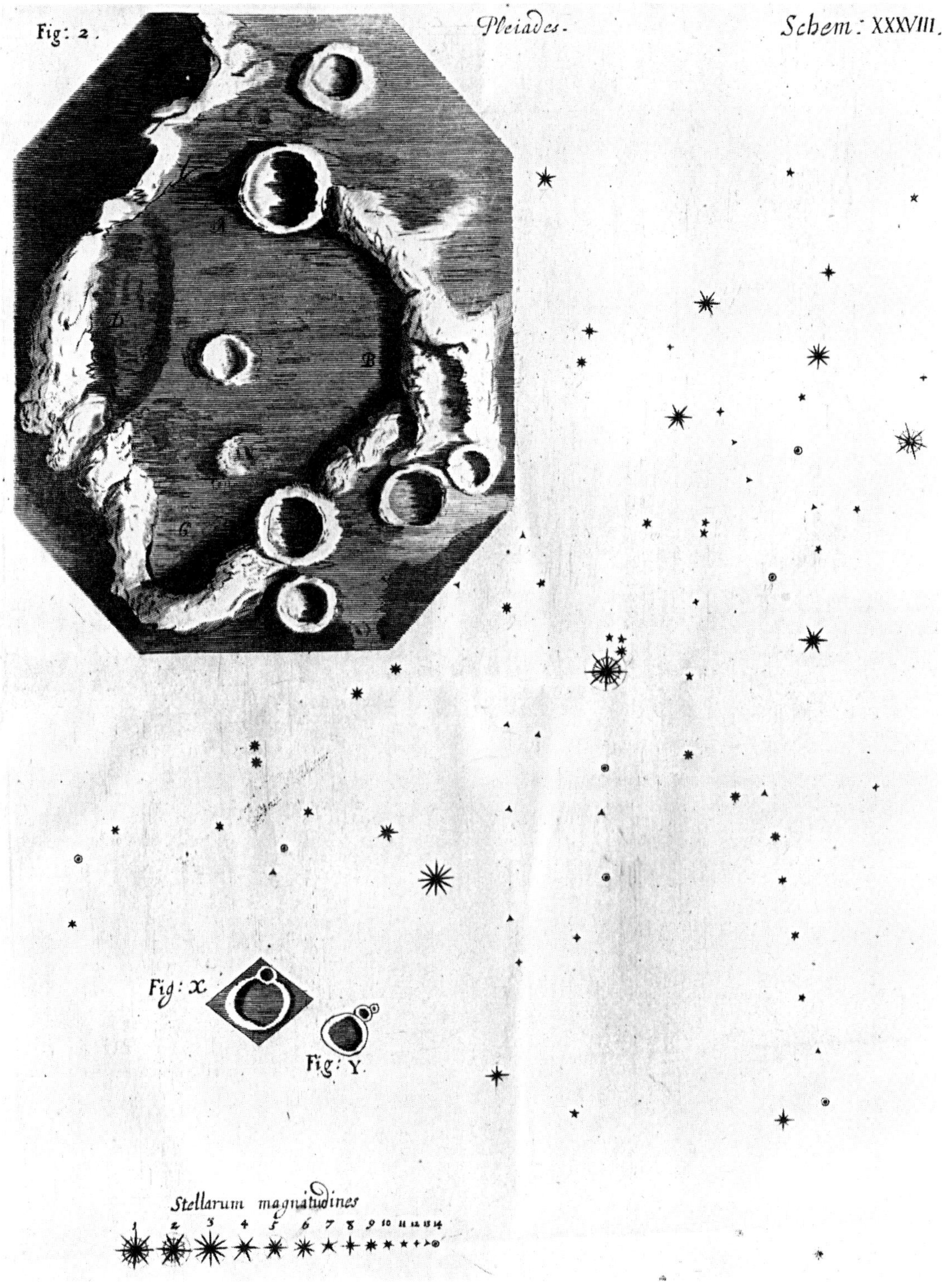

Robert Hooke, der Pionier des Mikroskops, veröffentlichte 1665 sein berühmtes Buch über die Mikroskopie. Es enthält auch eine Seite mit Zeichnungen, die er am Fernrohr gemacht hatte. Zu sehen sind Mondkrater und noch einmal eine Karte des Sternhaufens der Plejaden, auf der mittlerweile die Positionen von über siebzig Sternen verzeichnet sind.

das Astrophysikalische Observatorium der Universität Florenz. Es beherbergt Instrumente und Fernrohre einer Qualität, die Galilei nicht erahnen konnte, aber sicher bewundert hätte. Und das ist nur einer von Hunderten von Orten auf der ganzen Welt, an denen die Untersuchungen weitergeführt werden, die 1609 in Padua in einem Park oder auf einem öffentlichen Platz ihren Anfang genommen haben.

Das ist für mich der Beweis, daß selbst Zensur und Strafe die Arbeit Galileis nicht ungeschehen machen konnten. Das von ihm begonnene Werk ist noch lange nicht zu Ende. Es trägt immer wieder neue Früchte und führt zu Einsichten, auf denen unser Universum aufbaut, dessen Einheit weiter reicht und dessen – wenn auch erst bruchstückhaft erkannte – Ordnung tiefer liegt als alles, was Signor Galileo Galilei, das ehrwürdige Mitglied der Accademia dei Lincei, zu sehen hoffen konnte.

Das siebzehnte Jahrhundert erlebte einen Aufstieg der modernen Naturwissenschaften, der keineswegs auf die Astronomie beschränkt blieb, die im Mittelpunkt unseres Kapitels steht. Es soll hier genügen, an einen Teil der Errungenschaften zu erinnern, die in den Jahrzehnten nach 1610 durch das Fernrohr möglich wurden.

Galilei hatte drei Dutzend Sterne der Plejaden in seine vorläufige Himmelskarte eingezeichnet. Robert Hooke in London kannte um 1665 schon sechs bis acht Dutzend, und er hatte sich eine patente mechanische Einrichtung ausgedacht, mit deren Hilfe er genau aufzeichnen konnte, was er im Fernrohr sah. Christiaan Huygens in Den Haag konnte mit seinem eigenen, verbesserten Fernrohr sehen, daß der Saturn nicht das Dreifachgestirn war, für das man ihn gehalten hatte. Er erkannte, daß der Saturn einen flachen, geneigten Ring hatte und daß man manchmal nur die Kante, dann wieder einen Teil der Oberfläche dieses Rings sah. Er sah außerdem erstmals einen der Satelliten des Saturn. Einige Jahrzehnte später entdeckte J.-D. Cassini von Paris aus vier weitere sichtbare Monde des Saturn; die Bahnen der fünf Satelliten zeigten ähnliche Regelmäßigkeiten wie die der vier Jupitermonde. Cassini gelang es schließlich auch, die Pioniertat Galileis, die noch ungenaue Vorausberechnung der Umlaufbahnen der Jupitermonde, zu präzisieren. Die verbesserten Fernrohre zeigten mittlerweile die Planeten als kleine Scheiben, auf denen sogar Oberflächenstrukturen zu erkennen waren. Aufgrund dieser Strukturen konnte man feststellen, daß die Planeten Venus, Mars, Jupiter und Saturn wie Erde und Sonne um die eigene Achse rotieren.

Es war ein neues, nur mit dem Fernrohr sichtbares Sonnensystem, das sich hier auftat, weit größer und doch geordneter als der altvertraute, mit bloßem Auge sichtbare Himmel mit seiner Sonne, dem Mond und den fünf Planeten, die nur helle, sich bewegende Flekken gewesen waren. Die Bewegungen der wichtigsten Planeten wurden, ausgehend von den Beobachtungen Tycho Brahes, von Johannes Kepler ohne weitere empirische Beobachtung in Gesetze gefaßt. Die einfacher zu beschreibenden Bahnen der neuen Monde kamen zu denen der alten Planeten. Zusammen mit den Umlaufbahnen des Erdmondes und einiger Kometen ergaben sich damit vielfältige Probleme für eine Theorie, die alles unter einer Ordnung zusammenfassen wollte. Hundert Jahre nach Galileis Entwicklung des Fernrohrs nahm diese Theorie bei Isaac Newton Gestalt an. In seinen auf großartige Weise vereinheitlichenden Schriften zitiert er als erste Beispiele für die Überein-

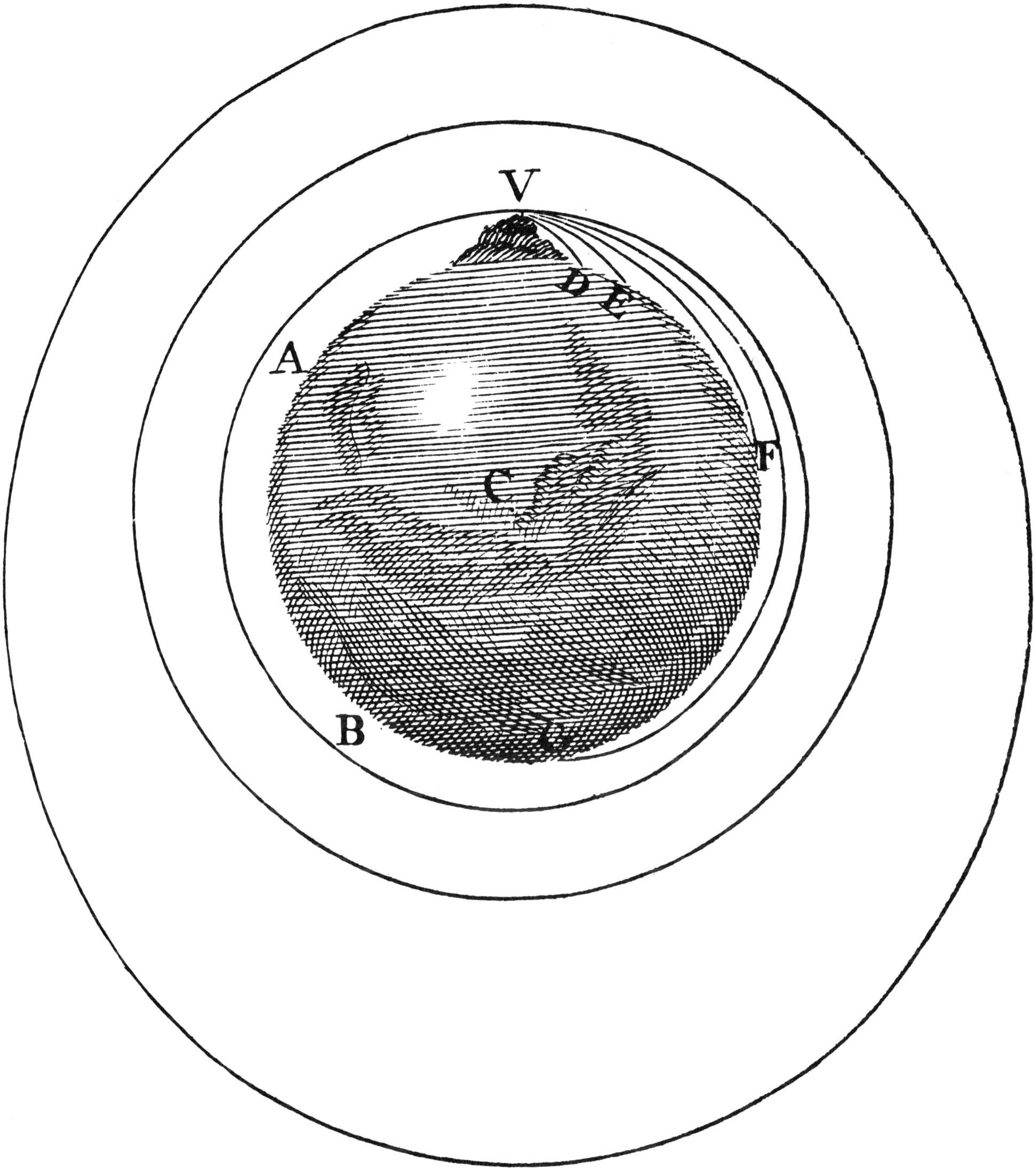

Künstliche Erdsatelliten, die Newton bereits Anfang des achtzehnten Jahrhunderts voraussah. Die Materie der Erde und der Sterne bildet nach Newton eine Einheit, sie wird durch die Schwerkraft bewegt; ein ausreichender Impuls kann eine Kanonenkugel in einen Trabanten verwandeln. (Die Probe aufs Exempel wurde allerdings erst 250 Jahre später gemacht.)

stimmung seiner Theorie mit der empirischen Beobachtung nicht die Bewegungen der alten Planeten, sondern die der neuen.

Galilei hatte mit seiner Beobachtung des Sonnenaufgangs über den Bergen des Mondes das Jahrhundert der Entdeckungen des Fernrohrs eingeläutet. Am Ende dieses Jahrhunderts steht der geniale Newton, der die Bewegung eines fallenden Apfels mit der Umlaufbahn des Mondes in Zusammenhang brachte. Galilei hatte auf dem fernen Mond eine vertraute Landschaft gesehen. Gerade diese Einheit der Erfahrung bildet das Herzstück von Newtons grundlegender Ordnung des Sonnensystems durch das Gravitationsgesetz. Die Erde wird jetzt als rotierender, um die Sonne kreisender und an den Enden abgeflachter Himmelskörper verstanden; neben der Umlaufbahn der Erde gibt es die Bahnen der anderen Planeten, deren Verlauf zumindest teilweise berechenbar ist.

Warum merken wir nichts von der allgegenwärtigen wechselseitigen Anziehungskraft, die zwischen den Gegenständen unserer Erde vorhanden sein muß, wenn es den Apfel zur Erde zieht? Newton zeigte, daß diese Kraft zu schwach ist, um von uns wahrgenommen zu werden. »Nein, ganze Berge reichen nicht aus, um eine spürbare Wirkung hervorzurufen.« Erst Nevil Maskelyne, der Königliche Astronom, konnte fünfzig Jahre später mit besseren Instrumenten vorführen, daß ein Berg sehr wohl eine wenigstens »meßbare Wirkung« ausübt. Aus seinen Messungen mit Hilfe eines Fernrohrs wurde deutlich, daß ein ganz gewöhnliches Senkblei durch die Anziehungskraft eines nahen Berges um eine winzige Spur seitwärts aus der Vertikale gezogen wird. Die Materie, die irdische und die kosmische gleichermaßen, war eine einzige gravitierende Masse.

Das Universum der Wissenschaften bildete eine Einheit: Überall gab es sichtbare Substanz, überall Bewegung, die man berechnen konnte.

Instrumente

Seit fünfzig Jahren feiert man einmal im Jahr auf dem Stellafane, einem grünen Hügel bei Springfield in Vermont, den Tag des Fernrohrs. Es sind Amateure beiderlei Geschlechts, überwiegend junge Leute, die sich hier treffen. Sie haben für ihren privaten Gebrauch Fernrohre gebaut oder träumen zumindest davon, einmal eines zu bauen. Kein Fernrohr gleicht dem anderen, aber alle Instrumente stehen in der großen Tradition Galileis.

Für mich bilden diese Leute deshalb eine Art Familie Galileis. Mit der Technik von heute arbeiten sie in Hinterhöfen und Kellern mit derselben Disziplin und Ausdauer wie Galilei und sein Assistent damals in Norditalien.

In Stellafane finden jährlich Wettbewerbe statt, bei denen die verschiedenen von Amateuren hergestellten Fernrohre nach Machart und Verwendbarkeit beurteilt werden. Ein junger Teilnehmer, der zum erstenmal dabei war, stand neben seinem neuen Fernrohr, einem schweren Spiegelteleskop von 25 cm Durchmesser, das auf einer großen hölzernen Montierung auflag.

TEILNEHMER: Das ist mein erstes Fernrohr, ein Newton-Spiegel von 25 cm Durchmesser.

EIN SCHIEDSRICHTER: Ihr erstes Fernrohr?

TEILNEHMER: Ja.

SCHIEDSRICHTER: Und Sie haben gleich beim erstenmal ein so großes Ding gebaut?

Ein Tag in Stellafane: Amateurastronomen und ihre selbstgebauten Instrumente.

TEILNEHMER: Ja, ich wollte schon immer ein Fernrohr mit 25 cm Durchmesser haben. Der Hauptspiegel war im April fertig, gestern nacht habe ich damit zum erstenmal Sterne beobachtet. Alles funktionierte prächtig, ich war wirklich zufrieden.

Instrumente wie das Fernrohr haben mit dem menschlichen Auge, ebenfalls einer Art Sehinstrument, eine Reihe von Eigenschaften gemeinsam. Im folgenden sei, gleichsam als Warnung, eine Geschichte erzählt, die davon handelt, wie leistungsstarke moderne Instrumente derselben Täuschung unterlagen wie das Auge.

Andere Fernrohre

Fernrohre sind im Lauf der Zeit größer geworden und haben sich verändert. Das Teleskop von Palomar in Kalifornien, das vor 40 Jahren fertiggestellt wurde, hat einen Durchmesser von 5 Metern und ist ein in jeder Beziehung erstaunliches Instrument. Aber obwohl es zu den größten Teleskopen überhaupt gehört, würde Galilei es doch anhand der Zeichnung als Fernrohr erkennen. Der über zwei Meter große Spiegel des Hubble Space Telescope soll bald wichtige Aufgaben im Orbit erfüllen. Die Herstellungsart erinnert stark an die Methode, mit der Don Dilworth seine Glaslinsen macht, wenn auch auf anderem Niveau und mit anderen Materialien. Bei der Antennenparade im Flachland von New Mexico handelt es sich um ein spezielles Radioteleskop. Trotz seines seltsamen Aussehens gehört auch dieses Teleskop zur Familie der Fernrohre.

Der Spiegel für das Hubble Space Telescope. Die große Stahlbrücke oben im Bild ist das Gegenstück zu Don Dilworth' hölzernem Arm; auch die Schleifvorrichtung ist zu sehen.

Ein sogenannter »Array« großer Radioteleskope.

Zeichnung des Teleskops von Palomar mit 5 Meter Durchmesser.

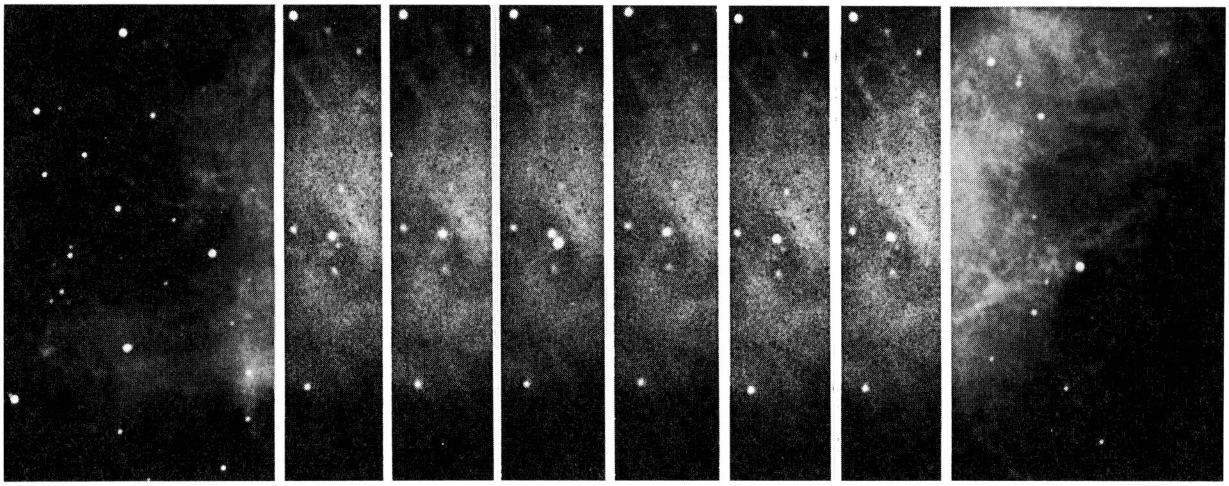

Sechs schmale Bildstreifen, die zur besseren Orientierung von zwei größeren Aufnahmen der äußeren Bereiche des Crabnebels eingerahmt sind. Es handelt sich um mit einem Stroboskop gemachte Aufnahmen des Crabnebels; der zentrale Doppelstern ist jeweils in der Mitte der Streifen zu erkennen. Man sieht, daß es sich um ein ungewöhnliches Sternenpaar handelt: Der etwas tiefer stehende rechte Stern blinkt auf den sechs Bildern zweimal auf. Die Photos wurden kurz nacheinander aufgenommen; der Stern wiederholt diesen zweifachen Lichtblitz dreißigmal pro Sekunde. Er blinkt schon seit Jahrhunderten, doch hatte kein Astronom das bemerkt.

Eine Hälfte des Doppelsterns im Zentrum des Crabnebel ist gewissermaßen ein »Betrüger«. Auf den ersten Blick scheint es sich um einen ganz normalen Stern zu handeln, um einen von Tausenden, die so schwach sind, daß man sie nur mit einem starken Fernrohr erkennen kann. Der Stern wurde nur wegen der ihn umgebenden leuchtenden Wolke, dem berühmten Crabnebel, hundert Jahre lang eingehend studiert. In Wirklichkeit handelt es sich aber keineswegs um einen gewöhnlichen Stern: Sein stetes Leuchten ist eine optische Täuschung, zu der die Instrumente und die Vorurteile der die Instrumente bedienenden Menschen beitrugen, eine Täuschung, die nicht durch einen Menschen, sondern durch die Natur hervorgerufen wurde.

Dabei spielen rasch aufeinanderfolgende Lichtblitze eine Rolle. Man kann sich das durch folgenden Versuch veranschaulichen: Man schaltet den Fernseher ein und sieht geradeaus auf den Bildschirm. Dann bewegt man die Hand mit gespreizten Fingern schnell vor den Augen auf und ab, wobei die Hand den Augen nicht zu nahe kommen darf. Es entsteht der Eindruck, daß der Bildschirm von horizontalen, dunklen Streifen gekreuzt wird, denn das Fernsehbild blinkt in Wirklichkeit fast dreißig- mal pro Sekunde. Das Auge kann den schnellen Wechsel nicht erfassen; deshalb sehen wir fließende Bewegungen. Erst durch die Handbewegung vor den Augen wird das Blinken des Bildschirms erkennbar.

Die Astronomen haben diesen Trick nie mit dem Fernrohr ausprobiert. Sie brauchten immer das ganze Licht, das sie von den sowieso schwach scheinenden Sternen bekommen konnten. Wenn teleskopische Aufnahmen des Sterns im Crabnebel gemacht wurden, waren es nie Momentaufnahmen, sondern Zeitaufnahmen, die Sekunden oder sogar Minuten dauerten. Außerdem war man überzeugt, daß Sterne sich zwar manchmal im Lauf von Stunden oder Monaten veränderten, daß aber kein Stern im Bruchteil von Sekunden blinken könne. Man sah daher auch keinen Grund, nach schnellem Blinken zu suchen.

1969 aber wurde ein solches schnelles Blinken bei dem Stern in der Mitte des Crabnebels entdeckt! Tatsächlich blinkt er konstant ungefähr dreißigmal pro Sekunde (rein zufällig also mit der Frequenz des Fernsehbildschirms). Der Stern blinkt schon seit Jahrhunderten, aber bisher hat niemand das bemerkt, weil niemand ihn daraufhin untersucht hat.

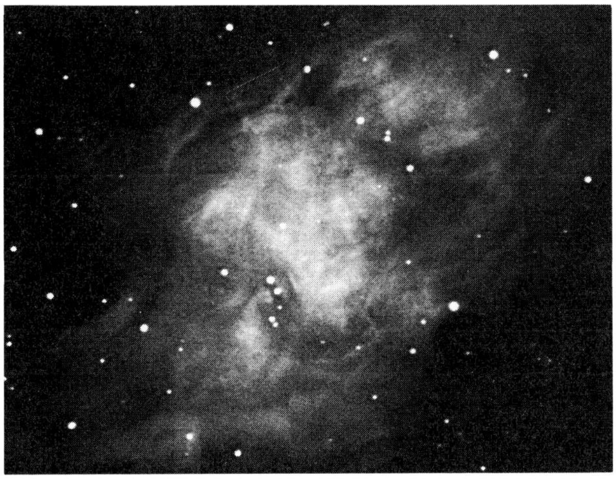

Der Crabnebel ist eine riesige, leuchtende Wolke, die bereits mit einem bescheidenen Fernrohr zu erkennen ist; einen Ausschnitt wie den hier gezeigten erhält man freilich nur mit großen Teleskopen und einer langen Belichtung. Im Umkreis der Wolke liegen zahlreiche weitere Sterne, die mit ihr nichts zu tun haben. Der Doppelstern im Zentrum der Wolke sieht aus, als könnte er dazugehören. Und tatsächlich: Einer der beiden Sterne ist der Ursprung der Wolke.

In den späten sechziger Jahren wurde an der Universität Cambridge ein spezielles Radioteleskop gebaut, mit dem man kleine Schwankungen in der Stärke von Radioquellen ausmachen konnte. Es wurde entwickelt, um schnelle Veränderungen zu erfassen, mit denen man aufgrund der Einwirkung der Atmosphäre (bzw. Ionosphäre) rechnete, ähnlich dem mit bloßem Auge erkennbaren Funkeln der Sterne. Bald hatten die Radioastronomen eine unerwartete Entdeckung gemacht: Irgendwo im Crabnebel – wo genau, ließ sich noch nicht sagen – gab es eine Quelle für in Sekundenbruchteilen aufeinanderfolgende Radiopulse.

Drei junge Astronomen aus Arizona kamen auf den Gedanken, nach Lichtblitzen zu suchen, die denselben schnellen Rhythmus wie der Radiopuls hatten. Da sie die genaue Frequenz kannten, wurden sie mit Hilfe ihrer elektronischen Technik rasch fündig. Ihre Entdeckung war eine Pionierleistung: Sie entdeckten, daß das Licht des Sterns im Crabnebel innerhalb von Sekundenbruchteilen an- und ausging. Voraussetzung der Entdeckung war aber, daß das richtige Instrument auf das richtige Ziel gerichtet wurde.

Wir waren die ganze Zeit Opfer eines Vorurteils gewesen, wir hatten uns durch die von uns selbst gewählte Sehweise täuschen lassen. Wie Augen und Ohren können auch wissenschaftliche Instrumente sich täuschen. Jedes Instrument hat seine Grenzen, die Kehrseite seiner Stärke. Verschiedene Instrumente ergänzen sich daher oft. Es war die zufällige Entdeckung einer anderen Art des Sehens, die das Tor zu dieser großen Entdeckung öffnete. Kleine Sterne können tatsächlich schnell blinken. Eine neue Sehweise hatte mit einer fest verwurzelten falschen Annahme aufgeräumt.

Heute kennt man mehrere solcher bemerkenswerten Blinker. Einige dieser Pulsare strahlen auch im Röntgengebiet, und man weiß von Hunderten von Sternen, die im Spektralbereich der Radiowellen pulsieren. Dabei handelt es sich um winzige, in sich zusammengestürzte und schnell kreisende Sterne, nicht größer als ein Berg, aber so massiv wie unsere Sonne.

Natürlich ist die Astronomie nicht die einzige Wissenschaft, und es gibt noch ganz andere wissenschaftliche Instrumente als Fernrohre aus Messing und Glas. Außerdem unterscheidet die Astronomie sich von anderen Wissenschaften durch ihre relative Passivität: Wir können die ferne Welt des Alls meist nur passiv beobachten, selten betreten und gar nicht verändern.

Jeder hat schon einmal eine verschimmelte Tomate in der Speisekammer gehabt. Aus der genauen Beobachtung des Vorgangs, der sich hier abgespielt hat, ist ein weltweit verwendetes Instrument entstanden, das für Biologen von entscheidender Bedeutung ist. Dieses Instrument besteht weder aus Rohren noch aus Linsen; es dient nicht der Astronomie, sondern der Biologie, besonders der Mikrobiologie. In dieser wichtigen Disziplin geht es um winzige Organismen, die wir als Gesunde und Kranke gut kennen, um die älteste und verbreitetste Form von Leben überhaupt.

Andere Sinne, andere Instrumente

Das Fernrohr kann man allgemein als Verbesserung unseres angeborenen Sehvermögens in bezug auf entfernte, nur schwach sichtbare Objekte beschreiben. Eine solche Verbesserung angeborener »Instrumente« durch künstlich geschaffene Instrumente ist eine unerläßliche Voraussetzung naturwissenschaftlicher Erkenntnisse. Instrumente wie das Fernrohr schlagen eine Brücke zwischen Alltagserfahrung und wissenschaftlicher Erkenntnis und verbinden das Konkrete mit dem Abstrakten.

Wenden wir uns einem anderen Instrument zu, das auf den ersten Blick leicht zu verstehen ist, dann aber dem Verständnis beträchtliche Schwierigkeiten macht: dem Kompaß. Die frei bewegliche Magnetnadel wurde im frühen Mittelalter in

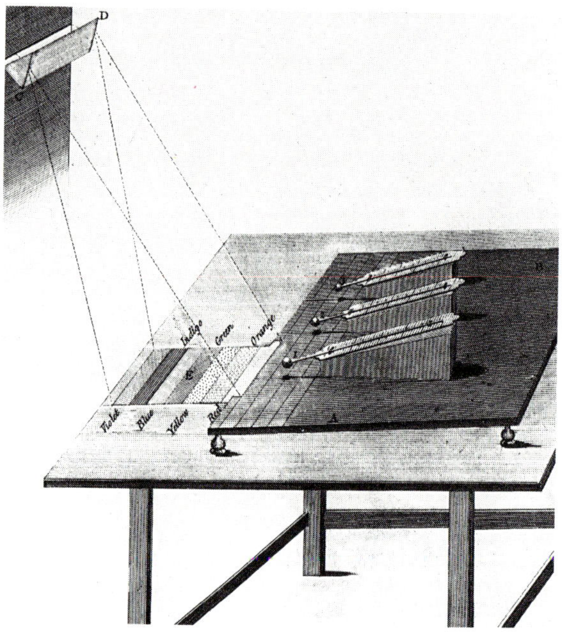

Jenseits des roten Endes des Spektrums entdeckte man unsichtbares Licht. Die beiden Bilder zeigen einen entsprechenden Versuch des achtzehnten Jahrhunderts und dessen moderne Version: Thermometer erwärmen sich im verschiedenfarbigen Licht des Sonnenspektrums; am höchsten steigt die Temperatur unter Einwirkung der unsichtbaren Infrarotstrahlung jenseits des roten Endes des Spektrums.

Voltaire brachte eine vielbewunderte, allgemeinverständliche Darstellung der Erkenntnisse Newtons heraus. Darin findet sich diese Zeichnung der Streuung des Sonnenlichts in die Farben des Regenbogens – die sieben »Primärfarben« – durch ein Glasprisma.

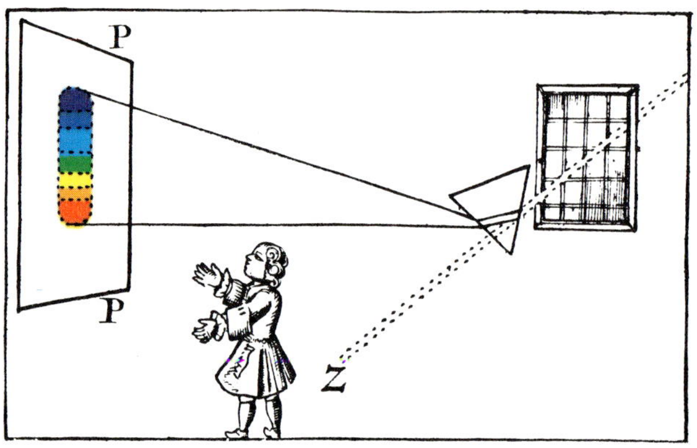

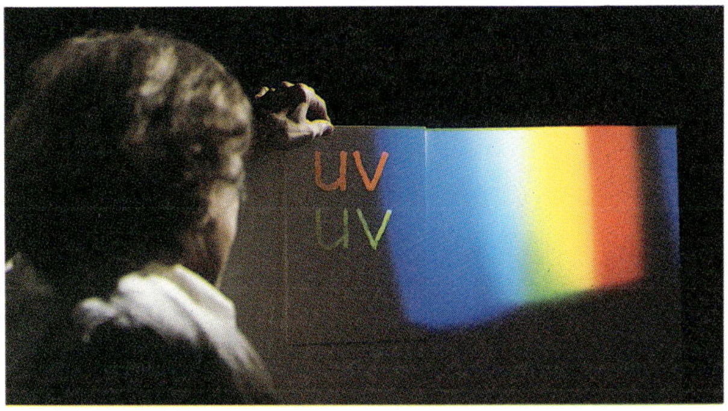

Ein in einem verdunkelten Raum mit einem Filmprojektor erzeugtes Spektrum. Jenseits des violetten Endes glimmen fluoreszierende Buchstaben; auf ihre Oberfläche fällt Licht, das mit dem Auge nicht wahrnehmbar ist. Die bei Tage leuchtenden Pigmente können ultraviolettes Licht in sichtbare Farben umwandeln.

China erfunden. Durch einige Versuche – stimmen die verschiedenen Kompasse überein? Zeigen alle ein in der Nähe befindliches Stück Eisen an? – können wir uns rasch überzeugen, daß der Kompaß Dinge anzeigt, die wir ohne ihn nicht bemerken würden.

Sehen wir uns als nächstes den Regenbogen an. Ein natürlicher Vorgang – die Brechung des Sonnenlichts durch Tausende von Regentropfen – versetzt unser Auge in die Lage, eine ganze Skala von Farbschattierungen zu sehen, die wir sonst im weißen Sonnenlicht nicht sehen. Neben dem Regentropfen gibt es andere Möglichkeiten, Licht zu brechen. Die älteste Methode ist ein Prisma aus durchsichtigem Glas. Das Newtonsche Prisma zerlegte das Licht in die Farben des Regenbogens, ein sogenanntes Spektrum. Mit ihm konnte man

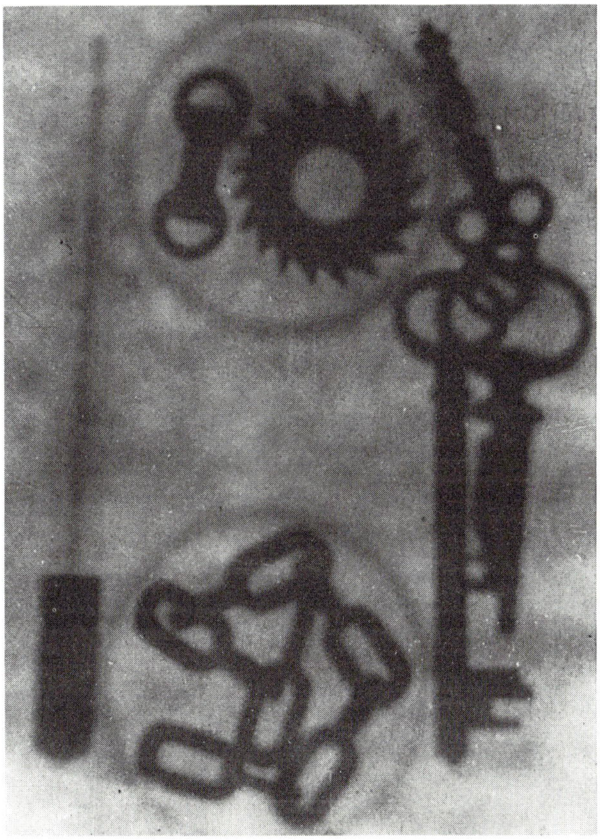

Hier sind im Inneren einer geschlossenen Holzkiste deutlich die Schatten einer Kette, eines Zahnrads und einiger Schlüssel zu sehen. Materialien wie Holz können die unsichtbaren Röntgenstrahlen mühelos durchdringen. Das Photo ist vielleicht die früheste Röntgenaufnahme, die in den Vereinigten Staaten gemacht wurde.

Der Himmel mit dem Radioteleskop gesehen: Die Grauschattierungen entsprechen der Intensität der Radiostrahlung; der Hintergrund ist schwarz. Könnten wir dieses Radioband sehen wie weißes Licht, würde uns der Himmel Tag und Nacht in etwa so erscheinen. Der große weiße Fleck ist das Zentrum der Milchstraße.

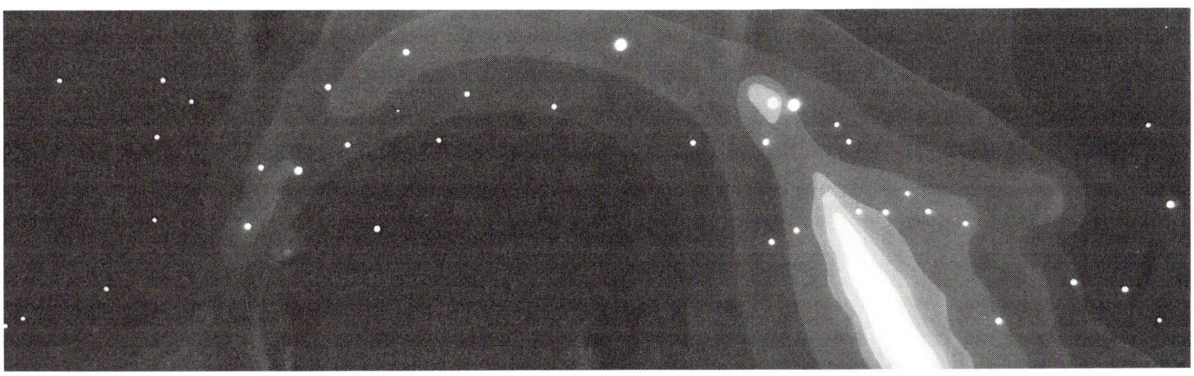

Nicht alle Lebewesen haben Augen wie wir. Schmetterlinge reagieren, wie manche Filme, auf Ultraviolett. Auf den blauen Bildern, die mit ultraviolettem Licht von einem Schmetterlingspaar gemacht wurden, sind auf den Flügeln des Männchens helle Markierungen zu sehen, die für seine Artgenossen vermutlich sichtbar sind. In dem Licht, das wir sehen können, sehen beide Geschlechter ungefähr gleich aus.

die bisher vom subjektiven Eindruck abhängige Einteilung der Farben objektivieren, indem man sie der Reihe nach aufzeichnete, wodurch man gleichzeitig eine größere Vollständigkeit der Farbskala erreichte. Zugleich entdeckte man dadurch die Existenz unsichtbaren Lichts, so wie einst der Kompaß die unsichtbare Kraft des Magnetismus angezeigt hatte.

Da Sonnenlicht bekanntlich warm ist, lag es nahe auszuprobieren, wie ein Thermometer auf die verschiedenen Farben des Sonnenspektrums reagieren würde. Überraschenderweise stellte man fest, daß das Thermometer jenseits des roten Endes des Spektrums, also dort, wo das Auge keine Farbe mehr sieht, eine höhere Temperatur anzeigte als im Bereich der sichtbaren Farben. Wir nennen diese unsichtbare Farbe das Infrarot. Zu dieser Entdeckung kam ungefähr ein Jahr später, 1801, eine weitere am violetten Ende des Spektrums: Man entdeckte, daß ein mit Silberchlorid überzogenes Papier, das sich im sichtbaren Teil des Sonnenspektrums schwarz verfärbt, jenseits des violetten Endes noch schneller schwarz wird. Man war auf das unsichtbare, ultraviolette Licht gestoßen.

Bis zum Ende des neunzehnten Jahrhunderts war das sichtbare Spektrum sowohl durch die Theorie des Elektromagnetismus als auch auf direktem

Weg durch die Suche mit neuen Instrumenten weiter ausgedehnt worden; dabei wurde der Funkbereich entdeckt, der heute im Alltag eine so wichtige Rolle spielt. Eine eher zufällige Kette von Ereignissen führte zur Entdeckung der geheimnisvollen Röntgenstrahlen, einer Strahlung, die sogar durch für andere Strahlen undurchlässige Materie dringt und auf gewöhnlichem Photomaterial ein schattenhaftes Bild hinterläßt. Auch Radiowellen sind in gewisser Hinsicht durchdringend, bringen aber nicht zugleich sichtbare Resultate hervor. Mittlerweile wissen wir natürlich, wie wir Informationen aus beinahe jedem Kanal in ein sichtbares Bild umwandeln können (und eine Radiokarte des Himmels stellt eine völlig neue Domäne astronomischer Praxis dar). Von Galileis Fernrohr bis zum Radioteleskop war es ein weiter Weg, und doch sind beide eindeutig miteinander verwandt.

Die Ausdehnung unseres Farbensinns veranschaulicht stellvertretend, welche Bedeutung Instrumente für die Erweiterung des wissenschaftlichen Erfahrungshorizontes haben. Die Wissenschaft geht über die Alltagserfahrung hinaus und steht zugleich mit ihr im Einklang. Das Verhältnis von Wissenschaft und Alltagserfahrung läßt sich mit dem der normalsichtigen Person zum Farbenblinden vergleichen; der Unterschied ist nicht größer als der zwischen Freund und Nachbar.

Worauf können wir schließen, wenn wir auf der Tomate einen pelzigen Schimmelfleck sehen? Wir können schließen, daß vor ein oder zwei Wochen die Spore eines Schimmelpilzes auf die glatte Haut der Tomate gefallen ist. Sobald die Spore den Nährboden gefunden hatte, den sie brauchte, wuchs sie, bis zuletzt der anfangs für das Auge unsichtbare und nur unter dem Mikroskop erkennbare Punkt deutlich zu sehen war.

Diese Beobachtung liegt einer bedeutenden mikrobiologischen Technik zugrunde, bei der der Wissenschaftler einen natürlichen Organismus verwendet, der wächst und dabei sichtbar wird.

Die flache, runde Schale mit Deckel, nach ihrem Entdecker Petri-Schale genannt, ist in der Praxis nicht so unentbehrlich wie die Linse für das Fernrohr. Aber sie ist nützlich, man sieht solche Schalen daher zu Hunderten und Tausenden in jedem modernen mikrobiologischen Labor.

Die Vorgehensweise ist genauso leicht zu verstehen wie der Vorgang, der sich auf der Tomate abgespielt hat. Man setzt in einer Petri-Schale eine durchsichtige Nährlösung an. Gewöhnlich sterilisiert man zuerst noch die ganze Schale unter Druck mit Wasserdampf, um sicherzugehen, daß keine lebenden Bakterien mehr darin sind. Durch die Zusammensetzung der Nährlösung, die Temperatur und die beigegebenen Nährstoffe kann man günstige Bedingungen für den gewählten Organismus schaffen und zugleich das Wachstum anderer Organismen unterdrücken; Tomatenschimmel gedeiht nicht auf einer Orangenschale. Mikrobiologie ist immer auch Intervention.

Nun verteilt man die Probe auf der Oberfläche der Nährlösung, bedeckt die Schale und läßt sie nach Belieben eine Weile stehen, um das Wachstum der Organismen abzuwarten. Wenn die Probe nur einige (aber auch nicht zu viele) der gewünschten lebenden Organismen enthielt, wird man bald feststellen, daß jeder eine einzelne Kolonie gebildet hat, wobei jede Kolonie ein Klon der ursprünglichen Zelle ist. Hätte man vorher einen Teelöffel mit der Probe unter dem Mikroskop untersucht, hätte das viel Zeit in Anspruch genommen, und man hätte überdies noch

An einer schimmligen Tomate läßt sich ein Prinzip verdeutlichen, das für Mikrobiologen von großer Bedeutung ist.

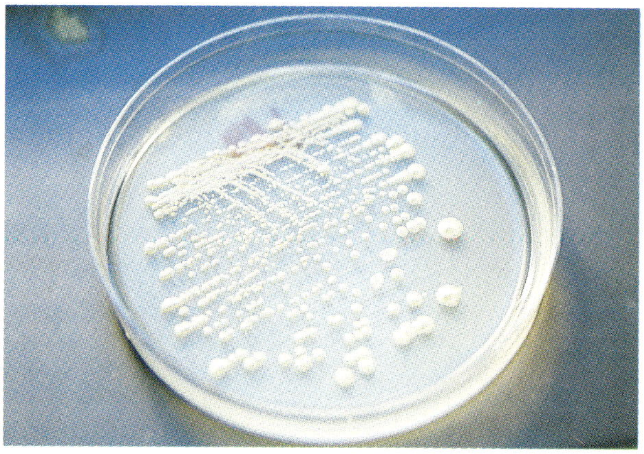

In der Nährlösung dieser flachen Schale gedeihen Bakterien vorzüglich. Jeder Punkt ist ein Klon lebender Bakterien, der Nachfahren einer ersten, nicht sichtbaren Zelle, die mit einigen weiteren Zellen hier ausgebracht wurde. Jetzt sind die Bakterien gut sichtbar und leicht zu zählen bzw. für einen weiteren Versuch zu verwenden.

Petri-Schalen werden in diesem Labor viel benutzt.

nichts über die Lebensfähigkeit der Organismen gewußt. Mit Hilfe der Petri-Schale sind Klone entstanden, die nun erneut vermehrt werden können, damit man die Eigenschaften der jeweiligen Organismen besser untersuchen kann. Eine Petri-Schale mit Kolonien entspricht den Parzellen einer landwirtschaftlichen Experimentierstation.

Auf eindrucksvolle Weise ist diese anwendungsreiche Methode zuerst in der Mikrobiologie und dann auch in der Molekularbiologie entwickelt worden. Die Idee einer Reinkultur, die sich selbständig vermehrt, wie sie durch die kleine Petri-Schale symbolisiert wird, ist in der Tat eine höchst bedeutsame Entdeckung.

Fassen wir zusammen: Wir haben »angeborene« Instrumente, mit denen wir gut umzugehen verstehen – unsere Augen, die Ohren, den Tastsinn, allgemein die Sinnesorgane. Daneben gibt es die immer weiter entwickelten Instrumente der Wissenschaft und Technik. Ich hoffe, ich habe gezeigt, wie eng verwandt beiden Arten miteinander sind. Die Linsen aus Glas sind zwar einfacher als die natürlichen Linsen des Auges, aber letzten Endes gar nicht so verschieden.

In naturwissenschaftlichen Büchern stehen wissenschaftliche Instrumente selten im Mittelpunkt. Der Verfasser konzentriert sich meist auf die wichtigsten Ergebnisse der jeweiligen Wissenschaft. Solche Ergebnisse, die aus empirischer Beobachtung und theoretischer Deutung bestehen, sind die Bausteine für das Haus der Wissenschaft. Instrumente aber sind die Werkzeuge und die Hilfsmittel des Baumeisters; mit ihnen werden die Bausteine überhaupt erst zusammengetragen, bearbeitet und eingefügt.

Die Wissenschaft ist freilich ein viel komplexeres

Gebilde als ein Haus. Eine Theorie, mit der schon lange gearbeitet wird, ist zu einer nicht mehr hinterfragten Selbstverständlichkeit geworden. Sie wurde immer wieder mit denselben alten Experimenten überprüft. Ihre Kanten sind geglättet. Aber die Wissenschaftler sind immer auf der Suche nach etwas Neuem. Manchmal braucht es nur eine ungewohnte, neue Perspektive, um die Gültigkeit einer alten Theorie in Frage zu stellen. Dann werden die Instrumente wieder mehr als nur ein Hilfsmittel, sie werden zu den Augen, mit denen wir das Neue erkennen und verstehen.

Natürlich ziehen umgekehrt neue Theorien und Ergebnisse auch neue Instrumente nach sich. Mit den neuen Instrumenten wiederum kann man im Lauf der Zeit tiefer in die Grundlagen der Theorie eindringen, die dem Bau der Instrumente zugrunde liegt. Die Radiostrahlung war einmal nur eine neue, glänzende Bestätigung der Berechnungen der Theoretiker, die Röntgenstrahlung nur eine verblüffende Zufallsentdeckung. Heute sind beide unschätzbare Werkzeuge der Wissenschaft; durch sie wurden neue astronomische Instrumente möglich, die ganz neue Gesichter des Universums aufzeigen.

Es ist ein langer, spannender Kreislauf: Auf alte Fragen findet man durch harte Arbeit schließlich Antworten, die nun ihrerseits neue und schärfere Fragen provozieren. Es sind die neuen Instrumente und die durch sie gewonnenen neuen Erkenntnisse, die den Rhythmus einer lebendigen Wissenschaft bestimmen.

Das mehrfache Bild

Auge und Gehirn setzen die einzelnen Bilder, die sie der sich bewegenden Welt entnehmen, zu einem kontinuierlichen Fluß zusammen. Aber sowohl der Wissenschaftler wie der Künstler haben

Gjon Mili, 1947.

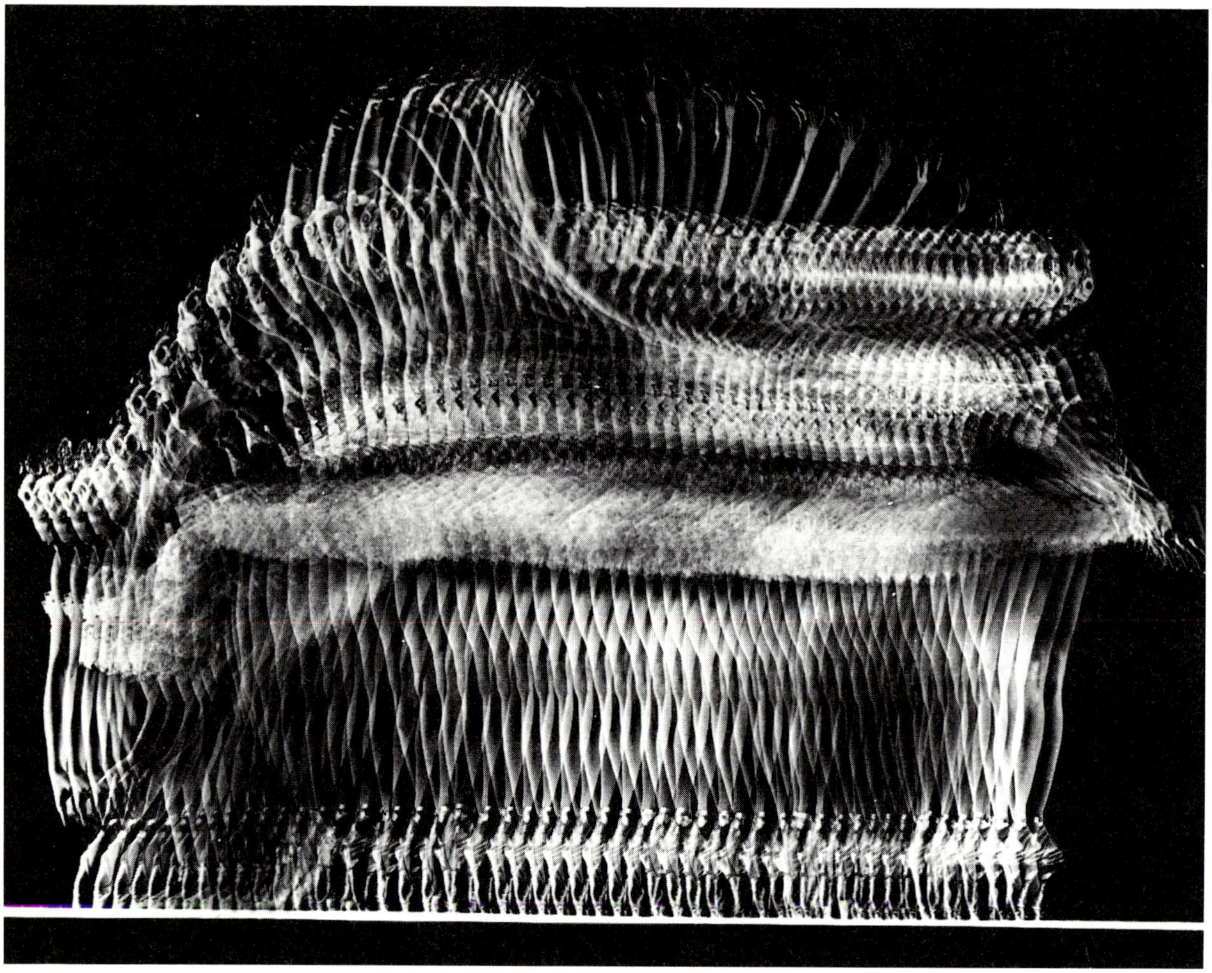

Eadweard Muybridge, 1887.

Möglichkeiten gefunden, Bewegung und Veränderung ohne diese innere Verarbeitung zu suggerieren, die wir so wenig verstehen. Sie haben den Fluß, statt ihn zusammenzufügen, zerhackt.

Hier sind drei Beispiele. Das erste ist die Arbeit eines technischen Pioniers, des Photographen Eadweard Muybridge. Zeit seines Lebens befaßte er sich mit dem Studium der Bewegung. Er arbeitete mit festinstallierten Kameras, die er in einer Reihe aufstellte. Ihre Verschlüsse wurden hintereinander von vorübereilenden Personen durch Stolperdrähte ausgelöst. Sein umfangreiches Werk ist so schön wie lehrreich; es vereint Wissenschaft und Kunst und gehört zu den Vorläufern des Kinos.

Der Maler Marcel Duchamp verwendete ebenfalls Bildsequenzen als Grundlage für zeichnerische Bewegung. Man möchte annehmen, daß er Muybridges Photos, den Kinofilm und den Zeichentrickfilm gekannt hat, aber er war ein so produktiver Geist, daß er auf diese Vorbilder wohl nicht angewiesen war.

Die Photographie von Gjon Mili stammt aus späterer Zeit. Der Röhrenblitz macht hier möglich, was die anderen beiden Künstler sich erst mühsam erarbeiten mußten.

Hier stehen wir an der amüsanten Grenze zwischen Kunst und Wissenschaft. Beide haben uns neue Perspektiven auf die unerschöpfliche Vielfalt unserer Welt eröffnet.

Marcel Duchamp, 1912.

2
VERÄNDERUNG

Alles fließt, heißt es bei Heraklit, nichts ist beständig. Wir leben in einer Welt, die nicht allein aus statischen Formen und Strukturen besteht, sondern auch aus Geschehen und Veränderung; es gibt sowohl das Sein als auch das Werden, um noch einmal die alten Griechen zu zitieren.

Eine Eiswand stürzt ein, eine Feder schwebt zu Boden, eine Stahlplatte rostet jahrzehntelang vor sich hin und verwandelt sich in eine rötlichbraune Masse, eine Blume blüht auf, aus hartem Mais wird weiches Popcorn, ein Wald brennt nieder, ein Steichholz verglimmt: In jeder Veränderung gibt es einen bleibenden Kern. Die Veränderung mag schnell oder langsam vor sich gehen, groß oder klein sein, spektakulär oder nur folgerichtig: Wir dürfen mit Recht annehmen, daß es trotz der Vielfalt des Wandels Gesetze gibt, die für alle der bisher untersuchten Prozesse gelten. Eine der erstaunlichsten und folgenreichsten Erkenntnisse der Wissenschaft besagt, daß es bei jedem Prozeß ein oder zwei Größen gibt, die konstant bleiben.

In diesem Kapitel ist unser Thema das großartige Gesetz der Konstanz. Die Konstanz ist eine Grundeigenschaft unseres Universums; in ihr kommt jenes Gleichgewicht zum Ausdruck, das erfahrungsgemäß bei aller Veränderung erhalten bleibt.

Was man im achtzehnten Jahrhundert entdeckte

Funken sind etwas Flüchtiges, Vergängliches, ein Symbol des Immateriellen. Sie glühen auf, sind eine Weile zu sehen und verlöschen plötzlich wieder. Die Welt der Veränderungen nur als Welt von Funken zu sehen ist freilich naiv; wir unterliegen diesem Trugschluß, weil wir Augenwesen sind, die zu schnell glauben, was sie sehen.

Es ist nicht schwer, die Funken einer gewöhnlichen Wunderkerze einzufangen. Dazu genügt ein Blatt Papier. Während die meisten Funken durch die Luft davonstieben, springen einige von ihnen auf das Papier, bevor sie verlöschen.

Bleibt auf dem Papier etwas zurück? Man biegt die Ränder des Papiers nach oben, damit eventuelle Reste nicht verlorengehen, und klopft dann sacht an das Papier. Auf dem Boden des Blatts sammelt sich ein dunkler Streifen. Mit einem ganz normalen Vergrößerungsglas untersuchen wir ihn genauer.

Dabei tritt etwas Erstaunliches zutage: Der Streifen besteht aus lauter kleinen, glitzernden Kügelchen. Die Funken sind also nicht spurlos verschwunden, sondern haben einen Rest zurückgelassen.

Woraus bestehen die Kügelchen? Die Antwort ist leicht zu finden. Man fährt mit einem Hufeisenmagneten über den Streifen. Die kleinen Perlen springen ihm munter entgegen. Der Hersteller der Wunderkerzen wäre davon nicht überrascht; er hat seiner Feuerwerksmischung Eisen- oder Stahlspäne zugegeben. Das Feuer erhitzt die Späne; sie schmelzen und fliegen als runde Tröpfchen durch die Luft. Die hellen Funken, die wir gesehen haben, sind solche Tröpfchen, die auseinanderstieben, abkühlen und dann zwar nicht mehr zu sehen sind, aber nicht aufgehört haben zu existieren.

Die Funken sind in Wirklichkeit feste Partikel, geschmolzene und glühende Eisenkügelchen. Man darf sich nicht zu sehr auf das Auge verlassen und glauben, wenn wir etwas nicht mehr sehen, habe es aufgehört zu existieren. Materie verschwindet nicht, sie bleibt erhalten.

Von der raschen Verwandlung eines Maiskorns in weißes Popcorn – hier eine Stroboskopaufnahme – bis zur langsamen Verwandlung von Stahl in einen formlosen Rostklumpen steckt die Welt voller großer und kleiner Veränderungen.

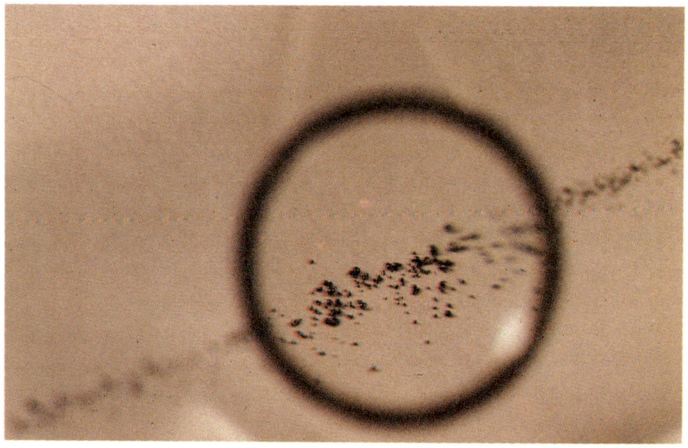

Die Funken einer Wunderkerze: Blendend hell leuchten sie für einen Moment auf, dann werden sie zu winzigen Eisenkügelchen.

Ein anderes Beispiel aus dem Alltag ist die Kerzenflamme; wir wissen, daß sie hell und heiß ist und daß über ihr warme Luft aufsteigt. Weiter nehmen wir nichts wahr. Aber schon seit jeher ist es neugierigen Kindern gelungen, eine Eigenschaft der Flamme zu entdecken, die man nicht sehen kann. Dazu genügt ein kalter Löffel. Er wird gegen die Flamme gehalten; auf der metallenen Oberfläche erscheint plötzlich aus schwarzem Ruß eine Art Abdruck der Flamme.

Es ist Materie, die hier kondensiert. Man kann den Versuch modifizieren, indem man eine kalte Messerklinge über die Flamme hält und sie etwas oberhalb der sichtbaren Flammenspitze über die Flamme bewegt. Auf der Klinge schlägt sich Dampf nieder, der wieder verschwindet, sobald das Metall sich erwärmt: In der Flamme ist auch Wasser, das verdampft. Eine Flamme sendet verschiedene Substanzen aus. Auch hier spielt das Unsichtbare eine Rolle; es kann so wichtig sein wie das Sichtbare. Warum sollten physikalische Prozesse auch Rücksicht auf die Beschränkungen unseres Sehorgans nehmen?

Wenden wir uns einem anderen Beispiel zu. Wenn wir ein Glas gespült ins Regal stellen, sagen wir mit unserem gesunden Menschenverstand: Das Glas ist leer. Wir wissen zwar, daß es voller unsichtbarer Luft ist, aber im Alltag spielt das keine Rolle; wenn wir Wasser in das Glas gießen, entweicht die Luft. Versuchen wir dagegen, das Glas zu füllen, indem wir es mit der Öffnung nach unten in Wasser tauchen, merken wir sofort, daß es voller Luft ist. Für den Taucher, der zu der für Notfälle bereitstehenden, mit Luft gefüllten Taucherglocke schwimmt, ist der Inhalt dieser Glocke das Wertvollste überhaupt, auch wenn die Luft in ihr so wenig zu sehen ist wie im Glas auf dem Küchenregal.

Sehen wir uns einen laufenden Automotor an. Der Motor saugt durch einen großen Luftfilter, oft aber auch durch einen speziellen, zentimeterbreiten Schlauch, der unter der Motorhaube nach vorn läuft, Luft an.

Halten wir vor das Ende dieses Schlauches einige Plastikstreifen oder eine Rauchquelle und bringen den Motor auf Touren, zieht es die Bänder beziehungsweise den Rauch mit der einströmenden Luft in den Schlauch. Der Motor »atmet« mit aller Kraft ein, und der Schlauch ist sozusagen seine Nase.

Fische, Insekten, Vögel, Säugetiere und Menschen atmen alle, und wie sie braucht auch ein Feuer oder ein Motor Luft. Ohne Luft geht alles zugrunde. Daß auch ein Auto unbedingt Luft braucht, vergessen wir natürlich leicht. Jeder Autofahrer muß Benzin tanken und dafür bezahlen; die ebenso wichtige Luft dagegen, in Wirklichkeit so etwas wie eine zweite Tankfüllung, bekommt er gratis, deshalb denkt er nicht an sie. Die Luft fließt unsichtbar in Lungen und Motoren. Ein Autodesigner muß dem in seinen Entwürfen Rechnung tragen. Das ist oft nicht weiter schwer. So erhalten besonders starke Motoren, die mehr Luft brauchen, als durch den vorhandenen Luftstrom zugeführt werden kann, über einen Turbolader zusätzliche Luft.

Alle Lebewesen atmen, solange sie leben. Die antiken Ärzte kannten den Sinn des Atmens nicht: Kühlte es das Blut, oder brachte es das Blut in Wallung?

Vielleicht können wir die Bedeutung der Luft besser begreifen, wenn wir uns klarmachen, daß ein Motor auf vier Liter Benzin den Sauerstoffgehalt von über fünfzig Kilogramm Luft verbraucht. Das entspricht dem Luftvolumen eines durchschnittlich großen Zimmers. Vier Liter Benzin verbrauchen beim Verbrennen die gleiche Menge an Sauerstoff wie zwölf Menschen an einem Tag.

Der Taucher weiß, daß ein luftgefüllter Behälter nicht leer ist; die Beschreibung des Glases im Regal als luftgefüllt ist dann sinnvoll, wenn wir uns vergegenwärtigen, daß Gläser auch zu ganz anderen Zwecken verwendet werden können als zum Trinken. Immer müssen wir daran denken, daß unsere Sinnesorgane – wie überhaupt alle Instrumente der Wahrnehmung – parteiisch sind, wenn wir verstehen wollen, wie notwendig es ist, das Geschehen unserer Umwelt nicht nur auf den Augenschein hin zu untersuchen, sondern gründlicher, mit dem Vergrößerungsglas oder der chemischen Analyse. Oft ist ein wissenschaftliches Experiment nichts weiter als die methodisch überlegte Ausweitung einer alltäglichen Erfahrung, wobei das Experiment entweder auf einer neuen instrumentellen Wahrnehmung aufbaut oder das Vertraute in einen neuen Zusammenhang stellt. Zu verstehen, was wir im Alltag tun, ist gar nicht so verschieden von der Einsicht des Wissenschaftlers. Der Unterschied besteht hauptsächlich darin, daß der gesunde Menschenverstand immer von einer normalen Umgebung und gewöhnlichen Umständen ausgeht. Im Gegensatz dazu soll die wissenschaftliche Erkenntnis für die verschiedensten Umstände gelten; sie muß deshalb ihre Gültigkeit erst in vielen Experimenten beweisen.

Entfernen wir uns noch einen Schritt weiter von der sichtbaren Welt des gesunden Menschenverstandes, und erinnern wir uns an ein altbekanntes Instrument, mit dem seit jeher die verschiedensten Dinge gemessen und verglichen wurden: die Waage. In den verschiedensten Ausführungen findet sie im Supermarkt und überall dort Verwendung, wo Konserven abgefüllt und Kartons gepackt werden. Archäologen haben eine noch funktionierende gleichschenklige Waage ausgegraben, die vor sechstausend Jahren im vorzeitlichen Ägypten benutzt wurde.

Mit der Verbreitung der Waage klingt in der Geschichte zum erstenmal unser Thema der Konstanz in der Ver-

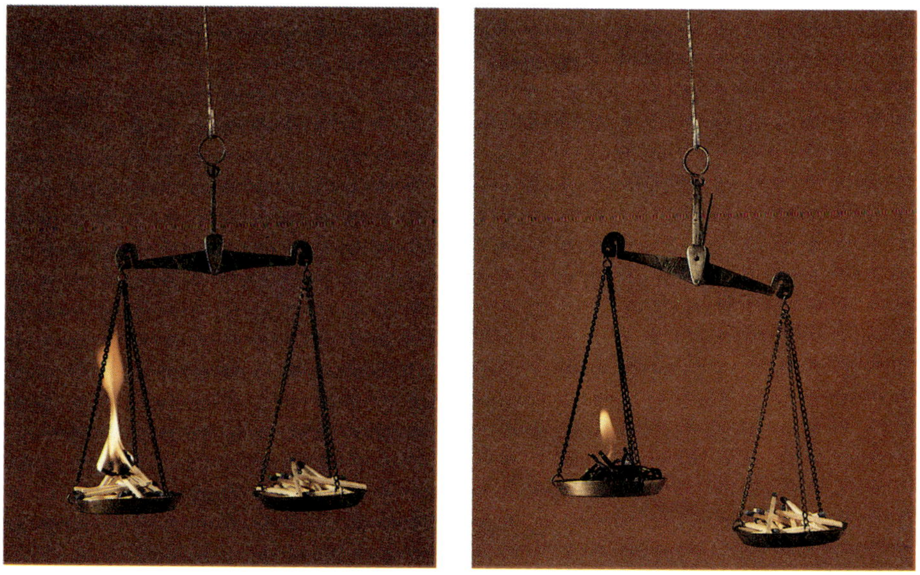

Brennende Streichhölzer verlieren Substanz und damit Gewicht. Die Waagschale steigt.

änderung an. Nach und nach haben die Handwerker der verschiedenen Zünfte gelernt, die Waage zu gebrauchen. Die Summe der Erfahrungen mit der Konstanz des Gewichts wurde von französischen Chemikern zur Zeit der Französischen Revolution auf allgemeingültige Formeln gebracht.

Die anhand der Waage gewonnenen Erkenntnisse kann jeder leicht selber mit einer Waage nachvollziehen. Angenommen, man verteilt ein Dutzend Streichhölzer zu gleichen Teilen auf die zwei Waagschalen und zündet die Streichhölzer der einen Schale an. Sobald die Stichflamme in sich zusammengesunken ist, steigt die Schale mit den verkohlten Streichhölzern nach oben, denn sie ist deutlich leichter geworden. Die Waage zeigt an, was jeder weiß: Holz verbrennt zu einer volumenmäßig viel kleineren Menge an Holzkohle und Asche; die unsichtbaren Verbrennungsprodukte sowie Rauch, Funken und Ruß haben Gewicht und Volumen verringert.

Nicht bei jeder Veränderung nimmt das Gewicht ab. Um das Gegenteil zu demonstrieren, bringt man einen Löffel weißen Pulvers, wie es als Trockenmittel verwendet wird, auf eine empfindliche Waage. Nach wenigen Minuten wiegt das Pulver mehr, und man sieht, daß der vorher trockene Stoff feucht geworden ist. Aus dem nicht sichtbaren Wasserdampf der Luft hat sich Wasser in flüssiger Form dem Trockenmittel beigemischt.

Das folgende Experiment bestätigt unsere bisherige Erkenntnis. Zu Beginn stellt man wieder gleich schwere Gegenstände auf die beiden Waagschalen: Auf jede Schale kommen eine kleine Flasche mit Wasser, die

Das leuchtend rote Quecksilberoxyd zerfällt bei vorsichtigem Erwärmen in seine beiden elementaren Bestandteile, in Bläschen aus kondensiertem, flüssigem Quecksilber und den unsichtbaren Sauerstoff. Da das Glas dicht verschlossen ist, ändert sich das Gewicht nicht, auch wenn das Erscheinungsbild sich stark verändert hat.

offen ist (der Deckel liegt abgeschraubt daneben), und zwei Tabletten des berühmten Alka-Seltzer (Natriumbikarbonat mit Zitronensäure). Zum Schluß kontrollieren wir noch einmal, daß die Schalen genau im Gleichgewicht sind.

Zwei Versionen dieses Experiments sind möglich. Das erstemal läßt man einfach die Tabletten der einen Waagschale in die Wasserflasche fallen. Sprudeln setzt ein, Bläschen steigen auf und zerplatzen zu nichts, und die Schale steigt: Sie hat an Gewicht verloren.

Jetzt stellen wir wieder den Ausgangszustand her. Wieder werfen wir die Tabletten der einen Waagschale in die Flasche, diesmal aber schrauben wir anschließend schnell den Deckel darauf und stellen die verschlossene Flasche auf die Waagschale zurück. Das Wasser sprudelt eine Weile heftig, dann beruhigt es sich wieder. Aber diesmal haben die Waagschalen sich nicht verschoben; sie sind immer noch im Gleichgewicht. Ein einfacher Schraubdeckel genügt, um die unsichtbare Substanz festzuhalten, die beim ersten Versuch entwichen war. Das Gewicht bleibt konstant, obwohl die festen Tabletten sich aufgelöst haben. (Man kann sich leicht vorstellen, was beim Abschrauben des Dekkels zu hören sein wird: ein heftiges Zischen.)

Ein letztes Beispiel: Eine alte landwirtschaftliche Maschine rostet jahrelang auf einem brachliegenden Feld. Das Metall verbindet sich mit dem unsichtbaren Sauerstoff der Luft, der das Metall korrodiert. Die Maschine wird immer schwerer – vorausgesetzt, der Wind und Wetter ausgesetzte Rost splittert nicht ab und fällt zu Boden. Die Veränderung geht hier nur langsam vonstatten, aber die Geschwindigkeit der Veränderung hat auf das Ergebnis keinen Einfluß.

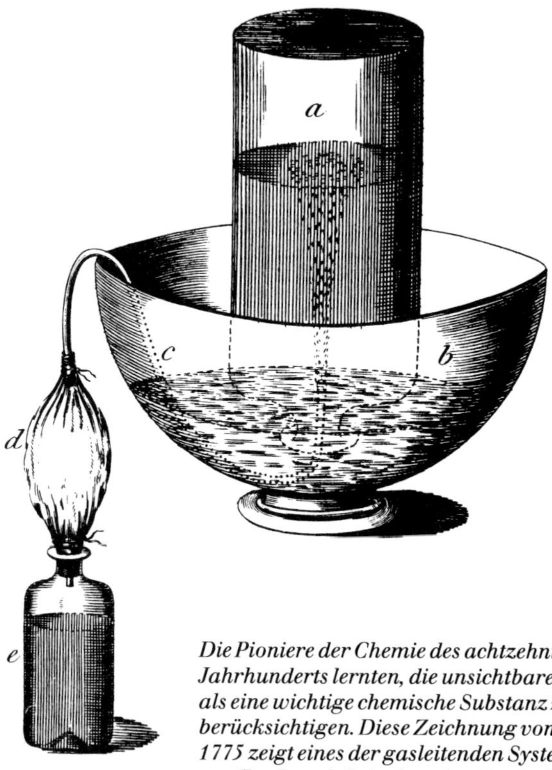

Die Pioniere der Chemie des achtzehnten Jahrhunderts lernten, die unsichtbare Luft als eine wichtige chemische Substanz zu berücksichtigen. Diese Zeichnung von 1775 zeigt eines der gasleitenden Systeme von Dr. Joseph Priestley, dem Entdecker des Sauerstoffs – und des Sodawassers.

Eine Kiste voller Veränderungen

Wie allgemeingültig sind solche Ergebnisse? Bleibt das Gewicht bei jeder einschneidenden Veränderung von Materie und Form konstant? Um dieser Frage näherzukommen, haben wir ein unterhaltsames, aber trotzdem ernstzunehmendes Experiment angestellt, das schon oft in sehr viel nüchternerer Form durchgeführt worden ist. Der Grundgedanke ist einfach, aber konsequent: Man versiegelt eine große Kiste aus durchsichtigem Plastik, damit keine unsichtbaren Gase, geschmolzene Metallkügelchen oder andere Substanzen austreten oder eindringen können; in der Kiste hat man eine Reihe von Reaktionen vorbereitet, die nach Versiegelung der Kiste selbsttätig ablaufen sollen; anschließend wird die Kiste auf eine empfindliche Waage gestellt. Wir wollen feststellen, ob das Gewicht der Kiste sich verändert hat, nachdem in ihrem Innern die verschiedenen Reaktionen abgelaufen sind.

Tom Tompkins, ein Ingenieur, war netterweise bereit, die Kiste und ihren Inhalt für uns zu bauen. Er mußte dafür eine ganze Reihe von Problemen lösen. Die Kiste mußte dicht versiegelt sein, sie durfte nicht durch Schläuche oder Drähte mit der Außenwelt verbunden sein. Das bedeutete, daß als elektrischer Antrieb nur Batterien im Innern in Frage kamen. Ein Motor drehte eine rotierende Anordnung von Kontakten, durch die eine Vorrichtung nach der anderen eingeschaltet wurde. Beinahe alles mußte elektrisch gezündet werden, einschließlich der Kerze, der Wunderkerzen und der Knallfrösche. Die Kunst, eine Kerze elektrisch anzuzünden, steckt noch in den Kinderschuhen! Dank Tompkins funktionierte freilich alles prächtig.

Die ganze Apparatur wurde durch einen kleinen Magneten in Gang gesetzt, der sich außen auf dem Deckel der Kiste befand. Sobald ich den Magneten von der Stelle wegzog, an der er durch seine Anziehungskraft ein stählernes Kugellager im Innern der Kiste im Gleichgewicht hielt, löste ich eine Kettenreaktion im Stil der alten Zeichentrickfilme aus.

Durch die Bewegung des Magneten hatte ich eine Reihe witziger kleiner Vorrichtungen in Gang gesetzt, die in der versiegelten Kiste aus durchsichtigem Plastik untergebracht waren: Eine Kerze leuchtete auf, batteriegetriebenes Spielzeug ratterte los, Popcorn explodierte geräuschvoll, Wunderkerzen brannten ab, ein Blumenstrauß erblühte, sobald die in den Blumen verborgenen Federn ausgelöst wurden, ein Radio begann zu spielen, ein surrender Ventilator trieb ein Windrädchen an – bis als Höhepunkt ein Bündel Knallfrösche explodierte. Am Schluß leuchtete nur noch die Kerzenflamme durch den dichten Rauch, der nirgends abziehen konnte.

In unserer Kiste laufen die verschiedensten Vorgänge ab: Mechanismen rattern los, eine Batterie entlädt sich, eine Flamme wird angezündet, überall knallt, leuchtet und explodiert es ... Die Kiste ist gut versiegelt, wie der Rauch zeigt, der sie am Schluß ausfüllt. Die Anzeige der alten Bauernwaage mit ihrer Ladung Ziegelsteine veränderte sich nicht einmal um das Gewicht eines 25-Cent-Stücks.

Der Text zu einem entsprechenden Zeichentrickfilm hätte etwa so gelautet: Mensch bewegt Magnet A, so daß Ball B auf den Auslöser von Mausefalle C fällt, die zuschnappt und nun ihrerseits alle weiteren Geschehnisse von D bis Q auslöst.

Als alles vorbei war, füllte Rauch die Kiste, der sichtbare Beweis, daß die Kiste dicht war und weder Rauch noch Funken hatten entweichen können. Wir hatten die Kiste zuvor gegen Ziegelsteine und Münzen auf einer alten Bauernwaage aufgewogen, die früher für Weizensäcke benutzt worden war. Nun prüften wir die Anzeige; hätte sich das Gewicht der Kiste um das Gewicht eines 25-Cent-Stückes verändert, hätte die Waage dies angezeigt. Die Waage zeigte dasselbe Gleichgewicht wie vorher. Nichts hatte sich verändert, das Gewicht der Kiste war bis auf ein tausendstel Gramm gleich geblieben.

Trotz des aufplatzenden Popcorns, der sich entladenden Batterie, der brennenden Kerze, des surrenden Ventilators, des ratternden Spielzeugs, der blühenden Blumen, der Radiomusik, der leuchtenden Wunderkerzen und zuletzt der Explosion der Knallfrösche – trotz der mechanischen, chemischen und elektrischen Veränderungen von Position und Zustand war das Gleichgewicht der Waagschalen erhalten geblieben.

Das Gewicht bleibt durch all diese Veränderungen konstant. Das hat unsere Version eines Experiments gezeigt, das seit dem 18. Jahrhundert immer wieder durchgeführt wurde. Das Ergebnis ist bis heute ein Grundpfeiler von Wissenschaft und Technik.

Als wir den mit Gummi abgedichteten und mit einigen Dutzend Schrauben fest auf die Kiste montierten Dekkel abschraubten, entwich unter Druck durch jedes neu geöffnete Gewinde Rauch. Die Luft in der Kiste war durch die verschiedenen Reaktionen erwärmt worden, der Druck war gestiegen. Dieser Druckanstieg hatte uns von vornherein zu einer Beschränkung der in der Kiste ablaufenden Reaktionen gezwungen, denn wir wollten ja nicht, daß die Kiste – zumal eine weniger stabile durchsichtige Kiste – explodieren würde. Der Druckanstieg war auch Tompkins' größte Sorge gewesen. Befriedigt konnte er jetzt feststellen, daß er genau gerechnet hatte: Die Kiste hatte dem Überdruck standgehalten.

Wir hatten unsere Kiste bis auf das Gewicht eines 25-Cent-Stückes genau gewogen; genauer schaffte es unsere alte Waage nicht. Natürlich gibt es sehr viel präzisere Waagen. Ich habe mir eine solche Waage angesehen und dabei gelernt, wie genau eine Waage sein kann.

Saubere weiße Handschuhe und Pinzetten, wie man sie in einem sauberen Labor benutzt, sind *de rigueur*. Sonst würden Fingerabdrücke und kleine Hautpartikel das Gewicht störend beeinflussen. Meine Führerin war eine erfahrene Technikerin, die in einem kleinen, modern eingerichteten Waagenraum arbeitet. Mit ihrer Waage kontrolliert sie die Luftverschmutzung, indem sie die kleinen Schmutzpartikel der Luftströme mißt, die Tag und Nacht an bestimmten Stellen durch Filter gezogen werden.

Der fensterlose Raum war mit Laborbänken ausgestattet. Die Ultramikrowaage allerdings, mit der wir arbeiteten, stand auf einer speziellen Tischplatte aus Granit; die Tischplatte war auf Stoßdämpfer montiert, die ihrerseits fest auf einer Bodenplatte aus Beton aufruhten. Jede Vibration verursacht eine Störung. Ähnlich störend ist die statische Elektrizität: Extrem leichte Proben sind der Schwerkraft kaum ausgesetzt, sie müssen daher unbedingt vor atmosphärischen Störungen ab-

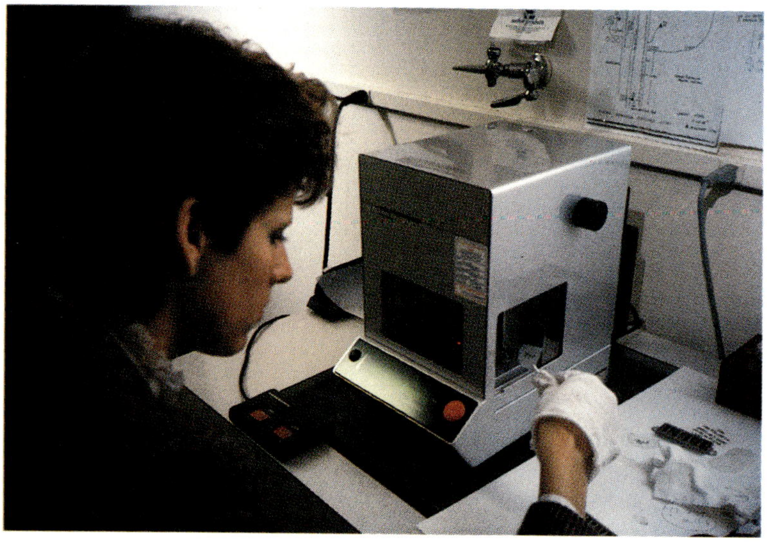

Eine Ultramikrowaage wird beladen. Sie soll das Gewicht eines kleinen Punktes messen.

geschirmt werden. Um das Gehäuse der Waage sieht man deshalb Vorrichtungen zur Neutralisierung der statischen Elektrizität. Das Gehäuse aus rostfreiem Stahl mit einer Kantenlänge von circa 30 cm hat große Fenster, durch die man ins Innere der Waage sieht.

Das Ablesen geschieht elektronisch durch digitale Anzeigen. Die Waage hat nur eine Schale von ungefähr 2,5 cm Durchmesser. Ein automatisches System schwingt die Schale in eine Vorkammer, die durch ein gläsernes Türchen von außen zugänglich ist. Dort legt man die Probe ein. Vor dem Wiegen muß das Türchen wieder geschlossen werden. Der Motor dreht die Schale an ihren Platz zurück. Sie passiert dabei eine Schleuse, die sich hinter der Schale wieder schließt: So wird die Waagkammer vor Staub und der Außenluft geschützt. Jeder Vorgang geschieht auf Knopfdruck.

Ein elektronisches System verzeichnet kleinste Ausschläge des Hauptbalkens, der unsichtbar im Inneren der Waage angebracht ist. Die Waage kann Gewichtsunterschiede bis zu einem zehntel Mikrogramm erfassen. (Die Vorsilbe *mikro-* bedeutet einen millionsten Teil.) Das ist ein Millionstel der maximalen Belastung der Waage, die bei ungefähr zweieinhalb Gramm liegt, dem Gewicht eines Fünfpfennigstücks. Ich hatte eine so heikle Waage noch nie benutzt. Es gibt Waagen, die mit Schwerkraft arbeiten und bei einer vergleichbaren Ladung noch zehnmal so genau sind wie diese; besser geht es dann freilich nicht mehr.

Ich machte einen kleinen Versuch. Ich schrieb meinen Vornamen ohne den I-Punkt mit Bleistift auf einen kleinen, angerauhten Plastikstreifen. (Das Gewicht von Papier verändert sich mit der Luftfeuchtigkeit, man riet uns deshalb, kein Papier zu verwenden.) Die Waage zeigte das Gewicht des Streifens an. Es bewegte sich um ein zehntel Gramm. Jetzt interessierte uns aber das Gewicht des Pünktchens über dem *i*. Wir stellten die Anzeige auf Null zurück. Ich faßte den Streifen mit Handschuhen an, setzte einen kräftigen Punkt auf das *i* und gab den Streifen erneut ein. Die Gewichtsdifferenz würde das Gewicht des I-Punkts ergeben (plus/minus gewisser Stäubchen, die sich inzwischen auf dem Streifen abgesetzt hatten oder entfernt worden waren). Die Waage zeigte an, daß mein Punkt 162 Mikrogramm wog.

Der Punkt war dick gewesen und deshalb relativ schwer. Wir gaben weitere Punkte ein und stellten fest, daß ein feiner Bleistiftpunkt fünf bis zehn Mikrogramm wiegt. Mein ganzer Name wiegt an die tausend Mikrogramm.

Allmählich konnten wir uns besser vorstellen, was ein Mikrogramm war. Obwohl das ein winziger Betrag ist, werden wir noch sehen, daß ein Mikrogramm aus Tausenden von Atomen besteht. Ich stelle es mir als durchaus möglich vor, noch kleinere Proben bis auf ein tausendstel Mikrogramm genau zu wiegen. Das Hauptproblem dabei ist nur, die Probe sauber zu handhaben. Und dazu kommt, daß für eine Waage, die so empfindlich ist, daß sie ein tausendstel Mikrogramm anzeigt, Ladungen von einem Gramm bereits zu schwer sind.

Wir können mit Präzisionswaagen also Veränderungen im Bereich eines fünf- bis zehnmillionstel Gramms wahrnehmen, eine gewaltige Ausdehnung unseres angeborenen Sinnesvermögens, das uns erlaubt, Gewichte mit der Hand abzuwägen.

Ungefähr zur Zeit der Jahrhundertwende wurde unser Versuch mit der Kiste durch ein besonders anspruchsvolles Experiment vorweggenommen. Damals untersuchte man chemische Reaktionen zwischen Lösungen. Das Experiment erfolgte in eigens für diesen Zweck hergestellten versiegelten Behältern aus Glas. Unter anderem hatte man folgendes Problem zu bewältigen: Die Erwärmung der Behälter während der Reaktion hatte zur Folge, daß winzige Mengen Wasser auf der Oberfläche des Glases verdampften; man bemerkte den Fehler und überzog die Gläser mit Wachs. Die ganze Vorrichtung wog etwa fünfzig Gramm. Gemessen wurde zwar noch nicht mit der elektronischen Waage, aber mit einer ebenfalls sehr präzisen, zweischaligen Waage, die bis auf einige Mikrogramm genau anzeigte. Auch bei diesem Versuch blieb das Gewicht nach Ablauf heftiger chemischer Reaktionen konstant.

Fassen wir zusammen: Soviel wir wissen, bleibt das Gewicht bei jeder chemischen Veränderung konstant.

Wir denken gern, daß unsere komplexe, lebendige Welt ein den verschiedensten Einflüssen offenstehender Planet ist. Das stimmt freilich nur bedingt. Legt man einen größeren Maßstab an, leben wir alle in einer geschlossenen Welt.

Biologen haben vor kurzem kleine, geschlossene Lebenswelten hergestellt, sogenannte Ökosphären. Auch wenn diese künstlichen Welten auf den ersten Blick an Goldfischgläser erinnern, sind sie doch keine gewöhnlichen Aquarien. Es sind dicht versiegelte Glaskugeln, die keinerlei Ein- oder Austritt von Materie zulassen. In ihrem Innern spielt sich der Kreislauf des Lebens ab. Die winzigen, roten, krabbenähnlichen Lebewesen, die dort inmitten grüner Algen im Salzwasser schwimmen, können nicht von außen her ernährt werden. Luft kann weder hinein noch heraus, Wasser weder zugefügt noch entzogen werden; die Glaskugel kann auch nie gereinigt werden. Die Entwicklung des Lebens hängt allein von den Bedingungen innerhalb der Kugel ab. Das materielle Gleichgewicht im Innern, die zirkulierende Luft, das Wasser und die Organismen, die neu entstehen und absterben, werden im Laufe der Jahre eine eigene Gesetzlichkeit entwickeln. Die Versuchsanordnung kann nicht verändert werden. Keine Materie kommt hinzu, keine tritt aus.

Natürlich wird die Glaskugel vom Sonnenlicht bestimmt, vom Rhythmus von Tag und Nacht und von der sie umgebenden Wärme. Eine solche Glaskugel ist gewissermaßen ein winziger Planet, eine Spielzeugerde. Was eine Gruppe von Lebewesen ausscheidet, kann und muß eine andere Gruppe am Leben erhalten. Viele der Mikroorganismen, ohne die der chemische Austausch in der Kugel gar nicht stattfinden könnte, sind unsichtbar. Diese Feststellung gilt auch für unseren eigenen Planeten.

Ist denn unser Leben so anders? Auf dem Planeten Erde gibt es keine Glaswand, welche die Atmosphäre über uns versiegelt. Statt dessen hält die Schwerkraft sie an ihrem Platz. Auch die Erde ist ein weitgehend geschlossenes System. Wir beziehen das lebensnotwendige Sonnenlicht aus derselben weit entfernten Quelle wie die kleine Glaskugel. Die Sonne versorgt uns mit der notwendigen Wärme und dem Tag-und-Nacht-Rhythmus. Nur wenig Materie gelangt etwa in Form von Meteoren und meteorischem Staub auf die Erde; nur wenig Materie tritt aus, wie etwa leichte atmosphärische Gase und gelegentlich eine Raumsonde. Tief aus dem Erdinnern gelangt Materie an die Oberfläche und wird wieder vergraben. Dabei handelt es sich allerdings um eine interne Umverteilung von Materie. Im wesentlichen ist unsere Erde, zumindest seit es Menschen gibt, wie die Glaskugel ein geschlossenes System. Wie eine Ökosphäre hat auch die Erde ein feststehendes materielles Gleichgewicht und ein konstantes Gewicht, auch wenn wir dieses Gewicht nicht genau kennen. Seit Jahrmillionen vollzieht sich Leben durch die fortgesetzte Umverteilung der Materie von Lebewesen zu Lebewesen, von Ort zu Ort und von Zustand zu Zustand. Das Gleichgewicht dieses Prozesses wird durch das bei aller Veränderung konstante Gewicht garantiert.

Eine Erklärung für die Konstanz des Gewichts trotz der Veränderung stand schon lange Zeit gleichsam auf Abruf bereit.

Stellen wir uns vor, daß das Schießpulver, die Luft, die Batterien und das Metall der Federn im Innern unserer Kiste aus kleinen Partikeln bestehen, die wir »Atome« nennen wollen. Weiter nehmen wir an, daß bei einer Zustandsänderung wie der Umwandlung von Holz in Asche oder von Schießpulver in die entsprechenden Produkte der Explosion oder bei der Entladung einer Batterie lediglich die Atome umgeordnet werden. Im Inneren der Materie findet gleichsam unsichtbar eine komplizierte Umverteilung statt. Kein Teilchen geht dabei verloren, die Teilchen treten nur zu neuen Strukturen und Mustern zusammen.

Diese Vorstellung hat bereits einen Namen: Man spricht von der Atomtheorie der Materie. Als Spekulation ist diese Theorie bereits sehr alt. Sie erklärt die Konstanz des Gewichts, denn aus Erfahrung wissen wir, daß eine bloße Umverteilung der Gewichte auf einer Waagschale das Gleichgewicht nicht verändert. Damit ist die Existenz der Atome natürlich noch lange nicht bewiesen. Aber immerhin ermöglicht die Atomtheorie in diesem Fall eine einleuchtende Erklärung, ohne daß man die ganze Theorie zu kennen braucht.

Zwei Kugeln als geschlossene Ökosysteme. Die Atmosphäre der Erdkugel wird durch die Schwerkraft an ihrem Platz gehalten und schottet das System der Erde vom Weltraum ab; die kleine Kugel ist durch Glas von der Außenwelt abgetrennt. Die tierischen Bewohner der kleinen Glaskugel sind als rote Streifen am linken Rand zu erkennen.

Theorie hin oder her, wichtig ist für uns hier nur das konstante Gewicht der Materie. Gleichgültig, welche Substanzen und Formen miteinander reagieren, das Gewicht bleibt erhalten. Auch die Abfallprodukte unserer Zivilisation bleiben natürlich als Materie erhalten, sosehr wir uns das Gegenteil wünschen mögen. Abfall wird über Flüsse ins Meer transportiert oder durch das Auspuffrohr und den Schornstein in die Luft, er löst sich nicht in nichts auf.

Unsere Kiste war ein einfaches Experiment mit einem geschlossenen System. Auch die Erde ist ein geschlossenes System. Die Materie dieses Systems wird benutzt, wiederaufbereitet, gelagert, modifiziert, aber sie wird nie weniger. Genauso leben in der kleinen Glaskugel Pflanzen und Tiere und ihre Nachkommen zusammen mit unsichtbaren mikrobischen Partnern in einer materiell konstanten Umgebung.

Die Konstanz des Gewichts bei Veränderung, die durch fast jede technische und naturwissenschaftliche Disziplin experimentell nachgewiesen wurde, war der erste Hinweis auf diese bedeutende Entdeckung.

Doch das ist noch keineswegs alles.

Was das neunzehnte Jahrhundert entdeckte

Zum dreiundsiebzigstenmal jagten die Radrennfahrer der Tour de France über die circa 3200 Kilometer lange Rennstrecke. Der Start war wie immer in der Nähe von Paris, das Ende des Rennens erfolgte dreiundzwanzig Tage später in der Stadt selber. Es ist das berühmteste Dauerrennen der Welt, ein sportliches Ereignis, das ganz Frankreich fasziniert am Bildschirm verfolgt.

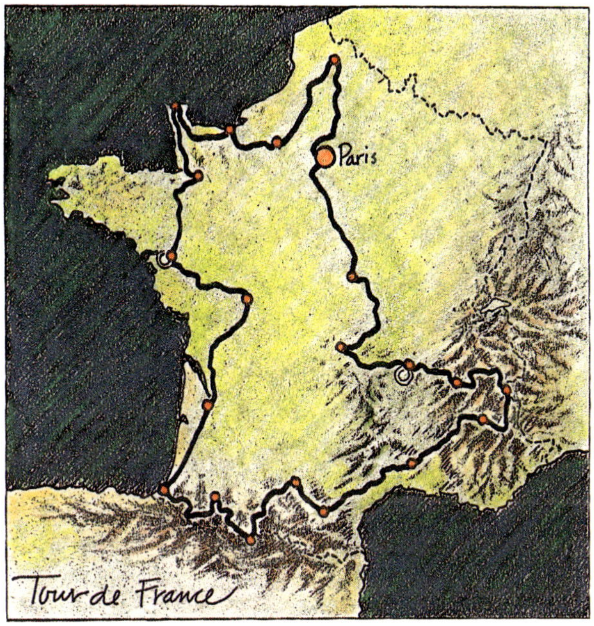

Die Route der Tour de France 1986.

Die 125 Rennfahrer der Tour verbringen jeden Tag sechs Stunden auf dem Rad. In den dreiundzwanzig Tagen haben sie traditionell einen Tag frei. Auf der Straße gibt es kein Halten; selbst Verletzungen werden im Rekordtempo behandelt. Das Essen wird während des Rennens gereicht, ebenso wie das dringend benötigte Wasser. Tagelang rasen die Fahrer in der Julisonne durch die ebene Landschaft; tagelang keuchen sie die Serpentinen der Alpen und Pyrenäen hinauf. Im Gebirge sind manchmal über drei Kilometer Steigung an einem Tag zu bewältigen. Wenn es dann plötzlich einen Paß hinunter geht, jagen die Fahrer mit halsbrecherischen einhundertzehn Stundenkilometern bergab. Für die gesamte Strecke liegt die durchschnittliche Geschwindigkeit bei zweiunddreißig Kilometern pro Stunde.

Manchmal ist der Fahrer allein auf der Straße, dann wieder fährt er im Pulk, in dem einundzwanzig Teams ausgeklügelte Taktiken verfolgen. Der Gesamtsieger erhält einen Preis, der sich sehen lassen kann. Für die meisten der professionellen Fahrer endet das Rennen ein oder zwei Stunden hinter dem Sieger. An die menschliche Ausdauer stellt das Rennen allergrößte Ansprüche.

Im hügeligen Gelände Südfrankreichs, ungefähr auf halber Strecke, warteten wir 1986 am Straßenrand auf die Tour. »Sie kommen!« schrie ich aufgeregt. Vierzehn Tage auf der Straße hatten die Fahrer bereits hinter sich, und immer noch erreichten sie dreißig Kilometer pro Stunde. Millionen von Menschen in ganz Frankreich beobachteten wie wir gebannt das Rennen und spekulierten über den Sieger. Mich interessierte der Sieger weniger. Dazu verstehe ich vom Radsport zu wenig. Ein Außenstehender kann nur die Leistung bewundern. Von der siebzigjährigen Erfahrung, die in dieses Rennen eingegangen ist, und den winzigen Unterschieden, die über den Sieg entscheiden, versteht er nichts.

Für mich ist jeder dieser Fahrer ein Sieger: Die ersten hundert Fahrer, die im Ziel eintreffen, haben über 95 Prozent der Geschwindigkeit des besten Fahrers erreicht. Das ist eine fast unglaubliche physische Leistung. Man kann sie sich auf einfache Weise verdeutlichen: Ein Teilnehmer der Tour de France verrichtet am Tag zwei- bis dreimal soviel körperliche Arbeit wie ein Marathonläufer, der zweiundvierzig Kilometer in schneller Geschwindigkeit läuft! Und diese Leistung wird von dem Radrennfahrer Tag für Tag wiederholt. Mit den unpersönlichen, aber erhellenden Methoden der Wissenschaft wollen wir diese Meisterleistung etwas genauer unter die Lupe nehmen. Das war der

Grund, warum die Tour de France mich interessierte. Man kann in der Tour eine Gesetzmäßigkeit entdekken, die mit der meiner Meinung nach bedeutendsten wissenschaftlichen Entdeckung des neunzehnten Jahrhunderts zu tun hat – so wie die Erkenntnis von der Konstanz des Gewichts die großartige Entdeckung des achtzehnten Jahrhunderts war.

Die Entdeckung, die ich meine, kennt wenigstens dem Namen nach jeder. Ich spreche von der *Energie.* Energie ist keine sichtbare oder unsichtbare Substanz. Sie ist eine nicht greifbare, abstrakte Größe, die bei verschiedenen Formen der Veränderung, bei Bewegung, Licht, Ton, Magnetismus oder chemischen Reaktionen wie dem Verbrennen von Treibstoff oder der Verdauung von Nahrung eine Rolle spielt. Jede dieser Veränderungen kann als die Umwandlung von Energie von einer Form in eine andere beschrieben werden.

Energie fließt frei aus einem Zustand in den nächsten über. Man kann sie beliebig umwandeln: Sobald man gelernt hat, welchen Gesetzen sie folgt, erkennt man, daß sie niemals verlorengeht, aber auch niemals aus dem Nichts neu entsteht. Energie mag verschiedene Formen annehmen, ihr Gesamtbetrag bleibt doch immer gleich. Das ist die Erkenntnis des neunzehnten Jahrhunderts, zu der Chemiker, Physiker, Ärzte, Biologen, Meteorologen, Geologen und Techniker gemeinsam beigetragen haben.

Wenden wir diese gesicherte Erkenntnis versuchsweise auf die Fahrer der Tour de France an. Sie wären demnach Systeme, die Energie aufnehmen und dann entweder speichern oder wieder abgeben oder beides zusammen, da Energie nicht verlorengehen kann.

In unserem ersten Beispiel für Konstanz haben wir die Konstanz des Gewichts durch einen einfachen Versuch mit einer Waage und einer Kiste überprüft. Die Gültigkeit des zweiten großen Gesetzes der Konstanz soll nicht eigens überprüft werden. Wir wollen einfach davon ausgehen, daß Energie, wie Gewicht, bei Veränderung konstant bleibt, und am Beispiel der Tour de France zeigen, wie wichtig dieses Prinzip der Erhaltung von Energie ist.

Wir werden sehen, wieviel sich damit erklären läßt und wie die Energie Grenzen setzt und Kompromisse erzwingt, selbst wenn die bei einem Radrennen im menschlichen Körper ablaufenden Vorgänge und die Unwägbarkeiten der Straße im Detail nicht bekannt sind. Es wäre nicht sinnvoll, ein Prinzip verifizieren zu wollen, das so deutlich aus den komplexen Veränderungen im Verlauf eines Radrennens hervorgeht. Arbeiten können wir damit auch so.

Beginnen wir mit mündlichen Äußerungen einiger Fahrer zu einer persönlichen Frage: »Was essen Sie zum Frühstück?« Wir zitieren aus den spontanen Antworten, die uns die Athleten in den verschiedensten Sprachen gaben:

»Bevor ich aufstehe, einen gefüllten Streusel.«

»Morgens zuerst ein kleines Frühstück.«

»*Café, petit pain, confiture …*«

»Weizen, Roggen und andere Naturkost …«

»Wir essen Steak, Reis, Müsli …«

»Danach Spaghetti, Reis, Hähnchen …«

»*Les Œufs, spaghetti, la salade de fruit …*«

»Ich esse eigentlich nur Müsli, während die meisten anderen Fahrer Spaghetti essen …«

»Manchmal ein Omelett statt des Hähnchens, wegen des Eiweißes …«

»Hin und wieder Omelett, aber meist nur Müsli und Brot.«

»Ein paar Croissants, mit viel Butter drauf …«

Die tägliche Energiezufuhr: Auf den vorderen Tabletts haben der Küchenchef und sein Personal ausgelegt, was ein Radrennfahrer pro Tag ißt. Die Menge entspricht sechs bis acht großen Mahlzeiten. Zum Vergleich steht meine eigene Tagesration auf einem Tablett dahinter.

»Müsli mit geschrotetem Weizen ...«
»Ein paar Schluck Kaffee, das bringt das Herz auf Touren ...«
Später am Morgen, kurz vor dem Rennen, essen die Athleten dann:
»Vor dem Start noch einen Pfirsich oder was es eben gerade gibt ... Dann noch einen Schluck Kaffee, und es kann losgehen.«
»Ein paar belegte Brote und viel *pâtisserie*, Gebäck ...«
»Des quiches, des tartlettes, du pain ...«
»Etwas Obst, Gebäck ...«
»Vielleicht etwas Obst hinterher ...«
»Nüsse und Rosinen und Milch ...«
»Obst, alles, was den Magen nicht belastet. Ein paar Stunden später essen wir ja dann zu Abend.«

Zum Abendessen gibt es:
»Nudeln, Reis, Hähnchen. Vielleicht ein Steak ...«
»Viel Nudeln, Reis, auch Fleisch ...«
»Man verbraucht eine ungeheure Menge an Kalorien ... die muß man sich wieder zuführen.«

Wir aßen mit einem der bekannten Teams der Tour de France zu Abend und genossen das Essen und die Gespräche. Besonders interessierten uns die technischen Kommentare und Angaben des Teamchefs Cyrille Guimard und seiner Mitarbeiter. Nach dem Essen gingen wir in die Hotelküche, um mit Küchenchef Jean zu sprechen, der am besten wußte, was das Team tagsüber gegessen hatte. Jean und seine Mitarbeiter legten

vor uns auf einer Reihe von Tabletts die Mahlzeiten aus, die sie an diesem Tag zubereitet und jedem Mitglied des Teams serviert hatten. Zum Vergleich sagte ich Jean, was ich an diesem Tag gegessen hatte (das Essen stammte ebenfalls aus seiner Küche). Ich hatte es mir sorgfältig notiert, und wir legten auch das auf einem Tablett aus.
Vor uns sahen wir nun die Nahrung, die den Energiebedarf eines Fahrers der Tour de France für einen Tag deckte: französisches Essen, Gang für Gang exzellent zubereitet. Die einzelnen Gänge boten keine Überraschungen. Wir kannten alles, es handelte sich also nicht um irgendein mysteriöses Wunderessen.
Überraschend war nur die Menge: Ein enormes Frühstück, ein kräftiges Lunchpaket, das die Athleten auf der Straße essen, ohne das Rennen zu unterbrechen, das große Abendessen, an dem wir teilgenommen hatten, und eine Reihe weiterer gehaltvoller Snacks, die vor und nach den sechs mittägigen Stunden des Rennens gereicht werden.
Mein Tagesverzehr bestand aus den üblichen drei Mahlzeiten eines Touristen, der es sich in Frankreich gutgehen läßt, plus eines kleinen Snacks am Nachmittag und einer Flasche Bier am Abend. Bereits ein kurzer Blick auf die mit Essen beladenen Tabletts machte deutlich, daß meine Nahrungsmenge nicht entfernt mit der Diät der Radfahrer konkurrieren konnte.
Ich hatte tagsüber weniger geleistet als die Fahrer der Tour de France, und der Unterschied war offenkundig. Sorgfältig rechneten wir aus, was die Fahrer an Nahrung zu sich genommen hatten.
Für jede Rechnung braucht man eine Einheit, mit der man rechnet. Wir wollten eine Einheit verwenden, die jeder kennt und jeder sich konkret vorstellen kann und die keinen lateinischen Namen trägt.
Die Wahl fiel auf einen Krapfen. Unsere Einheit entspricht also der Energiemenge, die bei der Verbrennung eines Krapfens an der Luft freigesetzt wird. Wir schätzten den Umfang der Mahlzeiten ab, welche die Fahrer tagsüber zu sich genommen hatten. Mit den Tabellen der Ernährungswissenschaftler (jeder, der diät lebt, kennt sie in der einen oder anderen Form) rechneten wir das Ergebnis in standardisierte Einheiten um. Wir errechneten aus der Summe der verzehrten Lebensmittel, wieviel Energie ein Rennfahrer mit der Nahrung täglich zu sich nimmt. Das Ergebnis rechneten wir dann in unsere Krapfen-Einheiten um.
Ich begann also, Krapfen zu addieren. Als ich bei einem Dutzend angelangt war, entsprach das meiner täglichen Nahrungsmenge und damit wohl auch der eines Mannes von durchschnittlicher Körpergröße, der kein Leistungssportler ist. (Die Abweichungen sind natürlich groß.)
Für die Fahrer der Tour de France reicht diese Menge nicht im entferntesten. Sie brauchen für ihre außerordentliche körperliche Leistung weit mehr Energie, als einem Dutzend Krapfen entspricht. Wir mußten zu unserem Dutzend noch einige Krapfen dazulegen.
Ich will hier natürlich niemandem empfehlen, von Krapfen zu leben. Ein Diätetiker glaubt ja auch nicht, daß man Kalorien statt Karotten, Fleisch, Brot, Äpfeln ißt. Die menschliche Ernährung ist etwas ganz anderes: Nahrung erfüllt mehrere Aufgaben für den Körper, sie muß deshalb abwechslungsreich sein. Die Krapfen sind nur als Vergleichseinheit für die mit der Nahrung aufgenommene Energie gedacht.

Die Mahlzeiten eines Rennfahrers

Ein Arzt, der amerikanische Radrennfahrer betreut, bat einen amerikanischen Fahrer, für uns »die Mahlzeiten eines typischen Tages auf der Straße« aufzulisten. Hier die Liste:

Frühstück:

Großes Glas Orangensaft
2 große Gläser Milch
Doppelter Pfannkuchen mit viel Butter und Sirup
3 Streifen Speck

Imbiß während der Fahrt:

2 Snickers
1 Banane
4 kleine Flaschen leicht abgestandenes Cola

Nach dem Rennen:

1½ Dosen Cola
1 Dose Bier
1½ Granola-Riegel

Mittagessen:

Gegrilltes Hähnchen
2 große Portionen Kartoffelsalat
4 bis 5 Butterbrote
2 Gläser Milch
2 Stück Kuchen

Im Lauf des Nachmittags:

1 Apfel
1 Süßigkeit

Abendessen:

Großes Stück Roastbeef
2 gebackene Kartoffeln mit Butter
3 Butterbrote
Salat
2 Portionen Pudding

Am späten Abend:

1 Süßigkeit
1 Malzgetränk
1 Hamburger

Nachts wachte der Fahrer leicht hungrig auf und nahm um zwei Uhr früh noch einen Snack zu sich:

Großes Speiseeis
4 – 6 Kekse mit Cremefüllung

Das alles also ißt der Teilnehmer eines Radrennens in den Vereinigten Staaten. Die Fahrer anderer Länder nehmen ähnliche Mengen an Energie zu sich. Die Mahlzeiten dieses Tages machen sechs bis acht amerikanische Mahlzeiten aus, in etwa dieselbe Menge, die wir bei den Fahrern der Tour de France angetroffen haben.

Der Krapfenberg, der der täglichen Nahrungsaufnahme eines Radrennfahrers entsprach und damit dessen tägliche Energiezufuhr veranschaulichte, bestand aus dreißig bis zweiunddreißig Krapfen.

Man kann einen Krapfen auch umwandeln: Verbrennt man ihn an der Luft, erzeugt man Hitze, Licht und Bewegung. Um uns vor Augen zu führen, welcher Energie zweiunddreißig Krapfen entsprachen, zündeten wir den ganzen Berg an. Beim Entfachen des Feuers gingen wir auf die herkömmliche Art vor: Wir schnitten einige der Krapfen klein und gaben dann als Starthilfe etwas Papier und Kerosin dazu. Papier und Kerosin waren schnell verbrannt; ihr Beitrag zu unserem Feuer kann deshalb vernachlässigt werden.

Zweiunddreißig Krapfen werden den Flammen übergeben.

Wer beim Bäcker einen Krapfen kauft, kann ihn sofort essen. Soll der Krapfen allerdings im offenen Feuer verbrannt werden, muß er zuvor im Ofen gedörrt werden. Andernfalls brennt er so schlecht wie frisches Holz. Unsere Krapfen waren vollständig trocken. Das Feuer brannte lebhaft und verbreitete eine beträchtliche Wärme. Nach etwa einer halben Stunde ging es aus. Der menschliche Körper funktioniert allerdings nicht wie ein Feuer. Im Körper eines Radrennfahrers braucht die Verbrennung des zugeführten »Kraftstoffs« wegen der komplizierten chemischen Prozesse im Zellinnern einen ganzen Tag. Eine heiße Flamme entwickelt sich dabei nicht. Ergibt sich daraus für die Energiemenge ein Unterschied?

Seit hundert Jahren weiß man aus der Theorie und aus der Praxis: Wird Energie an einem bestimmten Punkt freigesetzt und an einem anderen Punkt aufgefangen, bleibt die Gesamtmenge an Energie immer konstant. Dabei spielt es keine Rolle, welche Umwandlung die Energie inzwischen erfahren hat. In unserem Beispiel sind der Ausgangspunkt Krapfen und frische Luft, der Endpunkt gasförmige Verbrennungsprodukte, die den Verbrennungsprodukten des Körpers auf erstaunliche Weise ähneln. Dabei ist gleichgültig, ob die Energie schnell oder langsam freigesetzt wird und auf welche Weise die Umwandlung geschieht, ob durch den komplexen Stoffwechsel des Menschen oder einfach eine heiße Flamme. (In beiden Fällen enthalten die Abfallprodukte der Verbrennung noch einen Restbetrag an Brennwert. Dieser Wert spielt für unseren Vergleich keine Rolle; er müßte natürlich bei ganz präzisem Vorgehen in Rechnung gestellt werden.)

Um die zweiunddreißig Krapfen zu erhalten, die der Energiemenge der täglichen sechs bis acht Mahlzeiten der Radrennfahrer entsprachen, hatten wir zuerst anhand von Tabellen die Kalorienwerte der Speisen auf den Tabletts ausrechnen müssen. Wie ist man auf diese Werte gekommen? Eine Methode bediente sich des Feuers, wie wir es in unserem Versuch mit den Krapfen gemacht hatten. Von jedem Nahrungsmittel – Krapfen, Butter, Zucker, Mehl und anderes – wurden kleine

Proben verbrannt. Das Feuer wurde genau kontrolliert, und die gesamte dabei entstehende Wärme wurde gemessen. Das klingt einfach, ist in der Praxis aber nicht ganz leicht durchzuführen.

Man geht auf folgende Weise vor: Man braucht einen kleinen, stabilen Stahlzylinder, der innen hohl ist. Der Zylinder wird mit einem schweren Schraubdeckel dicht versiegelt, in dem sich Zuleitungen für Sauerstoff und Strom befinden. In den Zylinder kommt eine kleine, abgewogene Nahrungsprobe – die Nahrung ist getrocknet und meist pulverisiert. Der Zylinder wird versiegelt, anschließend leitet man unter Druck reichlich Sauerstoff in den Zylinder.

Nun wird der Inhalt mit einem elektrischen Funken gezündet. Eine schnelle Reaktion läuft ab, es kommt zu einer kleinen Explosion. Sämtliche Produkte der Verbrennung werden im Inneren des Stahlzylinders aufgefangen. Durch die Reaktion entsteht, wie bei unserem Feuer, Wärme. Der Zylinder gibt die Wärme an das ständig bewegte Wasser eines isolierten Wasserbehälters ab, in den er zuvor eingetaucht wurde. Nun braucht man nur den Temperaturanstieg des Wassers zu messen und in Kalorien anzugeben. Zum Schluß öffnet der Experimentator den Zylinder und schaut nach, ob auch alles verbrannt wurde.

Man hat für jedes käufliche Nahrungsmittel die genauen Kalorienangaben zusammengestellt. Eine Standardkalorie ist in der Ernährungswissenschaft einfach eine Einheit der Wärmeenergie, des Energiebetrages, der ein Kilogramm Wasser um ein Grad Celsius erwärmt. Der Experimentator mißt bei einer bestimmten Probe die unmittelbar freigesetzte Wärme und errechnet anhand des Gewichts einer Essensportion deren Kaloriengehalt. Diese Zahl kann man dann auf dem Etikett oder auf der Speisekarte lesen. Das Essen ist

Energieeinheiten, mit denen Veränderung gemessen werden kann

Durch Verbrennung an der Luft bewirkte Veränderungen (durch Feuer, den menschlichen Körper oder eine Maschine):

1 Krapfen (1 K) entspricht ungefähr 250 Kalorien
1 Krapfen (1 K) entspricht 1 Million Joule
1 Liter Benzin entspricht etwa 40 K

Andere Veränderungen:

1 Kilowatt-Stunde elektrischer Energie, *die den Verbraucher nur einige Pfennige kostet*, entspricht 3,6 K

½ Liter Wasser, der bei Zimmertemperatur verdunstet, verbraucht 2,4 K

½ Liter Wasser, der von der Zimmertemperatur zum Kochen gebracht wird, verbraucht 1 K

1 Tonne Gewicht, die 100 Meter tief fällt, verbraucht 1 K

1 Toaster, der 1 Stunde in Betrieb ist, verbraucht 3 – 4 K

Ein Krapfen (1 K) hat 250 Kalorien. Eine Kalorie ist die Wärmemenge, die man braucht, um ein Kilogramm Wasser um ein Grad Celsius zu erwärmen. Heute verwendet man statt dessen die Bezeichnung Kilokalorie. Alle Zahlen sind auf- oder abgerundet.

heute oft so vielfältig zusammengesetzt, daß es leichter ist, den Kalorienbetrag der einzelnen Zutaten zu bestimmen und daraus die Gesamtsumme zu errechnen. Ein Fahrer der Tour de France nimmt täglich seine 7500 bis 8000 Kalorien zu sich. Das ist das Zweieinhalb- bis Dreifache der Nahrungsmenge eines gewöhnlichen Erwachsenen.

Wir konnten die von den Radrennfahrern verbrauchte Energie unmittelbar in Augenschein nehmen: Sie ergab ein helles und warmes Feuer. Wir bestimmten den Betrag dieser Energie als dreißig bis zweiunddreißig Krapfen pro Tag. Aber der Vollständigkeit halber muß einer weiteren Frage nachgegangen werden: Was macht der Rennfahrer mit den aufgenommenen Kalorien, wie viele Kalorien verbraucht er für welchen Zweck?

Zunächst fällt auf, daß er die Nahrung nicht speichert, um zuzunehmen, und daß er keine Reserven verbrennt, um abzunehmen. So plausibel eine Veränderung des Körpergewichts gewesen wäre, in Wirklichkeit geschieht es selten, daß ein professioneller Rennfahrer in den drei Wochen der Tour mehr als ein paar Pfund Körpergewicht zu- oder abnimmt, was im Verhältnis zu den Nahrungsmengen, der Flüssigkeitszufuhr und der eingeatmeten Sauerstoffmenge unbedeutend ist. Sein Gewicht schwankt jeden Tag um ein paar Pfund, aber im Verlauf der drei Wochen addiert sich das nicht zu einem größeren Betrag. Der Fahrer nimmt während des Rennens schätzungsweise 600 bis 700 Pfund zu sich; davon sind vier Fünftel oder mehr Wasser. Die Energiezufuhr muß genau der verausgabten Leistung entsprechen.

Wir wollen uns jetzt im einzelnen ansehen, was bei einem Radrennen vor sich geht, und überlegen, wieviel Energie der Radrennfahrer für welche Aufgaben verbraucht.

Das reichhaltige Essen und die tiefen Atemzüge sind gewissermaßen das Benzin seiner Muskeln. Welche Veränderungen bewirkt dieser Kraftstoff? Werfen wir zuerst einen Blick auf den Mechanismus eines Fahrrads. Jeder kennt die Pedale, die Gänge, die Kette, die Reifen … Wenn Beine und Fahrrad sich bewegen, hört man Geräusche, und durch Reibung entsteht Wärme. Dazu kommt, daß die dünnen, harten Reifen während des Rennens an der Stelle, wo sie Kontakt zur Straße haben, leicht eingedrückt werden. Fast jeder hat schon einmal die Wärme eines Reifens gespürt, der gerade angehalten hat. Trotz all dieser Veränderungen zeigt die Geschichte des Radsports, daß der Fahrer für den effizienten Mechanismus des Fahrrads nur einen sehr kleinen Teil seiner Energie aufwenden muß.

Schauen wir uns die graphische Darstellung des Radrennsports mit den offiziellen Zeiten der Union Cycliste Internationale an. Die Kurve zeigt die Geschwindigkeitsrekorde der letzten fünfzig Jahre für eine Strecke von 200 Metern mit fliegendem Start, der Voraussetzung hoher Geschwindigkeiten. Von 1930 bis etwa 1975 nimmt die Geschwindigkeit nur geringfügig zu. Der Grund dafür sind die allmähliche Verbesserung der Reifen und Räder und des Trainings und der Technik der Fahrer.

Auf diese Weise kann die Geschwindigkeit kontinuierlich um kleine Beträge gesteigert werden. Bis die Bestzeit dann auf einmal in die Höhe schnellt. In wenigen Jahren steigert sich die Geschwindigkeit um das Vier- bis Fünffache des Zuwachses, der in den vorhergegangenen vierzig Jahren mühsam erreicht wurde.

Die Fahrradtechniker waren zum Kern der Sache vorgestoßen: Die *Stromlinienform* war entdeckt. Ein Blick

Im Windtunnel spürt ein Fahrer auf dem Standfahrrad scharfen Gegenwind. Die Techniker haben den Luftstrom durch Beigabe von Rauch kenntlich gemacht.

Die hinten fahrenden Radrennfahrer profitieren davon, daß die vorausfahrenden Fahrer bereits Luft zur Seite geschoben haben.

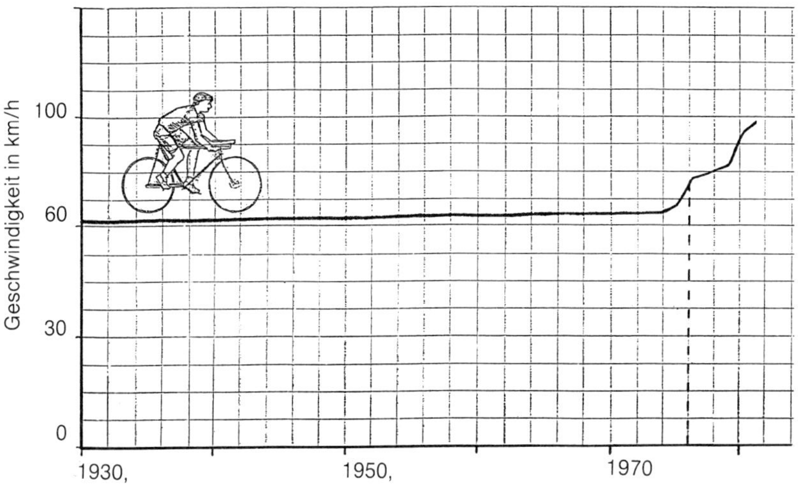

Der Geschwindigkeitsrekord über 200 Meter Distanz bei fliegendem Start: Auf die langsame und stetige Verbesserung folgt eine sprunghafte Verbesserung durch die revolutionäre Stromlinienform.

auf die neuen Rennräder macht deutlich, was gemeint ist. Die Reifen haben sich nicht verändert, der Mechanismus der Räder wurde nicht verbessert, die Fahrer sind die gleichen geblieben – aber die Luft gleitet jetzt schneller an Rad und Fahrer vorbei. Offensichtlich hatte bisher der Luftwiderstand die obere Grenze der Geschwindigkeit festgesetzt. Ein Fahrer muß in der Minute eine halbe bis eine ganze Tonne unsichtbarer Luft beiseite schieben, und das kostet beim Fahren die meiste Kraft.

Am klarsten kann man das so veranschaulichen: Wir beobachten ein neues, stromlinienförmiges Rennrad und ein Standardmodell, die im gleichen Tempo nebeneinander herfahren. Auf ein Zeichen hören beide Fahrer auf, in die Pedale zu treten. Beide Fahrräder werden langsamer, und das stromlinienförmige Rad geht schnell in Führung.

Im neunzehnten Jahrhundert war der Zusammenhang zwischen Bewegung und Wärmeentwicklung genau bestimmt worden. Die Fahrradtechniker stoppten also, in welcher Zeit ein Fahrrad mit einer bestimmten Geschwindigkeit eine abgemessene Strecke hinunterrollte. Nach jedem Versuch änderte der Fahrer die Geschwindigkeit, und so konnte man den Energieverbrauch zu der Geschwindigkeit in Beziehung setzen. Verluste durch Mechanik und Reifen spielen bei niedriger Geschwindigkeit eine große Rolle, bei Renngeschwindigkeiten hingegen ist der Luftwiderstand entscheidend, wie die Rekordleistungen der stromlinienförmigen Räder deutlich machen.

Durch derartige Messungen kann für jeden Fahrradtyp der Energieverbrauch für die Überwindung des Luftwiderstands bei einer bestimmten Geschwindigkeit tabellarisch festgehalten werden. Für unser Krapfen-

Beispiel bedeutete das: Die Zahl der Krapfen-Einheiten, die ein Teilnehmer der Tour de France braucht, um Rad und Luft zu bewegen, liegt bei acht bis zehn pro Tag. Der größte Teil davon wird verbraucht, um die Luft beiseite zu schieben. Nur ein bis zwei Krapfen sind nötig, um die Pedale zu treten und die Gänge zu schalten. Da der Gesamtverbrauch eines Fahrers aber, wie wir oben festgestellt haben, bei rund dreißig Krapfen liegt, sind noch etwa zwanzig Krapfen nicht belegt. Unsere Rechnung ist noch lange nicht aufgegangen.
Eine Energierechnung, die nicht aufgeht, gibt es aber nicht; sie muß auch bei der Tour de France aufgehen. Wir müssen einen wichtigen Kanal, in den Energie fließt, übersehen haben. Vermutlich ist er unsichtbar, sonst wäre er uns aufgefallen. Wie geht die Rechnung auf?

Eine direkte Antwort darauf kam von einer anderen, spektakulären Form des Radfahrens: von den mit Muskelkraft betriebenen Flugmodellen. Im Frühjahr 1988 wird ein ehrgeiziges Team versuchen, mit einem speziell für diesen Zweck entworfenen pedalbetriebenen Luftfahrzeug die Route des alten Erfinders Daedalus nachzufliegen (hoffentlich ist ihnen dabei ein besseres Schicksal als Daedalus' Sohn Ikarus beschieden!). Flugzeug und Pilot müssen eine Strecke von etwa einhundertzehn Kilometer über dem Meer von der Spitze Kretas bis zum nächstgelegenen Punkt des griechischen Festlandes bewältigen.
Schon einmal hat ein Mensch in einem solchen zerbrechlichen Fahrzeug allein mit seiner Muskelkraft einen Meeresarm überflogen: 1979 gelang auf diese Weise die Überquerung des englischen Kanals. Die Strecke betrug rund vierzig Kilometer, der Pilot, der sein eigener Motor war, war nach drei Stunden heroischer Anstrengung völlig erschöpft. Für die Daedalus-Route muß dieselbe Anstrengung länger als vier Stunden durchgestanden werden.
Das Daedalus-Team bereitete die Unternehmung mit seiner Pilotin Lois McCallin, einer 120 Pfund schweren Athletin mit erwiesen hohem Leistungsvermögen und großer Ausdauer, sorgfältig vor. In einem physiologischen Labor in Yale wurden Tests durchgeführt; ein Standfahrrad wurde so eingestellt, daß die Fahrerin zur Bewegung der Pedale ungefähr die später benötigte Energiemenge brauchte. Bei den ersten Versuchen gab McCallin bereits vor Ablauf einer Stunde auf. Aus einem einfachen Grund: Ihre Körpertemperatur, die ständig überwacht wurde, hatte Fieberwerte erreicht. Man hatte nicht für kühlende Luft gesorgt. Sofort war klar, was fehlte: starke Ventilatoren.
Wir alle kennen das aus eigener Erfahrung. Hartes Training macht warm. Der Körper wird warm, man beginnt zu schwitzen. Dauert das Training nur kurz, speichert der Körper die Wärme. Nach vollbrachter Leistung kühlt er dann langsam wieder ab. Bei einem Sprint von zehn Sekunden ist deshalb keine besondere Kühlung erforderlich. Aber bei einer Leistung, die stundenlang andauert, muß für die Möglichkeit gesorgt sein, daß der Athlet seine Körperwärme ständig abgeben kann. Die Luft, die kontinuierlich am Radfah-

Die Überwindung des Luftwiderstands: Die silberne stromlinienförmige Verkleidung bedeckt den sperrigen und komplizierten Mechanismus des Dreirads daneben und läßt die Luft weich nach hinten abgleiten; der Luftwiderstand wird verringert, der Radfahrer erzielt Rekordgeschwindigkeiten auf der Straße. Eine ähnliche Stromlinienform und ein raffiniert geformter Flügel erlauben einem anderen Radfahrer zu fliegen.

rer vorbeiströmt, gleicht bei hohen Geschwindigkeiten einem starken Wind und nimmt die Körperwärme des Fahrers auf. Das Standfahrrad des Labors befand sich in einem beinahe windstillen Raum; bei einem Straßenrennen wie der Tour de France aber kann der Fahrer mit einem Gegenwind von zweiunddreißig bis vierzig Kilometer pro Stunde rechnen, den er durch seine Bewegung selbst erzeugt. Der Wind, der ihm gegen Gesicht und Brust bläst, absorbiert seine Körperwärme.

Das stromlinienförmige Plastikcockpit der Daedalus-Flugmaschine wurde neu entworfen. Eine lange Röhre, die nach vorn offen war, sollte frische Luft ins Cockpit leiten und Kopf und Brust des Piloten abkühlen. Eine zweite Öffnung in der Rückseite des Cockpits sollte die erwärmte Luft nach hinten wieder abgeben. Ein Kompromiß mußte gefunden werden zwischen der Notwendigkeit, den hart arbeitenden Piloten durch den Luftstrom zu kühlen, und der durch die Öffnung des glatten, stromlinienförmigen Cockpits verursachten Zunahme des Luftwiderstands.

Nehmen wir einmal an, es sei dieser Wärmeverlust, der den Fehlbetrag unserer Energierechnung ausmacht. Wie genau wird die Wärme abgegeben? Stimmt unsere Rechnung nun wirklich? Wir wollen uns die Sache am Automotor veranschaulichen. Ein Motor wird beim Fahren heiß. Von jeder Energieeinheit, die bei der Verbrennung des Benzins entsteht, kann ein Motor in gutem Zustand nur 25 Prozent in Fahrleistung umsetzen. Der größte Teil der Wärme geht als Überschuß durch den Kühler in den Luftstrom ab, ein geringerer Teil wird mit den Auspuffgasen abgegeben.

Man sagt, ein Automotor sei wassergekühlt. Das Kühlen des Motors geht aber eigentlich in zwei Stufen vor sich. Das Kühlwasser selbst fließt nur unter der Kühlerhaube. Es transportiert die Wärme aus dem Inneren des Motors zu den gerippten, kupfernen Röhren des Kühlers, die die Wärme an die Luft abgeben. Das Wasser kreist in einem geschlossenen System, es muß bei einem Auto in gutem Zustand kaum je nachgefüllt werden. Daher kann man zwar sagen, ein Motor sei wassergekühlt, der Kühler aber ist luftgekühlt.

Von jeder Energieeinheit, jedem Krapfen, den der Radrennfahrer ißt, können wie beim Motor nur 25 Prozent in Muskelleistung umgesetzt werden. Aber die Abgabe der nicht umgesetzten Wärme funktioniert beim Körper des Rennfahrers auf raffiniertere Weise als beim warmlaufenden Motor. Zwar stimmt, daß die Luft zuletzt die Wärme des zirkulierenden Blutes aufnimmt, aber dazwischen kann sich eine weitere Stufe einschalten. Gewöhnlich wirkt die Luft wie ein sanfter Ventilator, sie kühlt den Körper. Aber wenn wir bei offenem Fenster schlafen, müssen wir oft die Abgabe der Körperwärme an die Luft durch eine Decke verlangsamen.

Nun gibt es einen weiteren Posten in der Energiezufuhr des Radrennfahrers, den wir bis jetzt noch nicht berücksichtigt haben. Der Fahrer ißt gut und reichlich, aber Wasser trinkt er noch viel mehr. Das kann man während des Rennens und danach beobachten. An einem normal warmen Sommertag nimmt ein Rennfahrer im Durchschnitt fünfzehn Liter Flüssigkeit zu sich. Das entspricht einem Gewicht von dreißig Pfund, einem größeren Gewicht als das der Nahrung, die er verzehrt. Will der Fahrer nicht aus allen Nähten platzen, muß er dieses Gewicht irgendwie wieder loswerden.

Normalerweise scheidet der Körper pro Tag anderthalb bis zwei Liter Wasser aus, manchmal auch mehr. Das übrige Wasser wird als unsichtbarer Wasserdampf

Zwei Maschinen bei der Arbeit

	RADRENNFAHRER	KOMPAKTAUTO
Gesamtgewicht	170 Pfund	1 Tonne
Geschwindigkeit	32 km/h	88 km/h
Gesamtleistung	circa 1 Kilowatt	circa 55 Kilowatt
Verluste durch Mechanik und Reifen	5 %	8 %
Verluste durch Luftwiderstand	20 %	18 %
In Form von Wärme abgegeben	circa 75 %	circa 75 %

mit dem Atem oder durch die Haut ausgeschieden. Das aber ist ein aufwendiger Prozeß. Die Energie, die zur Umwandlung des Wassers in den über die Haut oder mit dem Atem ausgeschiedenen Wasserdampf notwendig ist, beträgt ungefähr einen Krapfen pro halben Liter.

Ein Beispiel zum Vergleich: Aus einem Topf mit kochendem Wasser quillt dicker Wasserdampf. Mit dem Siedepunkt ist die maximale Temperatur erreicht. Die über die Herdplatte zugeführte Energie wird jetzt größtenteils über den Wasserdampf wieder abgeführt. Eine Kühlung durch Verdampfung ist viel effektiver als die Kühlung durch den trockenen Luftstrom. Es ist zwanzigmal ökonomischer, Wasser zu verdampfen, als in Form von Schweißperlen zu vergießen. Schwitzen ist genaugenommen eine Art Versagen des körpereigenen Kühlsystems und ein Zeichen dafür, daß die Luftkühlung an eine Grenze gestoßen ist.

Jetzt geht unsere Krapfen-Rechnung sauber auf. Zu den acht bis zehn Krapfen Energie, die hauptsächlich dazu benutzt werden, Luft beiseite zu schieben, kommen nun noch weitere zwanzig hinzu, die in Form von Wärme abgegeben werden. Kann man die ganze Wassermenge in Rechnung stellen? Wohl schon, denn die Wärme wird größtenteils über die Umwandlung des Trinkwassers zu Wasserdampf abgegeben (etwas Luftkühlung ist immer auch dabei). Der Energieverbrauch beträgt ungefähr eine Krapfen-Einheit für jeden halben Liter, der in Wasserdampf umgewandelt wird. Die Rechnung, für die alle Zahlen auf- oder abgerundet wurden, stimmt jetzt sowohl für das Gewicht als auch für die Energie.

Wir sind am Ziel unserer Überlegungen angelangt. Die Untersuchung hat einige Überraschungen zutage gefördert. Der Luftstrom, der an einem Radrennfahrer vorbeizieht, ist einerseits dessen größter Feind, weil er ein schnelleres Fortkommen verhindert. Stromlinienförmige Räder haben hier wesentliche Verbesserungen geschaffen. Andererseits ist er sein bester Freund, wie die Schwierigkeiten mit dem Standfahrrad gezeigt haben. Der Fahrer braucht einen starken Wind – wie stark der Wind genau sein muß, weiß ich nicht –, der den kühlenden Wasserdampf ausreichend schnell aufnimmt, damit nicht der größte Teil des zugeführten Wassers unter Energieverlust als Schweiß ausgeschieden werden muß. Die Folge wäre eine Überhitzung, die es zu vermeiden gilt, denn kein Mensch kann zwanzigmal fünfzehn Liter Wasser am Tag trinken. Stromlinienförmige Rennräder werden in Zukunft neue Ausdauerrekorde ermöglichen, wenn die Fahrraddesigner, wie die Techniker des Daedalus-Projekts, darauf achten, daß der Fahrer ausreichend kühle Luft erhält, selbst wenn dies auf Kosten der stromlinienförmigen Perfektion geht.

Nur wenige technische Produkte arbeiten so gut wie die Maschine des menschlichen Körpers. Aber selbst hier wird die meiste Energie in Form von Wärme verbraucht, und diese Wärme muß abgegeben werden, wenn der Körper gesund bleiben soll. Radrennfahrer verdanken ihre Leistungen der effektiven Kühlung, die der schnelle, durch sie selbst erzeugte Luftstrom bringt, der mit zweiunddreißig bis vierzig Kilometern pro Stunde an ihnen vorbeibraust. Ein Langstreckenläufer bewegt sich viel langsamer. Er spürt den Wind weniger und könnte den Wärmeausstoß eines Radrennfahrers an einem Sommertag nicht bewältigen.

Eine weiterreichende Erkenntnis ist ebenfalls von Bedeutung: Wenn der Energiehaushalt scheinbar nicht aufgeht, sollte man zuerst überlegen, ob man nicht einen Kanal übersehen hat, in den Energie fließt, statt anzunehmen, man habe eine Ausnahme der universalen Regel entdeckt, die bisher durch alle Erfahrungen bestätigt wurde. Die Bilanz gleicht sich immer aus, wenn man nur genau genug rechnet. Man versteht einen Organismus, ein Fahrzeug oder ein anderes kompliziertes System erst dann, wenn man weiß, wie die Bilanz von Gewicht und Energie aussieht, der beiden grundlegenden Konstanten der Natur.

Der Radfahrer hebt ab: Der Prototyp der Daedalus-Flugmaschine bei einem Startlauf. Die Flügel des eleganten Fliegers haben mit dreißig Meter Spannweite ungefähr die Größe der Tragflächen eines zweistrahligen Passagierflugzeugs, das pedalbetriebene Fluggerät wiegt ohne den Piloten weniger als neunzig Pfund. Noch ist nicht für Kühlung gesorgt; bei der nächsten Version erfolgt die Kühlung durch Luft. Entwurf und Konstruktion der Flugmaschine waren in der Hauptsache das Werk von Studenten und Fakultätsangehörigen des MIT.

Was das zwanzigste Jahrhundert entdeckte

Erinnern wir uns an unsere rauchgefüllte Kiste auf der alten Bauernwaage. Das Ergebnis war eindeutig: Das Gewicht der Kiste blieb trotz aller Veränderungen im Innern konstant. Die Wände der Kiste hielten dicht, und keinerlei Substanzen wie Gas oder Partikel konnten austreten.

Aber kann man wirklich sagen, daß überhaupt nichts ausgetreten ist? Mit Sicherheit ist Licht ausgetreten, denn wir sahen Flammen, Funken und Blitze. Auch Ton kam heraus; wir hörten das Spielzeug quietschen und die Knallfrösche explodieren. Das Radio lief, es muß durch die Wand hindurch Signale empfangen haben. Ich konnte außerdem deutlich spüren, daß Wärme von der Kiste ausstrahlte.

Kann man also sagen, daß *nichts* ausgetreten ist?

Keineswegs. Verschiedene Formen von Energie sind ausgetreten, und für jede Form gilt gleichermaßen das im neunzehnten Jahrhundert entdeckte Gesetz von der Erhaltung der Energie, das wir bei unseren Überlegungen zur Tour de France in Rechnung gestellt hatten. Aber weil diese Energien keine materiellen Substanzen sind, also nicht aus chemischen Elementen, aus Atomen, aufgebaut sind, haben sie auch kein Gewicht. Und so wundert es nicht, daß unsere Waage trotz des offensichtlichen Entweichens von Wärme, Licht und Ton im Gleichgewicht blieb.

War damit also alles geklärt? Albert Einstein, der geniale Physiker, fragte weiter und kam 1907, als Achtundzwanzigjähriger, zu neuen Erkenntnissen. Er konnte schlüssig beweisen, was andere bereits vermutet hatten. Das Ergebnis kennen wir alle.

Die Formel $E=mc^2$ ist so bekannt wie die Bezeichnung H_2O, auch wenn vielleicht nicht alle wissen, was sie bedeutet. Dabei ist diese Formel sogar noch leichter zu verstehen als die vielzitierte chemische Formel für Wasser.

Jeder Energie, sagt Einstein, entspricht eine bestimmte Masse. Masse ist nur der physikalische Ausdruck für etwas, das Gewicht besitzt. Die Entsprechung von

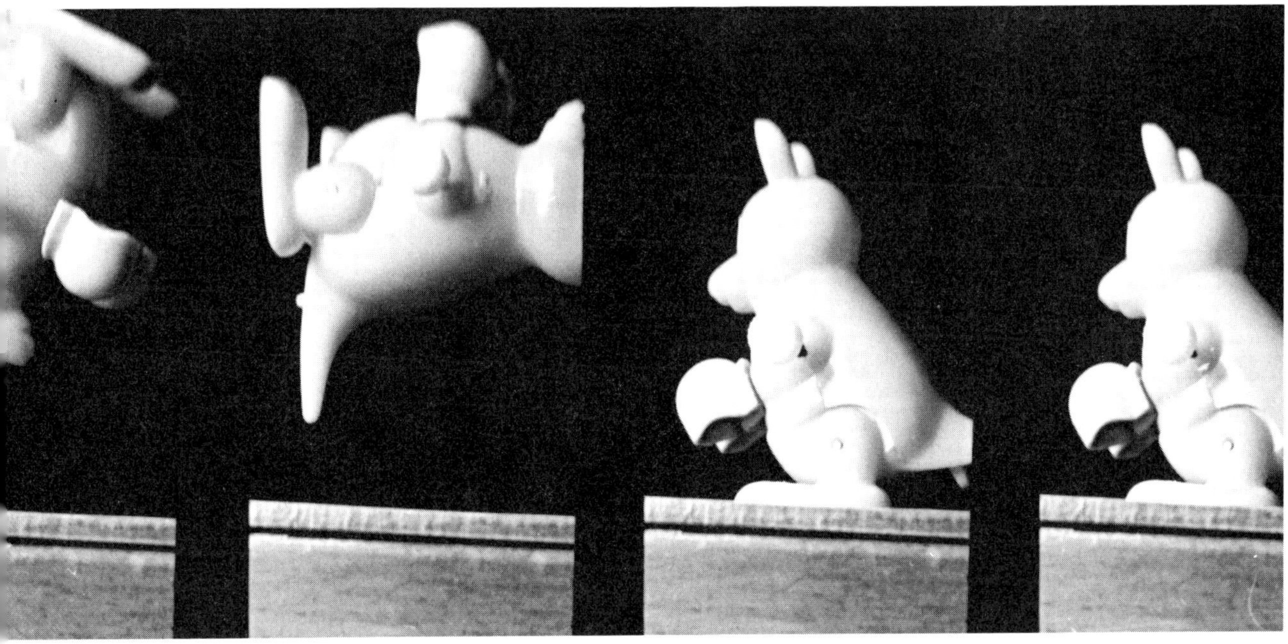

Energie und Masse kann durch eine Gleichung ausgedrückt werden.

Wir können die oben gegebene Formel völlig korrekt auch einfacher schreiben:

E (für Energie) ist gleich M (für Masse).

(Das c im Quadrat ist lediglich eine konstante Größe, die bei verschieden gewählten Einheiten für Masse und Energie ausgleicht. Wählt man der Einfachheit halber bestimmte Einheiten, fällt c^2 weg.)

Die Formel besagt also: E=M. Jede Veränderung der Energie bedeutet eine gleich große Veränderung der Masse, unabhängig davon, ob es sich um Verlust oder Zuwachs handelt. Die beiden Größen sind voneinander abhängig. Wenn wir feststellen, daß Energie in Form von Wärme, Licht und Ton aus unserer Kiste entweicht, müssen wir gleichzeitig akzeptieren, daß auch Masse aus der Kiste entwichen ist und das Gewicht der Kiste abgenommen hat. Die Waage hatte allerdings, bis auf ein tausendstel Gramm genau, keine Veränderung angezeigt. Und Chemiker haben bei entsprechenden Versuchen noch viel genauer gewogen.

Aus dieser Sackgasse führt nur ein Weg heraus. Es gibt tatsächlich einen Gewichtsverlust, wie Einsteins Gleichung sagt. Aber der Verlust ist so klein, daß er selbst mit der besten Waage nicht gemessen werden kann.

Nehmen wir ein einfaches Beispiel, ein Spielzeug zum Aufziehen. Beim Aufziehen wird eine Feder im Innern, die vorher entspannt war, durch die Kraft und Bewegung der Finger gespannt. Die Spannung ist die Energie, die zugeführt wird, damit das Spielzeug zu laufen beginnt. Aber die zugeführte Energie, die dadurch meßbar wäre, daß man die Feder beim Abspulen eine kleine Menge Wasser erwärmen läßt, bewirkt, daß die Feder tatsächlich schwerer wird. Sie nimmt an Masse zu, wenn ich sie aufziehe, wie natürlich auch ich ein wenig Masse durch das Aufziehen verliere.

Die Feder ist aus Stahl. Natürlich kam beim Aufziehen kein Stahl aus meinen Fingern. Die unter Druck stehende, gespannte Feder ist lediglich massiver – schwerer – als das gleiche Stück Metall im entspannten Zustand. Masse ist dazugekommen, weil die Energie der Spannung Masse bedeutet.

Das Gewicht der Energie

Ein Aufziehmechanismus wird beim Ablaufen um ein Milliardstel des Gewichts eines *i*-Punktes leichter.

Wenn ein Auto eine Tankfüllung Benzin und die entsprechende Luft verbrennt, nimmt sein Gesamtgewicht um das Zehnfache des Gewichts eines *i*-Punktes ab.

Durch die Explosion einer thermonuklearen Bombe verringert sich ihr Gesamtgewicht um 8 Gramm.

Die Sonne verliert in jeder Sekunde, in der sie scheint, das Gewicht von 2 Dutzend Ozeandampfern.

Natürlich taucht das verlorene Gewicht immer anderswo auf.

Das Spielzeug vollführt nun seine Hüpfer. Die Feder spult sich langsam ab, sie entspannt sich, verliert Energie und wird leichter, denn sie verliert zugleich auch Masse. Natürlich geht die Masse nicht einfach verloren. Sie entweicht mit der Energie aus dem Spielzeug, mit dem Geräusch der Hüpfer und der unmerklichen Abnutzung der Tischplatte. Dort, wo das Spielzeug die Platte berührt, nimmt die Masse um jenen winzigen Betrag zu, der ursprünglich aus meinen Fingern kam und dann in der Feder gespeichert war. Soweit das Beispiel.
Wie groß ist nun die Veränderung des Gewichts?
Dank Einstein können wir abschätzen, wieviel Masse von der kleinen Feder aufgenommen und wieder an die Umgebung abgegeben wurde. Die Masse beträgt ungefähr den milliardsten Teil des Gewichts des *I*-Punkts in meinem Namen.
Mit einer herkömmlichen Waage können wir die großartige Gleichung Einsteins nicht nachprüfen. Trotzdem glauben wir, daß Einstein recht hat. Die Gleichung konnte wiederholt in Versuchen mit großer Genauigkeit verifiziert werden. Gültige Experimente sind allerdings nur in den Laboratorien der Atom- und Hochenergiephysik durchführbar, wo man seit langem Möglichkeiten kennt, Masse ohne Zuhilfenahme der Schwerkraft zu messen.
Die Wissenschaftler arbeiten nicht mit kleinen Mengen fester oder flüssiger Substanzen. Sie verwandeln ihre Proben vielmehr in niedrigkonzentriertes Gas. Die Proben werden zu Strömen einzelner atomischer oder subatomischer Teilchen verdampft und im Vakuum eingeschlossen, damit sie nicht von anderer Materie gestört werden. Dann werden sie abgelenkt, allerdings nicht durch Schwerkraft, sondern durch elektrische und magnetische Kräfte. Das gleiche geschieht mit dem Elektronenstrahl einer Fernsehröhre. Er wird abgelenkt, um Punkt für Punkt das Bild zu erzeugen, das viele Male pro Sekunde über den Bildschirm flimmert. Auf ähnlich elegante Weise kann man bei jedem Teilchenstrahl, der unter Einwirkung einer bekannten Kraft steht, die Bahnen der einzelnen Teilchen messen und so ihr jeweiliges Gewicht präzise bestimmen. Die Wissenschaftler messen immer das einzelne Atom, niemals mehrere Atome zusammen. Bei einer Kernreaktion schließlich »wiegt« man die Teilchen vor und nach der Reaktion und vergleicht dann die Massendifferenz mit der freigesetzten Energie. Die Konstanz von Masse und Energie wurde erstmals 1935 experimentell zureichend bestätigt. Heute ist das Ergebnis mit einer Genauigkeit bis auf einige Millionstel über jeden Zweifel erhaben.

Hier kommt der Physiker in die Zwickmühle. Ich habe überlegt, wie man die Einsteinsche Relation von Masse

Einstein auf der Waage

In dem Zusammenhang, in den die Physik des zwanzigsten Jahrhunderts die Idee der Energie eingebaut hat, klafft ein Loch. Heute besteht kein Zweifel mehr an Einsteins Formel der Äquivalenz von Masse und Energie. Das fundierte theoretische Grundgerüst überzeugte von Anfang an, und mittlerweile wurde die Gleichung auch experimentell gründlich überprüft, wenn auch nie durch direktes Wiegen auf einer Waagschale. Für die Masseberechnungen untersuchte man Teilchenstrahlen im Vakuum, die man mit Hilfe elektrischer und magnetischer Kräfte manipulierte. Dabei spielt die Reaktion eines Objektes auf abstoßende oder anziehende Kräfte und die Frage, ob die Reaktion von der Gravitation herrührt oder elektrisch ist, keine Rolle. An den Meßtechniken ist nichts Geheimnisvolles; sie werden in vielen Labors angewandt. Wichtigstes Instrument ist das sogenannte Massenspektrometer; Teilchenbeschleuniger führen zu ähnlichen Ergebnissen. Solche Techniken erinnern nicht mehr an die vertraute Operation des Wiegens, die nur für größere Objekte durchführbar ist, obwohl die Formel auch dann gelten müßte.

Ich wollte die Bedeutung von Einsteins berühmter Formel durch ein Experiment veranschaulichen und stellte ein dicht versiegeltes System, in dessen Inneren Reaktionen abliefen, auf eine Waagschale und wartete. Sobald aus dieser Kiste Wärme, Licht und Ton austraten, mußte sie an Gewicht verlieren. Das Experiment war sozusagen eine verfeinerte Version der Kiste, die Tom Topkins für uns aus durchsichtigem Hartplastik gebaut hatte.

Ich hatte keinen Erfolg, und auch die Hilfe befreundeter Physiker konnte daran nichts ändern. Ich bombardierte diese Physiker unablässig mit Fragen, bis sie ihrerseits begannen, weitere Kollegen zu fragen. Es mußte doch möglich sein, ein solches Experiment durchzuführen! Nach einiger Zeit gingen Vorschläge von Leuten ein, die ich nicht persönlich kannte, die aber von unserem Problem gehört hatten. Ausführbar erschien keiner. Zwar glaubte ich, daß es möglich war, aber es würde viel Arbeit bedeuten, unattraktive Arbeit, weil wir alle so sicher waren, daß es im Prinzip funktionieren mußte.

Warum ist ein solches Experiment so schwer? Überlegen wir, wie man vorgehen muß. Das Ganze wäre einfach, wenn man mit großen Umwandlungprozessen arbeiten könnte, in deren Verlauf viel Wärme freigesetzt wird. Aber man muß bedenken, daß das verwendete System von der Außenwelt dicht abgeschottet sein muß. Ein Düsentriebwerk stößt große Mengen von Wärme aus, aber im Vergleich zur von der Düse angesaugten und ausgestoßenen Luft ist das Gewicht der Energie, die in Form von Wärme und Bewegung frei wird, winzig. Man müßte in diesem Fall Triebwerk, Tank, Luft und alles andere in einem abgedichteten Raum einschließen. Eine Explosion wäre noch schlimmer. Wiegen möchte so etwas niemand. Und Stromleitungen als Energiezufuhr kämen dabei nicht in Frage; die Leitungen selbst würden das Gewicht verfälschen.

Man braucht also ein abgeschlossenes System. Ein aufziehbares Spielzeug käme in Frage, auch eine chemische Reaktion in einem versiegelten Behälter oder eine Batterie, die eine Lampe erleuchtet und sich dadurch langsam entlädt. Man könnte die ganze Anordnung auf eine empfindliche Waage stellen. Aber damit ist es eben nicht getan. Die Gewichtsveränderung bei einer chemischen Reaktion beträgt einige Zehnmilliardstel des Gesamtgewichts der Reaktanten, und es ist schwer, eine Waage von so großer Präzision zu bauen, besonders dann, wenn die Waage während des Prozesses erwärmt oder erschüttert wird. Die feine Ultramikrowaage, die wir benutzten, erreichte

Die glühende Kugel ist eine radioaktive Quelle und so stark, daß man mit ihr gerade noch umgehen kann. Der aktive Kern besteht aus 183 Gramm Plutoniumdioxyd (Isotop Pu^{238}), plattiert in eine dünne Metallversiegelung aus Iridium in einem dicken Mantel aus Graphit. Die Quelle hat eine Wärmeleistung von 100 Watt, wie das Glühen bezeugt, und sie kann diese Leistung über Jahrzehnte aufrechterhalten.

diese Genauigkeit nicht entfernt. Außerdem würde der Behälter, der die Reaktanten aufnehmen soll, ein beträchtliches Eigengewicht haben. Im Fall der zweiunddreißig Krapfen bräuchte man für den Sauerstoff, der sie verbrennen soll, ein oder zwei schwere Stahlzylinder. Die besten kleinen Batterien, die man für Digitaluhren verwendet, sind versiegelt und leicht zu wiegen, während sie sich entladen. Aber die Gewichtsveränderung, die durch das Entladen eintritt, ist einfach zu gering. Meine letzte Hoffnung war eine radioaktive Quelle, die trotz ihres hohen Energiepotentials klein ist und so gut versiegelt, daß nur Wärme, Licht und Strahlung austreten können. Die Veränderung des Gewichts kann einige Hunderttausendstel des Gesamtgewichts und mehr betragen und wäre damit meßbar. Für welchen Energieverlust können wir sorgen? Wenn wir bereit sind, die Gewichtabnahme über ein bis zwei Tage zu beobachten, kann die Präzisionswaage unter Umständen den Energieausstoß einer Glühbirne als Obergrenze verkraften.

Ich sprach mit Wissenschaftlern, welche die heißeste radioaktive und dicht versiegelte Wärmequelle entwickelt hatten, die es gibt. Die Quelle war entwickelt worden, um auf dem Mond zurückgelassene Apparaturen mit Energie zu versorgen. Das Ding sieht aus wie ein Tennisball aus Graphit, allerdings gefüllt mit reinem radioaktiven Plutonium, und kann in einem Vakuum jahrzehntelang aus eigener Kraft orangerot glühen. Eine Mikrowaage würde das nicht vertragen, und das kleine, schwere Objekt verliert weniger als ein Mikrogramm pro Woche, das Gewicht der Wärme, des Lichts und der Strahlung, die abgegeben werden. Aber vielleicht würden sich von der Oberfläche des Balls Staubpartikel lösen, oder er würde durch Korrosion leichter werden. Wir müßten ihn also in einen Vakuumbehälter geben, der wiederum ein beträchtliches Eigengewicht hätte. Würde das Gas, das durch die vom Plutonium freigesetzten Heliumatome im Innern der Kugel entstand, allmählich entweichen? Tatsächlich hatten die Konstrukteure der Energiequelle daran gedacht und für ein solches langsames Entweichen vorgesorgt. Der ansonsten dicht versiegelte kugelförmige Körper erhielt an beiden Polen eine Entlüftung, die jeglichen Druck durch zwei kleine, poröse Einsätze aus Sintermetall entweichen läßt. Die Einsätze lassen kein radioaktives Material durch, sondern nur das beim Zerfall von Helium entstehende Gas. Wenn wir unser Experiment mit diesem recht unhandlichen kugelförmigen Objekt durchführen wollten, müßte diese undichte Stelle versiegelt werden. Das Gewicht des Heliums, das in einem bestimmten Zeitintervall erzeugt wird, beträgt allerdings das Tausendfache des Gewichts der verbrauchten Energie.

Ich gab auf. Vielleicht gibt es irgendwo eine für unsere Zwecke geeignete Energiequelle, leicht wiegbar, leicht handhabbar und so stark, daß man die Veränderung des Gewichts innerhalb eines plausiblen Zeitraums messen kann. Oder muß man das Problem ganz anders angehen?

Ich bin für jeden Vorschlag dankbar.

und Energie durch das Wiegen größerer Mengen von Materie nachprüfen könnte. Am Ende hat mich nichts überzeugt. In der Praxis bedeutet das, daß wir zwei Definitionen von Gewicht haben: Die eine gilt für größere Mengen an Materie, die andere für einzelne Atome. Über die Relation beider Gewichte zueinander wissen wir noch nicht genug, um Einsteins Gleichung durch die herkömmliche Methode des Wiegens nachprüfen zu können. Es scheint nicht völlig unmöglich zu sein, ist aber kompliziert und darüber hinaus zeit- und kostenaufwendig. Eines Tages wird es soweit sein, auch wenn sich niemand davon eine Überraschung verspricht. Die Methode, einzelne Teilchen zu messen, ist zuverlässig, und das Resultat wird durch ganz verschiedene instrumentelle Meßtechniken bestätigt. Eine Kluft bleibt indes bestehen: Das Gewebe der Wissenschaft ist hier nicht nahtlos.

Viele glauben deshalb – allerdings zu Unrecht –, daß die Formel $E=M$ nur für den atomaren und subatomaren Bereich gilt. Das ist falsch, die Formel gilt für jede Energieübertragung. Aber nur im Atomlabor konnte man das bisher direkt nachweisen; nur auf der Ebene atomarer Prozesse ist Energie ein meßbarer Teil der gesamten beteiligten Masse.

Die Formel $E=M$ gilt für jeden Prozeß der Energieübertragung. Immer bleibt das Gleichgewicht von Energie und Masse erhalten, soweit wir das experimentell nachprüfen können. Im Normalfall kann man daher die auf den ersten Blick so verschiedenen Größen wie Masse und Energie weiterhin getrennt betrachten, denn das Gewicht für sich bleibt konstant und die Energie ebenso.

Energie bleibt erhalten, und Masse bleibt erhalten. Beide Konzepte sind nach wie vor brauchbar, auch wenn sie letztlich eine Einheit bilden. Ob man nun von Energie spricht oder von Masse, sei jedem freigestellt. Das Ergebnis ist in jedem Fall eine Größe, die durch alle Veränderungen, ob schnell oder langsam, groß oder klein, konstant bleibt.

Taschenglobus von 1780. So sah der Kartograph die Welt, die Erdkugel inmitten einer geordneten, blauen Sternensphäre.

3

KARTOGRAPHIE

Im Gegensatz zu früher kennen wir heute die Erdkugel nicht mehr ausschließlich nur als das sorgfältig gearbeitete, farbige Modell des Globus. Gestalt und Größe der Erdkugel sind schon lange bekannt und tauchen früh in der wissenschaftlichen Literatur auf. Heute können wir den Globus auf Satellitenbildern sehen, beispielsweise beim Wetterbericht im Fernsehen.

Daß es auf der Erde Menschen gibt, kann man aus diesen Satellitenbildern nur indirekt folgern. Die Wettersatelliten haben nämlich verschiedene, offensichtlich bewußt gewählte Kamerapositionen. Auf Bildern der Erdkugel, die ein geostationärer amerikanischer Satellit über dem Äquator aufnimmt, ist gewöhnlich das äquatoriale Südamerika in der Bildmitte, während auf den Bildern eines europäischen Satelliten über dem Meridian von Greenwich dort der Westen Afrikas zu sehen ist.

Auf Tagesaufnahmen der Erdoberfläche sieht man kaum Hinweise auf die Existenz von Menschen. Sobald jedoch die Sterne aufgehen, ändert sich das. Als Kinder des Sonnenlichts haben wir die Kunst erfunden, Städte, Dörfer und Straßen dann zu erleuchten, wenn die Erdrotation sie in den Schatten der Nacht versetzt hat. Einige Satelliten des Verteidigungsministeriums, die Wolken kartographisch aufzeichnen, können aus einer Höhe von circa 800 Kilometern selbst sehr schwaches Licht registrieren. Sie senden ununterbrochen Bilder, und auf ihnen sieht man die Erde bei Nacht im Lichterglanz des Menschen in der Dunkelheit erstrahlen.

Die großen Metropolen sind durch die helle Beleuchtung so deutlich wie auf den besten Karten zu erkennen. Küsten und Flüsse, selbst Autobahnen und Schienenwege können entlang der erleuchteten Städte verfolgt werden, die wie Perlenschnüre an ihnen aufgereiht sind. In manchen Jahreszeiten sieht man die Buschfeuer, mit denen in bestimmten Regionen Asiens und Afrikas die Felder ganzer Landstriche gerodet werden. Bewölkte Gebiete sind stockdunkel, ebenso die großen, unbeleuchteten Meere. Einzelne Häuser oder Schiffe sind nicht erkennbar.

Diese Bilder geben sogar manchmal Rätsel mit oft überraschenden Lösungen auf. Im menschenleeren, dunklen Ozean bei Japan waren einmal überall Lichter zu sehen, die fast ebenso hell strahlten wie die Lichter Tokios, der größten Stadt der Welt. Es stellte sich heraus, daß in dieser besonders klaren Nacht circa zweitausend Schiffe der großen japanischen Fangflotte ausgelaufen waren, weil ein riesiger Schwarm Tintenfische vor der Küste aufgetaucht war. Diese Fangschiffe haben Scheinwerfer, die so hell wie das Straßenlicht sind und über dem Wasser bewegt werden, um die Tintenfische anzulocken. Die zerfließenden Lichter erinnerten an eine nächtliche Stadt, die ins Meer treibt.

Satellitenphotos sind Errungenschaften der modernen Technik. Aus sehr großer Höhe können die Kameras einen Großteil der Erdkugel aufnehmen, wobei jedes Bild eine Momentaufnahme ist, da die Welt sich in der Zeit verändert.

Aber nicht erst seit heute ist die Gestalt der Erde, auf der wir leben, bis in kleinste Details bekannt. In vielen alten Büchern findet man Weltkarten. Diese Bücher sind zum Teil hundert und mehr Jahre alt, doch die Karten sind erstaunlich präzise. Sie stammen aus einer Zeit, in der es noch keine Satelliten und auch keine Luftfahrzeuge oder Heißluftballons gab. Vereinzelt bot ein Berggipfel eine Fernsicht, aber auch der ermöglichte nur eine Aussicht von hundertfünfzig bis höchstens zweihundertfünfzig Kilometern. Trotzdem kartographierten die Menschen damals die ganze Welt genau und übersichtlich. In Europa sind alle Städte in

Die Erde

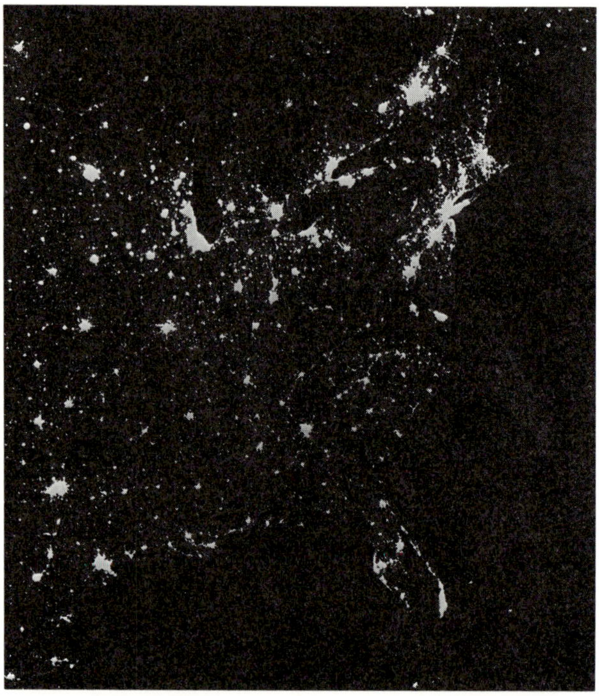

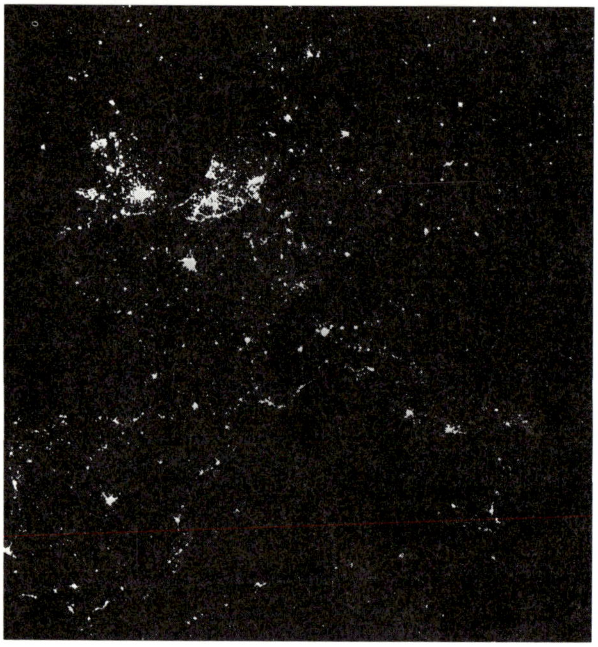

Nachts sieht man auf den Bildern eines speziellen Beobachtungssatelliten vor allem die erleuchteten Städte. Betrachtete man die Städte im Osten der Vereinigten Staaten genauer, könnte man Flüsse, Straßen und Schienenwege anhand der Städte verfolgen, die wie Perlenschnüre an ihnen aufgereiht sind. In Westeuropa sieht man London und Paris, die Städte entlang des Rheins sowie Madrid, Mailand und Rom.

Die Erde bei Tag. Die meisten Satellitenbilder werden bei Tageslicht gemacht wie dieses von einem europäischen geostationären Satelliten aufgenommene Bild. Der Satellit kreist so um die Erde, daß er immer über einem bestimmten Punkt der westafrikanischen Küste steht, dem Schnittpunkt des Nullmeridians mit dem

aus dem All

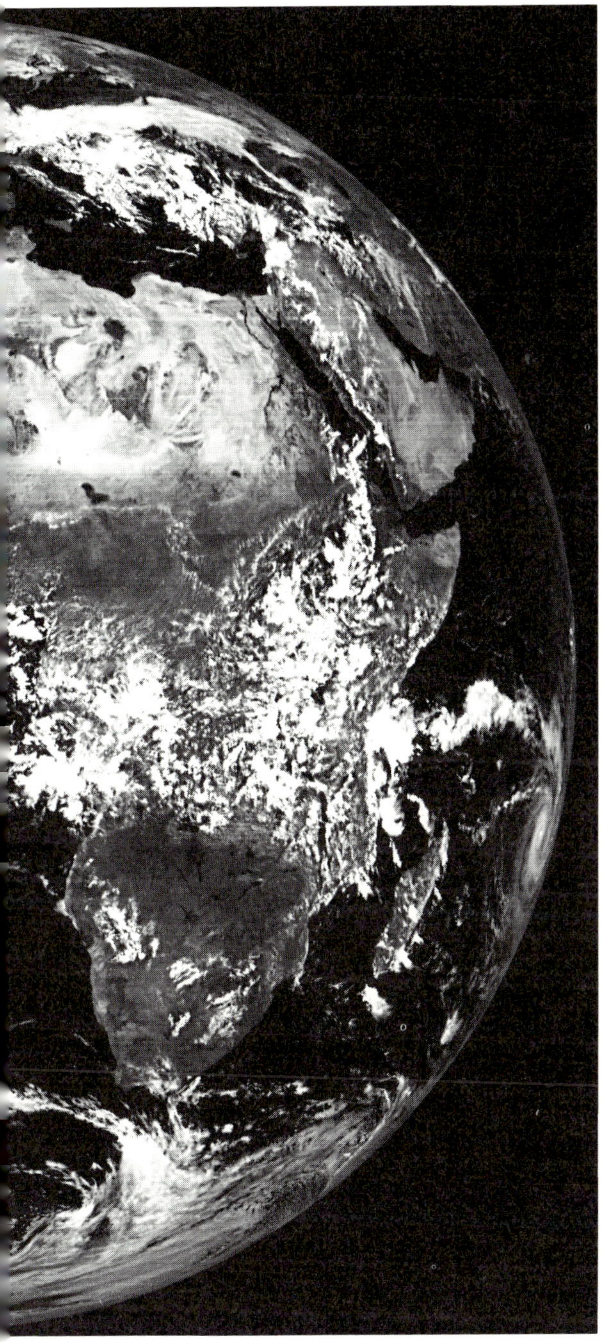

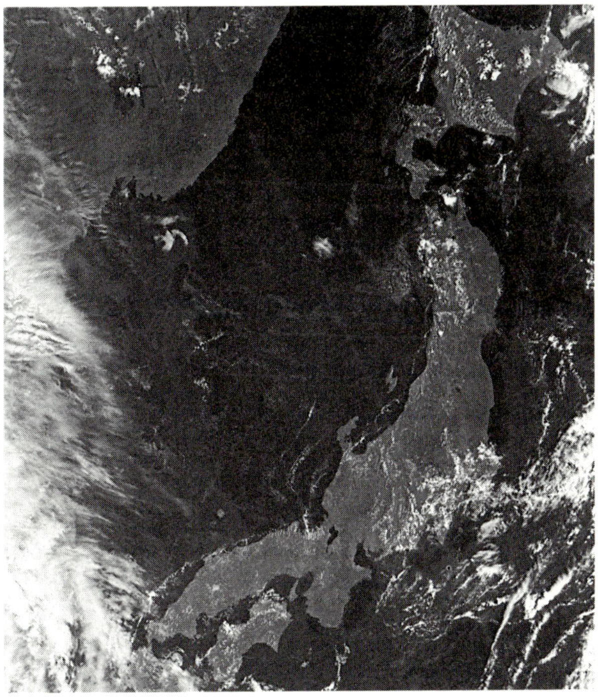

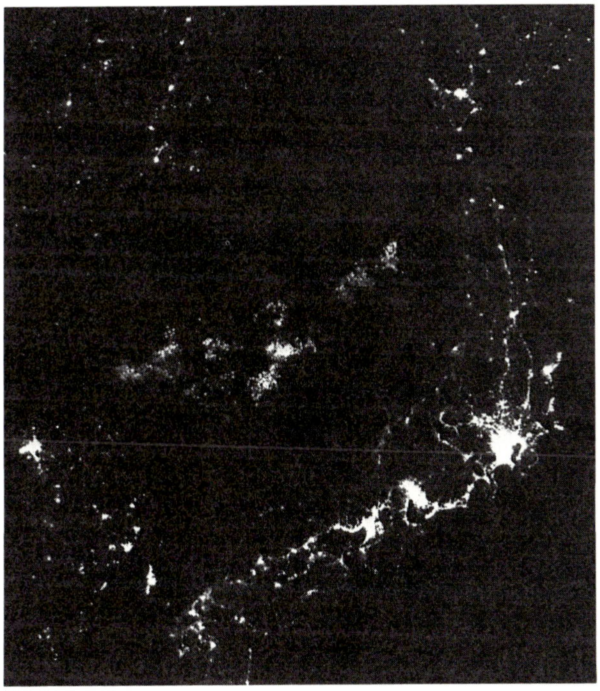

Äquator. Er kann für sich die begehrte Adresse null Grad geographischer Länge und null Grad Breite in Anspruch nehmen. Die Formen der Kontinente sind deutlich zu erkennen. Anzeichen menschlichen Lebens sieht man kaum.

Eine rätselhafte Erscheinung: Bei Tag erscheint das Meer um Japan leer und leicht bewölkt. Nachts leuchten plötzlich Lichter auf, die Tokio Konkurrenz machen. Eine große Fangflotte ist ausgelaufen und lockt mit hellen Scheinwerfern Tintenfische an.

Als es noch keine Satelliten gab: Diese Karte wurde vor hundert Jahren veröffentlicht. Sie gibt einen ganzen Kontinent exakt wieder und wurde vom Boden aus erstellt, ohne die Hilfe von Luftbildern. Wie war das möglich?

ihren bekannten Positionen eingezeichnet, und der italienische Stiefel schiebt sich genauso ins Mittelmeer vor, wie wir das aufgrund unserer heutigen Kenntnisse wissen. Kein Satellitenbild veränderte diese Weltkarten grundlegend.

Wie war eine solche Karte in der damaligen Zeit möglich, in der die Menschen noch wie Ameisen auf dem Globus herumkrochen? Dieser Frage möchte ich nachgehen, weil sie eine Art Parabel für den Wissenszuwachs auch in vielen anderen Zweigen der Wissenschaft ist, die nichts mit der Arbeit der Geographen und Seefahrer zu tun haben.

Tom Jeffersons Garten

Ausgangspunkt ist die grüne Hügelspitze von Monticello, und unser Blick schweift über Charlottesville, wo Thomas Jefferson aus Virginia – Landvermesser, Architekt und Gründungsvater der USA – gegen Ende des

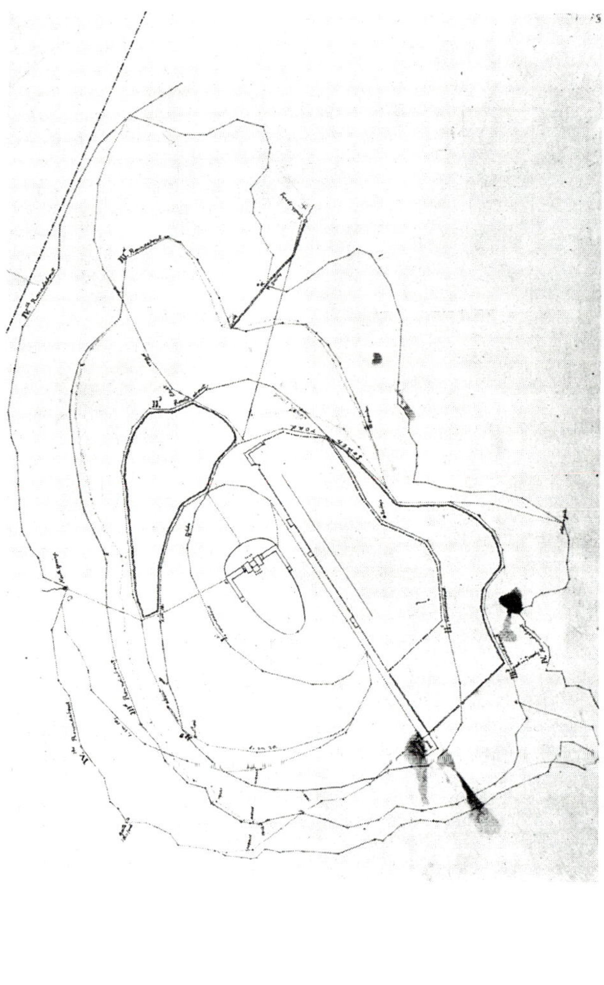

Monticello, vom Enkel des Geometers Jefferson nach 1800 vermessen.

Jeffersons Enkelkinder im Garten, Aquarell um 1826. Man sieht das Hauptgebäude und die hufeisenförmigen Wege, die es mit den Nebengebäuden verbinden.

Vom Hubschrauber aus wirken wir bei unserer kartographischen Arbeit in dem großen Garten sehr klein.

Revolutionskrieges seinen Landsitz erworben und aufgebaut hatte.

Wir begannen, mit Hilfe einer immer noch gebräuchlichen, alten Technik eine Karte von Haus und Grundstück zu entwerfen. Diese Technik wird auch heute noch in einfacherer Version als zu Jeffersons Zeiten angewandt. (Fred Wiseman, unser erfahrener Landvermesser, ist Archäologe und benutzte diese Technik bei seinen Ausgrabungen.) Der Entwurf der Karte wird Linie für Linie mit Bleistift aufs Papier aufgetragen. Das Papier liegt auf dem sogenannten Meßtisch; der wiederum steht auf einem Stativ mit Dreifuß, so daß man ihn überall aufstellen kann. Beim Vermessen visiert man auf dem Brett mit Hilfe eines trigonometrischen Lineals den Punkt an, den man auf der Karte verzeichnen will. Man zieht eine Bleistiftlinie entlang der Kante des Lineals, das man auf das Ziel gerichtet hat.

Landvermessung mit dem Meßtisch

Der Meßtisch wird aufgestellt.

Das Brett wird nivelliert. Dasselbe ließe sich auch mit einem Glas Wasser bewerkstelligen.

Der Landvermesser sichtet einen Geländepunkt.

Eine Linie wird eingetragen. Das trigonometrische Lineal dient für Vermessung und Markierung.

Der Landvermesser sieht eine Wegbiegung.

Fig. 2.

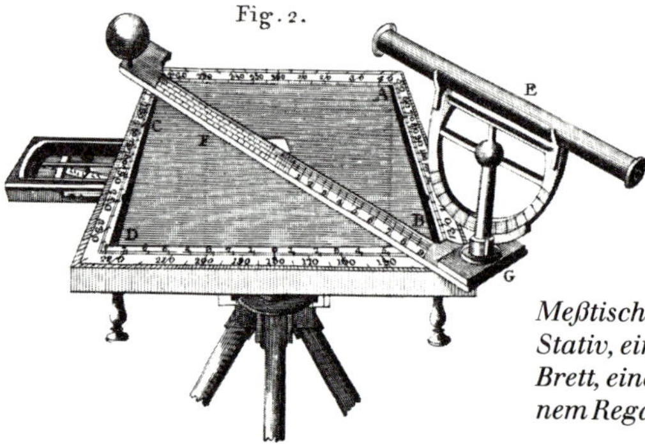

Meßtisch um 1790 mit einem dreibeinigen Stativ, einem umrandeten und skalierten Brett, einem ausgerichteten Kompaß und einem Regal mit Messingvisier.

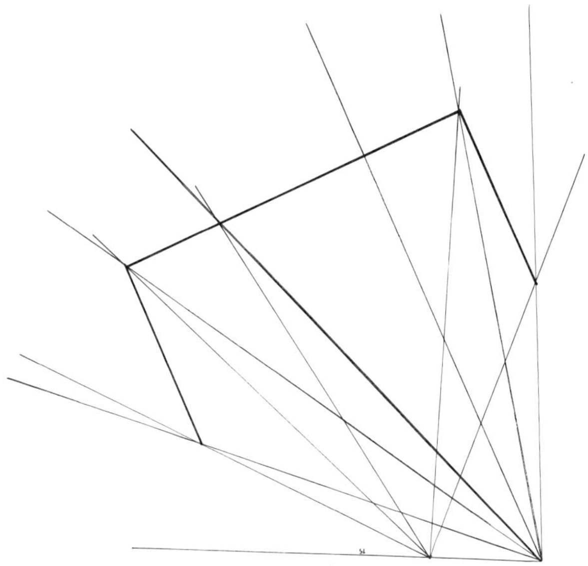

Die Arbeit eines Tages, das erste Stadium einer Meßtischkarte von Monticello. Wenn wir die Entfernung zwischen unseren beiden Sichtpositionen (oder eine andere Strecke) kennen, können wir den Maßstab festlegen. Die rechte Ecke des großen Gebäudes wurde von der zweiten Sichtposition aus durch die breite Blutbuche verdeckt.

Wir zogen eine Schar solcher Sichtlinien zu allen Orten, die wir auf der Karte eintragen wollten, und danach trafen wir Vorbereitungen, das Stativ und damit auch unseren Blickpunkt zu verlagern. Dazu wählten wir uns einen zweiten Standort auf dem Hügel. Einer von uns stellte sich dorthin, und wir zogen eine Sichtlinie – in diesem Fall die Basislinie des Landvermessers – zu dem neuen Standort. Die Länge der Basislinie maßen wir mit einem langen Band. Wir brachten unsere Ausrüstung dorthin und vermaßen zur Kontrolle zuerst von dort aus zurück zu einer Markierung, die wir am ersten Ort zurückgelassen hatten. Dann vermaßen wir noch einmal das Haus und seine Nebengebäude. Die neuen Sichtlinien überschnitten sich mit den alten; jeder Schnitt durch eine Sichtlinie legte einen Punkt auf der Karte fest. Entfernungen stehen immer in einem bestimmten Verhältnis zueinander; mißt man die Länge der Basislinie (durch Abschreiten oder mit dem Maßband), in unserem Fall war es ein Abstand von dreiundzwanzig Metern, so kann man bereits den Maßstab (d.h. die »reale« und abgebildete Entfernung der Punkte auf der Karte) der gesamten Karte bestimmen. (Eine zweite Basislinie würde eine willkommene Überprüfung ermöglichen.)

Der Meßtisch muß immer waagrecht stehen; das kann mit einem kleinen Lot überprüft werden oder mit der Wasserwaage. Ein schräger Tisch würde den Plan verzerren.

Wir vermaßen das ganze Anwesen und trugen die Punkte auf der Karte ein. Viele Einzelheiten der Karte wurden freihändig eingezeichnet, doch dienten dabei die kartographisch genau erfaßten Punkte des »Gerüsts« als Kontroll- und Orientierungspunkte: Hat man viele Punkte vermessen, geht es leicht, hat man weniger Punkte, ist es schwerer, und die Karte wird ungenauer. Wir konnten unsere Karte mit einer älteren vergleichen; die alte Karte von Monticello war professioneller – und viel zeitaufwendiger hergestellt.

Bei jeder Karte, die Gestalt und Größe eines Punktes richtig wiedergeben soll, gibt es zwei Elemente: ein »Gerüst« von Linien, das Größenverhältnisse, Umrißlinien und weitere Einzelheiten bestimmt. Karten haben normalerweise Symbole, die etwa die Position von Feldwegen und Landstraßen angeben, die nicht maßstabsgerecht eingezeichnet sind. Diese einfache Karte enthält die grundlegenden Informationen für das Zeichnen aller Landkarten.

Läßt sich unsere Methode ausweiten? Schauen wir uns

Das weiter Entfernte zieht langsamer vorbei. Man achte auf den Wechsel der Positionen von Baum, Scheune und Berg beim Vorbeifahren.

zwei Sichtlinien, auch Strahlen genannt, an. Ihr Schnittpunkt bezeichnet die Stelle, wo ein bestimmter, von zwei Orten aus vermessener Punkt auf der Karte eingetragen werden kann. Wir sehen den Polygonzug, hier ein Dreieck, mit den zwei Seitenteilen, den Sichtlinien und der Grundlinie oder Basislinie. Stellen wir uns vor, wir wollten von zwei immer gleichen Orten aus immer entferntere Punkte vermessen. Die relativ nahen Punkte bereiten keine Schwierigkeiten. Es fällt aber auf, daß der Polygonzug sehr schmal und zugespitzt wird. Die zwei Sichtlinien laufen nahezu in gleicher Richtung; man muß sie weit verlängern, bis sie sich schneiden und wir den entfernten Punkt auf der Karte eintragen können. Ein kleiner Richtungsfehler wirkt sich enorm auf die Genauigkeit der Eintragung aus. Wenn man einen noch hundertmal weiter entfernten Punkt wählt, laufen die zwei Sichtlinien der beiden Orte nahezu parallel; den entfernten Schnittpunkt kann man erst dann bestimmen, wenn man die Sichtlinien mit einer Präzision gezogen hat, die mit Bleistift und Papier nicht zu erreichen ist.

Als Beifahrer schaute ich einmal aus dem Fenster, als wir mit gleichbleibender Geschwindigkeit auf einer schnurgeraden Straße durch eine Talsohle in New England fuhren. Die Allee aus Ahornbäumen am Straßenrand flog so schnell vorbei, daß ich auf keinen einzigen Baum hätte zeigen können: War der Baum gerade noch rechts vor mir, lag er in kaum einer Sekunde hinter mir. Das Bauernhaus in mittlerer Entfernung veränderte seine Lage langsamer; trotzdem konnte ich auch das dem Fahrer kaum zeigen. Die Scheune weiter hinten im Gelände zog langsam am Fenster vorbei. Die Hügel glitten im gemächlichen Tempo vorüber, und der weit entfernte Berg verharrte für eine Weile in ungefähr derselben Position. Nur der ferne Mond schien für Minuten mit mir Schritt zu halten und war immer am selben Platz, bis wir zu der ersten Biegung der Straße kamen: Der fernste Gegenstand veränderte seine Position am wenigsten.

Diese allgemeine Regel gilt für alle bewegten Objekte. Eine Hand, die man vor den Augen bewegt, kreuzt schnell das Sehfeld. Auch Vögel fliegen schnell vorbei, aber noch nicht ganz so schnell. Bei hoch stehenden Wolken dauert es selbst an einem windigen Tag ein paar Minuten, bis sich ihre Position merklich ändert.

Ähnliches gilt auch für die Sichtlinien, die wir in Monticello zeichneten. Hätten wir außer den nahen Punkten, die wir vom Meßtisch aus vermaßen, einen wenige

Kilometer entfernten Gipfel zu vermessen versucht, dann wäre der kleine Polygonzug, den wir zu diesem Zweck entwarfen, nicht genau genug gewesen. Die von den zwei Orten aus verlaufenden Sichtlinien wären bestenfalls parallel weitergelaufen und hätten nie einen Polygonzug ergeben. Und mit etwas Pech – eine kleine Verschiebung mit dem Bleistift – hätten sich beide Sichtlinien absurderweise sogar in der falschen Richtung geschnitten, hinter uns, während der Berg vor uns liegt.

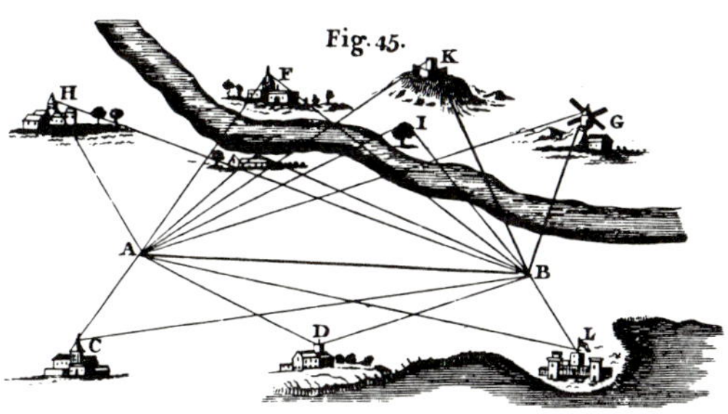

Die Polygonzüge in den Lehrbüchern können nicht deutlich genug sein. Diese hier stammen aus einem Lehrbuch des achtzehnten Jahrhunderts. Man überlege einmal, wie der Baum jenseits des Flusses seine Position zu verändern scheint, wenn man von Punkt A nach Punkt B überwechselt.

Mit einer Meßtischkarte kann man keine Punkte erfassen, die weiter als das Hundertfache der größten Basislinie, die man auf dem Boden abgeschritten hat, entfernt sind. Auf einer sorgfältig im Garten von Monticello erstellten Karte kann man das wenige Kilometer entfernte Hügelland erfassen. Mit einer größeren Basislinie und bei einer stark verbesserten Genauigkeit des Vermessens – wobei man nicht mit Auge und Bleistift vorgeht, sondern mit dem Fernrohr mit Fadenkreuz, das auf feingraduierten und geeichten Kreisen mit Winkelmessern montiert ist – kann man das gleiche Prinzip anwenden und das ganze Land mit Sichtlinien überziehen. Die Polygonzüge werden so groß wie Landkreise, ja wie kleinere Bundesländer und reichen so weit wie der Blick von einer Bergspitze.

Doch auch diese Methode hat ihre Grenzen. Eine lange Sichtlinie wird selbst dann, wenn alles andere richtig ist, immer durch eine uneinheitliche Topographie gestört. Eine endgültige Grenze bildet die Küstenlinie. Kurz vor der Französischen Revolution wurden bei Nacht Sichtlinien über den englischen Kanal gezogen, um die großen polygonalen Kartengerüste Englands und Frankreichs zu verbinden. Aber der Atlantische Ozean läßt sich so nicht überbrücken.

Der höchste Berg wird kartographiert

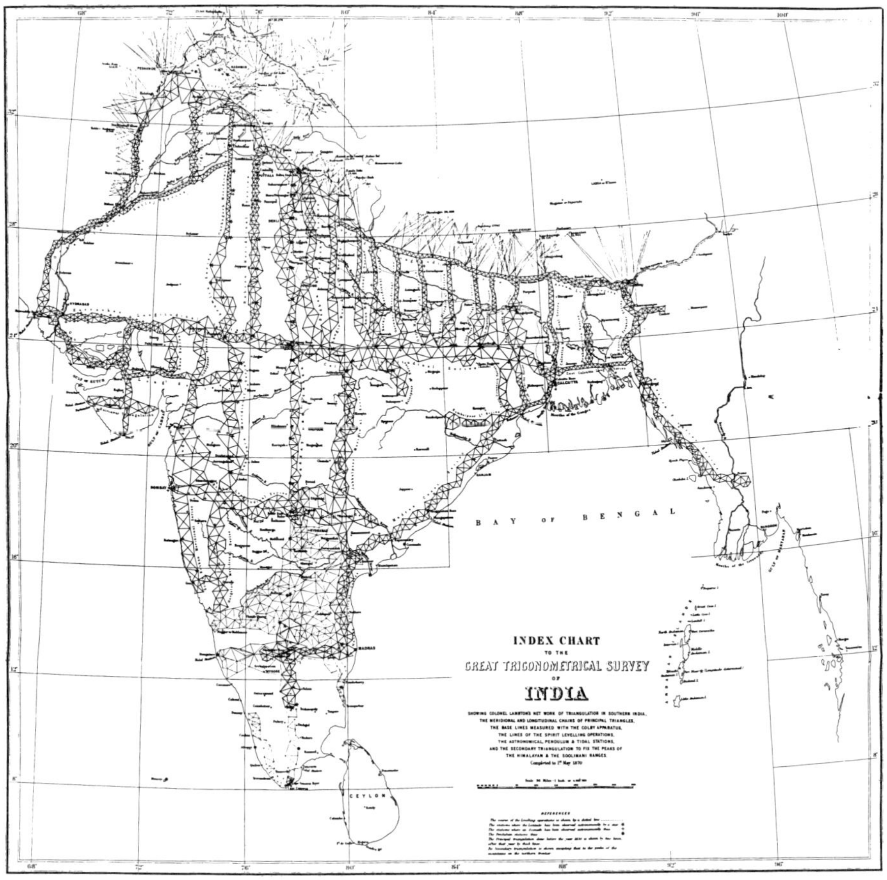

Die Karte von Indien ist noch ein Vermächtnis der alten Kartographen. Generationen von Landvermessern überzogen den Subkontinent in mühseliger Arbeit mit einem Gerüst aus Polygonzügen. Sie benutzten die Polygonzüge auch zur Bestimmung der Höhe entfernter Gebirge; sie richteten ihre Meridianfernrohre aus hundertsechzig Kilometern Entfernung auf das riesige, schneebedeckte Massiv des Himalaya im Norden. Sie vermaßen von Türmen aus, die über die Baumwipfel der feuchtheißen Ebene entlang der Grenze zum verbotenen Nepal ragten. Die vielen Sichtlinien, die zu dem hohen Gebirge hin verlaufen, stehen an der Nordgrenze wie Wimpern ab.

Mit dieser Methode fand man den höchsten Berg der Welt: Der Mount Everest wurde durch die mathematischen Berechnungen der Kartographen in den Rechenzentren von Kalkutta entdeckt. Aus der Nähe erscheint der Mount Everest nur als einer von vielen hohen Gipfeln, aus der Ferne scheinen oft andere Gipfel höher, die in Wirklichkeit niedriger, dem Betrachter aber näher sind. Erst die Polygonzüge – man zog, um ganz sicher zu gehen, sehr viele und arbeitete nur bei klarem Wetter – brachten die Wahrheit über den höchsten Berg der Erde ans Licht.

Moderne Luftbilder der landwirtschaftlich genutzten Fläche zu beiden Seiten des Ohio. Schachbrettartige Felder findet man dort, wo die Siedler nach den Landvermessern kamen. Die Photographien zeigen die Bodennutzung im Umkreis von zweiunddreißig Kilometern um den Ort, von dem aus die Vermessung des Westens begonnen hat. Das Netz quadratischer Felder, das in der Ebene ins Auge springt, ist auch auf dem hügeligen Ackerland im Osten Ohios zu sehen. Acht Kilometer weiter östlich, auf der anderen Seite des Flusses, sieht man davon nichts.

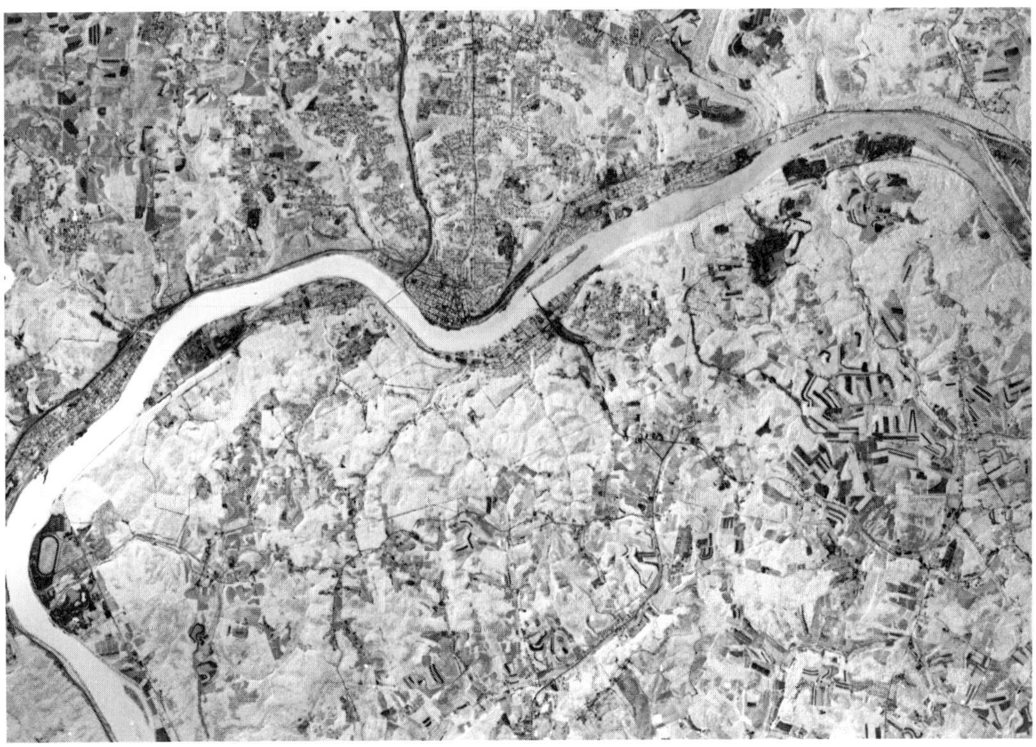

Das helle Sternbild Orion, ein Juwel des Winterhimmels, zieht über den Winterhimmel. Es wurde über Stunden hinweg mehrmals aufgenommen. In immer der gleichen Form zieht es über den Himmel. Zu beachten ist die Richtung, in der es am höchsten steht.

Die Oberfläche der Erde und der Meere ist nicht flach. Die Rundung bewirkt eine Verzerrung der Polygonzüge, die mit der Größe der Karte wächst und erst durch komplizierte mathematische Berechnungen nach großräumigen Vermessungen der Erde völlig ausgeglichen werden kann. Auch Hügel und Berge können genau wiedergegeben werden. Hier gibt es zwei Möglichkeiten: Visiert man vom Meßtisch aus eine Bergspitze oder ein Tal an und vermißt die Abweichung der Sichtlinien von der Horizontale, dann kann man die entfernte Höhe an den Polygonzügen ablesen, die nun vertikal stehen. Die Genauigkeit der Vermessung hängt aber von kleinen Winkelgrößen ab, die auf dem Meßtisch nicht präzise genug bestimmt werden können. Dann gibt es die zweite, zeitaufwendige Methode, die Sichtlinien stufenweise zu nivellieren. Ein riesiges, nivelliertes Netzwerk aus mehreren großen Polygonzügen quer über das ganze Land bildete lange die Grundlage der meisten Kartengerüste, bis dann heute, im Zeitalter der Elektronik, sich die Meßtischkarten durch hervorragende optische Instrumente und komplizierte Berechnungen in ein den ganzen Kontinent überspannendes Netz verwandelten.

Hilfreich ist dabei auch die Sonne, die morgens auf- und abends untergeht. Die Sterne am Himmel führen ebenfalls eine Kreisbewegung aus, die viel gleichmäßiger ist als der Bogen der Sonne, der sich je nach Jahreszeit verschiebt. Jeder kann in einer klaren, dunklen Nacht die leuchtenden Sterne über den Himmel ziehen sehen. Selbst ein Ungeübter wird nach ein paar Stunden der Beobachtung des Sternenhimmels von Ehrfurcht ergriffen. Er vollzieht eine menschliche Erfahrung nach, die eine der längsten Traditionen hat, die wir überhaupt kennen. Die Beobachtung des Sternenhimmels ist eine der Quellen der Idee einer natürli-

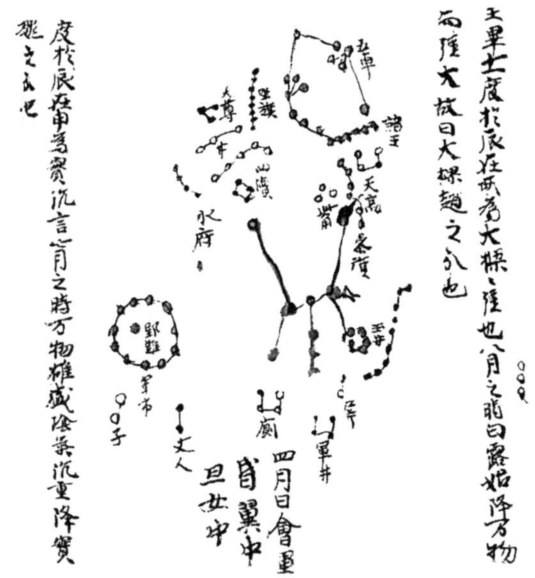

Orion, fast genau so, wie wir ihn heute sehen, gezeichnet von einem Himmelsbeobachter in China vor 1500 Jahren.

chen Ordnung. Alle Sterne gehen im Süden auf, wandern, als wären sie ein einziger, großer Stern, durch die Nacht und gehen einer nach dem anderen im Westen unter. Einige Sterne ziehen im Norden ihre Kreisbahnen, die so klein sind, daß sie den Horizont gar nicht erreichen und erst bei Tageslicht verblassen. Jeder kann, abhängig von der Jahreszeit, den hellen Orion oder ein anderes Sternbild über den Himmel ziehen sehen. Die Bewegung ist bei jedem sichtbaren Stern gleich: Sie ist immer symmetrisch und verläuft in kleineren oder größeren Bögen. Jeder Stern hat seine Bahn, seinen eigenen Weg, Nacht für Nacht, Jahr für Jahr, solange er existiert, und der Weg verändert sich im Lauf eines Sternenlebens kaum.

Diese Aussage gilt generell. Ein paar allmähliche Veränderungen sind über Hunderte von Jahren hindurch beobachtbar. Auf der ganzen Welt sieht man die gleichen Sterne. Man sieht vielleicht einen bestimmten, bekannten Stern nicht immer in jeder Nacht und zu jeder Jahreszeit oder auf jeder Reise und sicher nicht immer, auf den Horizont des jeweiligen Beobachtungspunkts bezogen, in der gleichen Richtung. Den alten Astronomen war das bekannt. Es ist interessant, das Sternbild Orion, wie wir es heute sehen, mit der identischen Darstellung zu vergleichen, die ein chinesischer Astronom vor fünfzehnhundert Jahren von dem Sternbild angefertigt hat. Alle Sternbilder, ob groß oder klein, überdauern die Zeiten und verändern ihre Form und ihre Stellung nicht. Die Vögel und Wolken bewegen sich nach keiner festen Ordnung, die Sonne, der Mond und die Planeten wandern auf ihrer Bahn, die Sterne aber stehen über lange Zeiträume unverändert am Himmel. Dies ist die kosmische Ordnung der Fixsterne.

Wie ist das möglich? Wir entfernen uns von den Sternen des nördlichen Himmels, wenn wir nach Süden fahren. Selbst wenn ein Sternbild aus in einer Kristallkugel aufgehängten Lampen bestehen würde, müßte es nicht zumindest ein wenig schrumpfen, wenn wir uns entfernen? Für frühere Kulturen war die Unveränderlichkeit der Sterne Anlaß zu einer genialen Spekulation. Die »Fixsterne«, wie sie sie nannten, müssen eben sehr weit entfernt sein, weiter entfernt als jeder Berg, ja selbst als der Mond. Und da der Mond bisweilen die Sicht auf den einen oder anderen hellen Stern versperrt, liegt die Schlußfolgerung ja nahe, daß der nähere Mond dann gerade vor dem hinter ihm liegenden Stern vorbeizieht. Und da die Sterne so weit entfernt sind, sieht man sie überall auf der Erde immer in der gleichen Richtung stehen, so wie auch von jedem Punkt im Garten von Monticello aus ein ferner Berg immer in der gleichen Richtung liegt.

Wie hätten die Sternbilder sonst über die Jahrhunderte und angesichts der wechselnden Positionen der Erde fast unverändert ihren Platz beibehalten können? Da die Sterne tatsächlich immer in der gleichen »fixen« Richtung stehen, bilden sie ein festes, himmlisches Gerüst für Karten unserer Erde.

Der obere Kulminationspunkt, der oberste Punkt der

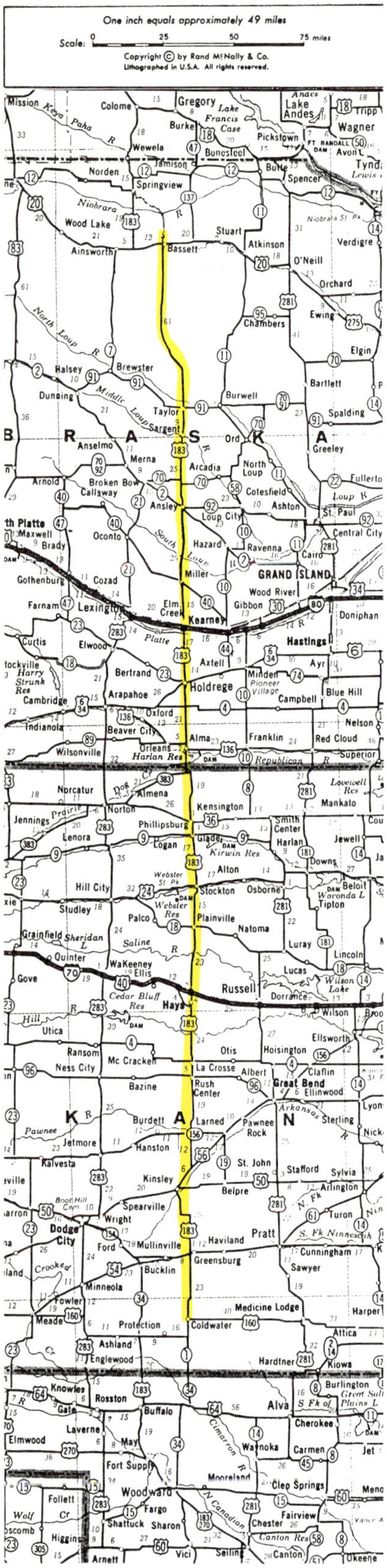
One inch equals approximately 49 miles
Scale: 0 25 50 75 miles
Copyright © by Rand McNally & Co.
Lithographed in U.S.A. All rights reserved.

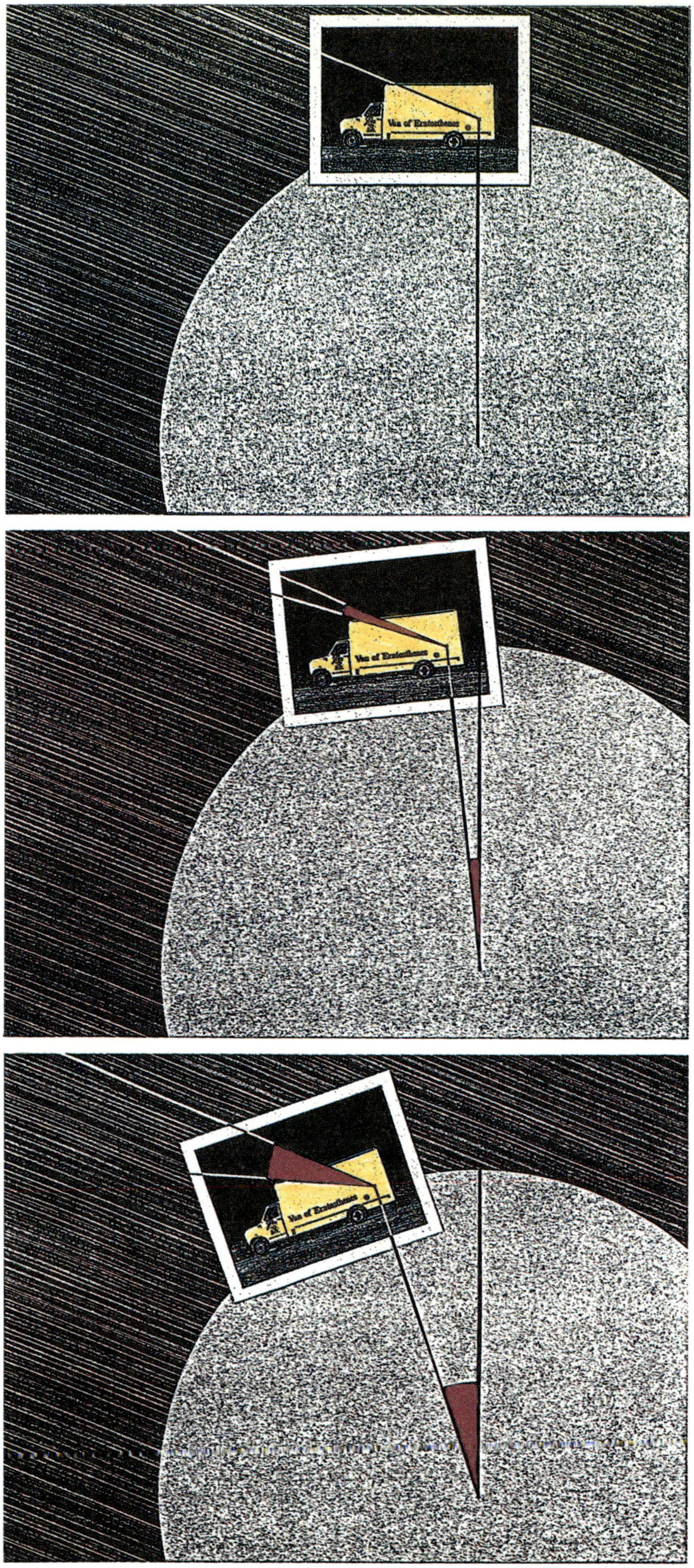

Der Highway 183 führt kerzengerade nach Süden. Die Straßenkarte zeigt den Abschnitt, der durch Nebraska und Kansas führt, das längste gerade Stück einer Nord-Süd-Strecke in den Vereinigten Staaten. Die Strecke, die wir fuhren, entsprach der Entfernung von Boston nach Baltimore und hatte nur zwei sanfte Biegungen.

Kreisbahn eines Sterns, ist bei jedem Stern unterschiedlich hoch. Folgt man dem Zug der Sterne über den Himmel, wird man feststellen, daß sie alle einen Kreisbogen über dem Horizont beschreiben (es sei denn, der Kreis ist so klein, daß er nicht über den Horizont reicht). Notiert man sich bei mehreren Kreisbögen den oberen Kulminationspunkt, sieht man, daß die Punkte, bezogen auf den Horizont, in einer senkrechten Linie übereinanderliegen. Wo diese Linie, der Meridian, den Horizont vor dem Betrachter schneidet, ist Süden, in der entgegengesetzten Richtung Norden. (Von der südlichen Halbkugel aus gesehen, stellt sich das natürlich anders dar, aber mit Süden ist immer noch die gleiche Richtung gemeint.) Mit Osten und Westen bezeichnet man dann die Richtungen, die im rechten Winkel zu der Nord-Süd-Achse stehen. Daß die Sonne abends im Westen untergeht, ist eine Übertreibung; die Sonne geht in Richtung Westen unter, selten genau im Westen, denn ihre Stellung ändert sich täglich. Andere, herkömmliche Methoden, Norden und Süden zu bestimmen – Moos am Baumstamm, der Magnetkompaß, auch der Polarstern und das Kreuz des Südens – sind nur grobe, wenn auch schnelle und praktische Weisen, die genau festgelegten, symmetrischen Himmelsrichtungen zu bestimmen.

Die Sichtlinie zum Antares und die Senkrechte des Lots zum Erdmittelpunkt bilden einen Winkel. Das Licht des fernen Sterns fällt aufgrund der festen Himmelsordnung immer aus der gleichen Richtung auf die Erde. Wenn der Lastwagen jedoch auf der gewölbten Erde eine bestimmte Strecke fährt, verändert sich der Winkel. Dabei entspricht die Veränderung des Winkels auf dem Lastwagen der des Winkels der beiden Vertikalen zum Erdmittelpunkt (die Winkel sind auf den Abbildungen rot eingezeichnet).

Die Erde wird vermessen

Die Menschen stecken voller Unternehmergeist und Wagemut. Höchstens zwei Meter groß, sind sie in der Lage, Gestalt und Größe ihres Planeten zu vermessen. Auch ich wollte das schon lange einmal ausprobieren, um auf Reisen nicht immer von Karten oder einem Piloten abhängig zu sein.

Wir begaben uns also auf eine Reise. An unserem ersten Ziel angelangt, einer kleinen Stadt in der Prärie, bogen wir in die Hauptstraße des Ortes ein. Wir fuhren eine Weile, bis ich den hohen Wasserturm sah, der in dieser Gegend ein guter Orientierungspunkt ist. Der Name der Stadt stand groß darauf: Wir waren in Bassett, Nebraska, gelegen am Highway 183.

Wir begannen unsere Vermessung damit, daß wir ein paar Kilometer nördlich von Bassett unser wichtigstes »Instrument«, einen ansehnlichen gelben Mietlastwagen, starteten. Mit gutem Grund hatten wir ihn »Lastwagen des Eratosthenes« getauft, denn Eratosthenes hat unser Vorhaben erstmals beschrieben – und vielleicht sogar selbst bei der Ausführung mitgeholfen –, als er vor mehr als 2200 Jahren Bibliothekar in der Bibliothek von Alexandria war, dem berühmten Zentrum der Gelehrsamkeit.

Wir waren eigens hierher, in die weite Prärie im Herzen des nordamerikanischen Kontinents, gekommen, weil der Highway 183 die längste, fast schnurgerade Straße der Vereinigten Staaten in nordsüdlicher Richtung ist. Würde man ihn nach Norden und Süden weiterbauen, würde der Highway die Pole der Erde verbinden. Wir hatten die Straße zu Hause ausgewählt, als wir Straßenkarten studierten; dort sticht sie sofort ins Auge.

Die Straße verlief also von Norden nach Süden, in die

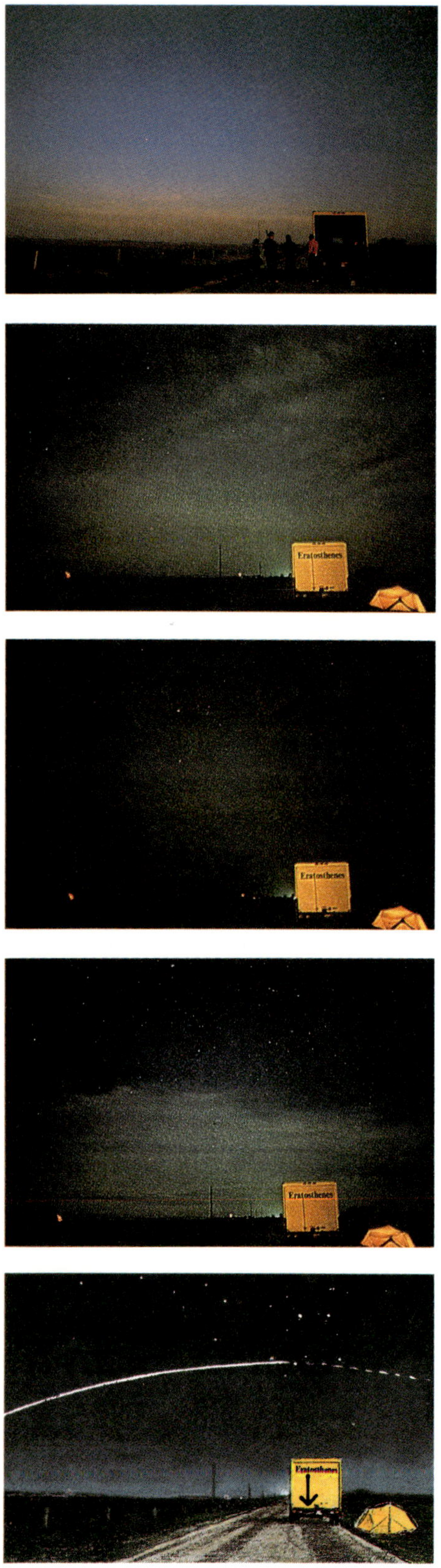

geeignete Richtung. Wir parkten den Lastwagen parallel zur Straße, so daß sein Kühler genau nach Süden zeigte. Wir hatten nicht das Gefühl, daß wir uns der Vorarbeit anderer bedienten, denn sobald wir die Kreisbögen der Sterne sahen, konnten wir ja die Richtung selbst bestimmen. Der Highway würde uns nur Zeit ersparen, und sein gerader Verlauf garantierte uns, daß die gefahrene Strecke uns nicht quer über den Globus führen würde, sondern von Pol zu Pol. Hügel und Flüsse sind für den Geometer nur hinderlich, und hier in der Ebene gab es kaum welche.

Ich übte mich darin, die Sterne entlang der Längswand des Lastwagens zu vermessen. Wir mußten uns gedulden, bis ein bestimmter, heller Stern den oberen Kulminationspunkt des Kreisbogens erreicht hatte und über der nach Süden ausgerichteten Wand des Lastwagens stand.

Für die Vermessung brauchten wir einen hellen Stern. Zeitlich konnten wir unsere Expedition nur im Frühjahr starten, wo nur wenige helle Sterne in den Nachtstunden den oberen Kulminationspunkt durchlaufen. Unsere Wahl war auf den Stern Antares gefallen, das hellrote Herz des Skorpion, der in den frühen Morgenstunden dieser kalten Frühlingsnacht den oberen Kulminationspunkt durchschreiten würde. Ein Sterngук-

Der Stern Antares wandert über den Himmel. Der wirkliche Himmel ist, anders als der Himmel gezeichneter Schaubilder, oft mit Wolken bedeckt und von Vögeln belebt. Auf den Photos zieht der Stern in einer klaren Nacht vorüber; er erreicht den oberen Kulminationspunkt gerade über der Wand des Lastwagens, der in Richtung Süden geparkt ist. Auf dem letzten Bild sieht man den Kreisbogen des Antares. Der zweite helle Himmelskörper darüber ist der langsam wandernde Saturn, der monatelang in diesem Teil des Himmels zu sehen ist.

ker braucht einen klaren Nachthimmel; wir hatten einige Tage warten müssen, bis sich die Wolken schließlich eines Spätnachmittags verzogen und die Sonne hell über Bassett schien.

Die Nacht war nicht durchweg klar; wir waren bis zum Zeitpunkt des Vermessens unruhig. Aber etwas Hoffnung hatten wir doch, und so warteten wir auf dem Highway ein paar Kilometer nördlich der Stadt auf Antares. Nur wenige Autos fuhren vorbei, als wir auf dem dunklen Feld neben der Straße ein abendliches Picknick veranstalteten. Hell leuchtete ein Planet am Himmel: Der Saturn würde in den kommenden Wochen südlich vom Antares stehen. Am lebhaftesten erinnere ich mich freilich an die unerwartete Kälte dieser Frühlingsnacht, an den Reif auf dem sprießenden Getreide des Feldes und daran, wie wir frierend auf den Stern warteten.

Das Vermessen ging in Teamarbeit vor sich. Einer schaute durch eine einfache Visiereinrichtung aus zwei nahe beieinander stehenden dünnen Pflöcken nach oben, die wir hinten an der Seitenfläche des Lastwagens in niederer Höhe montiert hatten, während der andere auf einer Leiter an der Vorderseite des Lastwagens stand und eine Holzlatte am Dach entlangbewegte, bis die Latte den Stern verdeckte. Sobald das der Fall war, zeichneten wir eine möglichst genaue Sichtlinie. Da der Stern langsam durch den oberen Kulminationspunkt seines Bogens zieht, ist der Punkt nicht allzuschwer zu bestimmen. Wir markierten die Sichtlinie, indem wir ein schwarzes Band von der Latte zur Visiereinrichtung klebten. Die Linie, wie sie von Bassett aus erschien, war damit auf unserem Lastwagen fixiert, wir konnten sie mit nach Süden, nach Kansas, nehmen. Unser großes und daher recht genaues Meßinstrument war ja beweglich!

Der Highway 183, eine lange, schnurgerade Straße.

Außerdem brauchten wir die Richtung der Vertikalen – also der Linie, die durch den Mittelpunkt der Erde geht. Diese bestimmt man mit Hilfe der Anziehungskraft der Erde: Wir nahmen unser Lot und markierten mit Klebestreifen die Richtung der Vertikalen auf dem Lastwagen. Wir wollten den ganzen Tag Richtung Süden fahren, dann wieder anhalten, mit Hilfe des Lots die Vertikale überprüfen und falls nötig, den Lastwagen horizontal ausrichten, indem wir unter eines oder zwei der Räder Bretter unterlegten, die wir zu diesem Zweck mitgebracht hatten. Straßen sind selten eben, sondern meistens gewölbt, damit das Wasser ablaufen kann, und die Aufhängung eines Lastwagens ist nicht starr. Deshalb muß der Lastwagen, wie der Meßtisch, stets neu nivelliert werden.

Am nächsten Morgen ging es los. Die Schulen der kleinen, verträumten Städtchen am Highway hatten an diesem Tag ihre Abschlußfeiern, und den ganzen Morgen grüßten die Lokalsender jeden Schulabgänger namentlich. Die Straße war tatsächlich schnurgerade. Die einzige Kurve, die wir bis Mittag zu fahren hatten, ging um das Ostufer des Calamus River. Dort bog der Highway zuerst nach links und nach einigen Kilome-

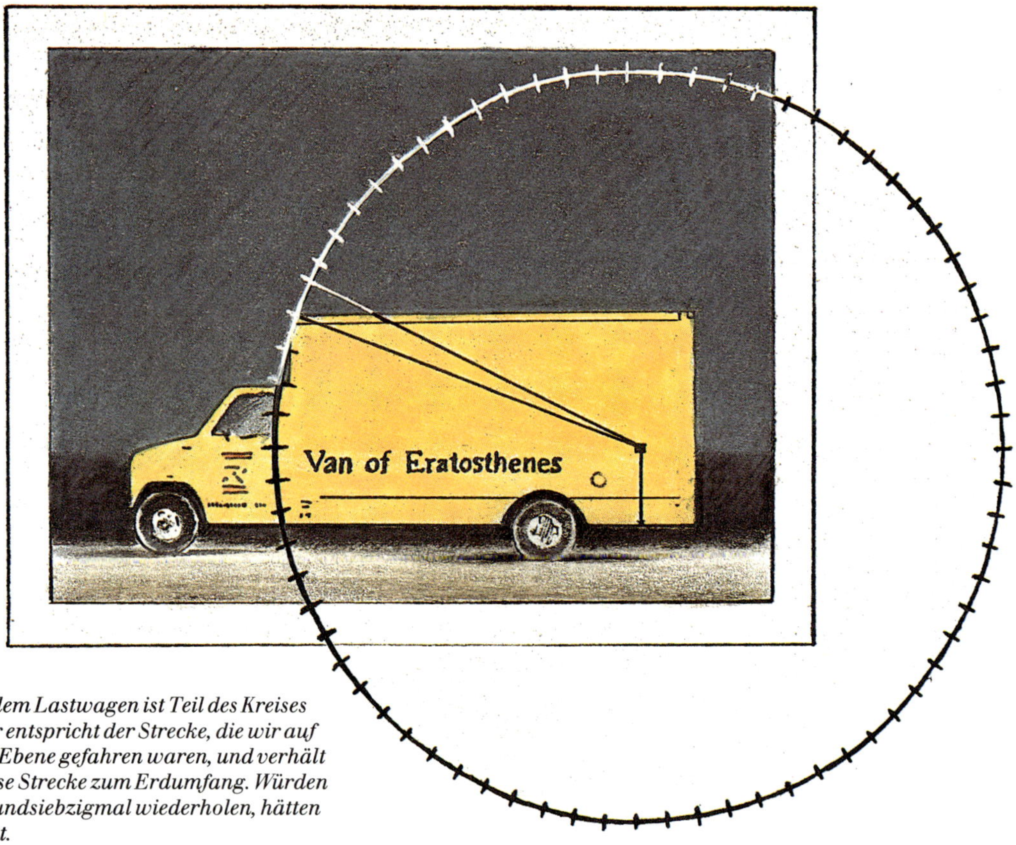

Der kleine Bogen auf dem Lastwagen ist Teil des Kreises auf dem Schaubild. Er entspricht der Strecke, die wir auf der scheinbar flachen Ebene gefahren waren, und verhält sich zum Kreis wie diese Strecke zum Erdumfang. Würden wir unsere Reise zweiundsiebzigmal wiederholen, hätten wir die Erde umrundet.

tern wieder genauso weit nach rechts ab. Dann führte er über den Calamus und wieder geradeaus nach Süden. Die Abweichung war leicht zu korrigieren.

Wir überquerten den breiten River Platte und kamen wenig später über den Prairie Dog Creek nach Kansas. Es war gegen Mittag. Bis zum Abend kam nur noch eine ähnlich kurze Kurve wie die um den Calamus – plus einer Sache, an die wir nicht gedacht hatten und mit der ein Autofahrer immer rechnen muß: Bei Sonnenuntergang standen wir vor einer auf der Karte natürlich nicht verzeichneten Umleitung. Eine Brücke war außer Betrieb. Die Straßenwacht von Kansas hatte die zeitweilige Umleitung gut ausgeschildert, und wir konnten ohne Schwierigkeiten unser Kilometerbuch berichtigen. Wir mußten alle Kilometer, die wir nicht in gerader Linie nach Süden gefahren waren, mitzählen. Hügel gab es nur wenige. Sie waren flach, und unsere Rechnung ergab, daß wir sie für die Gesamtstrecke vernachlässigen konnten. Wir hatten den Kilometerzähler des Lastwagens nach der Abfahrt von Bassett einige Kilometer lang genau mit der Straßenkarte verglichen. Wir waren mit der Kilometerstandanzeige zufrieden. Der größte Fehler, so dachten wir, würde uns bei den zwei Vermessungen des Sterns unterlaufen.

Das zweitemal parkten wir am Flughafen von Coldwater, Kansas. Wir hatten eine lange Tagesfahrt auf dem Highway 183 von Bassett nach Süden hinter uns. Wir überprüften, ob der Lastwagen horizontal stand und parallel zur Straße ausgerichtet war. Dann warteten wir auf dem dunklen Flughafen wieder auf Antares. Die Nacht war angenehm warm, der Himmel wunderbar klar. Es war eine Freude, die Sterne zu beobachten, und Antares ging leuchtend über dem Lastwagen auf. Die wichtigste Voraussetzung dieser Art Astronomie war uns inzwischen deutlich geworden: Man braucht eine wirklich klare Nacht! Das zweite schwarze Band wurde an die Wand des Lastwagens geklebt, und wir kehrten müde und zufrieden kurz vor Anbruch der Dämmerung in unser Motel zurück. Die Berechnungen mußten warten, auch wenn wir auf das Ergebnis gespannt waren.

Später am Tag fuhren wir ins Grüne, um unter blauem Himmel unsere Daten auszuwerten. Die beiden Klebebänder am Lastwagen zeigten deutlich, daß Antares in Coldwater einen höheren Bogen machte als in Bassett. Da der Stern so weit von uns entfernt ist, konnte er seine Richtung nicht geändert haben. Die unterschiedlichen Bögen hatten einen anderen Grund. Die Erdoberfläche, die uns in Kansas so flach vorgekommen war, ist in Wirklichkeit gekrümmt, und wir waren den ganzen Tag auf dieser Krümmung gefahren. Wäre Kansas über Hunderte von Kilometern so flach, wie es örtlich den Anschein hat, wenn man nur ein paar Kilometer weit sieht, dann wäre der ferne Stern beide male in gleicher Richtung zu dem Lastwagen gestanden, und die beiden Klebebänder wären zusammengefallen. Hier auf dem Lastwagen war die Kreisform der Erde deutlich geworden. Das Lot, das eine weitere Linie gebildet hatte, hatte bei jeder Vermessung auf den Mittelpunkt der Erde gezeigt.

Wir hatten uns überlegt, wie man den Winkel, in dem die beiden Klebestreifen auf dem Lastwagen zueinander standen, auf einen Arbeitsbogen übertragen könnte. Dazu hielten wir einen auf Papier gezeichneten Kreisbogen, dessen Mittelpunkt die Pflöcke der Visiereinrichtung waren, an die Seitenwand des Lastwagens und markierten auf diesem Bogen den Raum zwischen den beiden Klebebändern. Dann legten wir auf einem Klapptisch ein großes Papier aus, auf das ein Kreis im selben Radius gezeichnet war. Nun war es einfach, den Raum zwischen den Klebebändern in Teileinheiten zu übersetzen und diese Teileinheiten rings um den Kreis abzuschreiten und zu zählen. Die Teileinheit entsprach unserer Tagesroute, der ganze Kreis dem Umfang der Erde.

Die Teileinheit paßte 71¾ mal in die Rundung des Kreises. Beim Frühstück hatten wir über unseren Notizbüchern und Karten gesessen und die Anzeige des Kilometerzählers um die wenigen Kurven und die Umleitung berichtigt. Wir errechneten, daß von Bassett aus die Entfernung in gerader Richtung nach Süden 595 Kilometer betrug. Der Erdumfang mußte also 71,8 mal 595 Kilometer betragen. Mit einem Taschenrechner rechneten wir das Ergebnis aus: In direkter Messung, mittels eines zuverlässigen Lastwagens und des fernen Antares, sind es 43 000 Kilometer um die Erde.

Diese Zahl ist aufgerundet, denn unsere Methode, einen Stern oder eine Straße in Kilometern zu messen, ist sowieso nicht präzise. Aber unsere Amateurexpedition war ein gewagtes Unternehmen gewesen, und mit den modernsten wissenschaftlichen Methoden berechnet, beträgt der Erdumfang rund 40 000 Kilometer, ungefähr sechs Prozent weniger, als wir errechnet hatten. Nicht schlecht!

Ist das nicht eine lohnende Aufgabe für Amateurwissenschaftler? Ein Lastwagen auf dem Highway 183 erfüllt den Zweck, aber es geht natürlich auch anders. Die Erde ist auch in Maine oder Arizona rund und auf der Oberfläche des Lake Michigan so eben wie in der Umgebung von Kansas. Man muß nur die Methode verstehen und improvisieren können und dann vielleicht Freunde oder die Familie zu einem nächtlichen Ausflug überreden.

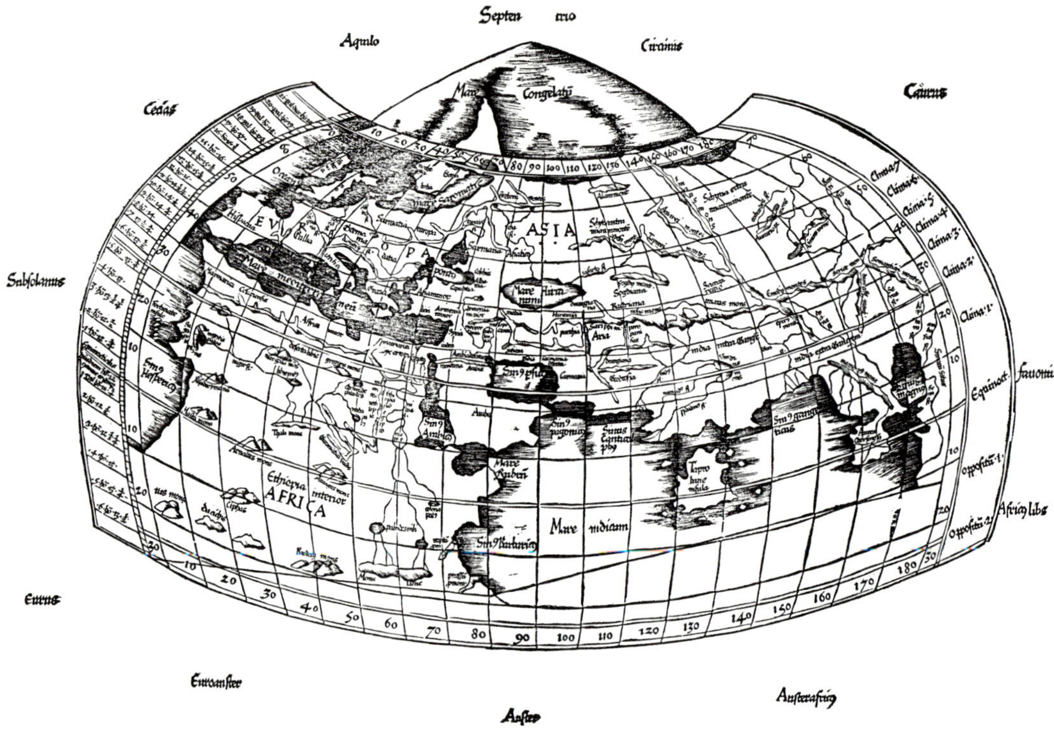

Die griechische Welt, wie sie Ptolemäus von Alexandria kartographiert hat. In Europa kannte man zur Zeit der Renaissance von dem Geographen des zweiten Jahrhunderts nur die Tabellen, in denen er die Lage von Orten in Längen- und Breitengraden angibt. Nach seinen Positionsberechnungen wurden Karten erstellt, die Bücher illustrierten. Die abgebildete Karte stammt aus einer deutschen Ausgabe von Ptolemäus' »Geographie« von 1522.

Eratosthenes

Eratosthenes, der seine Ausbildung in Athen erhalten hatte, war um 200 v. Chr. Vorsteher der Bibliothek von Alexandria und Leiter von deren Forschungsabteilung. Man weiß, daß er die Erde vermessen wollte. Das Ergebnis, das er dabei erzielte, ist umstritten, da wir nicht wissen, wie groß die Einheiten waren, in denen er gemessen hat. Eratosthenes selbst interessierte sich mehr für die Methode als für das Ergebnis; und so ist es gut möglich, daß er die Methode nie ernsthaft erprobt hat.

Eratosthenes nahm die Sonne zu Hilfe, nicht die Sterne. Ansonsten aber benutzte er die Methode, die wir mit dem Lastwagen testeten. Der Nil verläuft ziemlich genau in nordsüdlicher Richtung. Alexandria liegt an der Mündung des Flusses, und tief im Süden lag die Stadt Syene, das heutige Assuan. Die Kreisbahn der Sonne ist nicht so regelmäßig wie die der Sterne. Doch an einem Tag des Jahres, der Sommersonnenwende, wenn die Sonne am höchsten steht, zieht sie genau über Syene durch den oberen Kulminationspunkt. Das war damals bereits bekannt; zum Zeitpunkt des Durchgangs spiegelte sich die Sonne im Wasser eines tiefen Brunnens.

Eratosthenes maß den Schatten einer kleinen, vertikal gehaltenen Latte in dem Moment, in dem zur Zeit der Sommersonnenwende in Alexandria die

Sonne am höchsten stand. Er zeichnete ein Diagramm, wie wir das auf dem Lastwagen zweimal getan hatten, und wiederholte dasselbe in Syene. Aus den Schatten der Latte konnte er die Differenz der Einfallswinkel der Sonnenstrahlen in beiden Orten ausrechnen; er kam auf den fünfzigsten Teil eines Kreises.

Die ägyptische Regierung hatte die Strecke Richtung Süden nach Syene von Geometern zu Fuß abschreiten lassen, und die so ermittelte Entfernung legte Eratosthenes seinen Berechnungen zugrunde. Daß es den Berufsstand des Geometers gab, ist historisch nachgewiesen; die Entfernungen innerhalb des Reiches mußten schon aus strategischen Gründen bekannt sein. Eratosthenes gibt den Erdumfang mit 250 000 Stadien an. Man weiß nicht genau, wieviel ein Stadion damals war, aber Eratosthenes' Ergebnis ist nicht schlecht, wenn man einen sehr wahrscheinlichen Wert zugrundelegt.

Die Methode, mit Hilfe astronomischer Erscheinungen Flächen zu vermessen, stammt nicht von Eratosthenes, sondern aus noch früherer Zeit. Nach Eratosthenes beschäftigte das Problem weiterhin Gelehrte und deren Förderer auf der ganzen Welt. Die grundlegende Idee hatten wir mit unserem Lastwagen erprobt: Mißt man den Einfallswinkel der Sonne oder eines anderen Sterns an zwei verschiedenen Orten, kann man den Erdkreis mit der in nordsüdlicher Richtung zurückgelegten Entfernung in Beziehung setzen.

Weitere Pioniere des Vermessens seien im folgenden aufgezählt:

Die Chinesen vermaßen um 720 v. Chr. unter der T'ang-Dynastie einige Grad einer Nord-Süd-Linie in der großen Tiefebene des Gelben Flusses. Sie benutzten die Einfallswinkel der Schatten der hochsommerlichen Sonne.

Um 820 v. Chr. ließ der Kalif Al-Ma'mun die Gelehrten seiner Akademie, des sogenannten Hauses der Weisheit, in der Umgebung von Bagdad und Damaskus Kreisbögen und Entfernungen vermessen.

Der junge Jean Fernel, später ein berühmter Arzt, vermaß um 1530 in eigener Regie einen Grad zwischen Paris und Amiens. Er zählte die Umdrehungen eines Wagenrades und bestimmte so die Länge der Strecke. Seine Unternehmung war die erste ihrer Art in Europa.

Willebrord Snell van Rojen führte in der Gegend von Leiden Vermessungen durch. Er visierte dabei von seinem Haus aus mehrere Kirchtürme an. 1635 erzielte er mit einer Basislinie ein gutes Ergebnis.

Richard Norwood legte 1615 auf der Strecke von London nach York immer wieder eine Gliederkette aus und vermaß die Veränderung des Einfallswinkels der Sonne.

Um 1670 vermaßen einige Astronomen, die später am Pariser Observatorium tätig sein sollten, in Frankreich und im Ausland Kreisbögen. Jean Picard führte erstmals das Fernrohr als Meßinstrument ein, was eine große Verbesserung bedeutete.

Die Pariser Geographen zeigten großes Interesse an gewissen kleinen Abweichungen, die darauf schließen ließen, daß die Erde keine völlig runde Kugel war. Newton vermutete aufgrund theoretischer Überlegungen eine leichte Abflachung der Polarregionen der Erde – »die Planeten sind am Äquator etwas breiter als an den Polen« –, und die Scheibe des Jupiter erschien im Fernrohr tatsächlich an den Polen leicht abgeflacht. Direkte Vermessung am Boden ist schwierig, und erst seit der zweiten Hälfte des achtzehnten Jahrhunderts, nach den französischen Expeditionen nach Peru und Lappland, kam man auf diese Weise zu überzeugenden Ergebnissen.

Der Begriff der geographischen Breite drückt die Entfernung eines bestimmten Punktes vom Äquator aus. Gemessen wird nicht eine Strecke in Kilometern, sondern der Winkel, den der zu dem Ort gehörige Erdradius mit der Äquatorhöhe einschließt. Orte, die in gleicher Entfernung vom Äquator liegen, liegen auf derselben geographischen Breite. Es ist eine alte Übereinkunft, die Breite in Grad zu messen – man hat seit babylonischen Tagen den Kreis in 360 Grad eingeteilt – und die Grade in Grade nördlich und südlich des Äquators einzuteilen. Daß man vom Äquator aus zählt, daß also hier der Nullpunkt liegt, wurde aus Gründen der Symmetrie festgelegt; man könnte genausogut von einem der Pole aus zählen.

Wir hatten beobachtet, daß der Kreisbogen des Sterns Antares sich auf unserer Fahrt von Bassett nach Coldwater im Süden, in Richtung auf den oberen Kulminationspunkt seines Bogens, deutlich verändert hatte. Die Schlußfolgerung liegt nahe, daß die Bahn des Sterns sich auch auf anderen Fahrten von Norden nach Süden ähnlich verschieben würde, daß er also einen höheren Bogen machen würde, wenn wir von Kánsas aus weiter nach Süden gefahren wären, oder aber einen niedereren, wenn wir in entgegengesetzter Richtung gefahren wären, etwa von Nebraska nach Norden.

Genausogut kann man in Tokio, New York oder Delhi anfangen. Die gleiche Veränderung wiederholt sich in leicht abgewandelter Form, und dabei ist es völlig gleichgültig, welchen Stern man beobachtet. Die Sterne werden, je nachdem, wie der Beobachter sich bewegt, einen höheren oder niedereren Bogen durchlaufen, und immer entspricht die Teileinheit des Kreisbogens den Kilometern, die der Beobachter zurückgelegt hat. Diese Einheitlichkeit des Ergebnisses macht die Kreisform der Erde in nordsüdlicher Richtung deutlich.

Geht man in Richtung Norden oder Süden, weiß man immer, wie weit man gegangen ist, wenn man darauf achtet, wie die Sterne den Kreisbogen entlang der Nord-Süd-Linie bilden. Bewegt man sich statt dessen nach Osten oder Westen, ändert sich der Kreisbogen nicht. Er bleibt immer gleich, nur erreicht der Stern zu unterschiedlichen Zeiten den oberen Kulminationspunkt. Geht man dem im Osten aufgehenden Stern entgegen, erreicht dieser ihn früher, geht man nach Westen, später. Eine Veränderung der Position des Betrachters in Richtung Osten oder Westen kann daher nicht anhand des Kreisbogens nachgewiesen werden; man muß die Zeiten wissen.

Ortswechsel

Ein breiter Fluß erstreckt sich vor uns, so weit das Auge reicht. Wir wollen nicht verraten, wo wir sind, denn um das herauszufinden, waren wir hierhergekommen. Wir wollten unseren Platz auf der Weltkarte anhand des Sternenhimmels exakt bestimmen.

Diesmal führt uns die Vorgeschichte unseres Vorhabens ins ausgehende achtzehnte Jahrhundert. Die Weltkarte war damals weit verbreitet, etwa so wie heute die Satellitenbilder. Einen ersten Eindruck davon vermitteln uns die schönen, kleinen Taschengloben der Erde von damals, die heute von Sammlern geschätzt werden und in jedem entsprechenden Museum zu finden sind. Mein eigener, zehn Zentimeter großer

Globus wurde um 1780 von dem Handwerker Nicholas Lane in London gefertigt. Es ist eine gute Karte der Erde, so wie sie damals bekannt war. (Ein Karteneintrag bei Hawaii vermerkt die Neuigkeit vom Tod Kapitän Cooks, des berühmtesten Pazifikforschers.) Jeder Jugendliche aus guter Familie mußte damals einen solchen Globus studieren und die Erdteile kennen. Das ist auch heute noch so. Bibliotheken und Schulen besitzen traditionsgemäß Globen. Damals gab es zum Globus allerdings ein höchst aufschlußreiches Zubehör, das wir heute fast vergessen haben. Ein Taschenglobus braucht natürlich ein passendes Etui. Bei meinem Globus ist das weitaus mehr als nur ein passender schwarzer Behälter. Die innere Fläche des kugelförmigen Kastens ist ein weiterer Globus, nämlich die hohle Kugel des Sternenhimmels, in die hinein die Erde so genau paßt wie der Taschenglobus in seine kleine, blaue Sternenkugel. Damals war man sich dieser Beziehung noch deutlich bewußt; wir heute vergessen sie leicht, auch wenn unsere Kartographen immer noch auf ihr aufbauen.

Wir kamen zu einer Stadt, in der sich ein Ellicott's Hill genannter grüner Hügel erhebt. Andrew Ellicott hatte im Februar 1797 von hier aus kartographiert. Ellicott war zu seiner Zeit der erfahrenste Geometer Amerikas; ein paar Jahre zuvor hatten er und seine Mitarbeiter an der Planung des neuen Bundesdistrikts Columbia mitgewirkt. Ellicott war ein halbes Jahr von seinem Wohnsitz in Pennsylvania bis zu unserer Stadt unterwegs gewesen, die damals noch ein kleines Dorf an der Grenze war. Er reiste im Auftrag des Präsidenten George Washington. Neue Grundbesitzer machen sich oft Sorgen wegen der Grenzen, und so war es auch im Fall der Vereinigten Staaten. Ellicott sollte die Staatsgrenze bereisen und sie kartographisch erfassen, vor allem hier, wo die genaue Grenze zum Nachbarland noch ungeklärt war. Hier an diesem Ort und seiner Umgebung brachte Ellicott ein Jahr zu. Seine Mission beinhaltete zwei Dinge: heikle Diplomatie und geschickte Kartographie.

Auch diesmal wollten wir wie die alten Kartographen vorgehen und Methoden anwenden, die an frühere Zeiten erinnerten. Das geschah nicht aus antiquarischem Interesse, sondern weil solche Methoden häufig

Die Aussicht.

Eine Pendeluhr aus Messing, wie Ellicott sie hatte, allerdings neueren Datums.

Unsere drei Instrumente: die Uhr, das Meridianfernrohr und das normale Fernrohr.

Ein nicht mehr ganz neues Meridianfernrohr aus dem zwanzigsten Jahrhundert.

einfache, verständliche Vorläufer unserer heutigen, komplizierten Verfahrensweisen sind. Wir machten uns also, mit kartographischen Instrumenten bepackt, zum Ellicott's Hill auf. Von den Instrumenten war zwar keines alt, aber alle waren den Instrumenten nachgebaut, die Ellicott damals verwendet hatte.

Wir hatten drei Instrumente bei uns. Das erste war eine Pendeluhr mit Gewichten aus Messing, die der Bostoner Uhrmacher Jim Moss vor einigen Jahren in Handarbeit gefertigt und für uns hierhergebracht hatte. Ellicott besaß ebenfalls eine solche handgefertigte Uhr, die er nach einem Modell gebaut hatte, das dem modernen Modell von Moss recht ähnlich war. Zweitens hatten wir ein gebrauchsfähiges, ein bis zwei Generationen altes Meridianfernrohr dabei. Ein solches nicht besonders starkes Fernrohr ist auf graduierte Horizontalkreise montiert, und man kann mit ihm Sichtlinien messen. Ellicott besaß ein wunderschönes Meridianfernrohr, das er selbst konstruiert hatte und dazu benutzte, die Hauptstraßen der Stadt Washington zu planen. Er und sein gut ausgerüstetes Team hatten außerdem noch Fernrohre ohne Horizontalkreise mitgebracht, die keine Winkel messen, sondern zur Beobachtung der Sterne dienen sollten. Auch wir hatten eines dabei.

Wir wollten Ellicott's Hill so vermessen, wie Ellicott selbst es getan hatte. Wir hatten nur einen Abend Zeit, während er Monate zur Verfügung gehabt hatte. Er hatte seine Messungen wiederholt überprüft und bei Tag und bei Nacht gemessen. Zuerst stellten wir wieder wie in Nebraska und Kansas den oberen Kulminationspunkt des Kreisbogens eines hellen Sterns fest, diesmal freilich exakter als mit dem Lastwagen.

Mit dem kleinen Meridianfernrohr konnte man auch schwächere Sterne vermessen, unsere Auswahl war daher nicht mehr nur auf Antares und ähnlich helle Sterne beschränkt. Wir wählten einen Stern, der immerhin noch gut sichtbar ist. Wir bestimmten mit dem Fadenkreuz des Meridianfernrohrs den oberen Kulminationspunkt seines Kreisbogens und lasen auf den graduierten Horizontalkreisen den Winkel der Sichtlinie ab. Wieder mußten wir natürlich zuerst unser Instrument nivellieren; statt eines Lots benutzten wir dazu die eingebauten Wasserwaagen. Als wir die kartographische Position des Sterns und die Höhe seines Kreisbogens kannten, konnten wir aus einer astronomischen Tabelle unseren Breitengrad ablesen.

Unser Wert: 31 Grad 32 Minuten nördlicher Breite.

Mr. Ellicotts Wert von 1798: 31 Grad 34 Minuten nördlicher Breite.

Wie Ellicott konnten wir unsere nordsüdliche Position auf der Erde innerhalb eines Spielraums von ein, zwei Kilometern recht genau bestimmen. Der gesamte Erdkreis ist in 360 Grad unterteilt. Ein Unterschied von einer Minute in der Breite (sechzig Minuten sind ein

Ellicotts Instrumente.

Grad) bedeutet eine Ungenauigkeit von etwas über 1,6 Kilometern. Elliott vermaß drei Sterne mehrmals mit dem Meridianfernrohr und einem anderen, großen Spezialfernrohr. Seine Angaben sind genauer als unser in kurzer Zeit durchgeführter Versuch und kommen den Zahlen näher, welche die modernen amtlichen Karten der staatlichen Geologen für den Ort machen. Wir wissen nicht genau, wo auf dem Hügel Ellicott kartographierte. Er führte seine Messungen mit Sicherheit innerhalb eines Umkreises von anderthalb Kilometern durch, wenn nicht sogar von derselben Stelle wie wir.

Aufgrund unserer Messung wissen wir, daß wir uns auf einem Erdkreis befinden, der 31 ½ Grad nördlich des Äquators liegt (also beinahe auf demselben Breitenkreis wie Alexandria und Shanghai, zwei Metropolen, die etwa zwanzig Kilometer südlich dieses Breitenkreises liegen). Doch wissen wir noch nicht, wo auf diesem um die ganze Erde gehenden Kreis wir uns befinden. Sind wir in der Nähe von Shanghai? Die Sterne allein können uns das nicht sagen. Sie sehen nachts in Shanghai genauso aus wie hier; genauso verhält es sich tagsüber mit der Sonne. Wir brauchen eine geeignete Uhr, wenn wir unsere östliche und westliche Position unter

Weltzeit, Sonnenzeit, Sternzeit

Um eine Ost-West-Position auf der Erde bestimmen zu können, braucht man Zeitangaben. Als Zeitmesser benutzen wir meist eine Armbanduhr, und diese zeigt immer die Zeit der jeweiligen Zeitzone an, also etwa die Osteuropäische Zeit oder die Mitteleuropäische Zeit. Die Einteilung nach Zeitzonen ist zwar für den Reisenden sehr praktisch, für den Kartographen aber unbrauchbar. So stellen von Michigan bis Maine die Menschen die Uhren auf die Sekunde genau nach der Eastern Standard Time, obwohl diese in Wirklichkeit eine auf die Sonne bezogene Zeit ist, die nur in Utica, New York, genau zutrifft.

Die Zeitzone verschafft eine erste Vorstellung davon, was mit der Ost-West-Richtung auf der Erde gemeint ist. Jeder, der im Osten wohnt und sich im Fernsehen eine Sportsendung anschaut, sieht, daß in Kalifornien bei strahlendem Sonnenschein gespielt wird, während es bei ihm schon dunkel ist. An der Pazifikküste gehen die Sonne und die Sterne drei Stunden später auf als an der Atlantikküste. Das macht ein Achtel der Bahn der Sonne um die Erde aus, ein Achtel der vierundzwanzig Stunden, welche die Erde braucht, um sich einmal um die eigene Achse zu drehen.

Die Sonnenuhr ist heute zwar ein Anachronismus, aber nur sie gibt die wahre Ortszeit für den Ort an, an dem sie sich befindet, sie ist daher für den Kartographen äußerst nützlich. Sie zu lesen ist allerdings nicht leicht, es sei denn, man kann sehr schnell rechnen. Die Sonne bewegt sich am Himmel auf einer komplexen Bahn, sie steht hoch oder tief, zieht ihren Kreisbogen langsam oder schnell, je nach Jahreszeit. Wir lassen lieber die Finger von den langwierigen Berechnungen und komplizierten Tabellen, die für die unregelmäßige Bewegung der Sonne nötig sind.

Wir ziehen für die Kartographie die Sternzeit vor, die auf der einfachen und gleichmäßigen Bewegung der Sterne beruht. Die Sternzeit ist eine astronomische Zeit, ein am Nachthimmel orientiertes System. Die Sterne ziehen an uns vorüber, wenn wir den sich langsam drehenden Himmel beobachten. Man kann sich den Sternenhimmel als Zifferblatt denken, das sich in den vierundzwanzig Stunden Sternzeit genau einmal dreht und dabei Tag und Stunde der Sternzeit festlegt. Ein Stern mit einen hohen Kreisbogen, der durch den oberen Kulminationspunkt zieht, wird genau vierundzwanzig Stunden Sternzeit später wieder dort stehen, unabhängig von der Jahreszeit und Jahr für Jahr. Die Sonne ist lange nicht so zuverlässig; Sternzeit und Sonnenzeit divergieren im Lauf der vier Jahreszeiten und gleichen sich wieder an.

Um die Sterne als Uhr zu benutzen, muß man bestimmte Markierungen festlegen, die den Zahlen auf einem Zifferblatt entsprechen. Dazu teilt man den Himmel in vierundzwanzig gleiche Sektoren auf, wobei jeder Sektor eine Stunde bedeutet. Nun kann man jedem Stern die Zeit zuordnen, zu der er den oberen Kulminationspunkt erreicht, so wie die Sonne um 12 Uhr mittags am höchsten steht. Sterne gibt es viele, und keiner blendet so wie die Sonne.

Vor langer Zeit wurde auf der Sternuhr eine Stunde Null festgelegt. Die Position wurde dabei willkürlich ausgewählt, auch wenn man die Entscheidung astronomisch rechtfertigen kann. Sobald die Stunde Null feststand, wurde auf der Sternkarte jedem Stern eine Zeit zugeordnet, die sich nach seiner Position auf dem Zifferblatt richtete und angab, wann er seinen Kulminationspunkt erreichte. So ist etwa dem Sternbild Orion eine Zeit zwischen 5.00 und 6.00 auf dieser Uhr zugeordnet und dem strahlend hellen, bläulichen Rigel, dem linken »Fuß« des Orion, die Zeit 5.12. Immer wenn Orion vom Beobachter aus gesehen im Süden durch den oberen Kulminationspunkt zieht, weiß der Beobachter, daß es zwischen 5.00 und 6.00 Uhr örtlicher Sternzeit ist, und Rigel dient als Minutenzeiger. Das ist dieselbe Logik (wenn auch nicht dieselbe Zeit), die uns sagen läßt, es sei in dem Moment 12 Uhr mittags, in dem die Sonne am höchsten steht.

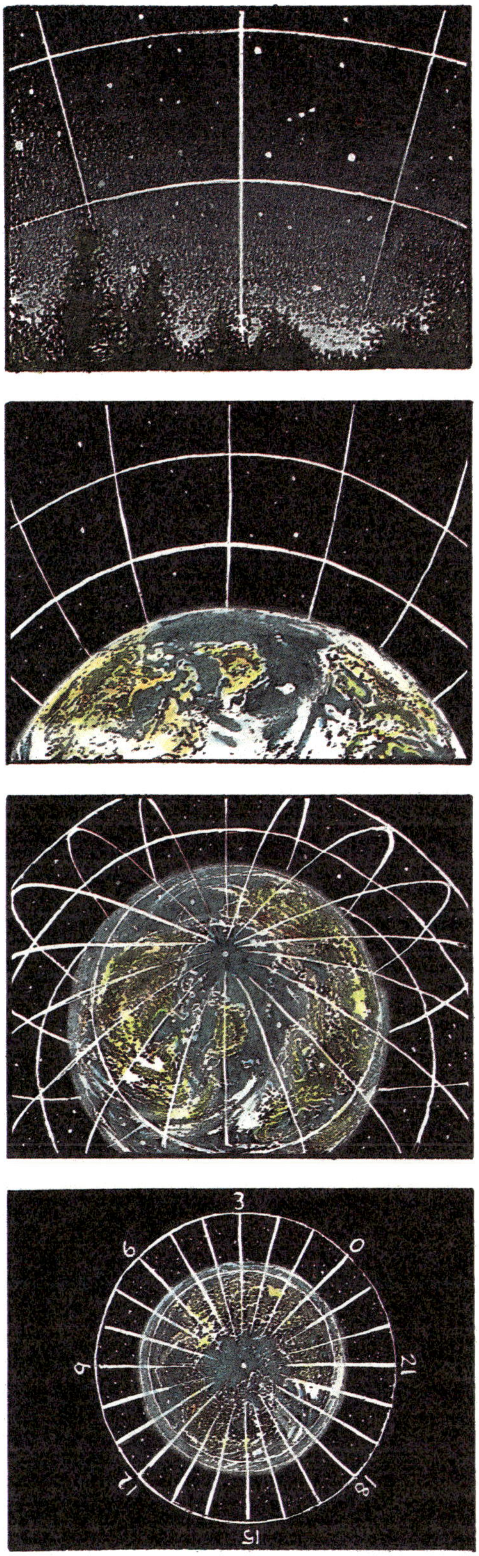

Die Sternuhr im Schaubild, zunächst von der Erde aus gesehen; die imaginären Linien zeigen die Position der Sterne an, wenn der Himmel sich dreht. Dann umgeben wir die ganze Erde mit diesen Linien, so daß der Eindruck eines Zifferblatts entsteht, des Zifferblatts der Sternuhr.

Aus Paris erfahren wir die Zeit. Aus der Pariser Sternzeit und unserer eigenen konnten wir errechnen, um wieviel Stunden und Minuten die Sternuhr zwischen Paris und unserem Beobachtungspunkt weitergewandert ist. Wir befanden uns in Natchez, Mississippi.

dem sich drehenden Himmel feststellen wollen – auch Elliott hatte eine gebraucht.

Wir nützten die Informationen aus, die der Himmel uns gab. Beobachtet man den nächtlichen Himmel zu später Stunde, durchziehen Sterne mit einer immer späteren Sternzeit den oberen Kulminationspunkt ihres Kreisbogens. Jeder Stern kreuzt den Meridian pünktlich alle vierundzwanzig Stunden – natürlich verdeckt das helle Tageslicht die Sterne, die der Sonne zu nahe stehen.

Der Stern, den wir auswählten, heißt Spica und ist ein heller, für unser Vorhaben geeigneter Stern im Sternbild Jungfrau. Der Zeitpunkt seines oberen Kulminationspunktes ist 13.24 Uhr, also etwas später als die Halbzeitmarke des Zifferblattes der Sternuhr. Sobald man irgendwo auf der Welt Spica auf dem oberen Kulminationspunkt des Kreisbogens sieht, ist die örtliche Sternzeit 13.24.

Wir stellten uns eine Sternuhr her. Dazu muß man den genauen Zeitpunkt bestimmen, an dem ein Stern den oberen Kulminationspunkt seines Bogens durchläuft. Dort ist seine Bahn fast horizontal, und um das beurteilen zu können, muß man den Stern eine Weile vor und nach Erreichen des Kulminationspunktes beobachten, während seines Aufstiegs bzw. Niedergangs. Ellicott machte sich in einem Trick die Symmetrie des Bogens zunutze und konnte so die Zeit noch genauer bestimmen. Wir folgten seinem Beispiel. Es brauchte einige Zeit, bis wir das Ergebnis hatten, doch dank der Pendeluhr konnten wir die Verzögerung einkalkulieren.

Um zu wissen, wo genau auf dem Breitenkreis wir uns befanden, brauchten wir freilich eine weitere Information: Uns interessierte ja, wie weit östlich oder westlich von einem kartographisch erfaßten Ort wie Washington, Paris oder Greenwich wir waren. Erst wenn wir

auch diese Information noch hatten, war unser Platz auf dem Globus bestimmt.
Unser Platz wäre schnell gefunden, wenn wir die Sternzeit eines anderen Ortes hätten. Dann könnten wir ausrechnen, wieviel Stunden und Minuten des sich drehenden Himmels zwischen uns und jenem Ort liegen. Wenn die Sternzeit des anderen Ortes beispielsweise sechs Stunden vor unserer Sternzeit läge, wüßten wir, daß wir uns sechs von vierundzwanzig Stunden westlich dieses Ortes befinden, also ein Viertel eines Breitenkreises bzw. neunzig Längengrade, wie die Einteilungen von Osten nach Westen genannt werden. Von dem alten Gasthaus auf Ellicott's Hill, das bereits wenige Jahre nach Ellicotts Vermessung dieser Gegend gebaut worden war, telefonierte ich mit Suzanne Débarbat, einer alten Bekannten in Paris. Frau Débarbat ist Astronomin und Historikerin am Observatoire de Paris. Ich wußte, daß sie im Observatorium eine Sternuhr zur Hand hatte, und sie war freundlicherweise bereit, uns zu helfen. Hier ein Auszug unseres kurzen Gesprächs:

Débarbat: *Allô?*
Ja, ich helfe Ihnen gern ... Also, *bien* ... 5, 4, 3, 2, 1 ... Kulmination erreicht! Die Zeit: genau 20 Stunden und 2 Minuten Pariser Sternzeit.

Nun konnten wir unseren Platz auf der Karte genau bestimmen. Paris verzeichnete beim Kulminationspunkt 20 Uhr und 2 Minuten, unsere Sternuhr zeigte zur selben Zeit 13 Uhr und 47 Minuten an. Auf der Pendeluhr hatten wir die Zeit verfolgt, die verstrichen war, seit Spica im Süden den oberen Kulminationspunkt durchschritten hatte.
Wir wußen nun, daß wir um so viel Grad westlich von Paris waren, wie sich der Himmel in 6 Stunden und 15 Minuten dreht, also um eine Entfernung von etwa 90 Grad. Wir verglichen dieses Ergebnis mit dem von Ellicott. Sein Bezugspunkt war Greenwich gewesen. Aus dem *Nautischen Almanach,* der in einer langen Tabelle den Standort aller Observatorien angibt, lasen wir ab, daß das Pariser Observatorium um 9 Minuten und 21 Sekunden östlich des Observatoriums von Greenwich liegt.
Nach einigen sorgfältigen Additionen und Subtraktionen stand unsere Position schließlich fest. Wir hatten den geographischen Ort von Ellicott's Hill auf der Weltkarte selbst bestimmt. Er liegt auf dem Breitenkreis, den wir zuerst gemessen hatten, und so weit westlich von Greenwich, wie wir jetzt erfahren hatten. Die beiden Messungen hatten uns auf der Karte lokalisiert: Wir befinden uns gegenwärtig in der Stadt Natchez am Ufer des Mississippi. Der Fluß selbst strömt breit und tief nur einen halben Kilometer von uns entfernt am Fuß des Hügels dahin.

Unser Ergebnis 1986:
31 Grad 32 Minuten nördlicher Breite
91 Grad 25,5 Minuten westlicher Länge

Landvermesser Ellicott stellte 1798 fest:
31 Grad 34 Minuten nördlicher Breite
91 Grad 29 Minuten westlicher Länge

Die Ergebnisse sind fast identisch. Bei empirischen Messungen erhält man selten exakt das gleiche Ergebnis; man hofft immer, das eigene Resultat sei zuverlässiger, als es in Wirklichkeit ist. In Natchez entsprechen jeder Minute Länge oder Breite etwa anderthalb Kilometer. Unsere Ergebnisse waren also nicht schlecht!

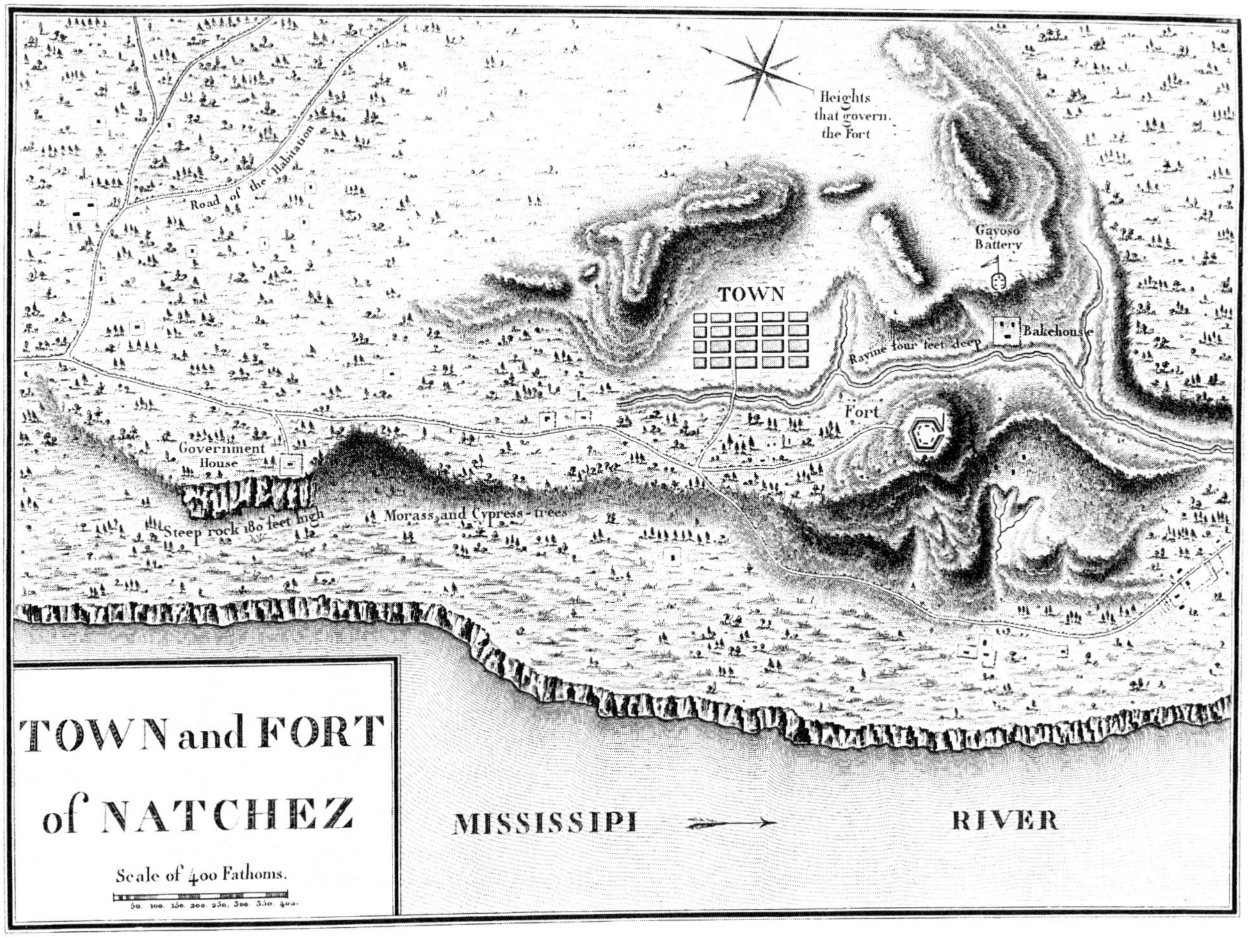

Die Grenzstadt Natchez 1803.

Wir werden später noch einmal zu diesem Hügel zurückkehren und seine geographische Position mit den modernsten und genauesten kartographischen Methoden bestimmen.

Andrew Ellicott war damals nach Natchez gekommen, um die offizielle Grenze zwischen den neuen Vereinigten Staaten und dem spanischen Territorium festzulegen. Natchez lag auf dieser Grenze. Aus diesem Grund kartographierte Mr. Ellicott Natchez sehr genau, obwohl der Ort damals nur ein kleines befestigtes Dorf war.

Wie hatte er seine Aufgabe erfolgreich durchführen können? Bei unserer Arbeit war entscheidend gewesen, zu wissen, wie spät es an einem weit entfernten Ort war. Ellicott hatte natürlich keinen Telegrafen, kein Telefon, kein Radio, nicht einmal die unentbehrliche Kreditkarte. Damals gab es keine Möglichkeit, ein Zeitsignal so schnell zu übermitteln, daß man die örtliche Sternzeit eines kartographisch erfaßten Ortes erfahren konnte.

Eine Möglichkeit, die aber erst zwei bis drei Generationen nach Ellicott in Gebrauch kam, bestand darin, eine Uhr mit sich herumzutragen, die auch an Bord eines Schiffes oder in einer Postkutsche noch genau ging. Man konnte sie nach der Zeit von Greenwich stellen, sobald man einen Ort verließ, der mit Bezug auf Greenwich schon verläßlich auf der Karte eingetragen war. Bei Pendeluhren war das natürlich nicht möglich. Sie würden auf Reisen in einer rüttelnden Postkutsche oder auf einem schlingernden Schiff nicht genau ge-

Die Scheibe des Jupiter. Die drei sternähnlichen Monde umkreisen den Planeten. Die Photographien, die alle in einer Nacht aufgenommen wurden, zeigen etwas von der Bewegung der Monde. Man sieht eine Verfinsterung: Ein Mond taucht in den Schatten des großen Planeten ein.

hen. Jim Moss hatte seine Pendeluhr vor dem Transport außer Betrieb gesetzt und in einem Kasten verstaut. Um mit gutem Ergebnis kartographieren zu können, braucht man einen Zeitmesser, der mindestens bis auf die Minute genau geht. In jener Zeit mußte man bei einer Reise aber mit Wochen oder Monaten rechnen. Eine Pendeluhr ist dafür, gleich den meisten tragbaren und aufziehbaren Uhren, zu ungenau. In England und Frankreich hatte man zwar gerade elegante kleine Uhren mit Sprungfedern von hoher Präzision entwickelt – sogenannte Chronometer –, aber sie waren noch zu neu und für das Amerika Präsident Washingtons zu teuer.

Es gab jedoch noch einen anderen Weg. Galilei hatte vor fast zweihundert Jahren gezeigt, daß man von nahezu jedem Punkt der Erde und an beinahe jedem Tag das Zifferblatt einer großen natürlichen Uhr am Himmel sehen konnte. Man brauchte dazu nur ein bescheidenes Fernrohr auf die richtige Stelle am Himmel zu richten. Aus diesem Grund hatte Ellicott ein Fernrohr dabei, um die Himmelsuhr zu benützen.

Die Weltkarte

Die Astronomen des prächtigen neuen Observatoire de Paris, 1671 unter Louis XIV. erbaut, versahen diese Himmelsuhr erstmals mit einer Gradeinteilung, so daß man sie von nun an benutzen konnte. Die Idee stammte von Galilei, aber er hatte sie noch nicht in die Praxis umsetzen können. Erst lange nach seinem Tod verwirklichte das hervorragende Wissenschaftlerteam dieser neuen Institution Galileis Gedanken.

Die Uhr ist der Planet Jupiter. Um den Jupiter kreisen vier helle, von Galilei entdeckte Monde, die man schon mit einem schwachen Fernrohr sehen kann, einem Instrument also, das auch auf einer Reise nicht zu schwer ist. (An Bord eines Schiffes funktioniert das System nicht; ein Schiff auf See ist für ein Fernrohr dieser Größenordnung eine zu wacklige Angelegenheit. Außerdem sind Ereignisse wie Mondverfinsterungen nicht allzu häufig; oft muß man mehrere Tage warten. Für die Navigation eines Schiffes ist das denkbar ungeeignet.)

Der Jupiter ist so weit von der Erde entfernt, daß seine Monde von jedem Punkt der Erde aus immer in der gleichen Richtung stehen. Man muß unbedingt die Umlaufbahnen der Monde so gut kennen, daß man ihre künftige Position für einige Zeit im voraus bestimmen kann, für etwa ein Jahr oder länger. Man wartet nun auf den Moment, in dem einer der Monde hinter der runden Scheibe des Planeten vorbeizieht und von ihm verdeckt wird oder sich verfinstert, wenn er plötzlich im Schatten des großen Planeten verschwindet. Solche Ereignisse können bis auf die Minute und genauer vorausgesagt werden. Als ersten war es den Pariser Astronomen gelungen, das Verhalten der Monde im voraus exakt zu bestimmen und bekanntzugeben. Wer ihre Tabellen besaß, konnte damit in den meisten Nächten des Jahres an der Position der Jupitermonde

Ludwig XIV., der Sonnenkönig, stattet den neuernannten Mitgliedern der Akademie der Wissenschaften in ihrem Pariser Quartier einen Staatsbesuch ab. Der Stich hält das Ereignis fest. Unter den vier vornehm gekleideten Besuchern befindet sich der König. Dahinter stehen die unbedeutenderen Mitglieder der Akademie mit ihren Büchern, Modellen und Apparaturen. Durch das Fenster sieht man das neue Observatorium, das gerade gebaut wird. Der Künstler hat sich erlaubt, es um zwei Kilometer nach Norden zu versetzen, damit es auf dem Bild zu sehen ist. J.-D. Cassini ist der Mann, der sich unter dem Hirschskelett zu dem Mann hinter ihm dreht.

die Pariser Zeit ablesen. Das System des Jupiter ist also eine Uhr: Die Zeiger sind die Monde, das Zifferblatt ist die Tabelle, in der die Bahnen der Monde vorausberechnet werden. Lesen kann man diese Uhr freilich nur mit dem Fernrohr.

Die Ortsbestimmung anhand dieser Uhr geht folgendermaßen vor sich: Man beobachtet von einem beliebigen Platz aus mit dem Fernrohr die vorhergesagte Bewegung eines Jupitermonds. Dann liest man aus der Pariser Tabelle die Zeit in Paris ab. Diese vergleicht man mit der örtlichen Sternzeit oder mit der Zeit der Sonnenuhr. Leicht ist das nicht; eine zeitliche Ungenauigkeit von einer Minute entspricht einer Ungenauigkeit von etwa sechzehn Kilometern in der Lokalisierung. Ein Experte kann damit aber gut arbeiten, und innerhalb von zwanzig bis dreißig Jahren konnte so die erste moderne Weltkarte erstellt werden.

Die Dokumente und Instrumente, welche die Geschichte dieser Karte erzählen, werden im Observatoire de Paris aufbewahrt, dessen klassisch schöne Fassade mit in Stein gemeißelten kartographischen und astronomischen Instrumenten des siebzehnten Jahrhunderts geschmückt ist. (Im Inneren des Gebäudes entdeckte ich zu meiner Freude mehrere Uhren an der Wand, deren Zifferblatt *temps sidéral* versprach, Sternzeit.) Suzanne Débarbat und die Bibliothekare dort halfen mir bereitwillig mit Erklärungen, als ich die Schätze des Observatoriums in allen Einzelheiten untersuchte.

Der am engsten mit dem Projekt der Weltkarte verbundene Name ist der des Astronomen Jean-Dominique Cassini (sowohl sein Sohn als auch sein Enkel und sein Urenkel sollten später zu Leuchten des Observatoire und der französischen Kartographie werden). Man ge-

6

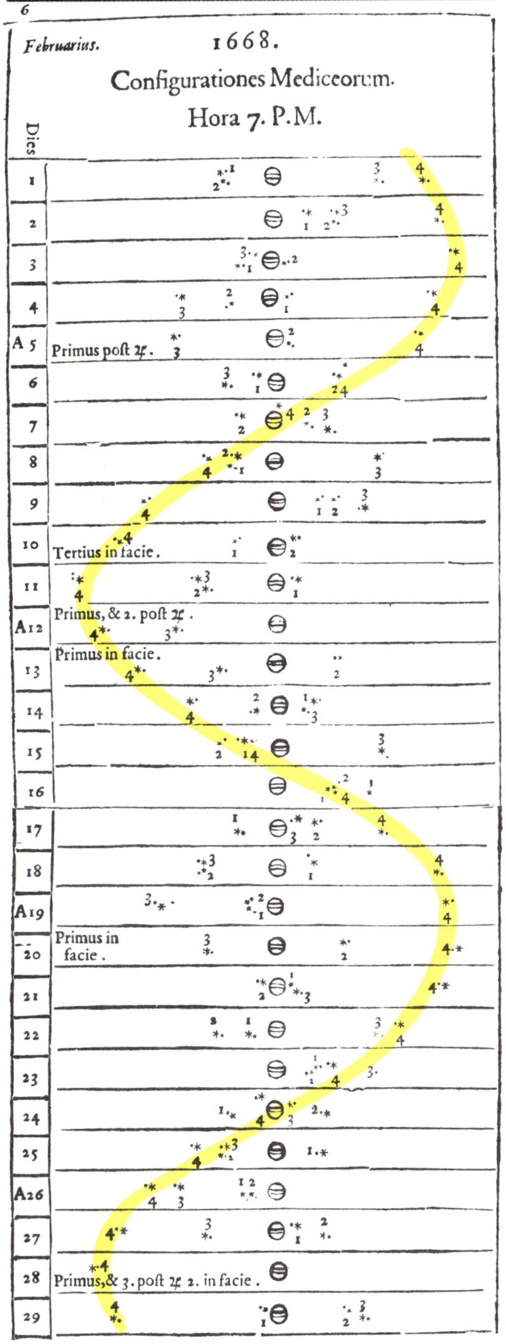

Ihn brauchte man in Paris: Cassini, dessen Tabellen von 1668 zu den Bahnen der Jupitermonde am exaktesten waren. Er konnte die einzelnen Ereignisse durch mathematische Berechnung der Kreisbewegung der Monde auf einige Monate im voraus bestimmen. Wir haben eine der Kurven durch eine gelbe Linie veranschaulicht.

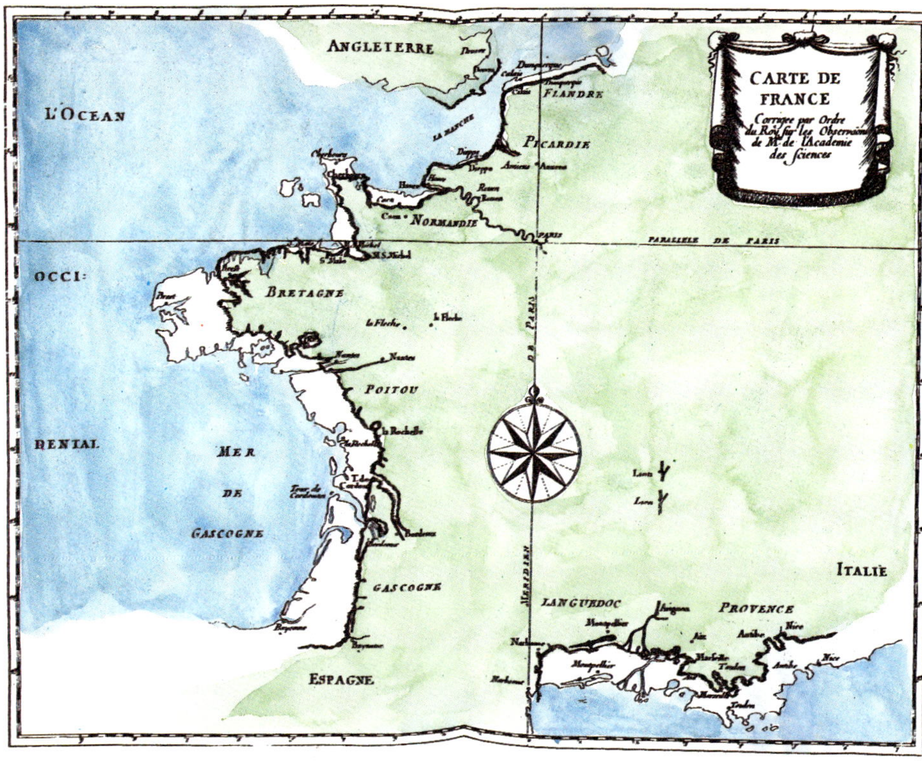

Schon bevor die Astronomen ans Werk gingen, gab es natürlich Karten über Frankreich wie über andere Länder. Aber die Methoden der alten Vermesser waren einfach zu ungenau. Die französische Atlantikküste liegt nur wenige hundert Kilometer westlich von Paris. Als Cassini und seine Mitarbeiter erstmals mit Hilfe der Sternzeit der Jupitermonde Frankreich kartographierten, entdeckten sie, daß auf den alten Karten die Entfernung zwischen Paris und der Küste um rund hundert Kilometer zu groß angegeben wurde. Frankreich war in Wirklichkeit kleiner als auf der Karte von 1679.

stattete mir, in einem berühmten Buch zu blättern, das 1668 in Bologna erschienen war. Es war auf lateinisch abgefaßt, und sein brillanter dreiundvierzig Jahre alter Verfasser war damals auch päpstlicher Mechanikus. Sein Name war Giovanni Domenico Cassini; natürlich handelte es sich um keinen anderen als ebenjenen Jean-Dominique Cassini. Das Buch war eine Zusammenstellung seiner Beobachtungen und Tabellen der Jupitermonde und endete mit einer präzisen Voraussage des Verhaltens der Monde für die nächsten Monate.
In Paris hatten die Astronomen der Académie Royale des Sciences bereits die Arbeit an dem Kartenprojekt aufgenommen, wenn auch noch nicht in dem neuen Observatorium, das damals erst gebaut wurde. Die Tabellen Cassinis enthielten aufregende Erkenntnisse, und nach sorgfältiger Überprüfung seiner Prognosen waren die Mitglieder der Académie zu dem Entschluß gekommen, daß sie ihn unbedingt für Paris und die erhofften großen Entdeckungen und großangelegten kartographischen Projekte gewinnen mußten.

Wenig später bezog Jean-Dominique Cassini, der frischgebackene französische Staatsbürger, mit seiner Familie eine der schönen Etagen des Observatoriums. Seine Kollegen waren nicht weniger berühmt als er: Zu ihnen gehörten der große holländische Physiker und Astronom Christiaan Huygens und der Däne Ole Roemer, ferner eine Reihe verdienstvoller französischer Wissenschaftler wie Jean Picard. Picard hatte gerade einige Karten fertiggestellt, für die er erstmals mit kleinen Fernrohren und sorgfältig graduierten Horizontalkreisen ausgestattete Vermessungsinstrumente benutzt hatte. Diese Verbesserungen erhöhten die Genauigkeit der Sichtlinien um das Zehnfache.
1679 waren die Pariser Astronomen bereit. Nun begannen sie, Frankreich mit den neuen Methoden neu zu kartographieren. Sie trugen entlang der Küste eine Stadt nach der anderen neu auf der Karte ein, Dünkirchen, Calais, Cherbourg, Brest, Bordeaux und viele andere. Als der König die neue Karte sah, war er erstaunt, daß nun die atlantische Küste seines Reiches um acht-

zig bis hundert Kilometer näher als bisher an Paris herangerückt war, was bei insgesamt nur rund vierhundert Kilometern sehr viel ausmachte. Mlle. Débarbat zitierte, was Louis dazu bemerkt hatte: »Ich bezahle meine Akademiker gut, und sie haben mir das Reich verkleinert!« Verständlich, daß der König sich betrogen fühlte.

Der König dürfte seinen Vorwurf kaum ernst gemeint haben. Durch die neuen Karten, zu denen Picards Meridianfernrohre und Cassinis Tabellen der Verfinsterungen der Jupitermonde die Voraussetzungen geliefert hatten, wurde Frankreich das bestkartographierte Land der Erde. Die Ortsbestimmungen der Karte, die 1679 begonnen wurde, weichen nur um wenige Kilometer von den heutigen Werten ab. Cassini und seine Mitarbeiter hatten auch ehrgeizige Pläne, wie sie die ganze Welt kartographisch erfassen könnten. Sie bildeten lernwillige, mathematisch begabte junge Jesuiten aus, damit diese an ihren jeweiligen ausländischen Missionsstationen kartographischen Aufgaben nachgehen konnten. Sie schrieben für die Jesuiten Handbücher, versorgten sie mit Instrumenten und rüsteten sogar ein oder zwei Expeditionen mit den Mitteln des Observatoriums aus, um ihr Ausbildungssystem zu überprüfen und zu verbessern.

Auf dem Boden des schönen achteckigen Zimmers im Westturm des Pariser Observatoriums entwarf Cassini seine Weltkarte in Kreisform, die er Planisphäre nannte. Den Nordpol zeichnete er in die Mitte des Fußbodens. Dann bestimmte er die Position der anderen Orte mit Hilfe ihres Winkelabstands vom Nordpol und in östlicher bzw. westlicher Richtung von der durch Paris gezogenen Nord-Süd-Linie. Heute hat das Zimmer einen schönen Parkettboden. Vielleicht findet eines Tages ein Archäologe unter dem Holz auf dem glatten Kalkstein noch Spuren von Cassinis mit Tinte gezeichneter Planisphäre.

Die Städte und Landschaften, deren Positionen nach Paris übermittelt wurden, wurden sorgfältig in die Karte eingetragen. Für die exaktesten Bestimmungen benutzte man den Durchgang der Sterne durch den oberen Kulminationspunkt des Kreisbogens und die Berechnung der Bahnen der Jupitermonde – dieselbe Methode, mit der Ellicott hundert Jahre später immer noch arbeitete. Aus ganz Europa sandten Astronomen sorgfältig überprüfte Positionsberechnungen nach Paris. Die in Paris ausgebildeten jesuitischen Missionare berichteten aus der Ferne, unter anderem aus Quebec, Santiago de Chile, Guadeloupe in Westindien, Lissabon, Venedig, Kairo, Kap Comorin an der Südspitze Indiens, Siam, Kanton und Peking. Wenn neue Angaben eintrafen, wurden sie sofort auf dem Steinboden verzeichnet. So entstand eine umfassende Karte, die sich mit den Jahren immer mehr füllte.

Die Karte auf dem Fußboden wurde 1696 kopiert und veröffentlicht. Sie ist die erste moderne Weltkarte, die auf einem Gerüst verläßlicher Positionsbestimmungen aufbaut. Die gesicherten Eintragungen wurden mit einem Sternchen versehen. Ungefähr vierzig Orte waren unter Aufsicht des Observatoriums lokalisiert worden. Die Positionen der über die ganze Welt verstreuten kartographierten Orte weicht durchschnittlich um weniger als achtzig Kilometer von den Werten ab, die wir heute ermittelt haben.

Zu Küstenlinien und Geländepunkten weitab der bewohnten Zentren existierten keine ähnlich zuverlässigen Angaben, da die Pariser Methode noch nicht bis dahin vorgedrungen war. Die Angaben zur Lage dieser Regionen beruhten auf den eher groben Schätzungen von Reisenden und Entdeckern, die keine Möglichkeit

Die erste Weltkarte

1696 hatte Cassini die erste Weltkarte nach einer Kopie der Planisphäre auf dem Fußboden des Pariser Observatoriums drucken lassen. Diese erste Weltkarte hatte ein festes Gerüst, das mit Hilfe der Sternuhr festgelegt worden war. Von etwa vierzig Orten auf der ganzen Erde, die auf der Abbildung rot gekennzeichnet sind, besaß man zuverlässige Positionsangaben. Die Breitengrade wurden auf den Äquator bezogen, die Längengrade nicht auf Paris, sondern auf eine Insel der Kanarischen Inseln, die schon von den Griechen als westlichster Punkt kartographiert worden war. Die Küsten und bestimmte Details entfernter Orte waren noch nicht genau bekannt, besonders im Fall Australiens und der Teile der Arktis, die an den Pazifik grenzen. Die Küstenlinien sehen ungewöhnlich aus, weil sie einerseits streckenweise noch unbekannt waren und andererseits diese Art der kreisförmigen Projektion wenig gebräuchlich ist.

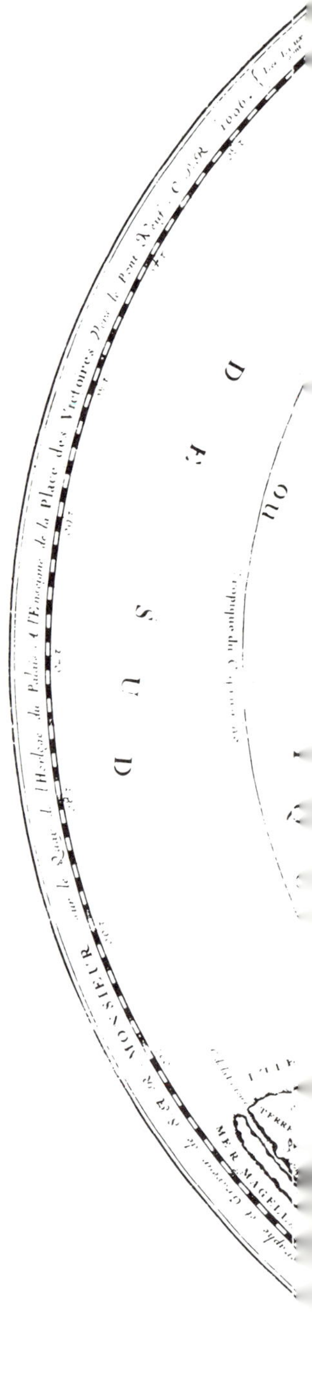

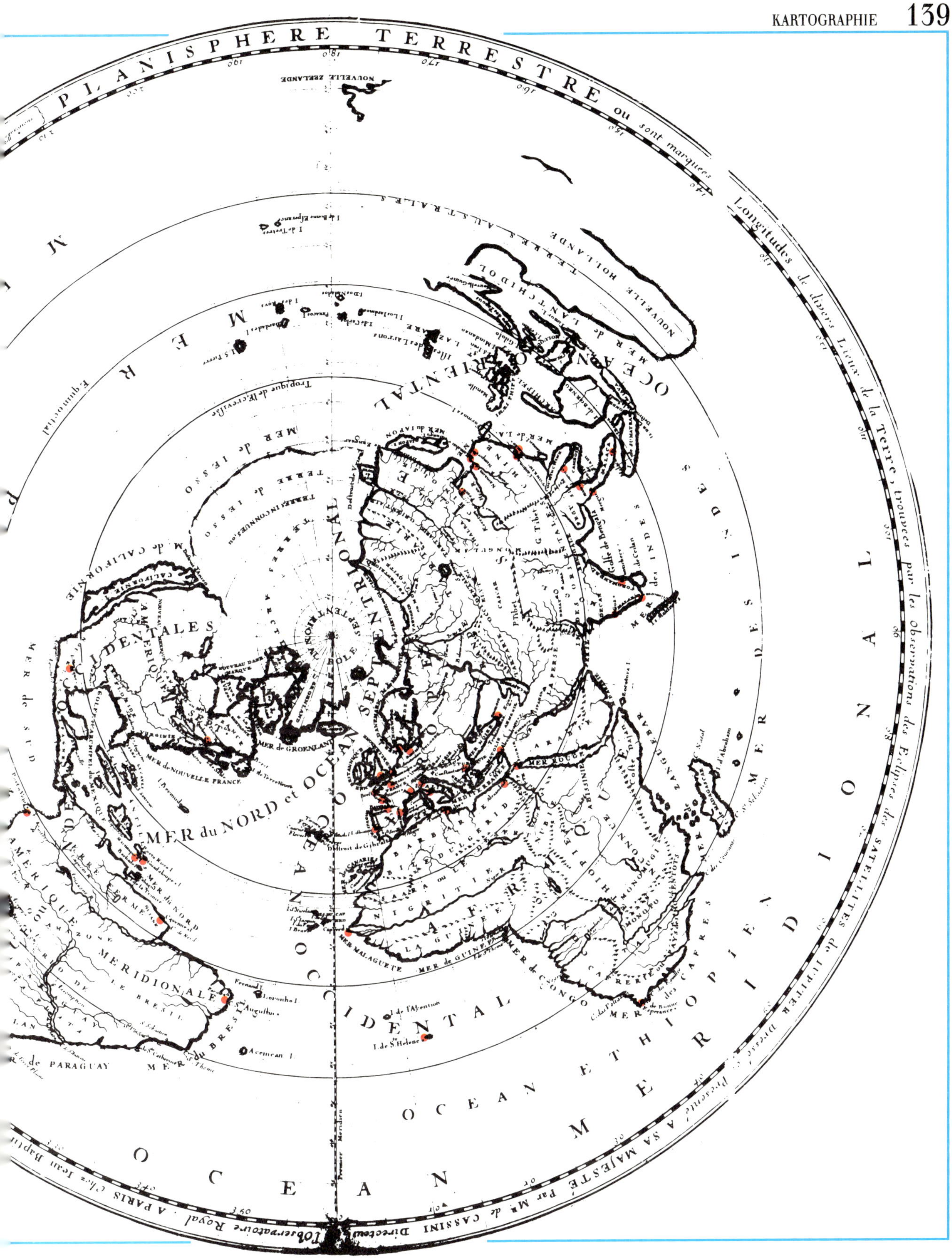
PLANISPHERE TERRESTRE ou sont marquees les Longitudes de divers Lieux de la Terre, trouvees par les observations des Eclipses des SATELLITES de IUPITER Dressé et Presenté A SA MAJESTÉ Par Mr. de CASSINI Directeur de l'Observatoire Royal. A PARIS Chez Jean Baptis
NOUVELLE ZEELANDE
TERRES AUSTRALES
NOUVELLE HOLLANDE
OCEAN ORIENTAL
MER de IESSO
TERRE de IESSO
AMERIQUE SEPTENTRIONALE
MER de CALIFORNIE
MER du NORD et OCEAN OCCIDENTAL
MER de GROENLAND
MER de NOUVELLE FRANCE
MER ROUGE
MER DES INDES
AFRIQUE
MER de GUINEE
MER de CONGO
MER MERIDIONAL
OCEAN ETHIOPIEN
OCEAN MERIDIONAL
AMERIQUE MERIDIONALE
MER de PARAGUAY
MER du SUD
I. de S.t Helene
I. de l'Ascention
Premier Meridien
OCEAN

Diese offizielle Bronzemarkierung, die einen Punkt der Landkarte fixiert, ist eine von fast einer Million, die Landkarten mit der Erde verbinden. Zwischen den Markierungen sind Abweichungen der Karte möglich. Die abgebildete Markierung legt einen Punkt der Küstenlinie der Bucht von San Francisco fest. Ihre Position ist so genau vermessen wie die vierzig Orte auf der Pariser Planisphäre Cassinis.

hatten, geographische Längen zu messen. Die Berichte dieser Reisenden hatten noch keinen festen Platz zwischen den dünngesäten sicheren Punkten des Gerüsts. Seeleute behalfen sich oft mit Vermutungen; als Folge war Kalifornien zum Beispiel phantasievoll als Insel in die Karte eingezeichnet. Kaum bekannt waren in Paris Regionen wie der nördlichste Teil des Pazifiks und die Regionen im tiefen Süden am Rand der Antarktis.
Doch der Weg zur Weltkarte war geebnet.

Die abgebildete Bronzemarkierung macht die Weltkarte gleichsam an einem Punkt der Erde selbst fest. Als die erste moderne Weltkarte im Pariser Observatorium erstellt wurde, hatte man nur wenige Dutzend solcher fester Punkte, wo ein geübter Geometer die Position einer Stadt oder eines Geländepunktes genau vermessen hatte. Heute können wir in allen kartographisch gut erfaßten Ländern diese Markierungen zu Hunderttausenden zählen. Diese hier gehört zu einigen Dutzend Markierungen, die allein die Küstenlinie der Bucht von San Francisco in ihrem Verlauf nachzeichnen. Wenn man eine gute Karte herstellen will, die in Maßstab und Umriß zuverlässig ist und sich in die Weltkarte einfügt, muß man an bekannten Markierungen ansetzen. Zwischen diesen Markierungen ist es möglich, daß die Karte etwas abweicht.
Die Markierungen sind das Skelett der Karte, ihr hartes Gerüst. Die fertige Karte ist natürlich viel mehr als nur eine Reihe einzelner Markierungen, aber diese – die Kontrollpunkte – bestimmen ihre Form und Größe. Die farbigen Straßenkarten und die Karten eines Atlas werden meist von Hand gezeichnet, heute auch mit dem Computer. Die gekrümmten Linien, die Symbole und die verschiedenartigen Beschriftungen werden von Hand auf die Platte aufgetragen, mit der die Karte ge-

druckt wird. Die gezeichnete Karte aber enthält die Markierungen, auch wenn diese nicht immer eigens angegeben sind.

Heutzutage basieren Formen und Details einer Karte in der Regel auf Luftbildern, die im Lauf der Jahre wiederholt werden, um die Karte auf den neuesten Stand zu bringen. Sobald der Mensch oder die Natur am Boden etwas verändert, wird das auf der Karte berücksichtigt. Vom Flugzeug aus kann man sich schneller einen Überblick verschaffen, als wenn man gemäß altehrwürdiger Tradition die Strecke mit Meßtisch und Skizzenblock abschreitet.

Doch ein Luftbild ist noch keine Karte, nur deren Grundlage. Und selbst wenn die Linsen der Luftkamera das Bild nicht verzerren würden – sie sind zwar gut, aber nicht perfekt –, es gibt eine Reihe weiterer Komplikationen: Ein Flugzeug treibt ab, liegt schräg in der Luft oder ist Erschütterungen ausgesetzt, und die Flughöhe kann während eines Fluges kaum konstant gehalten werden. Keine Luftkamera bildet den Boden gleichmäßig ab. Es ist so, als ob wir versuchen würden, unsere Sichtlinien auf verschiedenen schrägen Meßtischen zu zeichnen. Die leicht schiefen Kamerabilder erfordern daher Korrekturen, denn schließlich soll eine Karte die korrekte, maßstabsgetreue Sicht wiedergeben und nicht die vielleicht reizvolle, aber nicht maßstabsgetreue perspektivische Landschaft eines Künstlers oder Landschaftsphotographen.

Die Verarbeitung von Bildmaterial ist eine Technologie, die sich heute im digitalen Zeitalter rasch verändert und entwickelt. Eine häufig verwendete und leicht nachvollziehbare Technik – wenn auch nicht die einzige – basiert darauf, daß man die Luftphotographie gleichsam in der Umkehrung wiederholt: Das Luftbild wird, in verschiedener Größe, auf einen flachen Schirm projiziert, der in Position und Neigung verstellt werden kann, bis das projizierte Bild in Form und Maßstab stimmt. Kriterium dafür ist, daß das Bild im richtigen Maßstab mit einer Anzahl bekannter Charakteristika übereinstimmt, die auf die Position der Markierungen bezogen sind. Ein Techniker würde ein Luftbild so lange an der hier abgebildeten Bronzemarkierung ausrichten, bis sie mit der Straßenecke übereinstimmt, an der sie eingelassen ist. Die Karte ist dann fertig, wenn für ein ganzes Mosaik von Luftbildern die Umrisse richtig projiziert sind. Dann werden noch viele wichtige Symbole eingetragen, politische Grenzen, verschiedene Farben für die unterschiedliche Nutzung bestimmter Regionen, verschiedene Straßen, öffentliche Gebäude und anderes mehr.

Aber selbst die beste und bunteste Karte ist nie genauer als die Markierungen, auf denen das Kontrollgerüst aufbaut.

Kartographieren

Wir haben das Kartographieren bisher vornehmlich als optische Angelegenheit betrachtet, als eine Frage von Sichtlinien über Land oder in den Himmel, als eine Art genauen Anvisierens bestimmter Punkte. Grundlegend waren dabei das Vermessen von Strecken durch ein ausziehbares Maßband oder durch rollende Räder (wie bei unserem Lastwagen auf der Fahrt durch die Prärie), das Bestimmen geographischer Richtungen durch direkte Sichtlinien, das Überprüfen der Vertikale und der Horizontale durch das Lot und durch die Luftblase einer Wasserwaage.

Doch zunehmend wird die Welt auf eine Weise kartographiert, bei der das Sehen keine Rolle mehr spielt.

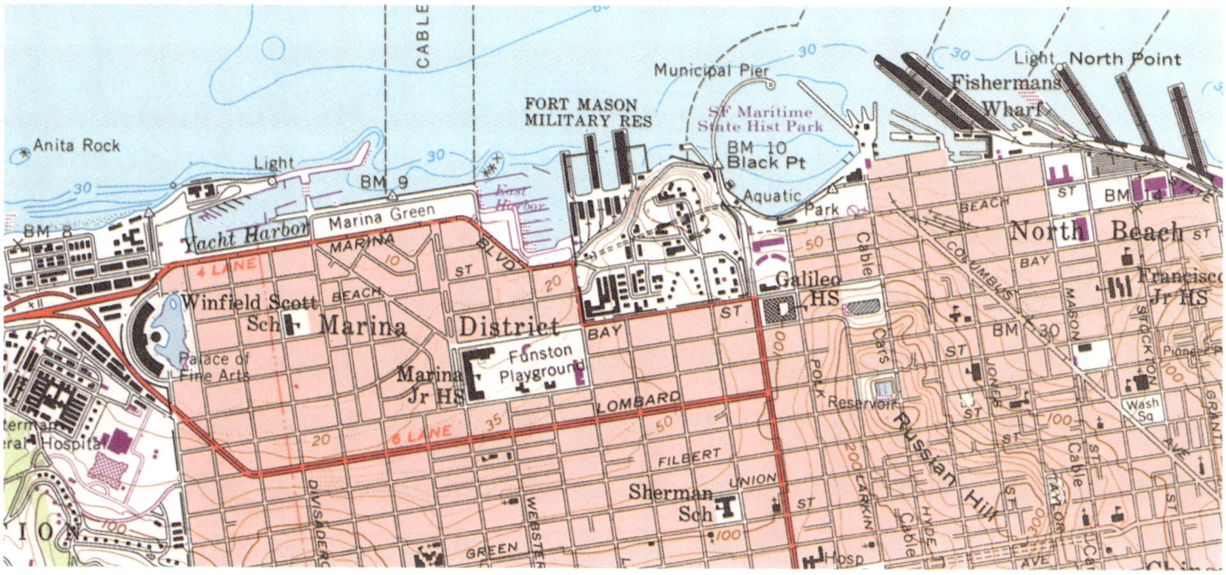

Jede topographische Karte ist nur so genau wie ihre Markierungen. Durch Luftbilder und Vermessungen am Boden hat man die zahlreichen Daten erhalten, die auf der bunten Karte eingezeichnet sind, aber die Markierungen sind und bleiben das unentbehrliche Gerüst. Das Bild ist ein Ausschnitt aus der Karte der amerikanischen Vermessungsbehörde für den Norden San Franciscos. Die Abrißpunkte sind mit BM abgekürzt (BM für Benchmark).

Stellen wir uns vor, wir würden einen Läufer kennen, der mit gleichmäßiger Geschwindigkeit immer geradeaus läuft. Würden wir seinen Lauf mit einer Uhr stoppen, wüßten wir, wie weit er gekommen ist. Weiter brauchen wir nichts. Genauso können wir die Kartographie auf das Messen der Zeit reduzieren.

Ein solcher »Läufer« ist zum Beispiel der Schall. Eines schönen Morgens stellte ich mich auf einem Fußballplatz ins Tor. Vom gegenüberliegenden Tor am anderen Ende des grünen Platzes drangen klar und deutlich die rhythmischen Schläge einer Trommel herüber.

Die Frau an der Trommel und ich hatten beide ein Funksprechgerät in der Hand, ein sogenanntes Walkietalkie. War das Funksprechgerät eingeschaltet, hörte ich jeden Schlag zweimal. Zuerst kam er ohne nennenswerte zeitliche Verzögerung über das Walkie-talkie. Unmittelbar darauf hörte ich ihn ein zweites Mal. Dieses Mal erreichte er mich mit Schallgeschwindigkeit durch die Luft. Ich konnte also immer deutlich zwei Schläge hören. Sobald man diese zeitliche Verzögerung messen kann, kann man Entfernung und Verzögerung zueinander in Beziehung setzen und die Zeit als Mittel der Kartographie nutzen.

Rhythmen, die viel schneller sind als Trommelschläge, ersetzen zunehmend die Sichtlinien des mit dem Fernrohr arbeitenden Kartographen. Die Fähigkeit des Ohrs, eine zeitliche Abfolge von Tönen wahrzunehmen, wird dabei durch eine Elektronik ersetzt, die Bruchteile von Sekunden unterscheiden kann.

Im Sund von Vineyard, nahe dem Festland von Massachusetts, sind selbst die Sportfischer, die tagsüber in

Mit einem kleinen Motor lassen sich die Sekundenbruchteile stoppen, die der Schall braucht, um als Echo wieder an der Wasseroberfläche anzukommen. Auf den Bildern mit dem Schiff sieht man, wie der Schall vom Boot an der Meeresoberfläche ausgeht und dann vom Meeresboden zurückgeworfen wird. Die andere Bildreihe zeigt, wie über einen Kontakt mit dem sich drehenden Zeiger die benötigte Zeit gemessen wird. Sobald das Echo in verstärkter Form zurückkehrt, blinkt ein Licht am Zeiger auf. Eine Tiefe von sieben bis acht Metern bedeutet für das Echo eine Zeit von einer hundertstel Sekunde.

ihren kleinen Booten ausschwärmen, so ausgerüstet, daß sie mit Hilfe des Echos Gestalt und Tiefe des Meeresgrunds ausloten können und so wieder an die richtige Stelle zurückfinden. Die Schallgeschwindigkeit im Meerwasser beträgt etwa anderthalb Kilometer pro Sekunde und ist damit viel schneller als in der Luft, wo die Geschwindigkeit gut dreihundert Meter pro Sekunde oder neunzehn Kilometer pro Minute beträgt. Noch keiner hat eine hilfsbereite Meerjungfrau auf dem Meeresgrund angetroffen, welche für ihn die Trommel schlägt; wer einen Laut vom Meeresgrund empfangen will, muß ihn selbst erzeugen.

Man erzeugt also einen Laut, dessen Echo der Meeresboden zurückwirft. Vom Boot aus werden durch einen in die Tiefe gerichteten Unterwasserlautsprecher starke Schallschwingungen erzeugt (gewöhnlich im unhörbaren Ultraschallbereich). Der Schall pflanzt sich nach unten fort und wird vom Meeresgrund zurückgeworfen (manchmal werden die Schwingungen durch einen Schwarm Fische vorzeitig abgefangen). Ein schwaches Echo kehrt schließlich an die Oberfläche zurück. Ein Mikrophon an Bord empfängt das Echo, vergrößert es und berechnet die zeitliche Verzögerung. In Küstengewässern braucht der Schall normalerweise eine Hundertstelsekunde für acht Meter Tiefe. Ein preiswertes Gerät, dessen Kernstück ein sich drehender Motor ist, kann Sekundenbruchteile messen. Der kleine Motor, im Grunde nichts anderes als der Motor eines kleinen, elektrischen Ventilators, dreht fünfzig- bis sechzigmal pro Sekunde eine Kontaktscheibe. Man kann die Elektronik unschwer so trimmen, daß eine kleine Lampe, die sich mit dem Motor bewegt, blinkt, sobald das Echo eintrifft. Die Tiefe wird durch die Position der blinkenden Lampe auf einem Zifferblatt angezeigt.

Mit einer stärkeren Schallquelle und besseren Verstärkern kann man bewirken, daß das eintreffende Echo ein Schreibgerät auf einem Registrierstreifen aus Papier bewegt, der langsam abrollt. Wird die Bewegung des Schreibgeräts mit der Zeit koordiniert, die das Echo für seinen Weg braucht, erhält man ein Profil des Meeresgrundes. Die Position der Meeresoberfläche wird dabei ständig durch den Ton des eigenen Motors angezeigt, der immer als Geräusch im Aufnahmegerät vorhanden ist.

Wir fuhren auf einem größeren Boot mit einem guten Echographen, wie man eine solche Vorrichtung nennt, hinaus, um ein altes Wrack auf dem Grund der Bucht zu suchen. Zuerst entdeckten wir dünenähnliche Ablagerungen aus Schwemmsand, welche die Gezeitenströmung rings um das Wrack angehäuft hatte. Dann machten wir nach sorgfältiger Suche eine abrupte Erhebung ausfindig: Wir befanden uns über dem Rumpf des alten Frachters, der für uns unsichtbar auf dem Meeresgrund lag.

Die Tiefe der Meere ist überall vermessen – die größte Meerestiefe beträgt übrigens rund elf Kilometer, das Echo braucht hier mehrere Sekunden. Zur Vermessung setzte man leistungsstarke Echographen ein, wie man sie seit den letzten Jahren des Zweiten Weltkriegs auf Ozeandampfern mitführte. Die Meerestiefe wurde weltweit an einer Million verschiedener Punkte ermittelt. Um einen solchen Punkt auf der Karte einzeichnen zu können, muß man die Position des fahrenden Schiffes bestimmen. Auch das geschieht gewöhnlich mit Hilfe der Zeitmessung, nur bedient man sich dabei nicht des Schalls durch die Luft oder das Wasser, sondern der Radiotechnik. Radiowellen pflanzen sich über große Entfernungen mit der höchsten überhaupt möglichen Geschwindigkeit fort. Sie sind einemillionmal so

Satellitenkartographie auf Ellicott's Hill. Ein Computer und eine Präzisionsuhr sind in den kleinen Behältern. Antenne und Empfänger sehen wie eine kleine Hutschachtel aus Plastik aus und sind auf einem Stativ drei bis vier Meter weiter weg. Die exakt messenden Satelliten stehen sechzehntausend Kilometer entfernt am nächtlichen Himmel.

schnell wie Schall in der Luft, ihre Geschwindigkeit beträgt dreihundert Meter pro Mikrosekunde. Radiowellen (oder Lichtwellen) legen 1600 Kilometer in der Zeit zurück, in der Schall in der Luft 1,5 Meter zurücklegt.

Um eine Position auf der Erde bis auf einen Kilometer genau zu bestimmen, muß man die Zeit bis auf die Mikrosekunde genau messen. Seit fünfzig Jahren macht die Elektronik das möglich. Daß wir eine Karte der Meerestiefen haben, ist Ergebnis dieser Zeitmessung.

Auf der berühmten Expedition des Schiffes *Challenger* in den siebziger Jahren des 18. Jahrhunderts wurden erstmals auf der ganzen Welt Meerestiefen gemessen. In jenen Tagen mußte man die Position des Schiffes anhand der Sonne und der Sterne berechnen (man hatte noch keine Radiowellen), und dazu benutzte man eine Reihe sehr genauer Schiffsuhren, die Chronometer. Die Tiefe des Wassers lotete man durch ein schweres Gewicht aus, das langsam an einer drei Zentimetern breiten, ein paar Kilometer langen Hanfschnur nach unten sank. Die Tiefenmessung war ein wichtiger Teil eines harten Arbeitstages auf See. Gewöhnlich fischte man mit der Schnur auch gleich Proben des Wassers und des Meeresbodens herauf. In den tausend Tagen ihrer Reise um die Welt vermaß die HMS *Challenger* an über 350 Punkten die Meerestiefe; die einzelnen Punkte lagen im Durchschnitt über dreihundert Kilometer auseinander. Es war aufregend, in so große Tiefen vorzustoßen und durch die dem Meeresboden entnommenen Proben das fremdartige Leben der Tiefsee kennenzulernen. Die Zahl der Punkte reichte freilich nicht aus, eine gute Karte der Weltmeere zu erstellen. Die Geographie und Geologie der Meere – die den größten Teil der Erdoberfläche bedecken – ist das Werk der jüngsten Vergangenheit.

Seit Beginn der achtziger Jahre wird ein neues, weltweites Ortungssystem erprobt, bei dem mit Präzisionszeitmessung gearbeitet wird. Hier handelt es sich immer noch um eine Form der Kartographie der Erde mit Hilfe des Himmels, doch braucht man dazu weder Antares noch Spica, sondern eine neue Konstellation künstlicher Sterne. Man will über zehn bis zwanzig um die Erde kreisende Satelliten die Zeit direkt aus der Luft über Radiowellen im Mikrofrequenzbereich übermitteln. Mit diesem Ziel ist in Amerika ein Forschungsprogramm unter Leitung der U.S. Air Force angelaufen; das neue System trägt den Namen NAVSTAR Global Positioning System (GPS; NAVSTAR Globales Ortungssystem). Wir konnten zwei Experten dazu bewegen, ihre neue Version eines praktischen, kommerziellen GPS-Empfängers zum Ellicott's Hill in Natchez zu

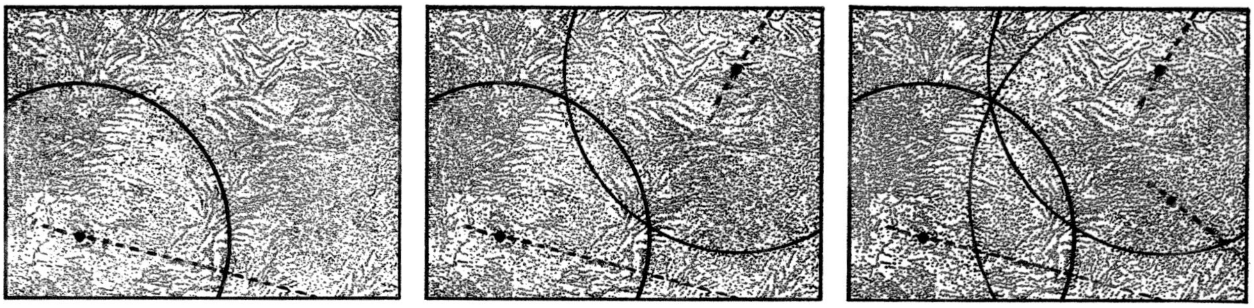

So funktioniert GPS: Drei Satelliten senden Zeitsignale aus; unsere Position muß die Schnittstelle der drei Kreise sein.

bringen. Wir wollten die neueste Errungenschaft der Kartographie mit Präzisionszeitmessung mit unserer Methode vergleichen, bei der wir mit dem Durchgang durch den Kreisbogen, dem Fernrohr und den Tabellen der Jupitermonde gearbeitet hatten.

Das Prinzip von GPS ist einfach und elegant, die Durchführung im einzelnen allerdings kompliziert. Beginnen wir mit einer einfachen Beschreibung des Prinzips.

Ich will das Prinzip an einem einfachen Beispiel aus dem zweidimensionalen Bereich, der ebenen Fläche, erläutern. Nehmen wir an, wir würden den Weg eines beweglichen Senders auf dieser Fläche genau kennen. In häufigen Intervallen schlägt der Sender auf eine »Trommel«, in anderen Worten, er signalisiert durch eine Reihe streng kodierter Radiopulse die präzise Zeit einer sehr genauen Uhr, die in ihm eingebaut ist. Die Signale der Radiowellen werden von einem Empfänger an einem unbekannten Ort auf der Fläche empfangen. Auch der Empfänger hat eine Uhr von vergleichbarer Präzision. Vergleicht der Empfänger nun den Zeitpunkt, an dem er das Signal erhält, mit dem Zeitpunkt des Sendens, der ihm vom Satelliten mitgeteilt wird, dann weiß er, wie lang das Signal unterwegs war. Zugleich wird dadurch auch die ungefähre Position des Empfängers festgelegt. Der Empfänger muß irgendwo auf einem Kreis liegen, dessen Radius bekannt ist: Der Mittelpunkt dieses Kreises ist die bekannte Position des Senders, und der Radius des Kreises ist die Strecke, die das Signal der Radiowellen in der Zeit zurückgelegt hat, die zwischen dem Senden des Signals und seinem Empfang liegt. Der Empfänger selbst weiß nicht, in welcher Richtung der Sender liegt; er weiß nur, wie weit er entfernt ist.

Nun soll der Empfänger die Nachrichten eines zweiten Senders derselben Art übermittelt bekommen. Der Empfänger entdeckt, daß er noch auf einem zweiten Kreis liegt, der einen anderen, ebenfalls bekannten Radius hat und in dessen Mittelpunkt der zweite Sender liegt. Der Empfänger muß auf einem gemeinsamen Punkt beider Kreise liegen. Zwei Kreise können sich in zwei Punkten schneiden. Erst ein dritter Kreis kann die Aufgabe lösen. Er schneidet sich mit jedem der beiden anderen Kreise, aber nur an einem Punkt schneiden sich alle drei Kreise. Dort befindet sich der Empfänger.

Eine Schwierigkeit muß noch erwähnt werden. Ist die Zeitangabe nur um eine Mikrosekunde falsch, so bedeutet das eine Abweichung von dreihundert Metern. Damit das Ergebnis wirklich genau ist, muß die Zeitmessung mindestens bis auf eine zehntel Mikrosekunde stimmen. Die Elektronik macht das möglich.

Unsere erste Aufgabe auf dem Ellicott's Hill bestand darin, eine kleine Empfangsantenne und einen Radioempfänger zu installieren. Die Instrumente befanden sich in einer Plastikumhüllung, die auf einem Stativ saß. Die Antenne bezeichnete den Punkt auf der Erde, den das GPS lokalisieren sollte. Über Kabel war sie mit zwei kleinen Behältern verbunden, von denen einer den Präzisionszeitmesser, der andere einen kleinen Computer enthielt. Die Satelliten, die wir benutzten,

```
STATIONS:
 ROVER   :Natchez-corr'd    31d33m44.4400   -91d24m10.8296    67.41
 BASE    :Natchez, Miss     31d33m10.00     -91 23 09.00        .00
COMMENT :Complete single station processing near Natchez, Miss.
BASELINE:       LENGTH=     1946.491
 LOCAL   :  -1630.621  - .732mE    1060.848  -2.196mN      67.113  -2.865mU
 WGS72   :  -1618.101  - .757mX     537.224  -1.330mY     939.130  -3.350mZ
SITE VEC:
 ROVER   :        .000E          .000N          .000U
 BASE    :        .000E          .000N          .000U
CLOCK    :
 OSCIL   : -57.78    -0.941E-10     -0.412E-13/s
                      0.310E-16/s2  -0.705E-20/s3   0.000E+00/s4
 EPOCH   :    BASE:     .000000sec     ROVER:     .048400sec
DATA SET:
 ROVER   :natchez
 BASE    :
```

Ein Ausdruck des GPS-Computers: Der GPS-Terminal druckte das Ergebnis seiner Berechnungen aus, ein Auszug davon ist hier abgebildet. BASE war der Standort auf der Karte, den wir dem Computer eingegeben hatten. ROVER war der Standort, den der Computer errechnete, einschließlich der Höhe über dem Meeresspiegel von 67 Metern (das stimmt mit der Karte überein). Viele technische Details sind angegeben; so bezeichnet WGS72 beispielsweise ein bestimmtes Modell der Erdkugel, auf das die Koordinaten bezogen sind.

waren aufgrund ihrer Höhe nicht sichtbar. Etwa zwölf Satelliten waren schon in Betrieb, doch die Konstellation der künstlichen Sterne war damit noch nicht vollständig. Jeder Satellit umkreist in 16 000 Kilometern alle zwölf Stunden die Erde und überquert dabei beide Pole.

Auf dem Monitor des Computers waren die vier Satelliten bald zu erkennen, mit denen wir arbeiten wollten. Sie übermittelten uns die Signale mit einer präzisen Zeitangabe, wir wußten also, wie lange die Radiowellen zwischen Aussendung und Empfang unterwegs gewesen waren. Danach sahen wir die vom Computer errechneten Durchschnittswerte. Die gesamte Vermessung hatte ungefähr zwanzig Minuten gedauert, dann kannten wir unsere geographische Länge, Breite und Höhe.

Ellicott hatte sich bei der Lokalisierung um acht bis sechzehn Kilometer in ostwestlicher Richtung geirrt, doch in nordsüdlicher Richtung war seine Positionsangabe nach monatelangen Vermessungen schließlich bis auf einen halben Kilometer genau. Um die Länge zu bestimmen, brauchte er Zeitangaben, und vor der Erfindung elektronischer Instrumente lag die Schwierigkeit darin, eine genaue Zeitangabe an einen anderen Ort zu übermitteln.

Als wir uns bei der Rekonstruktion der Arbeit Andrew Ellicotts der Sternuhr bedient hatten, hatten wir die nordsüdliche Position bis auf wenige Kilometer genau bestimmen können. Die Position, die wir in westöstlicher Richtung ermittelten, unterschied sich etwa zehn bis zwölf Kilometer von unserer tatsächlichen Position. Dieser Fehler war auf eine halbminütige Ungenauigkeit beim Messen zurückzuführen.

GPS lieferte uns einige knappe Angaben (d steht für Grad, m für Minute und s für Bogensekunde):

Ellicott's Hill mit GPS:
Breite +31d 33m 44,44s
Länge -91d 24m 10,8296s

Wie bei den meisten Computerprogrammen wurden auch hier die errechneten Zahlen nicht auf- oder abgerundet, wodurch das Ergebnis viel genauer scheint, als aufgrund der eingegebenen Zahlen plausibel ist. Eine Bogensekunde geographischer Breite entspricht ungefähr dreißig Metern, eine Bogensekunde geographischer Länge ist ein Sechstel weniger. Doch an eine Genauigkeit von GPS bis zur vierten Dezimalstelle hinter dem Komma glaube ich nicht!

Die Satellitenbahnen sind nicht mit letzter Genauigkeit bekannt. Die Geschwindigkeit der Signale der Radio-

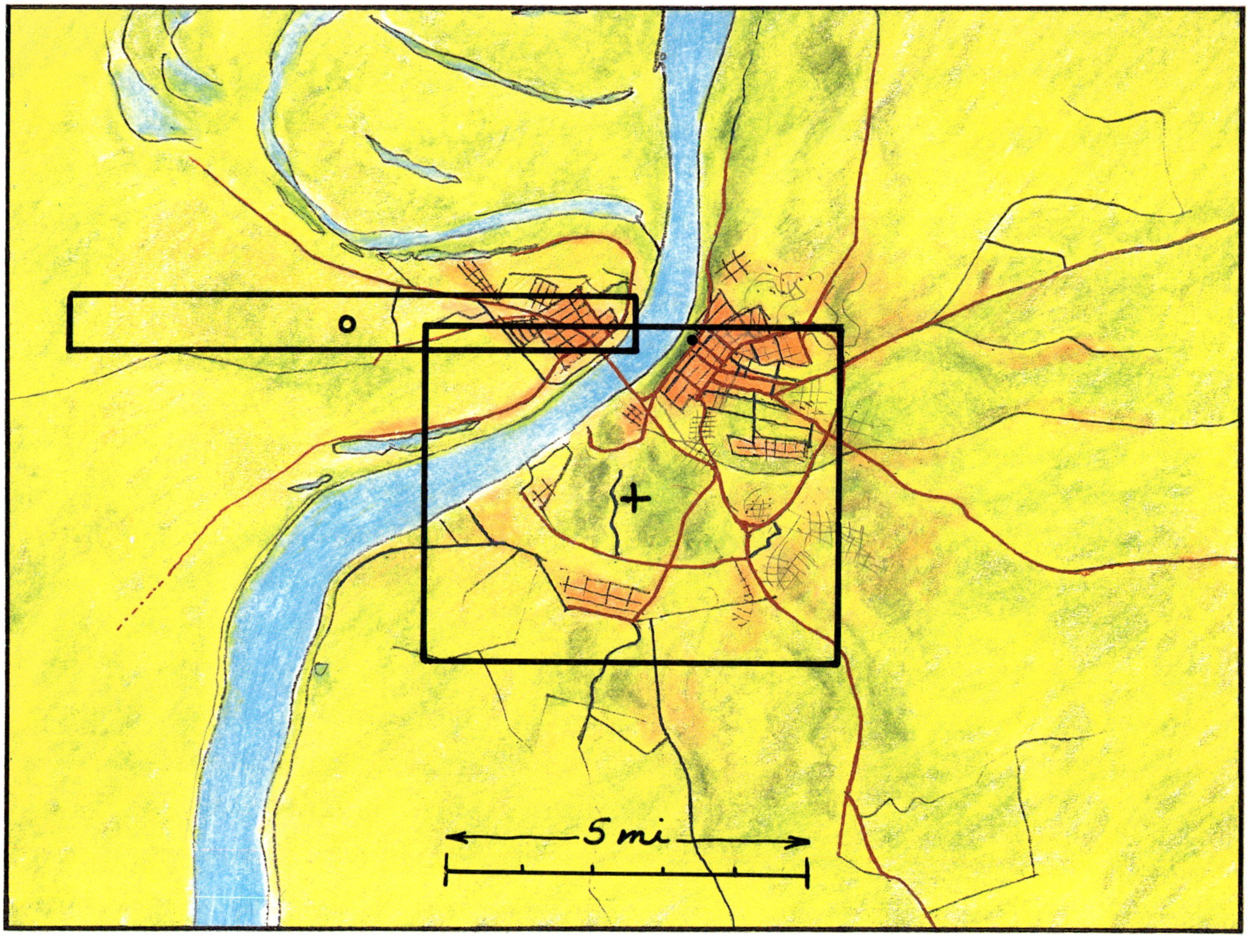

Alte und neue Standortbestimmungen. Die Karte vergleicht drei Schätzungen: Das beste Ergebnis Ellicotts von 1798 ist mit einem Kreis gekennzeichnet; das beste Ergebnis unseres schnellen Versuchs mit den alten Methoden (und einem Telefon) ist mit dem Kreuz gekennzeichnet. Das beste Ergebnis mit der neuesten Methode GPS ist mit einem Punkt gekennzeichnet (an der oberen Begrenzung des größeren Rechtecks). Die Umrandungen geben das Gebiet an, in dem sich bei wiederholten Messungen mit denselben Methoden die neuen Standortbestimmungen verteilen würden. Die Ortung mit GPS ist so präzise, daß alle zukünftigen GPS-Ergebnisse sich immer wieder mit dem Punkt decken werden! Die zugrundegelegte Karte hat auch ihre Ungenauigkeiten, die denen des GPS entspricht.

wellen variiert in den oberen Schichten der Atmosphäre geringfügig. Form und Größe des abgeflachten Modells der Erde, das man benutzt, um von den Umlaufbahnen auf einen Punkt der Erdoberfläche zu schließen, entsprechen nicht ganz der Wirklichkeit der Erdkugel. All das bedeutet, daß das GPS einen Punkt auf der Erde nur bis auf etwa fünfzehn bis dreißig Meter genau lokalisieren kann.

Mir ist immer noch ein Rätsel, wie die nächste Angabe zustande kam, die der GPS-Computer an diesem Abend ausspuckte. Unter Verwendung eines vierten Satelliten gab er die Höhe unserer Antenne über dem Meeresspiegel an.

Die Höhenangabe des GPS:
67,42 Meter über dem Meeresspiegel
Die Höhenangabe der USGS-Höhenlinienkarte:
zwischen 67 und 68 Metern.

Ich habe nicht nachgeprüft, ob sich das GPS auf denselben Nullpunkt des Meeresspiegels bezieht wie die Höhenlinienkarte. Das GPS-System hat uns jedenfalls in allen drei Dimensionen auf fünfzehn bis dreißig Meter genau einen bestimmten Platz auf (oder über) der Erde zugewiesen. Die Methode ist neu und wird erst noch getestet; sie wird noch billiger und besser werden. Man wird wohl in nicht allzu ferner Zeit eine sehr detaillierte Weltkarte entwerfen können, deren Gerüst man präzise überall auf der Erde festmachen kann. Das wird mit Hilfe von Radiosignalen geschehen, die das elektronische Ticken exakter Uhren übertragen und die Erde auf künstlichen Sternen umkreisen. Die Bahnen dieser Sterne wird der Mensch kontrollieren. Die Polygonzüge, mit denen man die Länder bisher überzog, sind dann vermutlich für das Kartographieren großer Entfernungen veraltet. Daß auch militärische Aktionen aus größerer Entfernung auf der Grundlage der Ortung mit GPS mit bisher nicht erreichter Präzision durchgeführt werden können, ist ein zweiter Punkt, den man nicht vergessen sollte.

Die auf der Zeitmessung basierenden Karten der Zukunft werden so genau sein, daß wir damit feststellen können – ein Anfang ist bereits gemacht –, wie die festen Felsmassen der kartographierten Kontinente selbst ganz langsam über die Erdkugel driften. Das aber ist der Beginn einer Geschichte, die in einem anderen Buch erzählt werden muß.

Das Fernrohr Galileis hat die Mondoberfläche in eine Landschaft verwandelt, die uns in gewisser Hinsicht so vertraut wie die Erde ist. Die Monde des Jupiter hatten zunächst als Prüfstein für die Theorie von der Bewegung der Planeten größte Bedeutung und waren später dann über hundert Jahre in praktischer Hinsicht als die Zeiger einer Sternuhr wichtig. Aber selbst durch die Fernrohre des zwanzigsten Jahrhunderts konnte man auf diesen kleinen Sternen, die nicht größer als unser Mond sind, nur tausendmal weiter entfernt, nie Landschaften wie auf dem Mond erkennen.

Das änderte sich erst, als man die Kameras selbst zu den von Galilei entdeckten Monden schickte. Jetzt konnten Io und ihre drei Begleiter als die seltsamen und verschiedenartigen Himmelskörper wahrgenommen werden, die sie sind. Die Raumsonden Pioneer und Voyager zeigten uns in den siebziger Jahren erstmals das Gesicht dieser Planeten.

Entdecker brauchen Karten, und eine Raumsonde ist hier keine Ausnahme. Der Astronom Jay Lieske vom Jet Propulsion Laboratory leitete die erneute tabellarische Erfassung der Bewegung der Hauptmonde des Jupiter. Die Tabelle wurde zur Vorbereitung des Fluges der Voyager-Sonden gebraucht, die 1979 an diesen kleinen Himmelskörpern vorbeiflogen. Die Aufgabe führte Lieske von den großen Computern in Pasadena zu den überfüllten Archiven des Observatoire de Paris. »Um die Position der Satelliten vorhersagen zu können«, so Lieske, »muß man ihre Bahnen beschreiben.« Grob gesagt sind die Bahnen, auf denen sich die Monde bewegen, Kreise. Für ein exaktes Arbeiten genügt diese Beschreibung aber nicht. Die Monde ziehen sich auf ihrer Umlaufbahn um den riesigen Jupiter gegenseitig leicht an, und die Bahnen sind wegen der exzentrischen Wirkung der etwas abgeflachten Form des Jupiter leicht elliptisch. Diese kleinen Abweichungen verursachen die eigentliche Schwierigkeit, sie sind eine alte Herausforderung für die Experten der Himmelsmechanik. Eine exakte Berechnung der Bahn ist keine leichte Sache. Es gibt eine große Zahl wichtiger Größen, die man bei den sehr umfangreichen Rechnungen mitbedenken muß.

Die Bewegungen der Monde werden auch heute noch von Paris und anderen Orten aus sorgfältig beobachtet. Die Ereignisse, deren Zeit man am genauesten berechnet hat, sind die Verfinsterungen des innersten Monds Io. Lieske begann seine Arbeit vor zehn Jahren, indem er etwa 800 Verfinsterungen auf ihre zeitliche Abfolge untersuchte – Io umkreist den Planeten in ungefähr eineinhalb Tagen –, von denen die meisten in diesem Jahrhundert beobachtet wurden. Er paßte seine Formeln dieser Datenreihe an, bis er ein System gefunden hatte, mit dem künftige Verfinsterungen berechnet und tabellarisch festgehalten werden konnten. Diese Tabelle war die beste, die bis dahin existierte, und ein guter Führer für die Voyager-Sonden.

Keine Tabelle ist jedoch vollkommen, weder die Galileis noch die Cassinis oder Lieskes. Auch zeitliche Beobachtungen sind nicht fehlerfrei. Wenn man die auf rechnerischem Wege erhaltene Zeiten der Verfinsterungen der letzten hundert Jahre mit der tatsächlichen Zeit der Beobachtung vergleicht, wird man deshalb erwartungsgemäß eine bestimmte Zufallsstreuung feststellen. Manchmal entsprechen die Verfinsterungen dem errechneten Zeitplan, manchmal treten sie ein wenig früher ein, manchmal etwas später. Die Streuung war im Zeitraum der Beobachtung nie größer als dreißig Sekunden früher oder später; eine vollkommene Theorie und fehlerfreie Beobachtung hätten eine präzise Übereinstimmung ergeben. Doch auch so war die Übereinstimmung erfreulich genug.

Wichtig war, daß Verfrühung und Verspätung sich gleichmäßig verteilten, über den ganzen Zeitraum also keine größere Abweichung in eine Richtung festzustellen war. Dr. Lieskes Computer berechnete die Folge aller 800 Verfinsterungen. Die Punkte waren über hundert Jahre hinweg einigermaßen gleichmäßig verteilt, Verfrühung und Verspätung hielten sich die Waage.

Eine derartige Symmetrie ist zu erwarten, wenn die Theorie stimmt, denn durch Fehler bei der Beobachtung würde nicht einheitlich eine frühere oder spätere Zeit bevorzugt. Ein kleiner, sich addierender Fehler in der Tabelle kann für einen kurzen Beobachtungszeitraum durch die Streuung der Werte verborgen bleiben, aber bei einer größeren Anzahl von Verfinsterungen, die über Jahre hinweg beobachtet werden, wird die Abweichung sich allmählich zu einem früheren oder späteren Zeitpunkt hin verschieben, und diese Tendenz wird um so deutlicher hervortreten, je weiter man in der Zeit zurückgeht.

Die nächste Raumsonde, die von der NASA zum Jupiter geschickt werden wird, heißt Galileo. Die Sonde soll monatelang in der Nähe des Jupiter kreisen. Sie soll sich den Monden nähern und von deren Gravitation in einer Art kosmischen Newtonschen Billards angezogen und abgestoßen werden. Für diese komplizierte Operation, ein Kreisen unter kreisenden Monden, müssen die Vorhersagen über die Mondbahnen so genau wie möglich sein.

Jay Lieske ging nach Paris ins Observatorium, um sich weitere Daten zu besorgen. Für ein bis zwei Jahre wurde der Experte für Planetenbahnen zum Sprachwissenschaftler und Historiker, der in Paris über alten Büchern mit seltsamen Zeichen und über unveröffent-

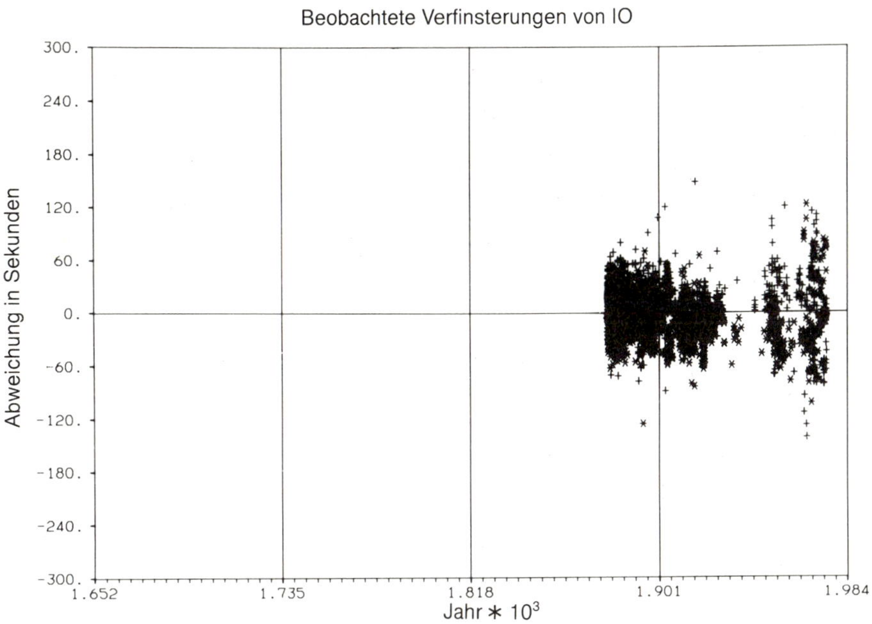

Die Jupitermonde über dreihundert Jahre. Das erste Bild ist eine mit dem Computer erstellte Übersicht, die für die letzten hundert Jahre die Beobachtungen und Aufzeichnungen über die Verfinsterungen des innersten Jupitermondes wiedergibt. Jede Beobachtung ist durch ein Pluszeichen vermerkt. Wenn die Punkte auf der Nullinie in der Mitte liegen, entsprach der Zeitpunkt der Verfinsterung genau der Vorhersage auf Dr. Lieskes besten Tabellen. Es gibt eine natürliche Streuung der Punkte, die bis zu einer Minute früher oder später reicht. Doch da die Abweichung nicht immer in die gleiche Richtung tendiert, stimmt die Tabelle.

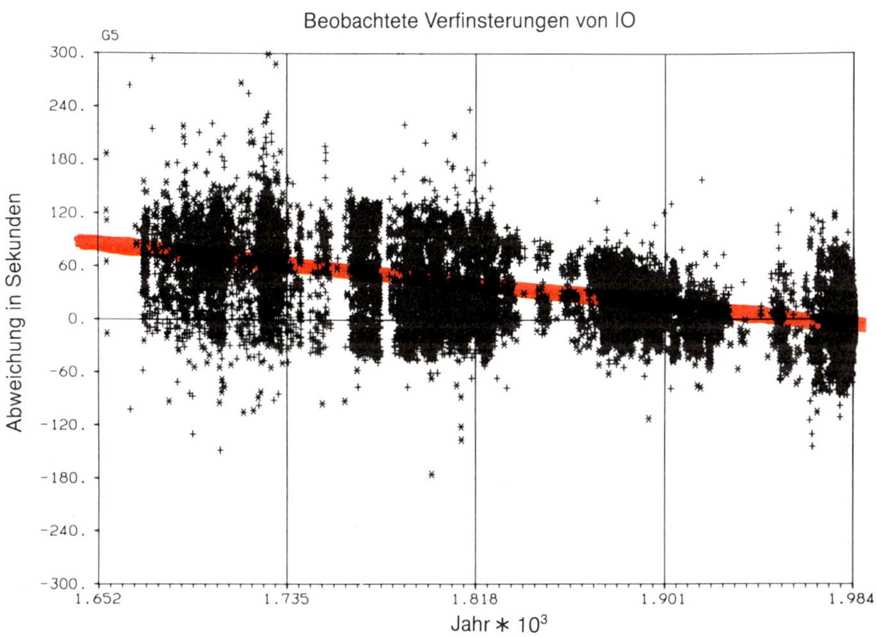

Auf dem zweiten Schaubild werden die Verfinsterungen desselben Mondes bis zur Zeit Cassinis zurückverfolgt. Zugegeben, bei den alten Beobachtungen ist die Streuung etwas größer, sie beträgt bis zu zwei Minuten. Aber hier sehen wir eine Abweichung, die in eine Richtung tendiert. Es gibt keinen Grund, warum die alten Beobachter sich immer in der Zeit geirrt haben sollten. Der Fehler mußte in unserer Rechnung liegen. Die rote Linie verdeutlicht, in welcher Richtung man das Modell verändern müßte, um den Fehler zu beseitigen und wieder eine symmetrische Anordnung der Punkte zu erhalten. So konnte man durch die alten Daten die neuen Daten präzisieren.

lichtem Archivmaterial saß und nach brauchbaren Daten zu Verfinsterungen der Jupitermonde über einen langen Zeitraum suchte. Lieske hatte Glück und wurde fündig. Ein großer Teil der Daten, die er fand, war vor langer Zeit von einem unermüdlichen Gelehrten zusammengetragen worden, aber in den Wirren der Französischen Revolution hatte man für sie keine Verwendung gehabt, sie waren deshalb nicht veröffentlicht worden.

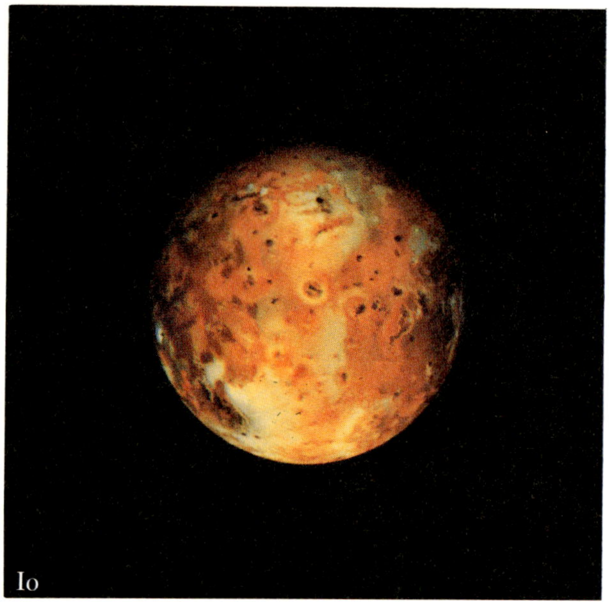

Io

Europa

Lieske kehrte mit seiner Ausbeute an Daten früherer Jahrhunderte, die aus der ganzen Welt stammten, nach Pasadena zurück. Unter anderem besaß er nun 8000 Beobachtungen zu den Verfinsterungen von Io und zu weiteren Erscheinungen, die man bei den Jupitermonden beobachtet hatte. Darunter waren auch viele genaue Beobachtungen Cassinis und der Missionare, die Cassini zwischen 1670 und 1680 ausgebildet hatte. Einige Beobachtungen stammten sogar aus noch früherer Zeit.

Wieder half Lieskes Computer weiter. Er wertete sämtliche Zeitangaben für die 8000 Verfinsterungen von Io für jedes Jahr aus. »Dabei ergab sich etwas Interessantes: Die modernen Werte blieben unverändert, aber wenn wir bis etwa 1670 zurückgehen, wird deutlich, daß es in den Daten einen Trend gibt. Hier stimmt unser Modell nicht.«

Geht man in der Zeit zurück, sieht man ein Band von 8000 Punkten, die über einen Zeitraum von 300 Jahren verstreuten Daten. Für die früheren Jahrhunderte ist das Band etwas breiter; die Ortszeiten waren damals nicht so verläßlich und die teleskopischen Bilder nicht so scharf wie heute. Die Daten sind also etwas breiter gestreut, weil die Messung der Zeit noch nicht so genau war. Diese Abweichung ist aber noch unbedeutend. Wichtiger ist, daß das Band der Punkte insgesamt von der fehlerfreien Linie nach oben abweicht, wenn man in der Zeit weiter zurückgeht, daß also fast alle Verfinsterungen des siebzehnten Jahrhunderts eine Minute später als berechnet beobachtet worden waren. Es ist unwahrscheinlich, daß alle Beobachter damals die Zeit falsch gemessen haben. Warum hätten alle Uhren vor- und nie nachgehen sollen? Was wir sahen, mußte auf einen Fehler in unserem System zurückzuführen sein. Die alten Daten weichen einheitlich um eine Minute von der Vorhersage ab.

Daraus schloß ich, daß unsere Vorhersagen falsch waren. Wir veränderten die Periode von Io in unserem Modell und analysierten die gleichen Daten erneut: Die Abweichung war verschwunden. Die Streuung lag im Bereich unserer idealen Vorhersage.

In diesen 300 Jahren ist Io etwa 62 000 mal um den Jupiter gekreist. Der Fehler entspricht bei 300 Jahren einer Zeit in der Größenordnung von einer Millisekunde pro Umlauf. Das ist nur eine sehr kleine Abwei-

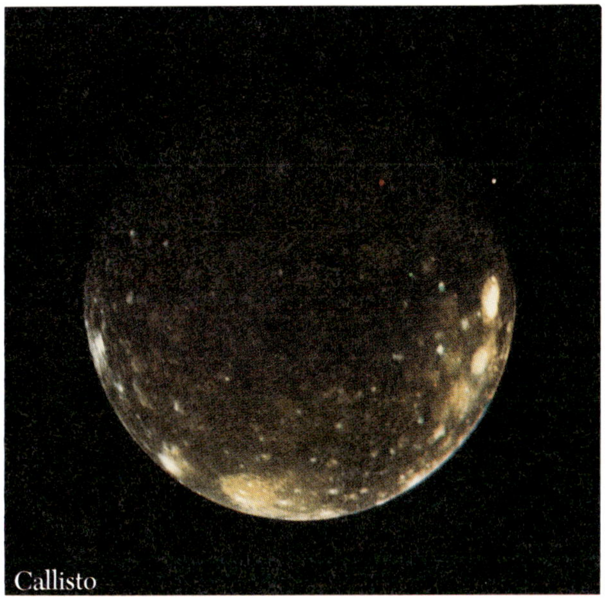

chung, aber über einen langen Zeitraum wirkt sich das drastisch aus. Ich glaube aber jetzt fest an unsere Fähigkeit, die Positionen der Monde in Zukunft genau vorherzusagen.

Dank den Beobachtern des siebzehnten Jahrhunderts besteht also die Aussicht, daß die Raumsonde Galileo den einzelnen Satelliten näher kommt als ihre Vorgänger. Galileo sollte ursprünglich im Frühjahr 1986 von der amerikanischen Raumfähre *Challenger* ins All gebracht werden; ein neuer Termin ist nach deren Zerstörung bislang noch nicht vorgesehen. Die Gravitationsbewegungen der fernen Monde sind sicherer voraussagbar als die Mißerfolge menschlichen Strebens.

Daß Cassinis Arbeit für die Mission von Galileo dreihundert Jahre später von Nutzen war, ist ein beredtes Zeugnis für Kontinuität innerhalb der Wissenschaft. Eine gute Messung hat bleibenden Wert. Die Umlaufbahnen der Jupitermonde sind ein Problem, das die Astronomen des siebzehnten Jahrhunderts mit den Raumfahrtexperten von heute über alle Unterschiede hinweg verbindet.

Galileis Monde

Galilei hat als erster Mensch die Oberfläche des Mondes gesehen. Die seltsame Oberfläche der Monde des Jupiter dagegen konnte man erst sehen, als sich ihnen 1979 eine Raumfähre mit Videokameras an Bord näherte. Hier sieht man die Monde auf farblich verstärkten, maßstabsgerechten Bildern in der Reihenfolge ihrer zunehmenden Entfernung vom Planeten. Nur der Mond Europa ist etwas kleiner als unser Mond.

Das musikalische Gebirge

Wir sind uns wohl darin einig, daß Kartographie unverzichtbar ist. Selbst für das seelische Wohlbefinden sind Karten nötig, denn Menschen wollen immer wissen, wo sie sind. Karten erfüllen eine wichtige praktische

Funktion, ob man nun an einen einfachen Stadtplan, eine große Weltkarte oder eine Karte des Sonnensystems denkt.

Karten kommt aber noch eine weitere wichtige Bedeutung zu, die sie in ihrer Gesamtheit zum Gegenstand der Wissenschaft macht. Nicht selten stellen wir Abbildungen her, die zwar Karten genannt werden können, aber Formen zeigen, die es im dreidimensionalen Raum, in dem wir existieren, gar nicht gibt. Ich meine damit nicht die Karte eines Phantasielandes, etwa des Schlaraffenlandes. Das wäre immer noch eine geographische Karte. Man würde Straßen sehen, Wälder und verschiedene Himmelsrichtungen, auch wenn alles rein der Phantasie entstammte. Die Karten, die ich meine, haben mit dem Raum der Geographie nichts mehr zu tun.

Ich denke etwa an Computerspezialisten, die versuchen, Musik optisch darzustellen. Ihre »Karte« der Musik ist viel gegenständlicher als eine Partitur, die eine Art kompakte, verschlüsselte Tonskizze ist. Die Partitur gibt nur Anweisungen, ihre Noten müssen erst noch umgesetzt werden.

Wir konnten zusehen, wie die Karte eines Musikstücks entstand. Die Karte bezieht sich zwar auf einen rein imaginären Raum, entstammt aber nicht der Phantasie. Sie gibt ein Konzert so getreu und zuverlässig wieder wie eine gute Straßenkarte den Verlauf der Straßen. Die Karte, auf der eine rhythmisch akzentuierte Volksweise aus Indien dargestellt wurde, bewegte sich außerdem. Auf dem Bildschirm des Computers sahen wir die Umrisse einer seltsamen, tanzenden Gebirgslandschaft, so als würde man von hoch oben auf eine stetig abrollende und sich bewegende Landkarte sehen. Die Landschaft bewegte sich im Takt mit der Musik.

Wer den Film sah, während die Musik spielte, konnte bald wenigstens eine Regel dieser Art von Kartographie benennen. Die Gipfel, die Ausschläge nach oben, waren mit den lauten Tönen gekoppelt, die Täler mit den leisen. Weniger deutlich war, daß der Computer die Musik nach der Tonhöhe sortierte, etwa so, wie das Ohr die verschiedenen Noten eines Akkords unterscheidet. Die hohen Töne wurden rechts, die tiefen Töne in Richtung Baß links auf der Karte eingezeichnet. Der Computer erstellte sein Profil also durch eine

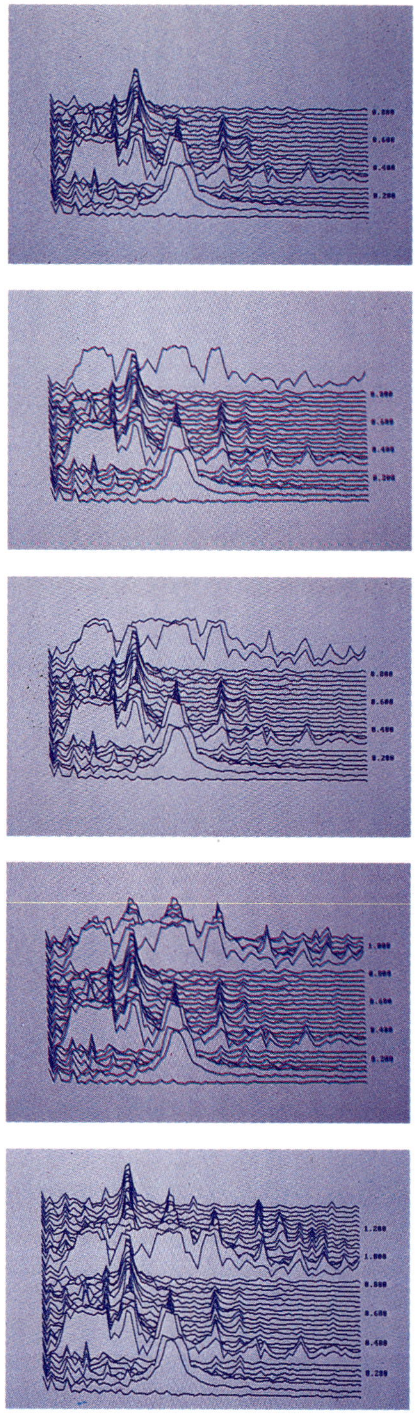

Einige einzelne Bilder aus der sich bewegenden Karte des musikalischen Gebirges. Die Gipfel sind die lauten Töne; tiefe Töne sieht man links; der Übergang von einem Profil zum nächsten ist fließend.

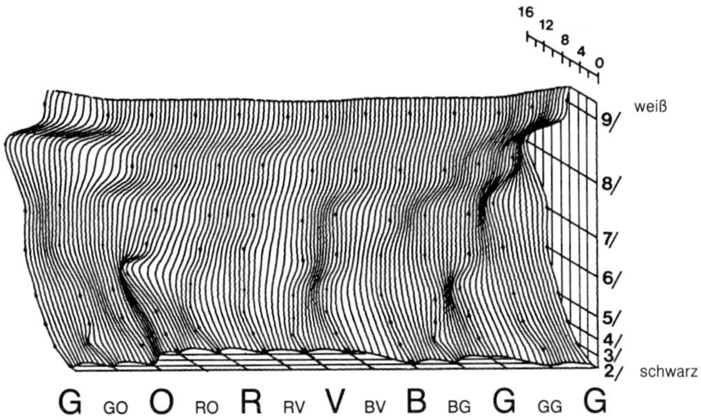

Eine Karte, die Farben räumlich darstellt. Der reliefartigen Oberfläche liegt eine Theorie des menschlichen Farbensehens zugrunde (die aber keineswegs das letzte Wort dazu ist). Die Farben sind dreidimensional eingetragen. Entlang der horizontalen Linie sind die verschiedenen Farben aufgeführt: Orange, Rot, Violett... und so weiter, bis man wieder bei Orange ist. Rechtwinklig zu dieser Linie verläuft eine Skala der Grauschattierungen, die jede farbliche Abstufung zwischen Schwarz und Weiß enthält. Die vertikale Höhe ist ein Maßstab für die Sattheit einer Farbe, unabhängig davon, ob sie hell oder dunkel ist. Jede sichtbare Farbe hat auf dem Gebilde ihren Platz. Der gewellten Oberfläche entsprechen die sattesten Farben, die es gibt.

Analyse der Musik nach Lautstärke und Tonhöhe, und er bearbeitete musikalische Abschnitte, die jeweils viele Male pro Sekunde wiederholt wurden. Derselbe Vorgang wiederholte sich Abschnitt für Abschnitt, solange die Musik spielte. Dann wurden die Tausende von Profilen, die Sekundenbruchteile des Musikstücks graphisch darstellten, in der richtigen Reihenfolge von einer Videokamera aufgezeichnet. Die ganze Reihe war jetzt als Film auf dem Bildschirm zu sehen, der zeitgleich mit der Musik des Originaltonbands ablief.

Die unterhaltsame Landschaft des musikalischen Gebirges wurde nach verständlichen Regeln aus einem Musikstück aufgebaut. Sie existiert nicht in der Musik selbst. Die Musik kennt kein Rechts oder Links, keine Gipfel und keine Täler. In der Musik gibt es keinen geometrischen Raum. Ist man sich jedoch über die Struktur der Darstellung im klaren, dann kann die Karte als getreue Wiedergabe der Musik mit allen Tönen und Modulationen gelten.

Solche Karten haben etwas Verführerisches an sich. Die wissenschaftliche und technische Literatur ist voll von ihnen. Dort sind die Karten allerdings meist weniger verspielt und strenger auf einen Zweck ausgerichtet als hier; sie sind einfacher und bewegen sich nicht. Man spricht dabei in der Regel von graphischen Darstellungen. Sie lassen sich in beinahe jeder größeren und kleineren Abhandlung über Wissenschaft und Technik finden, selbst im Wirtschaftsteil einer Tageszeitung tauchen sie oft auf. Aber immer noch handelt es sich dabei um Karten, um räumliche Karten – auch wenn sie oft nur zweidimensional gezeichnet sind. Es handelt sich um Karten, die auf ganz spezielle Weise darstellen, was im Raum nicht existiert und nie existieren kann.

Unsere Gedanken enthalten selbst eine räumliche Komponente. Wir sprechen oft davon, daß sich eine Vorstellung hinter der anderen verbirgt, daß zwei Gedanken einander nahe stehen oder daß zwischen zwei Behauptungen eine Beziehung besteht, die beide verbindet. Wissenschaftliche Theorien erinnern ganz generell an Karten, selbst dann, wenn sie sehr komplex sind. Beinahe jede Theorie räumt ein, daß sie implizite Grenzen und Näherungswerte beinhaltet. Oft erkennt man noch die Spuren des ursprünglichen und inzwischen überholten Zwecks. Manchmal verschieben sich Theorien auch plötzlich, so wie die Küste Frankreichs vor den Augen des Sonnenkönigs zusammenschrumpfte, als sie vermessen wurde. Manchmal behalten sie über die Jahrtausende Gültigkeit, wie etwa die Erkenntnis, daß die Erde rund sei. Wir gehen davon aus, daß Theorien wie die Weltkarten immer besser werden: Wir hoffen von Zeit zu Zeit auf aufregende neue Entdeckungen, und wir können mit ständigen Berichtigungen und einem Zuwachs an Genauigkeit im Detail rechnen. Nur eines dürfen wir nicht erwarten: Mit unseren Theorien, mit unseren Karten von den Prozessen des Universums werden wir keine einfachen graphischen Darstellungen dessen machen können, was von vornherein nie sichtbar war.

Versuchen werden wir das allerdings immer wieder.

Das Becken des Norris-Geysir an einem Nachmittag im Sommer. Bretterwege führen die Besucher über das flache Becken und vorbei an heißen Teichen, Strömen heißen Wassers und den eigentlichen Geysiren, periodisch in die Luft steigenden heißen Fontänen, die einige Meter hoch oder so hoch wie ein mehrstöckiges Haus sein können. Geysire markieren die wechselnden Endpunkte eines verzweigten, unterirdischen Röhrensystems, welches das Grundwasser zur unterirdischen Wärmequelle und wieder nach oben leitet.

4

FINGERZEIGE

Mal stärker, mal weniger stark erfüllen Wolken von Wasserdampf und das leise Zischen brodelnden Wassers wie seit Urzeiten die flache, von wildromantischen Hügeln umgebene Bodensenke. Diese heißen Quellen und Springbrunnen sind nicht durch die Arbeit menschlicher Hände erschaffen worden. Wir befinden uns hier am Norris Geyser Basin, einem der vielen Geysire im Yellowstone-Nationalpark, wo sich die Hälfte aller aktiven Geysire der Welt befindet.

Man muß nur etwas Ahnung vom Kochen haben, um zu erkennen, daß das kochende Wasser und der Wasserdampf aus einer Art großem heißen Kessel aufsteigen müssen, durch dessen Hitze das Wasser am Kochen gehalten wird. Da im umliegenden Wald und auf den Hügeln nichts dergleichen zu sehen ist, kann man schließen, daß der Kessel unsichtbar unter der Erde verborgen ist.

Das klingt zunächst banal. Trotzdem ist genau dies die Erklärung für diese seltsamen Naturwunder, eine Erklärung, die von den Geologen bestätigt und im Detail ausgeführt wurde. Man fand heraus, daß der Kessel kein Hohlraum ist, sondern ein Labyrinth natürlicher Röhren, ein erodierter Irrgarten dicht unterhalb der Erdoberfläche mit Verbindungen und Spalten im Gestein. Die Hitze steigt aus tieferliegendem Gestein auf, das die Geologen noch nicht so gut kennen. Mit Sicherheit ist dieses Gestein aber ein Überbleibsel der langen vulkanischen Geschichte dieses heißen Fleckens Erde; die Lava- und Ascheströme, die sich einst hier ergossen, haben die heutige Landschaft geformt.

Überall auf der Erde und auch unter der Meeresoberfläche finden wir ähnliche Hinweise und Fingerzeige. Sie erlauben uns, noch präzisere Fragen zu stellen, die nicht nur die Gegenwart, sondern auch die ferne Vergangenheit betreffen. Vor uns sehen wir ein natürliches Schauspiel in mehreren Aufzügen, die Spuren von Ereignissen, die alles übertreffen, was Menschen jemals beobachten konnten. Geologisches Anschauungsmaterial wie etwa dieser Geysir ist oft von einer solchen Größenordnung, daß Laborinstrumente überflüssig sind. Man kann die zugrundeliegenden Vorgänge so ordnen und nacherzählen, wie der Detektiv in der klassischen Kriminalgeschichte seine Indizien aufschlüsselt, die theoretisch jeder sehen und zusammensetzen kann. Das Faszinierende an der Geologie ist, daß in dieser Wissenschaft das Verständnis des Laien nicht durch eine Barriere mathematischer und sonstiger Vorüberlegungen erschwert wird.

Richard Yuretich, ein Geologe an der Universität von Amherst in Massachusetts, kennt die Täler und Hügel des Yellowstone-Nationalparks seit vielen Jahren. Unter seiner Führung kletterten wir einen felsigen Abhang oberhalb des großen Tals des Lamar River hinauf, in einer der unberührteren Gegenden des großen Nationalparks, wo noch Bisonherden friedlich grasen.

Ein guter Geologe beachtet selbst die einzelnen Steine zu seinen Füßen. Als wir den Abhang hinaufkletterten, fand ich ein paar merkwürdige Steine. Sie erinnerten an Felsgestein, fühlten sich auch so an, doch wenn man näher hinsah, erkannte man eine holzartige Struktur. Das war der erste Hinweis darauf, daß es auf dem Gipfel des Hügels, von dem diese Steine heruntergerollt sind, etwas Ungewöhnliches zu entdecken gab.

Über Specimen Ridge und seine versteinerten Wälder kursierten schon sehr früh unzählige phantastische Geschichten, bis schließlich vor über hundert Jahren der Geologe und Maler W. H. Holmes den Ort erstmals genauer untersuchte. Holmes sah einfach mit einem Fernrohr vom Tal aus zum Berg hinauf. Er malte die

Feldgeologen bei der Arbeit

Damit die Größenverhältnisse deutlich werden, stellte sich Richard Yuretich neben einen aufrecht stehenden, versteinerten Baum. Hammer und Verschlußkappe eines Objektivs sollen die Größe der Details verdeutlichen. Die Versteinerungen haben eine charakteristische Struktur. Neben dem Hammer ist eine versteinerte Wurzel zu sehen. Die Jahresringe des versteinerten Baumstumpfes sprechen für sich. Dieselben Bäume wurden in den neunziger Jahren des 19. Jahrhunderts schon einmal photographiert. Dic Fcldskizzcn, dic W. H. Holmes um 1878 anfertigte, waren Grundlage für sein erstes umfassendes Verzeichnis der versteinerten Wälder von Amethyst Mountain.

Die versteinerten Bäume sind Zeugen für die Ökologie einer vergangenen Epoche, in der noch der Mammutbaum in den Tälern Wyomings wuchs. Während man versteinerte Blätter, Nadeln und sonstige Pflanzenreste häufig antrifft, gibt es kaum oder gar keine versteinerten Tiere. Lebewesen, die sich bewegen konnten, flohen vor dem vulkanischen Magma.

1986.

Feldskizzen, um 1879. ▷

Alte Photographien, um 1890.

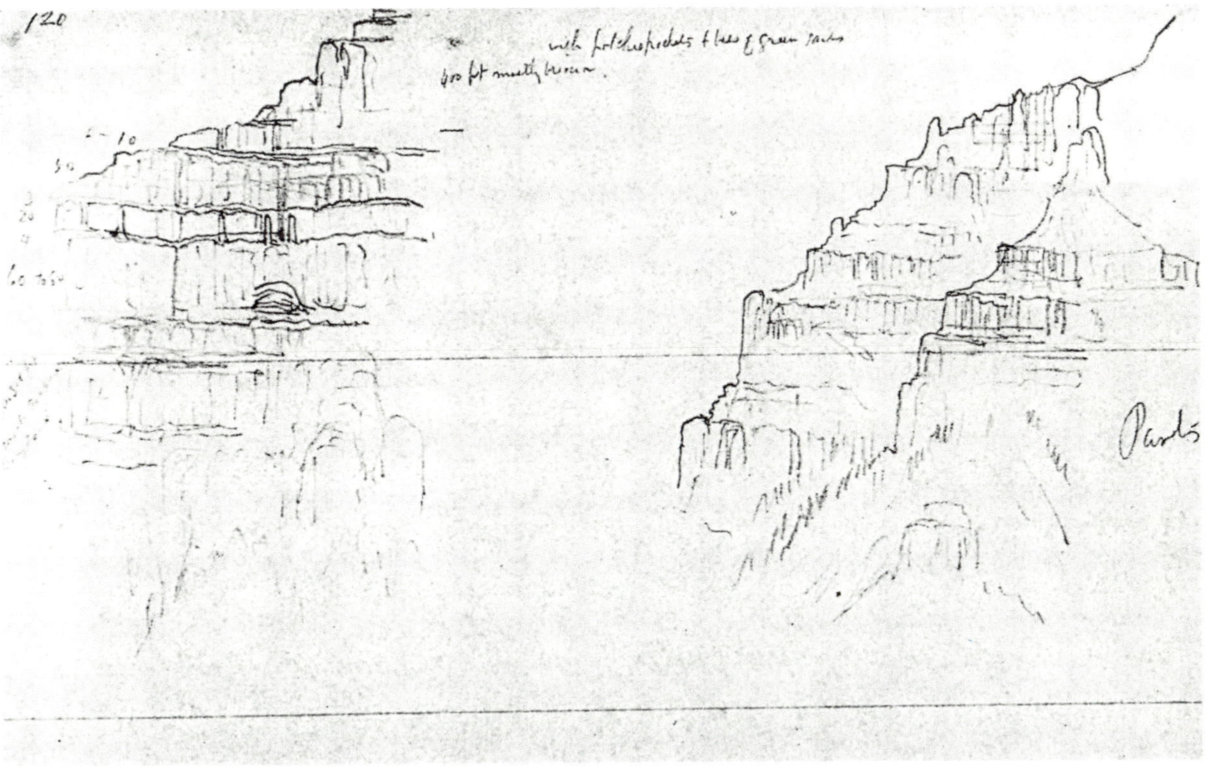

Gesteinsschichten und die stehenden und liegenden Bäume so, wie er sie damals sah. In die verschiedenen Gesteinsschichten waren nämlich aufrecht stehende Baumstämme und -stümpfe eingebettet, welche die Überreste von Wäldern zu sein schienen, die dort einmal gewachsen waren und dann durch, wie wir heute wissen, wiederholte Vulkanausbrüche begraben wurden.

Auch heute noch sieht man auf dem Hügel hier und da einen versteinerten Baumstumpf. Einige davon sind in hervorragendem Zustand und leicht zugänglich. Man sieht sogar noch die Jahresringe, an denen man abzählen kann, wie alt der Baum war, als er abstarb. Richard Yuretich kam für einen der Bäume in einer raschen Schätzung auf über zweihundert Jahresringe. Der Baum hatte zweihundert Jahre lang hier gestanden, bis er begraben wurde. Gleich daneben war ein anderer Stumpf, an dessen Basis man eine überirdisch verlaufende Wurzel sah. Als Yuretich gegen die Wurzel schlug, klang es wie massiver Stein. Die versteinerte Baumwurzel war in feinkörnigen Sandstein eingebettet. Darüber kam ein heller Stein mit der Struktur eines Waldbodens, weitere dreißig bis sechzig Zentimeter darüber ein dunkler Stein mit einer groben, unregelmäßigen Struktur.

Der Baum war auf sandigem Boden gewachsen. Darüber hatte sich allmählich eine Humusschicht gebildet. Bei einem Vulkanausbruch hatte eine Schlammflut den Baum unter sich begraben; der Schlamm war zu grobkörnigem Gestein erstarrt. Wir kennen aus neuerer Zeit keine genaue Parallele zu der Vernichtung eines Waldes in dem Ausmaß, wie wir es hier vor uns haben. Ein ähnlicher Vorgang war allerdings beim Ausbruch des Mount Saint Helens im Mai 1980 zu beobachten. Damals ging bei dem explosionsartigen Ausbruch ein feinkörniger Ascheregen ungeheuren Ausmaßes nieder, der sich über einem großes Gebiet als feine Schicht niederschlug. Diese Schicht entspricht dem feinkörnigen, aschehaltigen Sandstein, der sich in den Schichten von Specimen Ridge findet.

Eine weitere Entsprechung sind die Massen von Schlamm: Beim Vulkanausbruch von 1980 gingen rie-

Beim Ausbruch des Mount Saint Helens im Kaskadengebirge im Mai 1980 gab es viele Augenzeugen. Die Bilder vermitteln eine Vorstellung von den Ereignissen, die in grauer Vorzeit in Lamar Valley stattgefunden haben. Die grünen Nadelbäume wurden photographiert, kurz bevor Asche und Sand, die mit den heißen Gasen aus dem Vulkan austraten, sie erreichten. Der zerstörte Wald und die vielen noch aufrechtstehenden Stümpfe machen die Folgen eines Vulkanausbruchs deutlich und führen die Geschichte der Schichten von Specimen Ridge vor Augen.

sige Ströme Schmelzwassers von den Berghängen nieder. Der Schlamm ergoß sich in Kaskaden in das Tal des Tootle River. Als die Massen die flacheren Talregionen erreicht hatten, verbreiterten sie sich und überzogen weite Teile des dortigen Waldes. Heute ist aus der Schlammflut, die der Mount Saint Helens abgeladen hat, durch die Arbeit von Organismen und durch neuen Pflanzenwuchs fruchtbarer Boden geworden. Genauso hatte sich auch auf den Asche- und Sandschichten von Specimen Ridge und Amethyst Mountain vor Urzeiten wieder fruchtbarer Erdboden gebildet.

YURETICH: Aus der Lage der versteinerten Bäume konnten wir schließen, daß die beiden Bäume vor uns in tiefer liegende Gesteinsschichten eingebettet sind als die Bäume über uns. Sie müssen daher älter sein. Ein Grundprinzip der Geologie besagt, daß bei horizontalen Schichten oder Sedimentgesteinen wie hier die tiefer liegenden Schichten die erdgeschichtlich älteren, die darüber liegenden die erdgeschichtlich jüngeren Schichten sind.

Eine mehrschichtige Schokoladentorte ist ein Modell für die Schichtung des Sedimentgesteins. Die kunstvolle Torte idealisiert natürlich die komplexe Wirklichkeit einer Landschaft. Aber angeschnitten ermöglicht die Torte einige grundsätzliche Betrachtungen, die auch für Gesteinsschichten gelten. Schichten, die sich entsprechen und die man zu beiden Seiten eines Tals findet, müssen sich einmal über das ganze Tal erstreckt haben. Die Anordnung der Schichten läßt daran keinen Zweifel.

Ein anschauliches Modell für dieses geologische Grundprinzip ist eine leckere, mit Guß überzogene Schokoladentorte. Will man wissen, wie die Torte unter dem Guß aussieht oder wie sie schmeckt, muß man sie anschneiden. Erst durch den Anschnitt sieht man, wie sie innen aufgebaut ist und wie eine Schicht über der anderen liegt. Die Ecke, die ich herausgeschnitten habe, der Anschnitt, fehlte beim Backen natürlich noch nicht; das fehlende Stück muß irgendwo geblieben sein. Genauso wie bei einer Torte vor dem Anschnitt haben früher die einzelnen Gesteinsschichten gleichmäßig das ganze Gelände überzogen und auch das Tal ausgefüllt. Erst ein späterer Anschnitt, der immer von zwei Seiten aus erfolgen muß, hat die inneren Schichten freigelegt.

Auch dann, wenn der Anschnitt so schräg war, daß statt eines tiefen Einschnitts eine sanfte Neigung entstand, gilt immer noch, daß die unterste Schicht eines Hügels die älteste ist. Natürlich müssen wir genau wissen, ob die untersuchte Substanz auch wirklich aus der Schicht stammt, der wir sie entnehmen. Wir entnehmen also eine kleine Probe, um uns zu vergewissern: Es ist tatsächlich Torte – beziehungsweise Tuffsandstein.

In Specimen Ridge stößt man in jeder zweiten bis dritten Schicht auf eine flache Schicht mit aufrechtstehenden versteinerten Baumstämmen, Stümpfen, Wurzeln und liegenden Stämmen. Diese Schichten waren Flachland, als es den Lamar River und das Tal noch nicht gab. Sie erstreckten sich quer über das ganze heutige Tal, mehrere hundert Meter oberhalb seines heutigen Niveaus, dort, wo jetzt nur noch Vögel und Hubschrauber kreisen. Die Schichtenfolge setzt sich aus den Gesteinsarten zusammen, die entstehen, wenn Asche und Schlamm niedergehen, Erdreich ausgebildet wird, wieder Schlammregen niedergeht und so fort. Natürlich konnte jeder Baum nur in einer Schicht wachsen und nicht gleichzeitig noch in einer anderen, höheren Schicht. Heute hat man den Eindruck, als wären die versteinerten Baumstämme alle zur gleichen Zeit gewachsen, als hätten sie zusammen an einem Abhang gestanden. Dieser Eindruck täuscht, der Boden war flach, bevor der Anschnitt erfolgte und das Tal entstand. Die Bäume der tieferen Schichten gehören zu einem Wald, der schon tot war, ehe die Bäume der höheren Schichten überhaupt als Samen existierten.

Die versteinerten Bäume gehören zu einer Reihe aufeinanderfolgender großer Wälder, wobei immer ein Wald über dem anderen begraben wurde. Bei jedem Ausbruch der alten Vulkane, deren erloschene Kegel nur ein paar Kilometer entfernt zu sehen sind, ergossen sich von neuem Asche und Schlamm auf die Bäume. Der betreffende Wald ging womöglich innerhalb von Stunden oder Tagen zugrunde. Jahre später bildete sich Erde, und wieder wuchsen inmitten der halb zugeschütteten Bäume, die größtenteils umgestürzt und vermodert waren, neue Bäume heran. Hunderte von Jahren vergingen, ein zweiter Wald entstand, ein neuer, großer Wald mit hohen Bäumen. Dann ging durch einen erneuten Vulkanausbruch auch dieser Wald zugrunde. Der Vorgang wiederholte sich, bis der Gipfel von Amethyst Mountain durch Hunderte von Metern vulkanischer Ablagerungen aufgeschüttet war.

Mr. Holmes stellt den Wald in seinen frühen Zeichnungen als eine Art Schichttorte aus Bäumen dar. Was er hier zeichnete, darf nicht für bare Münze genommen werden: Er konnte nicht ins Innere des Gesteins sehen. Es ist eine phantasievolle Rekonstruktion dessen, was in dem Berg vergraben liegt, aufgrund der Überreste, die Holmes sah. Heute können wir seine Rekonstruktion im großen ganzen bestätigen.

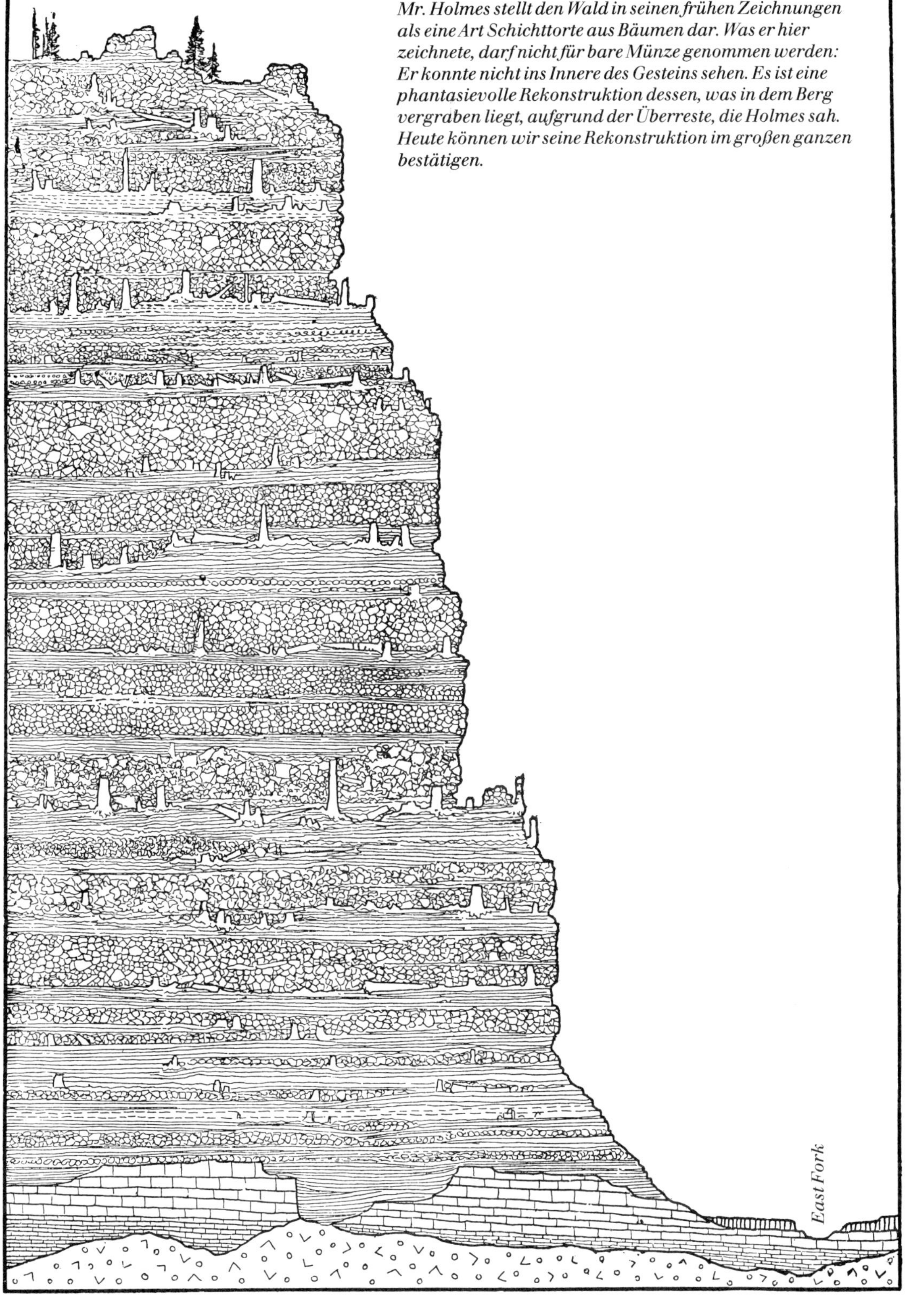

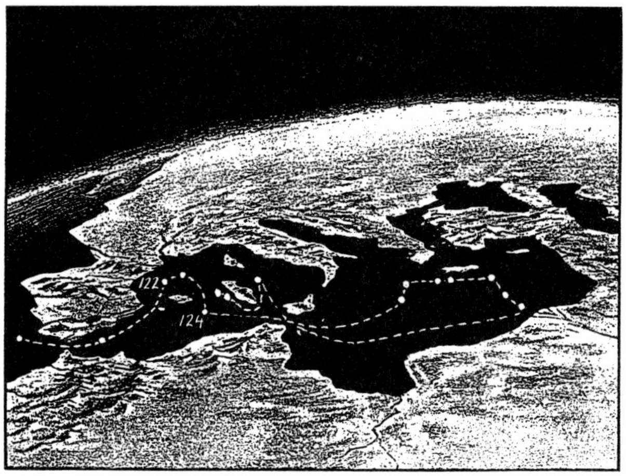

Die Route von Leg 13 des Tiefseebohrprojekts der internationalen Vereinigung Joint Oceanographic Institutions for Deep Earth Sampling. Das Projekt wurde durch die National Science Foundation der Vereinigten Staaten finanziert. Die einzelnen Bohrexpeditionen wurden Leg genannt. Leg 13 galt dem Mittelmeer. Begonnen hatte alles mit der Suche nach der geheimnisvollen M-Layer und der Vorgeschichte des Meeres. Die Expedition fand im Sommer 1970 statt und dauerte zwei Monate. Die Bohrstellen sind numeriert; an Bohrstelle 122 fand man die ersten Proben des eigenartigen Gerölls, an Bohrstelle 124 entnahm man die Bohrkerne vom Ufer des Wüstensees, der im Text beschrieben ist.

Richard Yuretich zählte entlang der Strecke, die er an diesem Tag zurückgelegt hatte, ein rundes Dutzend Schichten versteinerter Wälder. Natürlich sind einige hundert Quadratkilometer Bergland nicht so einfach aufgebaut wie eine Schichttorte. Jeder Wald hat hier und dort eine Lichtung, wo es Flüsse, Teiche, durch Feuer verursachte kahle Stellen und nährstoffarme Böden gibt. Die Schichten sind nicht so einheitlich und gleichmäßig übereinandergelegt wie bei einer Torte, es gibt Rutschungen und Einbrüche. An manchen Stellen ist ein ganzes Waldstück infolge einer Schlammlawine abgerutscht, und das erschwert die Übersicht noch zusätzlich. Zählt man alle versteinerten Wälder zusammen, die heute teilweise offen liegen, kommt man auf gut zwanzig, ein Wald über dem anderen und jeder wieder bedeckt mit einer neuen Schlammschicht. Der ganze Vorgang erstreckt sich über einen Zeitraum von 10 000 bis 20 000 Jahren und reicht in graue Vorzeit zurück.

Es klingt unglaublich – über zwanzig versteinerte Wälder in Schichten übereinander. Doch sind die Spuren so eindeutig und schlüssig, daß es keinen Zweifel gibt. Man braucht nur einige einfache Instrumente und ein bißchen Geochemie, Radioaktivität und Mathematik, um die Geschichte der Wälder selbst lesen zu können. Die Geologen haben vor hundert Jahren die wichtigsten Grundzüge des Dramas während eines ersten Forschungsaufenthaltes im Tal aufgedeckt. Jeder, der aufmerksam hinsieht, kann auf einem Ausflug in den Yellowstone-Nationalpark das Material selbst überprüfen. Auf diese Weise kann man sich ein Bild von der Weiträumigkeit der geologischen Zeit und von den seltsamen Ereignissen machen, die sich in so langen Zeiträumen zutragen können.

Ein Paar Stiefel!

Ein Paar guter Stiefel und ein kleiner Hammer sind die richtige Ausrüstung für die Berghänge und Felsen des Yellowstone-Nationalparks. Jedoch liegt der größte Teil der Erde nicht in zugänglichem Gelände, sondern unter der Meeresoberfläche. Werfen wir einen Blick auf eine Weltkarte. Das Blau der Ozeane beherrscht das Bild. Aus der Luft gesehen, besteht unsere Welt größtenteils aus Salzwasser. Auf dessen Grund freilich findet man wieder festes Gestein, die Kruste unseres Planeten.

Ein Studium der Geologie ist unvollständig ohne die Untersuchung des Meeresbodens. Nun ist aber noch kein Geologe jemals mit schweren Stiefeln und einem kleinen Hammer in der Hand über den Meeresgrund gelaufen, um dort nach Proben zu suchen. Unsere Kenntnisse über den Aufbau der Erde mußten unzulänglich bleiben, solange wir keine angemessenen Methoden hatten, Proben des Gesteins am Meeresboden zu entnehmen. Solche Methoden wurden von den Wissenschaftlern erst in jüngster Vergangenheit entwik-

Das Schiff

Anstelle von Stiefeln und Hammer brauchten die Geologen ein großes Schiff, um das Gestein unter dem Meeresboden untersuchen zu können. Bei der Konstruktion des im Auftrag der Global Marine Corporation gebauten Bohrschiffs *Glomar Challenger* machte man sich Erfahrungen bei der Suche nach Ölfeldern unter Wasser zunutze. Das mit leistungsstarken Dieselmotoren ausgestattete Schiff wurde fünfzehn Jahre lang für Forschungszwecke eingesetzt und führte Bohrungen auf allen sieben Meeren durch. Es ist eine Art seetüchtiger Ölbohrturm, der nicht der Ölsuche dient. Die Bohrstange geht in der Mitte des Schiffes durch eine Öffnung im Rumpf in die Tiefe; auf einer der Abbildungen sieht man durch die Öffnung das leuchtend blaue Wasser eines sonnigen Tages. Die Bohranlage befindet sich auf Deck. Unermüdlich verrichten die Bohrarbeiter ihre schwere Arbeit. Sie hantieren mit den hundert Tonnen Stahl an Bord des stampfenden Schiffes so geschickt, als wären sie auf den Ölfeldern von Texas. Wie schwer die stählernen Werkzeuge sind, kann man sich denken; eine Bohranlage hat eine beträchtliche Größe. Am Ende der Bohrstange befindet sich die Bohrspitze. Ihre harten Zähne fressen sich ein bis zwei, manchmal auch drei Kilometer unter dem Schiff durch hartes und weiches Gestein. Bei kürzeren Bohrungen kann man es technisch so einrichten, daß die Bohrspitze den zentralen Bohrkern unversehrt hochbefördert, der dann als originale Bodenprobe analysiert werden kann.

Die erste Challenger

In jeder Bibliothek mit einer Abteilung für Ozeanographie findet man eine fünf Meter lange Reihe schwergewichtiger Bücher, die gleich aussehen und offensichtlich zusammengehören. Diese Bücher enthalten die vollständigen Aufzeichnungen einer Schiffsexpedition, die unter dem Titel *Report of the Scientific Results of the Exploring Voyage of HMS Challenger during the years 1873–1876* veröffentlicht wurden (Bericht über die wissenschaftlichen Ergebnisse der Forschungsreise der HMS Challenger in den Jahren 1873–1876). Die 50 Bände sind 1885–1895 in London, Edinburgh und Dublin erschienen.

Die *Challenger* war ein sechzig Meter langes hölzernes, getakeltes Dampfschiff der Royal Navy, ein Rahsegler mit drei Masten und einer zusätzlichen starken, mit Dampf angetriebenen Maschine. Zwei der ursprünglich siebzehn Kanonen verblieben an Bord; die Entfernung der anderen Kanonen schaffte Platz für ein chemisches Labor und eine Dunkelkammer. Sogar die Kajüte des Kapitäns hatte man unterteilt, um zusätzlich den Leiter der Expedition unterbringen zu können, dem sechs Wissenschaftler unterstanden. Auf dem Schiff befanden sich insgesamt 240 Mann, die Offiziere, die Matrosen, die Wissenschaftler und ein Maler. Das Schiff segelte dreimal um die Erde, es lief alle Kontinente und viele abgelegene Inseln an. Nur von der Eisbarriere der Antarktis hielt es sich während der zwei Wochen, die es sich im Packeis befand, fern.

Mit den ersten Vermessungen für unterseeische Telegraphenkabel in den fünfziger Jahren des vorigen Jahrhunderts erwachte das Interesse an der Tiefe der Meere. In den sechziger Jahren kam es zu einer Reihe erster Expeditionen. Man wollte die Tiefe des Wassers ausloten, Proben entnehmen und in der Tiefsee nach Leben suchen. Die Fahrt der *Challenger* war die erste ozeanographische Forschungsreise um die Welt. Sie wurde großzügig finanziert und später, viktorianischen Gepflogenheiten entsprechend, in prächtiger Aufmachung publiziert. Fast hundert Fachleute aus vielen Ländern lieferten Beiträge zu den Abschlußberichten, in denen vom Inhalt der Schleppnetze, von Temperaturen, Strömungsmessungen, Seewasserproben und den an 350 Stellen durchgeführten Lotungen die Rede war. Die großen, farbigen Lithographien von mikroskopisch kleinen Strahlentierchen und großen Seesternen, Quallen und Wurzelfüßern vom Schlick des Meeresbodens, Manganknollen, Leuchtfischen und Kormoranen sind bis heute als ein Stück Naturgeschichte und als Illustrationen von außergewöhnlichem Wert interessant geblieben.

Es war deshalb naheliegend, das erste wissenschaftliche Bohrschiff nach der HMS *Challenger* zu benennen, und es berührt seltsam, daß die Raumfähre, die 1986 tragischerweise beim Start explodiert ist, ebenfalls nach jenem Schiff benannt war, das vor mehr als hundert Jahren eine so erfolgreiche wissenschaftliche Reise unternommen hatte.

Das runde Bild ist eine mikroskopische Ansicht des Schlicks vom Boden des Südpazifiks, in 2500 m Tiefe. Rechts in Farbe ein lebendes Strahlentierchen von ungefähr der Größe eines I-Punktes, umgeben von einem künstlerischen Arrangement der Skeletteile verwandter Formen.

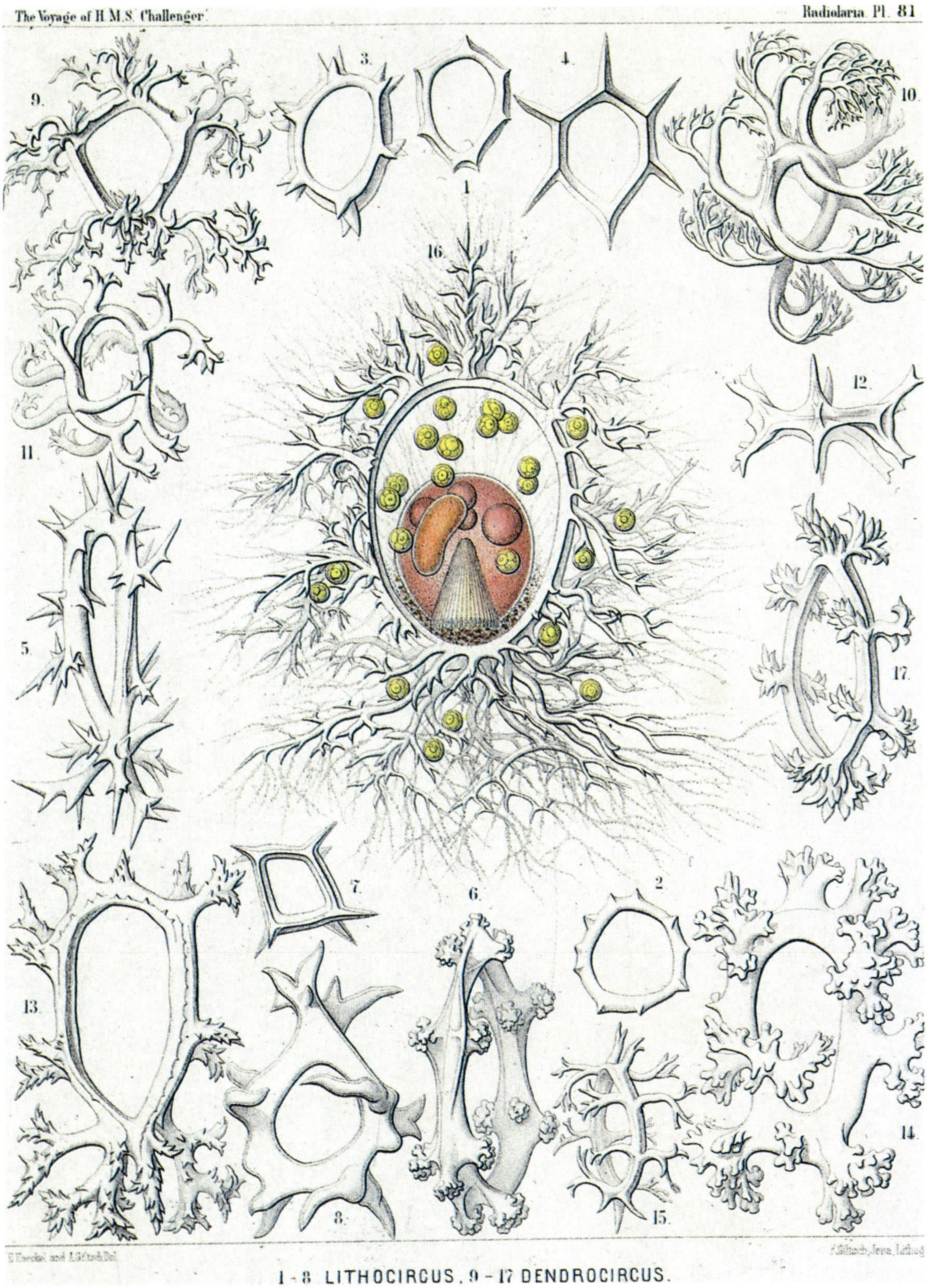
The Voyage of H.M.S. Challenger.
Radiolaria. Pl. 81
1-8 LITHOCIRCUS, 9-17 DENDROCIRCUS.

Bohrkerne

Der Feldgeologe schlägt mit dem Hammer im Gelände interessant erscheinende Gesteinsbrocken ab, um sie ins Labor mitzunehmen. Der Keller jedes geologischen Instituts ist voll mit schweren Holzregalen, auf denen die Proben der Vergangenheit liegen. Doch der Geologe, der mit dem Bohrschiff arbeitet, hat es mit anderen Proben zu tun.
Ein Bohrschiff kann die Strömungen der Wasseroberfläche kompensieren und sich genau über der Stelle halten, an der die Bohrung auf dem Meeresboden durchgeführt wird. Anderthalb Kilometer unter der Wasseroberfläche frißt sich Tag und Nacht eine große, hohle Bohrspitze am Ende einer rotierenden Bohrstange in den Boden. Durch das Bohrgestänge zirkuliert eine Flüssigkeit, die den Abfall fortspült. Zur Entnahme einer Probe wird die Bohrstange eingesetzt, der Hammer des Unterwasser-Geologen.

Zuerst wird die Bohrstange vom Antrieb im Bohrturm gelöst. Durch die lange, hohle Stange wird eine dünnere Stahlröhre von etwa zehn Metern Länge in die Tiefe geschickt, das Kernrohr, in dem eine weitere Röhre aus dünnem Plastik steckt. Sobald das Kernrohr auf dem Meeresgrund ankommt, wird die Bohrstange wieder mit ihrem Antrieb verbunden, und die Bohrspitze beginnt sich zu drehen. Sie frißt sich weitere zehn Meter tief, und diesmal wird das herausgebohrte Gestein nicht mehr durch die Spülflüssigkeit weggespült. Das Kernrohr mit der Plastikröhre soll sich mit einem vollständigen Zylinder der Schichten füllen, durch die sich die vorne hohle Spitze bohrt. Dann wird die Drehung wieder gestoppt, das Kernrohr vom Bohrgestänge gelöst und ein Stahlkabel wie eine Angelschnur in die Tiefe gelassen, an der das Kernrohr aufgehängt und nach oben gezogen wird. So holt man einen Bohrkern nach dem anderen ein, oder führt die Bohrung zunächst in noch größere Tiefe fort. Natürlich kann bei der Arbeit mit einem langen Bohrgestänge in einem Bohrloch, das anderthalb Kilometer unter den Meeresboden reicht und durch mehrere Gesteinsschichten geht, vieles schiefgehen.

Wenn freilich alles klappt, hat man mit dem Bohrkern eine Probe zur Verfügung, die jeden Geologen, der noch mit dem Hammer arbeitet, neidisch machen kann. Der Bohrkern enthält zehn Meter Ablagerungen aus der Tiefe des ozeanischen Untergrunds, er enthält alle harten und weichen Gesteinsschichten in zeitlicher Reihenfolge, wobei die unterste Schicht die älteste ist. Sobald das Kernrohr an Deck des Bohrschiffs angelangt ist, nehmen die Bohrarbeiter die Plastikröhre mit dem Bohrkern aus dem Kernrohr. Der Bohrkern wird in sechs Sektionen zerschnitten und etikettiert. Dann wird er von außen in den Schiffslaboratorien untersucht. Anschließend wird jede Sektion der Länge nach aufgeschnitten; eine Hälfte wird für die spätere Archivierung aufbewahrt, die andere genauestens an Bord untersucht.

Die Bohrkernbibliothek des Lamont-Doherty Geological Observatory verwahrt in ihren Regalen die archivierten Hälften von 20 000 und mehr Bohrkernen aus allen Meeren. Die Bohrkerne enthalten so viel organische Materie, daß diese »Bibliothek« ständig gekühlt werden muß. In einem gewissen Sinn wird hier die Vergangenheit der Erde aufbewahrt, in der Form eines Berichts, der in den vielen Sprachen der Natur geschrieben wurde.

Die Schichten des Meeresgrunds.

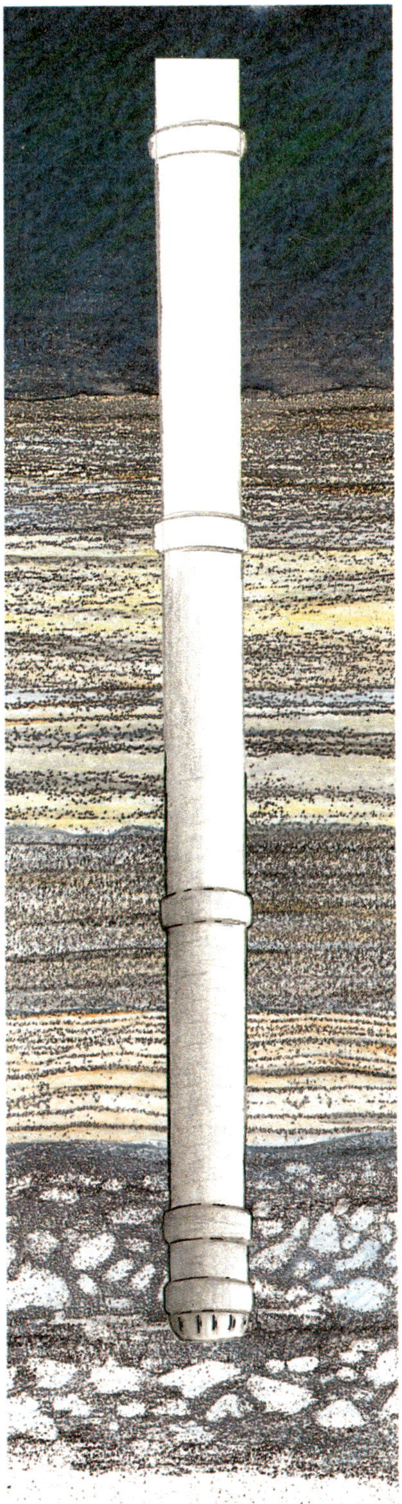

Die Bohrspitze dringt ein.

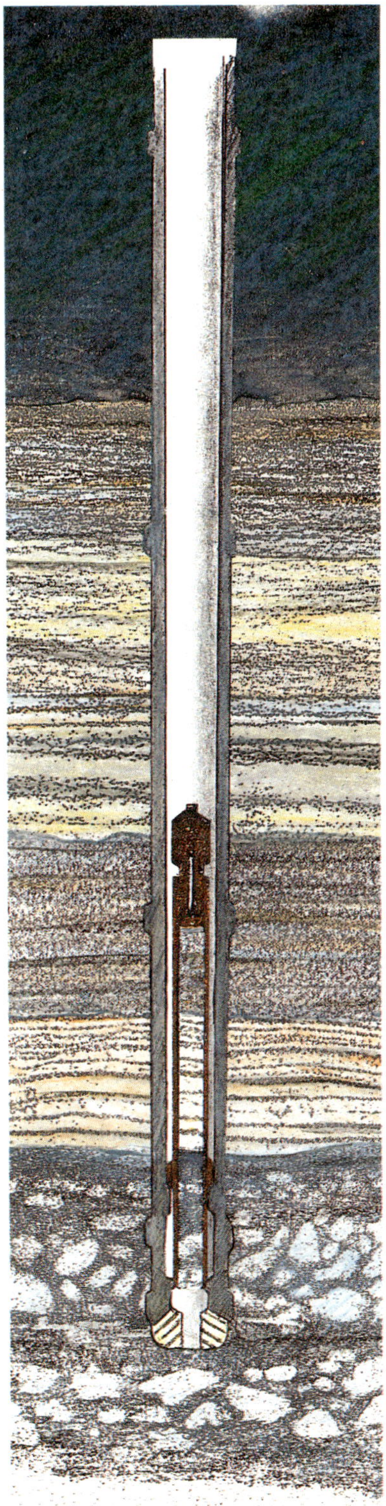

Querschnitt durch Bohrspitze und Bohrstange.

Die zwei leitenden Wissenschaftler von Leg 13 untersuchen einen Bohrkern. Das Photo zeigt Bill Ryan, Ken Hsü und Bohrleiter Travis Rayborn von der Global Marine Corporation.

Maria Cita, die Paläontologin von Leg 13, entnimmt eine Probe. Das Photo entstand auf dem Bohrschiff.

kelt, und die Arbeit daran ist noch keineswegs abgeschlossen. Die Wissenschaftler fuhren mit dem Schiff hinaus, bohrten das Gestein am Meeresgrund an und sammelten zum erstenmal überhaupt Proben von diesem größten Teil der Erdoberfläche.

Ein Paar Stiefel und ein Hammer! Diese einfachen Hilfsmittel genügen nicht mehr. Der moderne Unterwassergeologe braucht andere Werkzeuge, zum Beispiel die *Glomar Challenger,* ein 120 Meter langes hochseetüchtiges Bohrschiff. Das Schiff hat ein kilometerlanges hängendes Bohrgestänge, eine zwölf Zentimeter starke Stahlröhre, die es mit einem Bohrturm wie über einer Ölquelle anheben und drehen kann, um in die Schichten unter dem Meeresboden vorzustoßen. Auf See ist das Schiff das Zuhause der fünfundsiebzig hart arbeitenden Männer und Frauen der Besatzung, die aus Ölbohrarbeitern, welche die Bohranlage betätigen, und verschiedenen Wissenschaftlern und Technikern besteht. Der monatliche Unterhalt des Schiffes kostet eine Million Dollar. Das Schiff wurde von 1968 bis 1983 für das Deep Sea Drilling Project (Tiefseebohrprojekt) im Rahmen der geologischen Grundlagenforschung der National Science Foundation eingesetzt.

Die folgende Geschichte eines herausragenden Erfolgs dieses Projektes ist die Geschichte einer geradezu abstrusen Idee, die zwei erschöpften jungen Geologen in den frühen Morgenstunden einer arbeitsreichen Sommernacht auf See kam. Anhand einer Handvoll Geröll, die sie soeben dem Felsgestein unter dem Meeresboden entnommen hatten, wollten sie die »völlig verrückte Hypothese« beweisen, daß das ganze Mittelmeer einmal ein trockenes Wüstenbecken gewesen sei.

Die beiden waren William B. F. Ryan, der heute als Wissenschaftler in leitender Position am Lamont-Doherty Geological Observatory der Columbia University forscht, und Kenneth J. Hsü, heute Professor für Geologie an der Technischen Hochschule in Zürich. Im August 1970 waren sie junge Geologen, die für zwei Monate auf See die schwere Verantwortung für die Führung des mehrere Millionen Dollar teuren Bohrschiffs übernommen hatten. Als die zwei ausgewählt wurden, waren kritische Stimmen laut geworden, die meinten, daß das so einzigartige und teure Schiff nun in den Händen »eines Studenten und eines Amateurs« sei.

Das Bohrschiff ist täglich vierundzwanzig Stunden in Betrieb, was mehrere Arbeitsschichten erforderlich macht. Es gibt immer zwei leitende Wissenschaftler; einer davon hat Schichtdienst und trägt für diese Zeit die Verantwortung für die Bohrung. Ken Hsü war Spezialist für Sedimentgestein; er konnte aus einer Bodenprobe erkennen, woraus die einzelnen Schichten entstanden waren. Ryan war Geophysiker und damit Experte für den größeren strukturellen Aufbau der Re-

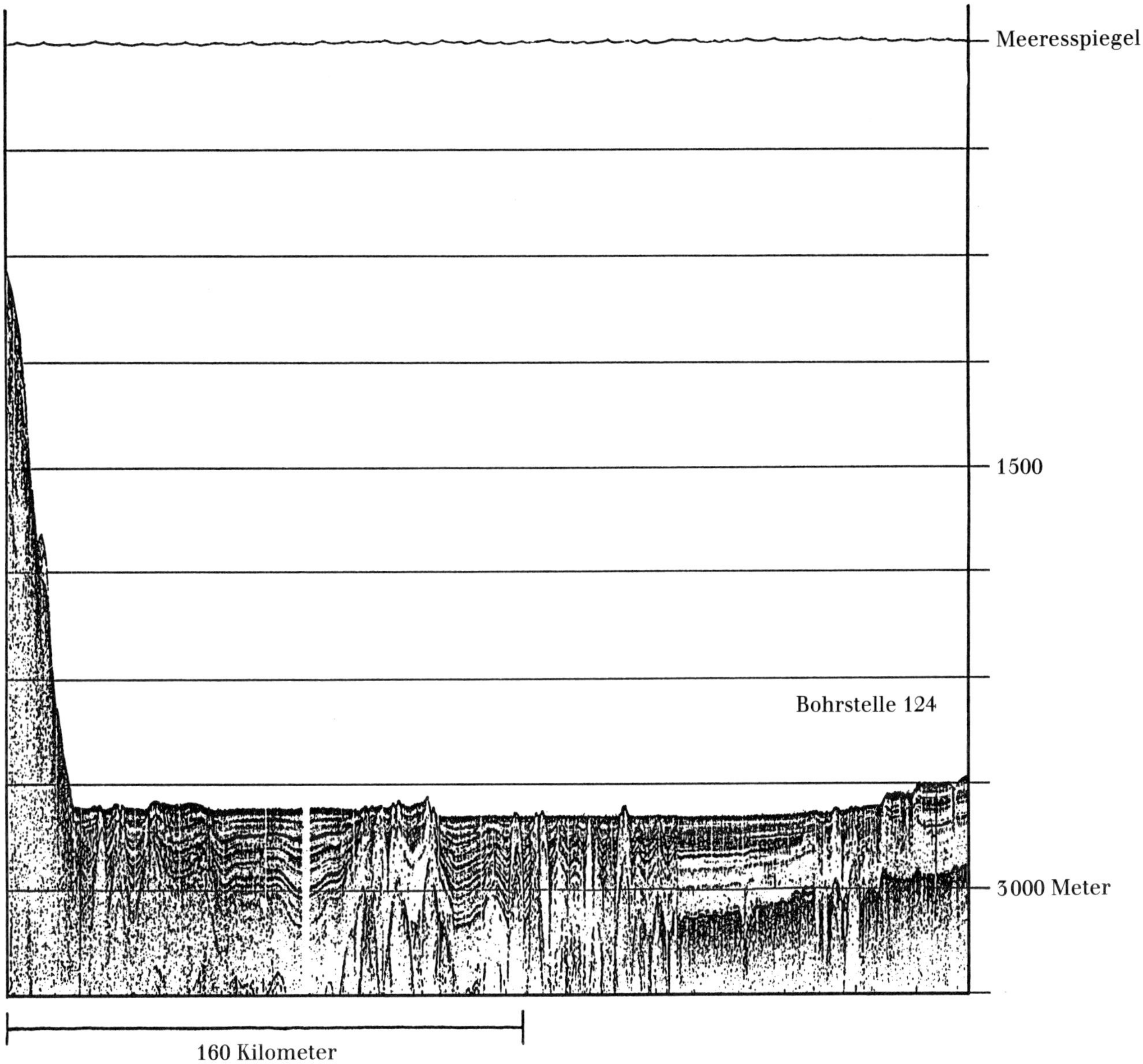

gion. Er konnte das Schiff zu guten Bohrplätzen führen. Auch in ihrer Persönlichkeit ergänzten die beiden sich, wie sie selbst erzählten, als sie sich an die Anfänge ihrer »auf dem Meer geschlossenen Freundschaft« erinnerten.

Mit dem Echolot werden der Schlick am Boden und die tiefer liegenden Schichten vermessen. Die oberste Linie bezeichnet den Meeresspiegel; bis zum ebenen Grund sind es über drei Kilometer. Am linken Rand fällt die algerische Küste steil ab. Die Karte reicht 320 Kilometer weit nach Norden, bis zur Bohrstelle 124 auf einer Erhebung des Meeresbodens. Wie stark die harte M-Layer das Echo zurückwarf, sieht man am besten im rechten Drittel der Darstellung; die M-Layer entspricht dem unteren schwarzen Streifen, der dreihundert Meter unter dem Meeresgrund liegt. (Die vertikalen Entfernungen sind hundertfach vergrößert.)

HSÜ: Ich war der Ungeduldige. Ich wollte rasch das Sedimentgestein durchstoßen und zu dem harten Urgestein, dem Ziel der Bohrung, vordringen. Bill dagegen war eher besonnen. Er wollte in jeder Phase

Ozeanischer Basalt.

Hart gewordener Kalksteinschlick.

Das noch nicht sortierte Geröll, leicht vergrößert.

möglichst viele Informationen sammeln. Ihm sind viele der Daten unseres Bohrprojekts Leg 13 zu verdanken.

RYAN: Ich wollte systematisch vorgehen – ich wollte langsam in das Sedimentgestein eindringen und dabei fortlaufend Proben entnehmen. Ich ging davon aus, daß man die eigentliche Geschichte erst nach jahrelanger Untersuchung der Bohrproben entschlüsseln würde.

HSÜ: Mein Arbeitsstil war, so schnell wie möglich zu bohren. Wir bohrten deshalb mehr Löcher als ein anderes Forscherteam in den dreizehn Jahren, in denen das Schiff schon in Betrieb war. Ich wollte unbedingt all die verschiedenen Sedimentgesteine finden, die wir suchten. Das sieht man auch in unserem Arbeitsbericht: Wenn Bill schlief, bohrten wir schnell, wenn ich schlief, sammelten wir viele Proben.

RYAN: Ken hatte es immer eilig. War das Material, das hochkam, nicht interessant genug, machte er sofort weiter, um tiefer zu kommen. Er suchte nach der Sensation, auf die wir dann auch stießen.

Die beiden Wissenschaftler verfolgten bei ihrer Bohrung im Mittelmeer ein ganz bestimmtes Problem. Dreihundert Meter unter dem Meeresgrund gibt es eine merkwürdig harte, schallreflektierende Schicht, die sogenannte M-Layer, wobei M für Mittelmeer steht. In der Form ist sie weitgehend der Form des darüber liegenden Meeresbodens angepaßt. Die Schicht kannte man bisher nur durch das starke Echo, das sie von tief unterhalb des Meeresbodens zurückwarf: Irgendwo unter dem Meeresboden mußte zwischen verschiedenen eher weichen Schichten Sedimentgestein eine harte Schicht sein. Der seismische Echograph zeigte

Gipskristalle.

Gestreßte Meereslebewesen.

Das sortierte Geröll.

an, daß diese Schicht sich über die gesamte Fläche des Mittelmeers erstreckte. Ryan hatte über die M-Layer promoviert und war nun auf die Bohrung gespannt. Woraus bestand die Schicht?

Sie war nicht leicht zu finden. Bei der ersten Bohrung, nicht weit von Gibraltar, fanden die Wissenschaftler sie nicht. Erst die zweite Bohrung war erfolgreich.

»Als wir auf sie stießen«, erinnert sich Ryan, »merkten wir das sofort. Das Bohrgestänge begann unruhig zu vibrieren und zu rucken. Wir wußten, daß wir auf etwas Hartes gestoßen waren. Dann sagte der Bohrleiter: ›Wir stecken fest. Ich habe den Bohrer angehalten.‹ Wir steckten tatsächlich im Meeresboden fest.«

Die beiden hatten Glück. Die Spitze des Bohrers kam wieder frei, doch konnten sie als Bohrprobe nur einen Haufen Geröll bergen. Das Geröll hatte die sich drehenden Zahnräder verstopft; die Bohranlage hatte die Ablagerung losen Gerölls nicht durchstoßen können; glücklicherweise war so etwas in den Schichten unter dem Meeresboden sehr selten.

Die zwei jungen Geologen waren mittlerweile zehn Tage mit dem Schiff und seiner erfahrenen Besatzung unterwegs. Bisher konnten sie nur schlaflose Nächte und harte Arbeit vorweisen. Und so waren sie in ziemlicher Bedrängnis. Die erste greifbare Ausbeute, die sie von der geheimnisvollen M-Layer unter dem Boden des Mittelmeeres heraufgeholt hatten, bestand lediglich aus ein paar Eimern eigenartig lockeren Gerölls. Schnell stellten sie mit Hilfe der Paläontologin des Teams über das Geröll eine phantastische These auf: Das ganze Mittelmeer, so die These, sei einmal ein tiefes und salziges Wüstenbecken gewesen, heiß und trocken, das tiefste und größte Wüstenbecken, das je auf der Erde existiert habe.

Ryan und Hsü liehen mir einen halben Liter der ersten Probe. So landete das Geröll vom tiefen Grund des Mittelmeeres zuletzt auf meinem Eßzimmertisch. Es wird seit 1970 in der Bohrkernsammlung von Lamar aufbewahrt, zusammen mit den anderen Bohrkernen der *Glomar Challenger.* Man kann das Geröll mit dem bloßen Auge sortieren, und genau das hatte Bill Ryan in jener Nacht gemacht, als es vom Meeresboden hochkam. Geröll besteht aus kleinen, erbsengroßen Bruchstücken von Gestein, durch Wasser und Schwerkraft zu einer Masse verbunden.

Ich bin kein Geologe, und als ich das Geröll sortierte, ging ich nach der Farbe vor. Ich legte die weißen Stükke auf einen Haufen, die dunklen auf einen anderen, gerade so, wie sie mir in die Finger kamen. Die dunklen Stücke waren alle identisch, selbst mit der Lupe sah man keinen Unterschied. Alle dunklen Stücke stammten, soweit ich das beurteilen konnte, von demselben Gestein.

Bei dem weißen Haufen war das anders, wie man deutlich unter der Lupe erkennen konnte. Schon auf den ersten Blick konnte ich zwei verschiedene Arten von Steinen unterscheiden. Besonders eine davon war auffallend: Es handelte sich um glänzende, flache und mehr oder weniger durchsichtige Kristalle. Ich teilte den Haufen nochmals in die durchsichtigen Kristalle und die nichtdurchsichtigen Stücke, die an Kalk erinnerten und sich deutlich von den Kristallen unterschieden.

Die Kristalle sahen alle gleich aus. Bei den kalkähnlichen Stücken unterschieden sich ein paar von den übrigen, und daher sortierten wir sie noch einmal. Unter der Lupe sah ich, daß einige von ihnen eigenartig geformt waren. Es waren winzige Muschelschalen, die Überreste kleiner Meereslebewesen. Um welchen Stein genau es sich handelte, konnte ich nicht sagen. Ganz sicher war es nicht Kalkstein, auch wenn die Steinchen dessen Farbe hatten. Ich hatte das Geröll aus der M-Layer in vier verschiedene Haufen geteilt. Eine weitere Unterteilungsmöglichkeit sah ich nicht, abgesehen von vielleicht ein, zwei rätselhaften Stücken, die ich nicht einordnen konnte.

Das Geröll, das sich aus vier unterschiedlichen Bestandteilen zusammensetzte, barg für erfahrene Geologen eine erstaunliche Botschaft.

Ozeanisches Geröll: Auf dem Meeresboden entsteht kein Geröll. Man findet es dort zwar in Massen, aber es wird vom Festland durch ungewöhnliche Strömungen dorthin transportiert. Die Bohrstelle der *Glomar Challenger* war nur etwa einhundertsechzig Kilometer von der Küste entfernt. War das Geröll aus Spanien hierher transportiert worden? Dazu war es zu leicht und die Zusammensetzung aus vier Arten zu ungewöhnlich. Im Geröll vom Festland sind in der Regel viel mehr Gesteinsarten enthalten. In fast jedem kleinen Fluß findet man eine vielfältigere Zusammensetzung des mitgeführten Gesteins. Besonders auffällig ist, daß in dieser Probe kein Quarz enthalten war, der auf dem Festland so häufig anzutreffen ist. Die Probe enthielt zwar Geröll, aber es handelte sich um ozeanisches Geröll, das nicht vom Festland stammte. Niemand hatte so etwas bisher gesehen.

Gewöhnliches Felsgestein im Meer: Das dunkle Gestein stammte vom Meeresboden und war vulkanisches Material, das man dort häufig findet. Ryan und Hsü wußten, daß sie in der Nähe eines unterseeischen Vulkans gebohrt hatten. Die nicht durchsichtigen Kalkbrocken waren Schlick aus Sandstein, wie er

Der gigantische Hoover-Damm staut den Colorado. Über die massive, gewölbte Betonwand von der Höhe eines Wolkenkratzers verläuft die Autobahn. Der Stausee hinter dem Damm scheint aus dieser Perspektive eine dem Damm entsprechende Größe zu haben.

auf dem Meeresgrund ebenfalls häufig ist. Dieser Schlick allerdings war zu Stein gehärtet. Kalkhaltiger Schlick wird hart, wenn er lange trocknet.

Meeresleben unter Streß: Maria Cita, heute Professorin für Paläontologie an der Universität von Mailand, war jene Paläontologin, die zur schnellen Lösung des Rätsels beitrug. Für das Studium von Bohrkernen ist die Mikropaläontologie der erfolgversprechendste Bereich der Paläontologie, denn hier beschäftigt man sich mit den mannigfaltigen winzigen Organismen im Meer und im Süßwasser. Überreste dieser Organismen finden sich überall in großer Anzahl. Man kann davon ausgehen, daß man sie überall dort antrifft, wo es einmal Leben gegeben hat. Sucht man allerdings nach seltenen, spektakulären Funden wie einem Walkiefer oder nach den Knochen eines Dinosauriers, wird man nur alle Jubeljahre einmal bei einer Bohrung fündig werden.

Cita kamen die kleinen Organismen im Geröll bekannt vor. Die winzigen Muscheln, millimetergroße Schalen und Spiralen, sahen aus wie eine Meeresfauna, deren Wachstum gehemmt worden war, die klein geblieben war, weil sie unter starkem äußeren Streß aufgewachsen war und unter ungünstigen Verhältnissen existiert hatte. Einige Muscheln saßen auf dunklen Kieseln: Die Tiere hatten sich darauf entwickelt. Diese Entdeckung erhärtete die These, daß die Lebewesen nicht artgerecht gedeihen konnten. Zuweilen kommt es zwar vor, daß aus einer normalen Muschelpopulation die kleinen Muscheln durch die Strömung des Wassers ausgesiebt und fortgetragen werden und dann fälschlicherweise der Eindruck einer im Wachstum gehemmten Meeresfauna entsteht. Diese Muscheln aber waren nicht von weit her an diesen Ort gespült worden.

Gibraltar wäre für einen Damm geeignet, aber die Konstruktion eines solchen Damms übersteigt die Möglichkeiten menschlicher Technik.

Auf dieser Luftaufnahme ist der Hoover-Damm überhaupt nicht zu sehen. An welchem Ende von Lake Mead befindet er sich? Der Stausee ist viel größer, als man erwartet, wenn man ihn vom Damm aus sieht. Der See nimmt einen großen Teil des hundertsechzig Kilometer weiten Sichtwinkels der Landsat-Kamera in fast tausend Kilometer Höhe ein, und die gigantische Mauer des Damms ist verschwunden. Die Größe des Sees veranschaulicht das Wesen eines Damms: Er soll so klein sein wie möglich.

Kristalliner Gips: Cita identifizierte zunächst die Kristalle. Es war Gips, der den schönen Namen Selenit trägt, wenn er in kristalliner Form vorkommt. Gips ist ein gewöhnliches Mineral, das im Meerwasser immer gelöst vorkommt. Falls der Leser sich in einem Raum mit verputzten Wänden aufhalten sollte, dann ist er von festem Gips umgeben, auch wenn dieser Gips keine sichtbar kristalline Form hat. Jeder, der mit Gips arbeitet, weiß, daß Gips sich mit Wasser verbindet. Die hellen Kristalle des mineralischen Gipses entstehen in der Regel dann, wenn Meerwasser am glühend heißen Strand über einen langen Zeitraum verdunstet.

Die Botschaft der vier Bestandteile des Gerölls war entzifferbar. Ein Fluß, der über die schwarzen Felsen eines alten Vulkans auf dem Meeresboden geflossen war, hatte diese Gesteinsbrocken auf dem Weg durch eine trockene Ebene ausgewaschen und an eine Küste gespült, wo die Verdunstung sehr stark war und winzige Meerestiere ein kurzes Leben unter ungünstigsten Bedingungen führten. Das Geröll bestand aus ozeanischem Material, das von einem alten Meeresboden stammte. In seiner Form und Zusammensetzung allerdings entsprach es nicht dem Material, das man ansonsten in der Tiefsee findet. Alles deutete darauf hin, daß das Geröll von der heißen Küste einer Wüste stammte. Konnte die unter dem Meeresgrund begrabene M-Layer der Überrest einer Wüste sein, die entstanden war, als vor langer Zeit das ganze Meer austrocknete? Die drei jungen Wissenschaftler waren von der Richtigkeit ihrer überraschenden Schlußfolgerung überzeugt, zu der sie in der kurzen Zeit von ein bis zwei Tagen gekommen waren. Aber durfte man annehmen, daß ein ganzes Meer ausgetrocknet war, nur um einen Eimer Geröll erklären zu können? Es war absurd.

Ein ganzes Meer leer zu schöpfen wäre eines Herakles würdig. Steckt hinter einer solchen Vorstellung überhaupt ein Sinn? Wie kann ein Meer austrocknen?

Einige Leser kennen vielleicht den eindrucksvollen Hoover-Damm aus dem Jahre 1936. Er ist immens groß. Die Steuerzahler von damals wußten das, denn der Bau hatte ein Vermögen verschlungen. Auch die

Ingenieure wußten es und waren auf ihren Erfolg stolz. Die Männer, die den Damm errichteten, brauchten lange für die riesigen Mauern. Fast hundert Arbeitern kostete das ehrgeizige Projekt das Leben; ihre Namen sind auf dem Damm eingemeißelt.

Sehen wir uns den Damm jetzt aus einer umfassenderen Perspektive an, nämlich aus der Luft. Lake Mead, der See hinter dem Damm, ist nicht zu übersehen. Aber der Damm selbst? Wir fliegen die verschiedenen Ausläufer des enormen Sees ab, um ihn zu suchen: Aus der Luft ist der Damm fast unsichtbar. Und aus dem Weltraum ist er natürlich erst recht nicht zu sehen.

Die Konstruktion des Hoover-Damms basierte auf der klugen Überlegung, nicht einen möglichst großen, son-

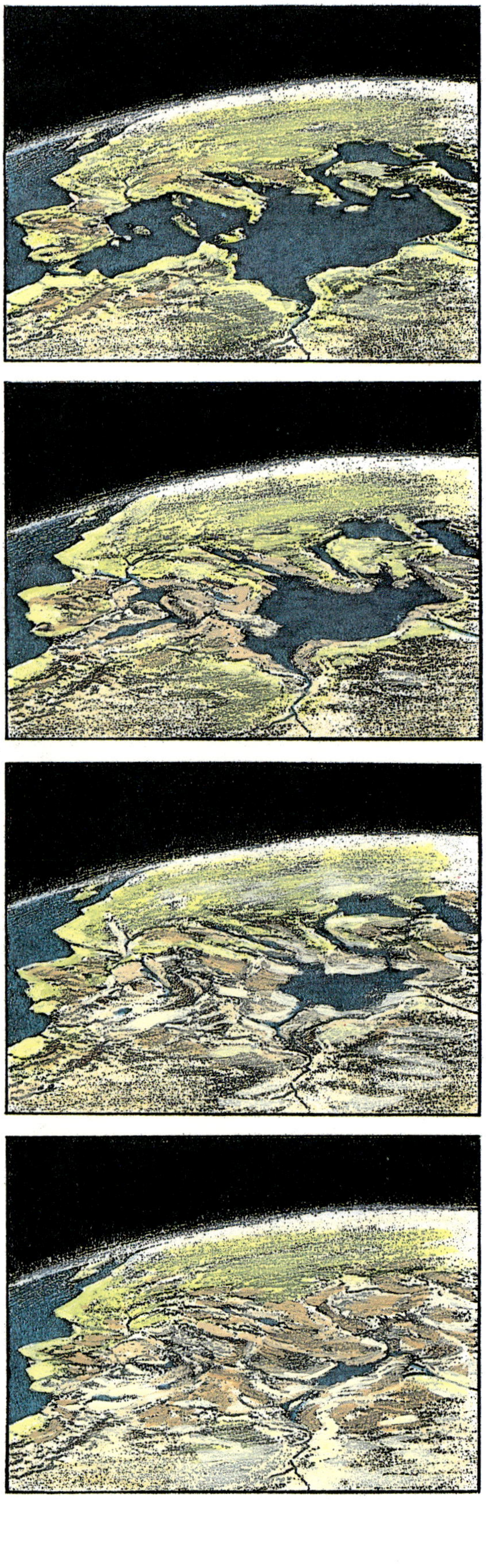

Ein Meer trocknet aus: Die Bilder zeigen vier Stadien, die innerhalb von wenigen tausend Jahren relativ schnell aufeinanderfolgen. Einige in Form und Größe ständig variierende Salzseen bleiben zurück.

dern einen möglichst kleinen Damm zu errichten. Die Ingenieure hatten eine Stelle gefunden, wo sie mit einer kleinen Schleuse einen riesigen See stauen konnten. Selbst wenn der Damm aufgrund seiner Größe an die Grenze dessen ging, was die Menschen bauen konnten, ist doch der Stausee, der eigentliche Zweck des Damms, unverhältnismäßig größer. Ein Bauwerk, das aus der Luft kaum zu sehen ist, staut einen See auf, der das Volumen des Damms um mehrere tausend Male übertrifft. Darin liegt der Clou.

Schauen wir uns das Mittelmeer auf einem Satellitenbild oder einer guten Landkarte an. An der Stelle, wo es an den Atlantik stößt, liegt Gibraltar, die Meerenge zwischen Europa und Afrika. Hier könnte eine kleine Schleuse eine große Wirkung haben. Eine solche Meerenge findet man weder im Atlantik noch im Pazifik oder etwa im Golf von Mexiko. Gibraltar liegt für einen Damm strategisch gesehen ideal.

Was würde geschehen, wenn die enge Durchfahrt zwischen den Säulen des Herakles verschlossen wäre? Der erforderliche Damm müßte etwa anderthalb Kilometer hoch und zwischen fünfundzwanzig und dreißig Kilometer lang und breit sein. Man stelle sich das einmal vor. Es mag seltsam klingen, aber das ganze Mittelmeer würde dann innerhalb von wenigen tausend Jahren austrocknen. Die Niederschläge und großen Flüsse, die sich in das Meer ergießen, reichten nicht aus, es vor dem Austrocknen zu schützen. Die Verdunstung durch die Hitze übertrifft die zugeführte Wassermenge bei weitem. Die Wassermenge bleibt heute nur deshalb konstant, weil riesige Mengen Meerwasser vom Atlantik ins Mittelmeer fließen. Die durch die Straße von Gibraltar fließende Wassermenge entspricht der tausendfachen Wassermenge des Nil. Bei Gibraltar fließt Salzwasser sowohl zu als auch ab. Im Zweiten

Eine Pfütze trocknet aus.

Ein Bohrkern aus den Magazinen der Bibliothek für Bohrkerne des Lamont-Doherty Geophysical Observatory der Columbia University in Palisades, New York.

Weltkrieg wußten die U-Boot-Kommandanten das sehr genau. Je nach gewählter Tiefe konnten sie sich ohne eigenen Antrieb von der Strömung in einer der beiden Richtungen durch die Meerenge treiben lassen. Da bei Gibraltar mehr Wasser ins Mittelmeer hinein- als herausfließt, gleicht sich in der Gesamtbilanz der Verlust durch die Verdunstung wieder aus. (Suez-Kanal und Dardanellen fallen dabei nicht ins Gewicht.)

Die Meerenge von Gibraltar mit einem Damm zu schließen übersteigt unsere finanziellen und technischen Möglichkeiten. Vorstellbar aber wäre ein natürlicher Damm. Dazu müßten die beiden Kontinente Europa und Afrika aneinanderstoßen und eine Landbarriere bilden. Beide Landmassen gleiten langsam über die Erdoberfläche, sie driften. Sie könnten also die Meerenge verbreitern oder schließen, falls es sich zufällig ergeben sollte, daß sie bei den Tausenden von Kilometern, um die sie sich im Lauf großer Zeiträume verschieben, auch zwanzig oder dreißig Kilometer aufeinander zudriften.

Von dieser Seite könnten dem Mittelmeer, anders als dem heutigen Atlantik, Gefahren drohen. Daß es austrocknet, ist durchaus möglich und keineswegs eine abwegige Spekulation.

Was bleibt übrig, wenn ein ganzes Meer austrocknet? Nehmen wir einmal an, die harte M-Layer wäre tatsächlich die später zugeschüttete Oberfläche einer alten Wüste, die einst die ganze Fläche des Mittelmeers eingenommen hat. Es wäre kein einladender Ort gewesen: heiße, trockene Winde, Staub und überall Salz. Die Wüste hätte zwei Kilometer unter dem Meeresspiegel gelegen und wäre beinahe so groß wie die Vereinigten Staaten gewesen. Sie hätte Hunderten von Death Valleys oder Toten Meeren entsprochen, die für lange Zeit nebeneinander existierten. Die Landschaft wäre nicht einförmig und monoton gewesen, sondern höchst abwechslungsreich, durchzogen von vulkanischen Bergketten, deren Vorgebirge in ebene Täler und Tiefbecken ausliefen. Salzhaltige Sümpfe und Seen wären entstanden und wieder ausgetrocknet, wenn die Regenfälle und der Zustrom der Flüsse aus dem kontinentalen Hochland ausblieben. Womöglich wäre auch Meerwasser aus dem höhergelegenen Ozean im Westen eingesickert. Bei jedem Gewässer hätten Uferverlauf, Strand und Fläche ständig variiert, zwischendurch wären sie immer wieder ganz ausgetrocknet. Ein Geologe könnte diese Prozesse erkennen; ja, er könnte noch mehr dazu sagen, weil er die Ergebnisse ausführlicher Untersuchungen der Ufer heutiger Salzseen in die Arbeit mit einbeziehen könnte.

Schon wenige Tage nach der ersten Untersuchung des seltsamen Gerölls aus der M-Layer hatten die beiden Geologen also eine brauchbare Theorie entwickelt. Damit waren sie ihrer Sorgen enthoben, die vergebliche Suche nach Fingerzeigen war beendet. Sie hatten das Bohrschiff wirkungsvoll als wissenschaftliches Instrument genutzt und steuerten es nun sechs Wochen lang von einer Bohrstelle zur nächsten, um Bohrkerne aus der M-Layer zu holen. Damit konnten sie die Implikationen überprüfen, die sich aus ihrer These von einer großen Salzwüste ergaben.

Ein Bohrkern ist nicht einfach ein Haufen Steine, eine Handvoll Geröll. Er ist ein Zylinder, der Materialproben von geologisch bestimmbaren Schichten enthält, aus denen man die Geschichte ihres Fundortes ablesen kann. Der Bohrkern veranschaulicht erdgeschichtliche Zusammenhänge in ihrer zeitlichen Abfolge. Dabei ist die Schicht, die im Bohrkern zuunterst liegt, die erdgeschichtlich älteste, die darüber liegenden sind jüngeren Datums. Um die geologische Bestimmung der einzelnen Teile des Bohrkerns zusätzlich abzusichern, deuten die Geologen das Material darüber hinaus noch anhand neuzeitlicher Parallelen.

Verfolgen wir bei einem der ersten Bohrkerne aus der M-Layer die Abfolge der Schichten. Jede Schicht läßt einen Teil der Vergangenheit lebendig erstehen.

Bei der Bohrung war man weit in die harte M-Layer vorgestoßen und hatte erst abbrechen müssen, als der Bohrer auf Geröll stieß, das diesmal aus dunklem und feinen karbonathaltigen Schlick bestand, der sich früher einmal allmählich auf dem unbewegten Grund eines tiefen Sees angesammelt hatte, der hier gewesen sein mußte. Der See war ausgetrocknet, und in einer der höheren Schichten des Bohrkerns findet sich eine breite Salzkruste, die sich in dem ausgetrockneten Becken des Sees gebildet hatte. Darüber finden wir in dem Bohrkern einen ungewöhnlich leichten Stein mit eingelagerten Knötchen aus einem weißen Material, die durch dünne, graue Streifen miteinander verbunden sind. Die texanischen Bohrarbeiter haben diese Struktur schon vor langer Zeit scherzhaft mit dem Maschendraht eines Hühnerkäfigs verglichen. Die weißen Knötchen sind mineralischer, wasserfreier Gips, eine trockene Form des Gipses. Die charakteristische Struktur ist jedem Geologen bekannt, der sich mit Erdöl auskennt (wie Ken Hsü) und eine moderne Ölboh-

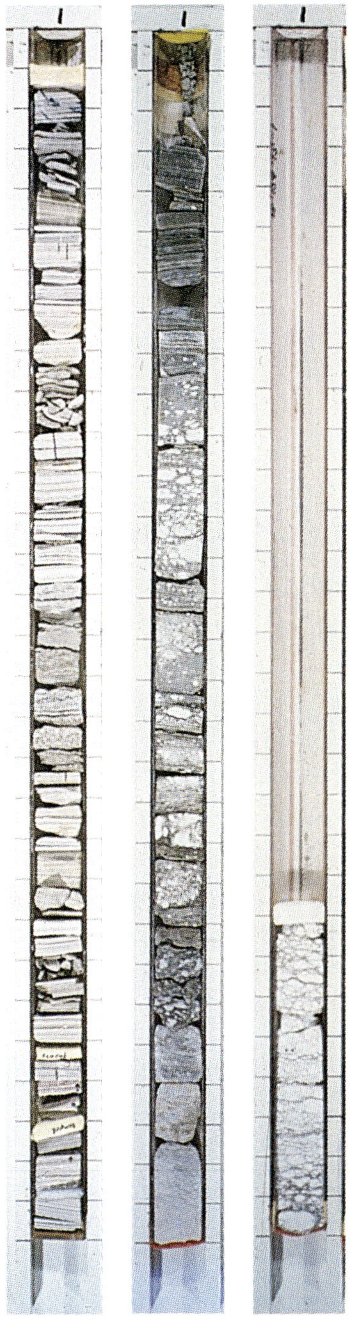

Drei Bohrkerne von unterhalb der M-Layer, jeder 1,5 Meter lang. Bill Ryan konnte direkt aus den Bohrkernen ablesen, welche Materialien sie enthielten und was sie über das Leben der früheren Salzseen berichteten. Der Bohrkern ganz links enthält die tiefsten und ältesten Schichten. Zwischen dem Bohrkern in der Mitte und dem rechten Bohrkern klafft eine Lücke von 4,5 Metern.

rung in den heißen, trockenen Ebenen an der Küste des Persischen Golfs miterlebt hat. Die Struktur entsteht dann, wenn Salzwasser bei extrem hoher Trockenheit langsam an einer flachen Küste verdunstet, die nur gelegentlich von Wasser überspült wird, an der es nie regnet und an der die Temperatur der Luft über 40 Grad beträgt. Nur wenn diese Bedingungen gegeben sind, entsteht diese nicht zu verkennende, ungewöhnliche Variante des normalerweise in Meerwasser gelösten Gipses.

Gehen wir einige Schichten höher. Der See, der hier seine Spuren hinterlassen hat, war nicht immer ausgetrocknet. In einem ständigen Kreislauf füllte er sich immer wieder und trocknete erneut aus. Daß der See immer wieder Wasser gehabt haben muß, zeigen die dünnen, grauen, horizontalen Schichten des Bohrkerns die aus feinem Schlick bestehen. Anschließend findet man dann wieder die seltsamen Knötchen aus wasserfreiem Gips, die sich bilden, wenn ein See mit Salzwasser austrocknet.

Das Becken füllte sich erneut. Stürme, Winde und die Flut peitschten das Wasser über die Küste; zurück blieb fein übereinandergeschichtetes Gestein. Nimmt man ein Stück der Ablagerungen des Sees aus dem Bohrkern und kratzt es mit einer Rasierklinge leicht an, sieht man Dutzende feiner, hauchdünner Schichten. Sie zeugen von einem jährlichen Rhythmus auf dem zu dieser Zeit recht tiefen Grund des Sees. Die dunkleren Schichten entstanden, wenn im Frühling große Wassermengen zuströmten, die dunklere, gröbere Substanzen enthielten. Diese Schichten wechseln mit helleren, feineren Schichten, die sich während der ruhigeren Zeiten im Herbst und Winter angesammelt haben. Die Gleichförmigkeit der regelmäßig aufeinanderfolgenden Schichten verrät, daß es kein organisches Leben im See gab, keine Würmer und keine Schnecken, Krebse oder Kriechtiere, die den Morast aufwühlen konnten. Der See war so tot wie das Tote Meer, und das aus dem gleichen Grund: Sein Wasser enthielt zu viel Salz.

In einer noch höheren Schicht des Bohrkerns finden wir gekräuselte, wellenförmige Partien. Daran kann man erkennen, daß der See einmal seichter gewesen sein muß und der Wind das Wasser aufwirbelte und den Grund mit Rippen überzog. An den folgenden Schichten sieht man, daß der See wieder tiefer und ruhiger wurde. Anschließend wurde er noch einmal seicht, die Schichten sind wieder gerippt, dann trocknete er erneut aus. Man sieht Spuren von Geröll, das das Wasser mit sich geführt hat, und von Staub- und Sandpartikeln, die der Wind vor sich hergetrieben hat.

Den entscheidenden Fingerzeig zur Entschlüsselung dieser wechselvollen Geschichte findet man ein paar Meter oberhalb der tiefsten Schicht des Bohrkerns. Hier liegt eine nicht zu verkennende Schichtenformation, wie man sie heute an vielen zum Teil trockenen, zum Teil feuchten Niederungen heißer Küsten findet. Man nennt die Formation Stromatolith; sie ist eine Art Fossil. In ihr sind die Überreste blaugrüner Algen eingeschlossen. Algen brauchen zur Photosynthese Sonnenlicht. Wenn sie wachsen, bilden sie eine Art Matte, eine lebende, schleimige Fläche. Sanfte Wellen spülen etwas Wasser über diese Algenmatte. Die feuchte Matte fängt verschiedene Partikel ein, und diese Ablagerungen wachsen im Lauf der Jahre. Hier haben wir den unwiderlegbaren Beweis vor Augen, daß der tiefste Grund des Mittelmeers nicht immer von Wasser bedeckt war, sondern auch Sonnenlicht gesehen hat. Später wurde er wieder überflutet, dann trocknete er erneut aus, dann wurde er wieder überflutet. Am oberen

Ende des Bohrkerns sind Sprünge in den festen Ablagerungen des salzhaltigen Schlicks zu sehen. Die salzhaltige Fläche muß lange Zeit der Sonne ausgesetzt gewesen sein; sie schrumpfte, und es bildeten sich Risse im salzhaltigen Wüstenboden.

Wir konnten bei den Bohrkernen Hunderte solcher Kreisläufe von Überflutung und folgender Verdunstung feststellen, und diese Kreisläufe lassen sich vielleicht zu zwei Dutzend größerer Kreisläufe zusammenfassen, auf die man im ganzen Mittelmeer trifft.

Der Bohrkern war offensichtlich auf den Rand eines Wüstensees gestoßen, der immer wieder ausgetrocknet war. Wenn aber diese flachen Seen bisweilen Wasser führten und dann wieder trocken waren, dann mußten die umliegenden höheren Berghänge zwangsläufig meistens über dem Wasserspiegel gelegen haben. Die Wissenschaftler entnahmen deshalb später auf derselben Expedition auch diesen Berghängen Proben. Die Bohrung ging durch über hundert Meter hohe Flußablagerungen, die im wesentlichen aus Erde, Geröll und Ton bestanden.

Hier stieß man auf die farbenprächtigen grünen und roten Staubschichten der Wüste. Ken Hsü geriet in helle Aufregung, als er in den Bohrkernen ebenjene Farben sah, die er von den Hügeln um die Salzseen in Death Valley kannte. Dort hatten längst versickerte Flüsse, die sich früher einmal fächerförmig verzweigt hatten, Geröll und Sand abgelagert. An anderen Stellen findet man auf den Hügeln verschlammte Erden, die Wind und Wasser hierhergetragen haben. Der Bohrkern erinnerte stark an das heutige Death Valley. Wenn man ein solches Death Valley auf dem Grund eines Sees findet, muß der See sehr lange von jeder Wasserzufuhr abgeschnitten und ausgetrocknet gewesen sein.

Meerwasser verdunstet in einem Zimmer. Man sieht verschiedene Stadien der Verdunstung, bis nur noch die glitzernden Salzkristalle übrig sind.

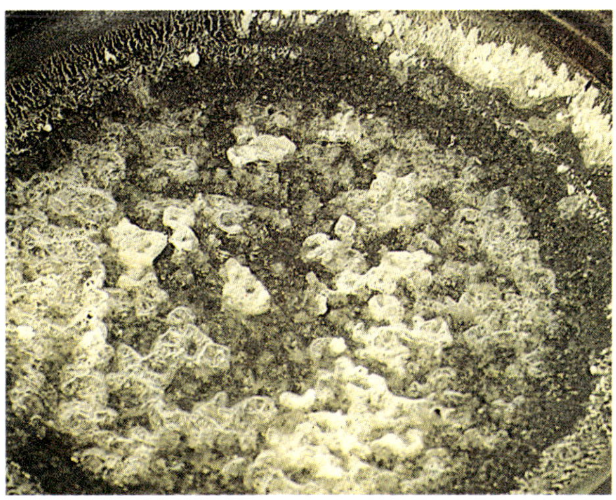

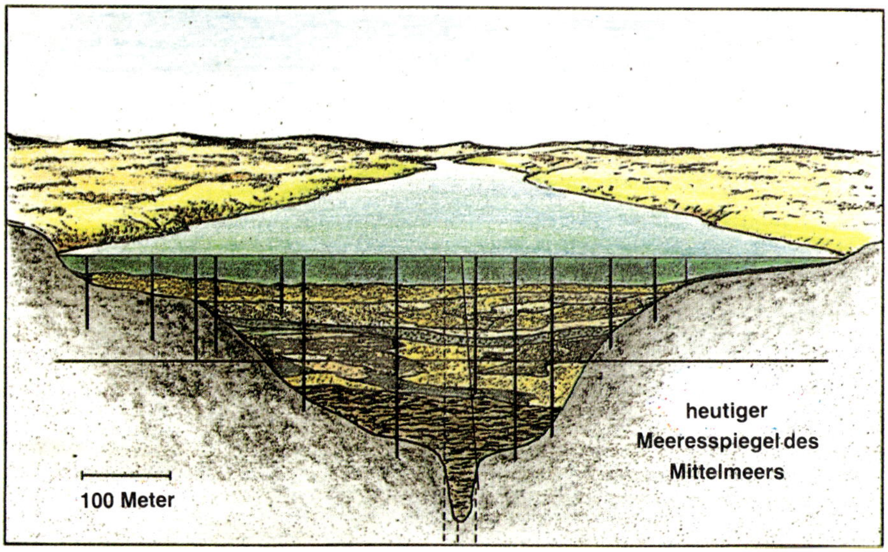

Sowjetische Geologen haben bei Assuan an fünfzehn Stellen in die Tiefe gebohrt. Die Bohrungen sind hier als vertikale Linien eingezeichnet. Die Karte der Sowjets vom Untergrund ist maßstabsgetreu wiedergegeben; sie zeigt einen Querschnitt durch das Flußtal, wie es heute ist. Man beachte, wie hoch der Wasserspiegel des Nils über dem Meeresspiegel liegt; das Mittelmeer liegt heute etwa 1 300 Kilometer stromabwärts von Assuan. Als der alte Nil die unterste Rinne in den Untergrund aus Granit eingrub, muß er in ein Meer gemündet haben, das weiter entfernt war und dessen Oberfläche viel tiefer lag als heute. Das Mittelmeer war ausgetrocknet.

Bohrkerne sind anschaulich, doch gelten ihre Aussagen immer nur für ein bestimmtes Gebiet. Den Geologen war klar, daß sie die Verdunstung des Mittelmeers in größerem Maßstab und an den verschiedensten Stellen untersuchen mußten.

Wenn ein ganzes Meer austrocknet, müssen Überreste zurückbleiben. Ich wollte selbst nachprüfen, was von einem Eimer Bostoner Hafenwasser übrigbleibt. Dazu stellte ich in meinem Gästezimmer eine große Schüssel mit Meerwasser auf einen Tisch. Es dauerte ein paar Wochen, bis das Wasser verdunstet war. Zurück blieb eine dünne, glänzende Kruste weißer Kristalle, welche die Form kleiner Würfel und quadratischer Plättchen hatten und häufig so klein waren, daß die jeweilige Form kaum zu erkennen war. Sicher befanden sich viele verschiedene interessante Mineralien in der Ablagerung. Der allergrößte Teil der Kristalle war aber schlicht Salz.

Der einfache Versuch erlaubt eine nützliche Schlußfolgerung. Denn auch wenn in einer Schüssel nicht genau die gleichen Prozesse wie an einer Küste ablaufen, bleibt doch das mengenmäßige Verhältnis von Salz und Wasser gleich. Wenn große Mengen Meerwasser verdunsten, bleibt viel Salz zurück. Um eine dreißig Zentimeter dicke Salzschicht zu gewinnen, muß die Wassertiefe fünfzehn bis achtzehn Meter betragen.

Das Bohrschiff hatte wiederholt Bohrkerne aus der M-Layer entnommen und die flachen Ränder von Tiefseebecken sowie die Abhänge der Unterwassergebirge angebohrt, die diese Becken überragen. Die beiden Wissenschaftler und ihr Team versäumten natürlich nicht, sich auch den tiefsten Teil eines ehemaligen Salzsees anzusehen. Sie konnten davon ausgehen, daß die tieferen Becken in der wechselvollen Geschichte des verdunstenden Meeres zuletzt ausgetrocknet waren.

Die letzte Bohrstelle der Reise lag am Rande der Tiefsee und war nicht weit von dem tiefen und ebenen Grund des Beckens westlich der Berge Sardiniens entfernt. Dort trafen sie nun gegen Ende der Bohrreise endlich ins Schwarze! Noch eine Bemerkung sei vorausgeschickt: Wenn Meerwasser fortlaufend verdunstet, bleibt eine immer konzentrierter salzhaltige Lösung zurück. Die Salze schlagen sich nun in einer bestimmten Reihenfolge nieder. Zu den ersten Mineralen, die ausfallen, zählt der nur schwer lösliche Gips. Erst sehr viel später fällt in der hochkonzentrierten Salzbrühe das häufigste Mineral des Meeres aus, das Natriumchlorid oder Kochsalz. Ganz zuletzt schlägt sich das bestlösliche Salz nieder, das in dem konzentrierten Restwasser reichlich vorkommt: die Pottasche, das Kaliumkarbonat, das in jedem Blumendünger enthalten ist.

Bei der Bohrung wurde aus über drei Kilometern Tiefe ein fester Bohrkern mit salzhaltigem Gestein nach oben befördert, genau das, was Ryan und Hsü sich erhofft hatten. Sie hatten nicht weit vom Zentrum eines hier früher einmal vorhandenen Sees gebohrt, der infolge der zunehmenden Verdunstung zu einer immer konzentrierteren Salzlake wurde, bis er ganz verschwand. Bei einer zweiten Bohrreise durch das Mittelmeer im Frühjahr 1975 entnahm das Bohrschiff Bohrkerne aus dem Zentrum des tiefsten Seebeckens der ehemaligen Wüste, und dabei stieß man auf riesige Kaliumkarbonatvorkommen, vielleicht die größten überhaupt bekannten. Es handelt sich um den Überrest eines großen Salzsees, der einst dort austrocknete, wo heute das Ionische Meer ist.

Am Ende der Bohrfahrt von 1970 kehrten die Geologen glücklich nach Hause zurück und machten sich an die Auswertung ihrer Funde. Die *New York Times* hatte von ihren aufsehenerregenden Entdeckungen berichtet. Bald darauf erhielt Bill Ryan einen Brief des sowjetischen Geologen I. S. Tschumakow. Tschumakow schrieb, er habe vor Jahren zu einem Team gehört, das durch Tiefbohrungen das Gestein unter der Stelle untersuchen sollte, an der sowjetische Ingenieure den Assuan-Damm bauen wollten. Die Geologen bohrten damals durch die obersten Ablagerungen des Flusses bis zu ozeanischem Sedimentgestein hinunter, das Hunderte von Metern unter dem heutigen Meeresspiegel liegt. Schließlich durchbohrten sie Sedimentschichten aus späterer Zeit, die einen alten, engen Graben ausfüllten, der sich durch Erosion tief in das Muttergestein aus Granit eingeschnitten hatte und dessen Grund einhundertachtzig Meter unter dem heutigen Meeresspiegel liegt. Dieser Sachverhalt ließ nur eine Deutung zu: Der Meeresspiegel muß damals, zur Zeit der Erosion, viel tiefer gelegen haben; der Nil floß nach Norden in das weit entfernte Wüstenbecken ab und höhlte auf dem Weg dorthin, der heute teilweise schon vom Meer bedeckt ist, einen tiefen Graben aus. Unterhalb von Kairo an der heutigen Küste hat man kürzlich bei Erdölbohrungen einen ähnlich tiefen Graben entdeckt. Heute ist er mit Sedimentgestein aus späterer Zeit angefüllt, aber einst wurde er zweieinhalb Kilometer unter dem heutigen Meeresspiegel in das Gestein eingeschnitten!

Auch die Rhone hat einen zugeschütteten Graben, und rund um das ganze Mittelmeer findet man an Land und bei den kontinentalen Senken ähnlich tiefe ehemalige Flußtäler. Die Wüste hat sogar tief im Inland ihre Spuren hinterlassen. Diese Spuren geben uns einen ersten Hinweis darauf, wie lang es gedauert hat, bis das Wasser zurückkehrte, das Becken des Mittelmeers auffüllte und die Flüsse mit ihren Gräben tief unter sich begrub. Die absurd klingende These, daß das Mittelmeer einmal eine riesige Wüste war, konnte weitgehend bestätigt werden. Jeder neue Bohrkern aus dem Meer oder vom Festland brachte neue Beweise. Wir können unsere Fragestellung erweitern. Bestimmte Mengenverhältnisse müssen gewahrt bleiben; aufgrund des Verhältnisses von Zu- und Abfluß des Wassers haben wir uns zunächst klargemacht, daß das Mittelmeer tatsächlich austrocknen kann, daß man diese Möglichkeit nicht von vornherein ausschließen darf.

Kommen wir zum Salz. Man wußte schon lange, daß die Mittelmeerregion eine salzreiche Gegend ist. Die seismologischen Längsschnitte hatten dicke Schichten und Dome von Salz unter dem Meeresboden aufgezeigt, und auch auf dem Land findet man Salzminen, beispielsweise auf Sizilien, mit dicken, deutlich sichtbaren Schichten salzhaltigen Gesteins. Würde man heute die Meerenge von Gibraltar schließen und das Mittelmeer austrocknen, käme man bei weitem nicht auf die Menge Salz, die sich unter dem Meeresgrund befindet. Das Volumen der dort abgelagerten Salzmenge ist bekannt: Die Menge würde eine gleichmäßig dicke, rund zweihundertvierzig Meter starke Schicht ergeben. Aber die durchschnittliche Meerestiefe liegt bei nur ungefähr anderthalb Kilometern. Da ich wußte, wieviel Wasser aus meiner Schüssel mit Bostoner Meerwasser verdunstet war, konnte ich berechnen, wieviel Wasser für das unter dem Meeresboden abgelagerte Salz nötig gewesen war. Ich kam auf eine Wassermenge, die das Mittelmeer zehn- bis zwölfmal auffüllen würde.

Hatte sich das Schleusentor von Gibraltar mehrere Male geöffnet und wieder geschlossen? Vorstellbar, aber trotzdem absonderlich. Zu dieser Überlegung gibt es eine vernünftige, sogar auf der Hand liegende Alternative, auf die die Paläontologin an Bord des Bohrschiffes bereits hingewiesen hatte. In vielen Bohrkernen fanden sich organische Substanzen, Kleinlebewesen fla-

Frederick Edwin Church, Niagara. *Das Bild befindet sich im Besitz des Museums The Corcoran Gallery of Art.*

Für den amerikanischen Maler Frederick Edwin Church boten die Niagarafälle, die er 1857 malte, einen großartigen Anblick. Das Wasser kommt von den Großen Seen. Wieviel Wasser hier abfließt, hängt vom Regen, von der Schneeschmelze und vom Zustrom der Flüsse in die Seen ab. Doch diese Wassermenge könnte das Becken des Mittelmeers nie auffüllen, sie könnte den Verlust durch Verdunstung bei weitem nicht ausgleichen.

cher Küstengewässer, Lagunen und binnenländischer Meerwasserseen. Die periodisch sich verändernden Wüstenseen waren nicht tief, es handelte sich um seichte Wasserflächen auf dem Grund des tiefen Beckens. Vom Westen, vom Atlantik, her sickerte wiederholt Meerwasser ein und überspülte den Boden des Beckens. Das Wasser verdunstete langsam, und Salz begann sich zu sammeln. Das Mittelmeer war eine riesige Ansammlung verschiedener Salzpfannen, kleiner und großer Seen, die allmählich verdunsteten und Salz zurückließen. Später füllten sie sich wieder mit Wasser. Die Zeit, in der das Mittelmeer eine Wüste war, dauerte lange an.

Das blaue Meer war also ausgetrocknet und hatte eine weiße Salzwüste hinterlassen. Der Prozeß hat vermutlich ganz allmählich begonnen. Die Meerenge war zu, das Wasser stand still. Sobald der Zufluß vom Atlantik ins Mittelmeer spürbar zurückgegangen war, trocknete das Meer schnell aus, innerhalb einiger tausend, zehntausend, vielleicht auch hunderttausend Jahre, eine kurze Zeit, vergleicht man sie mit den Millionen Jahren, die seit der Entstehung der M-Layer vergangen waren. Der erste Akt des Dramas war kurz. Das Meer war bald trocken.

Der zweite Akt dagegen dauerte sehr lang. Immer wieder sickerte Wasser vom Atlantik herein und verdunstete, bis sich in den Seen der Wüste das Salz angesammelt hatte, das sich heute unter dem Grund des Mittelmeers befindet. Der ganze Vorgang hat vielleicht hundertmal so lange gedauert wie das anfängliche Austrocknen des Meers. Der Zufluß war während dieser ganzen Zeit gering, so daß die Verdunstung Schritt halten konnte. Wir wissen nicht, von wo aus das Wasser zugeströmt ist. Daß es aus der Nähe des neuen Isthmus von Gibraltar einströmte, scheint wahrscheinlich. Ken Hsü und seine Studenten haben kürzlich vielleicht Hinweise auf einen kleinen Zufluß über Südspanien in das Mittelmeer entdeckt, der lange Zeit bestand.

Heute ist das Mittelmeer keine Wüste mehr. Wie hatte es sich wieder auffüllen können? Der dritte Akt, der jetzt beginnt, bringt den dramatischen Höhepunkt.

Einer der Bohrkerne von 1970 stammt aus dem tiefen Meeresboden zwischen Sardinien und dem italienischen Festland. Maria Cita erinnert sich noch gut an ihn: »Es war ein Glückstreffer: Zum erstenmal fanden wir in einem Bohrkern eine Stelle, an der zwei verschiedene Sedimente aneinanderstießen. Die Grenze war so scharf, daß man mit dem Finger draufzeigen konnte. Zwei ganz verschiedene Schichten stießen unmittelbar aneinander, ohne daß vom zeitlichen Ablauf her gesehen etwas fehlte.«

Unterhalb dieser Stelle fand man Schlick und die vertrauten Salze, die Überreste der Salzwüste. Die darin eingebackenen Organismen waren verkümmert und darauf spezialisiert, in seichtem Brackwasser zu überleben. Oberhalb der Kontaktstelle fand man die rötlichvioletten Farben des Schlickbodens eines tiefen Meeres, dessen Wasser kräftig mit Sauerstoff angereichert und kalt war und den normalen mannigfaltigen Bestand an Meeresorganismen aufwies.

Irgendwann muß ein Erdbeben stattgefunden haben. Der riesige Damm von Gibraltar brach ein, und plötzlich flutete der Atlantik herein und füllte das Wüstenbecken wieder mit Wasser und Organismen. Es muß so viel Wasser zugeströmt sein, daß das Meerbecken restlos aufgefüllt wurde, ohne daß die Verdunstung dies verhindert hätte. Außerdem wissen wir, daß die ersten Organismen, die jetzt in dem Becken auftreten, die des kalten Atlantiks sind. Das dem Mittelmeer zugewandte untere Ende der Wasserfälle von Gibraltar muß weit

unter dem Wasserspiegel des Atlantiks gelegen haben, vielleicht bis zu dreihundert Metern darunter. Der enorme Höhenunterschied ließ die Wasser in die Tiefe donnern, zunächst bis zu einer ersten Terrasse und dann weiter über lange Katarakte hinab in das mehrere Kilometer tiefe Becken.

Ein donnerndes Getöse! Hundertsechzig Kilometer östlich von Gibraltar fehlen in den Bohrkernen vom Meeresboden eine Anzahl von Schichten: Man findet keine Spur der M-Layer, keine Anzeichen von Verdunstung, keine Salzablagerungen, keine Spur von einem Wüstenbecken. Einige hundert Meter an Schichten fehlen, angefangen bei der M-Layer und tiefer. Diese Schichten müssen weggespült worden sein; riesige Erdmassen wurden also von der ungeheuren Kraft der Flutwelle weggerissen. Vermutlich bekamen unsere Vorfahren, die Affen, einen tüchtigen Schrecken, aber leider ist davon nichts überliefert. Von irgendwelchen menschenähnlichen Wesen zu dieser Zeit ist uns nichts bekannt.

Eine Schätzung besagt, daß die Wasserfälle nicht länger als ein Menschenleben andauerten. Im vom Atlantik isolierten Mittelmeer waren die einzelnen Wasserschichten wie in einem stehenden Teich unterschiedlich warm. Das Wasser am Grund war kalt, die oberen Wasserschichten durch die Einstrahlung der Sonne wärmer. Man kann die Temperatur von Wasserschichten messen, in denen es Organismen gibt, die Schalen bilden; die Wassertemperatur beeinflußt auf subtile Weise die Ausbildung von Muschelschalen; die Wahrscheinlichkeit der Verbindung zweier für die Schale notwendiger Isotope des Sauerstoffs ist von der Temperatur abhängig. Doch die ersten Millimeter eines Bohrkerns, der die Spuren der frisch zugeströmten atlantischen Fauna enthält, zeigen, verglichen mit den oberen Schichten, keine temperaturabhängigen Unterschiede im Wachstum. Heute vermischen die ozeanischen Strömungen das Meerwasser und nivellieren die Temperaturunterschiede weitgehend. Hätte sich die Rückkehr des Wassers langsam vollzogen, dann hätten die Wassermassen sich in Schichten übereinanderlegen können, und man würde Hinweise auf eine kalte Bodenschicht und wärmere Oberschichten finden. Daß man keine findet, bedeutet, daß die Wassermassen von Anfang an vermischt wurden. Es dauert ungefähr hundert Jahre, bis sich ein Meer mit verschieden temperierten Wasserschichten gebildet hat. Daher müssen schon vor Ablauf der ersten hundert Jahre nach der Rückkehr des Wassers Strömungen vorhanden gewesen sein. Für den Geologen sind hundert Jahre eine kurze Zeit. Wenn wir die Zeit, die seit der Schließung der Schleuse vergangen ist, als einen Tag ansetzen, dann trocknete das Meer das erstemal innerhalb einer Minute aus. Das Wüstenbecken und die Seen waren eine Stunde lang der Sonne ausgesetzt, bis der Damm schließlich brach, die ungeheuren Wasserfälle entstanden und die Wüste innerhalb von ein, zwei Sekunden überschwemmt war. Den Rest des langen Tages über, in der Zeit bis heute, war das blaue Mittelmeer ein ruhiger Ableger der Weltmeere.

Auf dem Gipfel der Felsen von Gibraltar schauten Bill Ryan und ich auf das ruhige Meer hinab und versuchten uns die Wasserfälle jener fernen Vergangenheit vorzustellen. Wir diskutierten unter anderem die Frage, welche Folgen die Ablagerung des Salzes der Weltmeere in dem Wüstenbecken an der Stelle des heutigen Mittelmeers gehabt hatte. Waren die Gletscher weiter vorgedrungen, weil das Wasser der Polarmeere einen kleinen Teil seines Frostschutzmittels verloren hatte?

Ich fragte Ryan, ob die Wasserfälle von Gibraltar wirklich so einmalig gewesen sind; hatte sich diese Naturkatastrophe wirklich nur einmal ereignet? Ryan wußte von einigen Beispielen an anderen Orten zu berichten, wo sich möglicherweise dasselbe Schauspiel ereignet hatte. Das eine lag sehr lange zurück; es hatte zu einer Zeit stattgefunden, als der Atlantik selbst noch ein kleines Meer war und erst im Entstehen begriffen war. Ein älteres Meer, das sogenannte Tethysmeer, speiste damals den entstehenden Atlantik von Osten her mit Wasser. Wurde diese Verbindung unterbrochen? Die charakteristischen Salzschichten sind vorhanden, sie wurden durch die spätere Ausbreitung des Atlantiks halbiert. Die eine liegt tief im Meeresboden vor Marokko, die andere vor Nova Scotia in Kanada.

Ryan war noch nie auf dem Felsen von Gibraltar gewesen, obwohl er nicht weit davon manch bange Stunde auf See verbracht und die Signale des Leuchtturms anhand seiner Karten ausgewertet hatte, um die Position des Schiffes zu bestimmen. Sein erster Besuch auf dem Felsen regte ihn zu vielen Fragen an. Der Felsen von Gibraltar besteht aus Jurakalkstein, wie er in seichtem Wasser entsteht. Niemand wundert sich mehr darüber, daß tiefliegende Schichten plötzlich in der Höhe anzutreffen sind. Man hat sich an den Anblick versteinerter Muscheln auf Berggipfeln gewöhnt. Daß ein Meer aber einmal eine Wüste gewesen sein soll, ist für viele Wissenschaftler immer noch schwer zu begreifen.

Dabei ist Wasser das beweglichste der »Minerale«. Das Gletschereis, das einst Nordeuropa überzog, war Wasser, es kam und verging. Warum sollte nicht dasselbe für das Meer gelten, das uns umgibt? Mengenmäßig entspricht es dem Eis, das sich einst über Europa ausbreitete. Trotzdem kann der »ausgebildete Geologe nicht daran glauben«.

»Sie werden sich im Lauf der Zeit schon noch dazu bekehren«, meinte ich.

Die meisten früheren Einwände gegen diese Theorie – mittlerweile hat man sie größtenteils akzeptiert – bezogen sich auf die Plötzlichkeit der Ereignisse. Geologen sind an lange, langsame Prozesse gewöhnt. Wenn etwas schnell gegangen sein soll, werden sie skeptisch. Man muß bedenken, daß sie ein Jahrhundert lang gegen eine falsche, unwissenschaftliche Zeitrechnung ankämpfen mußten, die das Erdalter bei 6000 Jahren angesetzt hatte und damit um Millionen vom wirklichen Erdalter entfernt war. Ein Physiker, der vielleicht die größere Distanz hat, weiß, daß es in der Welt langsame und schnelle Prozesse gibt, oft sogar in enger Nachbarschaft. Die Felsen einer Schlucht werden langsam erodiert, und plötzlich stürzt ein Felsbrocken in die Tiefe. Langsame und schnelle Prozesse sind gleich wichtig. In einer Welt, die so viele unterschiedliche

Die gigantischen Wasserfälle von Gibraltar, aufgrund einer Schätzung ihrer Größe maßstabsgetreu gezeichnet. So große Salzwasserfälle kennen wir heute nicht. Das kleine Rechteck gibt die Niagarafälle maßstabsgetreu wieder. Bei den größten heutigen Wasserfällen, den Viktoriafällen in Uganda, stürzt zehnmal soviel Wasser wie in Niagara in die Tiefe, doch verglichen mit Gibraltar, ist das immer noch wenig.

Größen- und Zeiteinheiten kennt, spricht wenig für die ausschließliche Bevorzugung bestimmter Größen.

Die Prozesse der Erde haben nicht aufgehört, seit es Menschen gibt. Man weiß, daß die Kontinente immer noch auf der Erdkugel driften. Man weiß, daß Meerwasser immer noch verdunstet und daß dabei Salz zurückbleibt. Es ist nur so, daß der Zeitraum, in dem sich die Kontinente verschieben, verglichen mit einem Menschenleben, ja selbst mit der ganzen Menschheitsgeschichte, sehr lang ist. Sollte die Menschheit jedoch lange genug überleben, wird sich wahrscheinlich alles wiederholen. Die enge Schleuse von Gibraltar wird sich schließen, das Mittelmeer wird austrocknen, bis nur noch einige Salzseen auf dem Grund des Beckens übrigbleiben. Abenteuerlustige Touristen werden dann in einer Karawane von Kairo durch die heiße Salzwüste bis zu den Bergen Siziliens reisen!
Die neuen Erkenntnisse und neuen Instrumente der Geologen haben uns eine Reise in die Vergangenheit ermöglicht. Wir konnten ein paar Seiten im Buch der Erdgeschichte lesen. Sie enthüllten uns eine Vergangenheit, die uns fremd, in manchem aber vertraut ist.
Die Methoden, die Vergangenheit zu untersuchen, haben sich mit dem Fortschritt in Wissenschaft und Technik stark verändert. Wir können heute effektiver nach den Spuren der Vergangenheit suchen, wir können vergangene Zeiträume genauer bestimmen und Gesteinsproben besser analysieren. Die Grundidee ist aber dieselbe geblieben: Man muß möglichst viele Daten zusammentragen und diese dann so umfassend und gründlich wie nur möglich untersuchen. Diese Methode gilt gleichermaßen für Täler wie für Meeresböden. Mit ihr kann man versteinerte Wälder und das Entstehen und Verschwinden von Meeren untersuchen, und sie wird auch dann noch gelten, wenn die Geologen eines Tages tief in das Gestein von Mars und Mond eindringen.
Im Prinzip hat sich nichts geändert seit jener Zeit vor hundert Jahren, als ein paar Geologen, bewaffnet mit wenig mehr als Hammer und Skizzenblock, durch unbewohntes Land streiften, auf übereinanderstehende, versteinerte Bäume stießen und sich erstaunt fragten, wie dieses Wunder zu erklären sei.

5

ATOME

Das leuchtende Rot und die anderen Farben einer Feuerwerksrakete werden durch spezifische Elemente hervorgerufen, die man zum Glühen bringt. Feuerwerk ist seit dem achtzehnten Jahrhundert bekannt, als man zunehmend mehr über die einzelnen Elemente wußte. Zwischen der Farbe glühender Materie und ihrem chemischen Aufbau besteht ein enger Zusammenhang, der uns nicht nur Einsicht in die Zusammensetzung der fernen Sterne verschaffte, sondern überraschenderweise sogar einen Universalschlüssel zur Bauweise des Atoms selbst in die Hand gab.

Ich besitze ein kleines Instrument, eine Art kleiner Messingröhre. Jedesmal, wenn ich in die Röhre hineinschaue, sehe ich ein unaufhörliches Spiel winziger Funken, ein richtiges Feuerwerk. Und tatsächlich handelt es sich hier um ein atomares Feuerwerk, das im Grunde noch viel aufregender ist als ein Himmel voll leuchtender Farben. Das atomare Feuerwerk findet auf einem briefmarkengroßen Schirm statt, der mit einem mineralischen Farbstoff überzogen ist und an einen Fernsehapparat im Kleinstformat erinnert. Die Funken sind sehr fein. Will man sie sehen, muß man den Raum verdunkeln und warten, bis die Augen sich an die Dunkelheit gewöhnt haben. Das Feuerwerk mit einer Filmkamera aufzunehmen ist nur mit Spezialausrüstung möglich: mit einem modernen, für Nachtaufnahmen geeigneten Vergrößerungsapparat und einer hochempfindlichen Videokamera. Das an die Dunkelheit adaptierte Auge allerdings kann es auch ohne die Hilfe eines Instruments wahrnehmen.

Es grenzt an ein Wunder: Hier können wir Vorgänge, die sich auf atomarer Ebene abspielen, unmittelbar mit unseren Augen sehen. Die in einem willkürlichen Durcheinander überall auf dem Bildschirm aufzuckenden Blitze zeigen an, daß die Materie aus Atomen besteht. Sie waren der erste sichtbare Hinweis auf Atome überhaupt.

Diese Messingröhre ist die genial einfache Erfindung des Londoner Physikers Sir William Crookes und datiert aus der Zeit um die Jahrhundertwende. Das abgebildete Exemplar trägt die Jahreszahl seiner Entstehung und ist vom Erfinder selbst signiert. Crookes nannte seine Entdeckung Spinthariskop, nach dem griechischen Wort für Funken. Es wurde als eine Art wissenschaftliches Spielzeug verkauft; in jener bewegten Zeit, als das Radium gerade entdeckt worden war, erschien das Gerät vielen als ein Wunder.

Die Messingröhre hat ein Okular, eine einfache Linse, die fünf- bis zehnfach vergrößert. Sie ist auf den leuchtenden mineralischen Farbschirm zentriert, der die Röhre am anderen Ende abschließt. Die ganze Röhre ist drei bis fünf Zentimeter lang. Direkt über dem Schirm ist eine kleine Nadel. 1903 gab man auf die Nadelspitze eine winzige Menge einer Radiumverbindung, indem man die Spitze in eine stark verdünnte Lösung eintauchte und diese dann trocknen ließ. Radium kostete damals etwa eine Million Pfund Sterling pro dreißig Gramm; die benötigte Menge war so gering, daß sie gerade einige Pfennige wert war.

Man kann das Radium auf der Nadelspitze deshalb weder sehen noch wiegen. Trotzdem erzeugt es grob geschätzt hundert Blitze pro Sekunde, die Blitze eingerechnet, die dem Auge entgehen. Und das nun schon seit hundert Jahren, ohne daß die Aktivität des Radiums nachgelassen hätte. Für die Zeit seit der Herstellung des Geräts ergibt das eine Billion Blitze. Aus den Arbeiten der Curies wußte man, daß diese Aktivität ein paar tausend Jahre lang andauern würde. Außerdem wußte man, daß Radium sich auf diese Weise langsam zu einem inaktiven Element umwandelte. Jeder sicht-

Feuerwerk am 4. Juli, dem amerikanischen Nationalfeiertag.

bare Blitz bezeugt den Zerfall mindestens eines Atoms – und wir sehen nicht alle Blitze, und nicht jeder Zerfall erzeugt einen Blitz. Vielleicht vermittelt das eine Vorstellung von der Anzahl der Atome der Materie.

Daß Radium im Dunkeln leuchtet, hatten die Curies bemerkt, als es ihnen in ihrem kalten Pariser Hangar gelang, das erste Radium zu isolieren. Das Leuchten war dann am stärksten, wenn die Materiepartikel des radioaktiven Radiums auf die Oberfläche eines fluoreszierenden Minerals auftrafen, etwa auf Zinksulfid, wie es für den Schirm unseres alten Spinthariskops verwendet wurde. Das alles wußte Sir William. Seine Leistung bestand darin, daß er mit einem schwachen Mikroskop das vom Radium ausgehende fluoreszierende Leuchten genau untersuchte. Dabei sah er jene verblüffende Erscheinung, die er uns durch das Spinthariskop zugänglich machte: Das Leuchten war kein kontinuierliches Glühen, es bestand vielmehr aus einer fortgesetzten Folge einzelner Blitze.

Die Blitze, die wir im Spinthariskop sehen, werden nicht jeweils durch ein Atom allein hervorgerufen. Hier hilft der Vergleich mit dem Feuerwerk uns weiter. So wie eine Rakete auf ihrem Weg über den Himmel einen ganzen Funkenregen erzeugt, so bahnt sich im Spinthariskop ein einzelnes, schnelles Atom, das Zerfallsprodukt des Radiums, den Weg durch die vielen winzigen Kristalle des Zinksulfidschirms und regt viele der Atome, an denen es vorbeikommt, zum Leuchten an. Ein Atom macht den Anfang; damit das Auge einen Funken wahrnimmt, müssen allerdings noch viel mehr Atome durch das eine Radiumatom zum Leuchten angeregt werden. Das sind keine alltäglichen Erscheinungen. Radioaktivität ist ungeheuer energiereich, und nur deshalb kann der radioaktive Zerfall auch mit dem Auge verfolgt werden.

Die winzige Radiummenge muß eine Vielzahl von Atomen enthalten. Im Spinthariskop kann man sich davon aufgrund des Verhaltens der radioaktiven Substanz einen Eindruck verschaffen. Die Atome sind außerdem winzig klein, anders wären Billionen Atome auf einer Nadelspitze auch undenkbar. Atomare Ereignisse sind immer plötzlich, willkürlich und unregelmäßig, wie es der Natur der Atome entspricht.

Im Spinthariskop hat man atomare Prozesse zum erstenmal direkt sehen können. Trotzdem dürfen die Blitze selbst noch nicht als überzeugender Beweis für die Existenz von Atomen betrachtet werden. Man muß schon ein Experte sein, will man sie auf schlüssige Weise damit in Zusammenhang bringen. Um die Jahrhundertwende hatten selbst viele Wissenschaftler, mit Ausnahme einiger Chemiker und Physiker, noch ihre Zweifel, obwohl die Direktheit und Einfachheit des Beweises viele Skeptiker verunsicherte.

In diesem Kapitel nun wollen wir versuchen, uns dem

Im Messingspinthariskop aus dem Jahr 1903 sieht man feine Blitze. Da man diese Blitze zählen konnte, wurde aus dem kleinen Vorführgerät bald ein Instrument zur quantitativen Bestimmung des radioaktiven Zerfalls. Durch mühsames Zählen der Blitze dieses Szintillationszählers, des empfindlichsten Instruments vor dem Zeitalter der Elektronik, entdeckten Ernest Rutherford und seine Mitarbeiter 1911 den Atomkern.

Verständnis des Atoms auf verschiedenen Wegen zu nähern, da ein einzelner Weg für sich noch nicht als Beweis ausreicht. Einige der Wege sind schon seit Tausenden von Jahren von Handwerkern beschritten worden, andere wurden erst in neuerer Zeit in den modernen Laboratorien entdeckt. Ich hoffe zeigen zu können, daß alle Wege zusammen auf einen zentralen Punkt hinführen: zu der zwingenden Schlußfolgerung, daß die Materie aus Atomen besteht.

Reinheit

Urban Billmeier aus Chicago betreibt ein Handwerk, dessen Tradition 5000 Jahre zurückverfolgt werden kann. Er ist einer der letzten Goldschläger der Vereinigten Staaten, die noch in der klassischen Weise von Hand arbeiten, und sein Arbeitsmaterial ist reines Gold.

BILLMEIER: Unser Ausgangsmaterial ist 24-karätiges Gold, reines Gold also, dem wir Kupfer und Silber zugeben, bis es so hart ist, daß wir mit ihm arbeiten können. Das Gold hat dann immer noch über 23 Karat.

Unsere Kunden kommen aus Branchen, in denen Beständigkeit eine wichtige Rolle spielt. Wenn ein Restaurator eine teure Antiquität repariert, dann sollte sie weitere hundert Jahre überstehen. Auch ein Bilderrahmen soll hundert Jahre halten. Eine vergoldete Kuppel auf einem öffentlichen Gebäude sollte die nächsten fünfzig Jahre nicht mehr restauriert werden müssen. Das Gold, das wir verwenden, muß von dauerhafter Qualität sein. Es darf sich nicht

Ein unaufhörliches atomares Feuerwerk feiner Blitze in einer kleinen Röhre. Man kann die Blitze zahlenmäßig schätzen, auch wenn sie für das Auge oft zu schnell aufeinanderfolgen. Seit 1903 hat es in der Röhre eine Billion Male geblitzt.

verfärben, und es muß genug Substanz haben, um jedem Wetter zu trotzen.
Gold hat diese Eigenschaften. Es ist ein hervorragendes Metall. Echtes Gold wird fast überall gebraucht.

Gold von Hand zu schlagen ist eine langwierige Prozedur. Es erfordert höchste Geschicklichkeit, aus dem reinen Goldmetall das hauchzarte und trotzdem gleichmäßig dicke Blattgold zu machen. Es gibt auch maschinell hergestelltes Blattgold, das allerdings ab einer gewissen Dünne Blasen wirft. Im Gegensatz zum Handwerker kann die Maschine die entstehenden Unsauberkeiten nicht beseitigen.
Zur Herstellung von Blattgold wird ein kleiner Barren fast reinen Goldes so lange von Stahlwalzen ausgewalzt, bis eine lange, dünne Goldfolie entsteht. Man braucht gar nicht hinzusehen: Durch bloßes Hören kann man feststellen, wie das Metall zunehmend dünner wird. Anfangs klingt es dumpf, wenn das Blech von der Walze in den Auffangbehälter fällt, etwa wie Karton, dann eher wie das Knistern von Papier, und zuletzt klirrt es wie Metallfolie. Kein anderes Metall kann ohne Reißen und Brechen so dünn ausgewalzt werden wie Gold.
Die Walze ist etwas jünger als das Handwerk des Goldschlägers, auch wenn sie nachweisbar schon fast fünfhundert Jahre zur Metallverarbeitung eingesetzt wird. Durch das Walzen dehnt und weitet sich das Metall; die Oberfläche wird größer, das Volumen bleibt aber natürlich gleich. Der ausgewalzte Goldbarren ist zuletzt ein fünfzehn Meter langes Goldband.
Das ist aber erst der Anfang. Nun wird die Folie in kleine Teile zerschnitten, und jedes Teil wird zwischen die Pergamentblätter einer Art quadratischen Buches gelegt. Das Buch wird zwanzig Minuten geschlagen, bis jedes Teil etwa die Größe einer der Buchseiten hat. Daraufhin wird jedes Teil in vier Stücke zerschnitten, und der Vorgang wiederholt sich. Aber jetzt dauert das Schlagen ein paar Stunden.
Sobald die Stücke so dünn geschlagen sind, daß sie so groß sind wie eine Seite, werden sie herausgenommen und wieder in vier Stücke zerschnitten. Zum Schluß wird das hauchdünne Gold in ein Buch gelegt, dessen Seiten aus Goldschlägerhaut sind, der äußeren Haut eines Ochsenblinddarms. Diese Haut hält extrem viele Schläge aus und gibt zugleich genügend nach, damit die empfindliche Goldfolie nicht beschädigt wird. Nun wird das Buch vier Stunden lang mit den gezielten Schlägen eines großen Holzhammers bearbeitet und während dieser Prozedur gleichmäßig gewendet.
Damit ist das Blattgold fertig. Es ist so fein, daß man es nur noch anhauchen und mit einer weichen Bürste polieren darf. Das Metall schimmert immer noch wie Gold, wenn auch bei starker Hintergrundbeleuchtung ein blaugrüner Ton durchscheint. Blattgold ist so dünn, daß eine Bibel mit Seiten aus Blattgold nur so dick wie eine einzige Seite gewöhnlichen Bibelpapiers wäre.
In den einzelnen Handwerkszweigen werden die verschiedensten Verarbeitungstechniken für Materialien wie Ton, Farben, Metall, Glas und Leder verwendet. Das Goldschlagen ist so alt und weit verbreitet und führt zu so faszinierenden Ergebnissen, daß es besondere Aufmerksamkeit verdient. Die Verarbeitung von Gold hat eine bemerkenswert lange Tradition und erreichte bereits bei frühen Kulturen einen hohen Stand. Überall entdeckten die Handwerker mit der Zeit, was man mit dem edlen Material alles anstellen konnte; Gold hatte immer dieselben Eigenschaften, ganz gleich, woher es kam, wenn es nur annähernd rein war; es konnte immer gleich bearbeitet werden und

Die Arbeit des Goldschlägers

Die Walze.

Am Ende der Walze.

Ein Goldband.

Das Schneiden der Goldfolie.

Ein Buch wird gefüllt.

Das Buch wird mit einem Hammer geschlagen.

Das Gold im Buch ist zuletzt hauchdünn.

Das Blattgold wird angehoben.

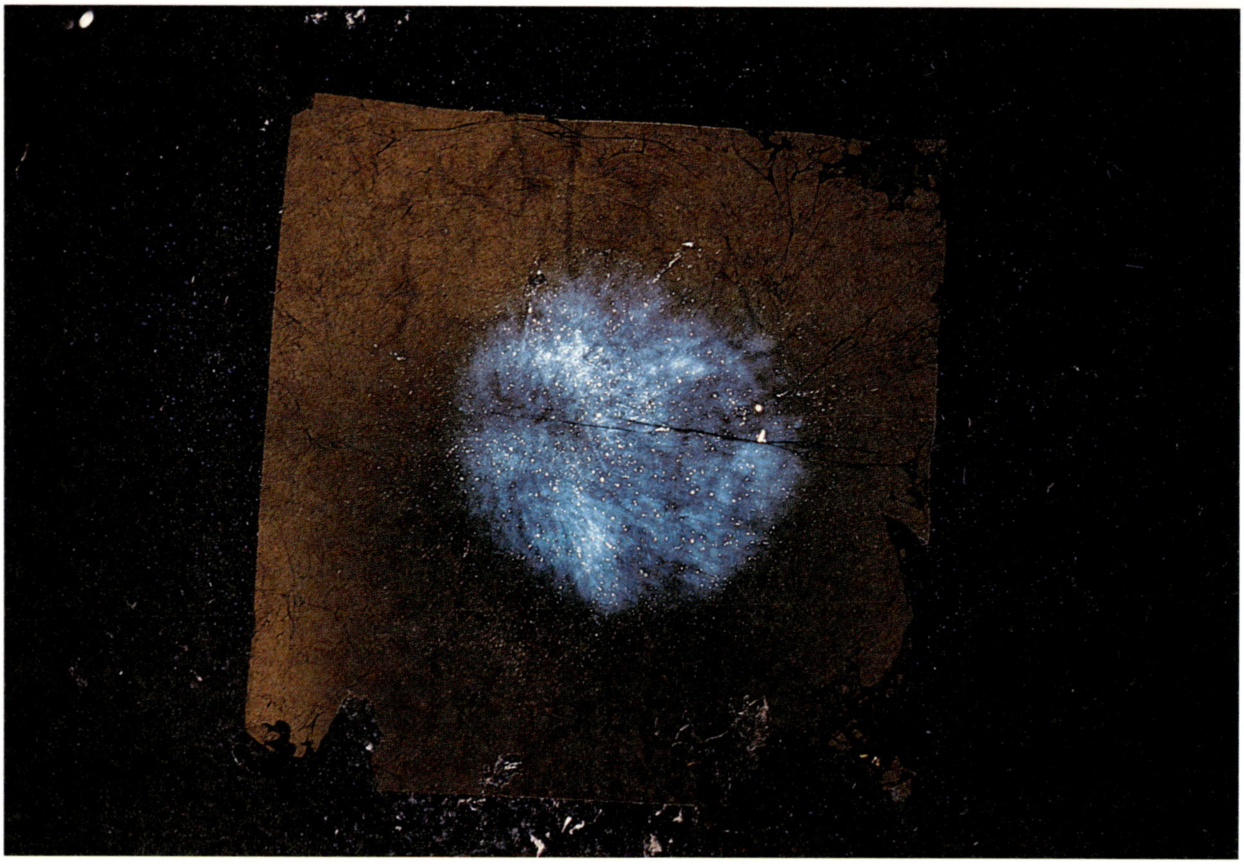

Blattgold. Das Gold ist nun so dünn, daß es durchscheinend ist. Licht, das von hinten auf das Gold fällt, erscheint als blaugrün.

war zeitbeständig. Schon eine zweiprozentige Verunreinigung war deutlich spürbar (oft auch im Preis). Kein anderes Metall kann so vielfältig bearbeitet und so dünn ausgewalzt werden, ohne spröde zu werden und zu brechen, wie Gold.

Die Goldhandwerker wußten schon früh, daß selbst Gold, das sich durch die Bearbeitung optisch stark verändert hatte, wieder zurückgewonnen werden konnte. Goldstaub konnte zu jeder gewünschten Form gehämmert oder geschmolzen werden; der Handwerker mußte nur wissen, ob der Goldgehalt sich verändert hatte. Übrigens ist der erste Gebrauch von Feinwaagen mit der Goldverarbeitung im vorzeitlichen Ägypten vor über 6000 Jahren verbunden.
Die Handwerker lernten auch, wie man unreines Gold reinigt. Die Reinheit des Metalls ließ sich durch chemische Verfahren und genaues Wiegen feststellen. Die Qualitätsprobe, die im folgenden beschrieben werden soll, ein Kupellieren genanntes Schmelzverfahren, das Urban Billmeier in seiner Werkstatt durchführt, ist seit 3000 Jahren weit verbreitet. Noch bis vor ungefähr zehn Jahren war es das gängigste Verfahren zur Bestimmung der Goldreinheit.
Das Schmelzverfahren beginnt damit, daß man einige Bleikörnchen zu der Goldprobe gibt. Die Probe kommt in einen kleinen, porösen Tiegel, die Kupelle, die man mit der Schmelzmischung in einen Muffelofen stellt. Die Kupelle ist aus Holz- und Knochenasche. Sobald das Blei rötlich glüht, reagiert es mit Luft. Die dabei entstehende Schmelzflüssigkeit, ein Bleioxyd, löst die meisten anderen Oxyde des Bleis und anderer Metalle,

die sich bei den hohen Temperaturen in Reaktion mit der Luft gebildet haben, aus der Goldprobe. Die bleireiche Schmelzflüssigkeit, die Schlacke, wird von der porösen Asche aufgesogen, nicht aber das ebenfalls geschmolzene Gold. Eine gebrauchte Kupelle ist deutlich sichtbar durch die aufgenommene Schlacke verunreinigt. In der Kupelle bleibt ein kleines Goldklümpchen übrig (das vielleicht noch weitere Edelmetalle enthält). Das Gold, das nicht mit der Luft reagiert hat, kühlt aus, wird fest und kann gewogen werden.
Solche und ähnliche Erkenntnisse von den Eigenschaften der Stoffe waren für spätere Chemiker eine Fundgrube. Hier fanden sie sogar Hinweise auf die unsichtbare Welt der Atome.

Die Goldprobe zu Fausts Zeiten: In dieser nüchternen Werkstatt aus der Zeit um 1570 wurden Kupfer, Blei, Silber und Gold auf ihre Reinheit geprüft und gereinigt; Quecksilber wurde wiederaufbereitet, und die benötigten Säuren wurden hergestellt. Kupelliert wurde im Muffelofen des Raums, der sich rechts anschließt. Der Verfasser des Buches, aus dem der Druck stammt, hebt hervor, daß ein Goldprüfer gut rechnen können muß: »Fürwahr, daran erkennt man den Meister.«

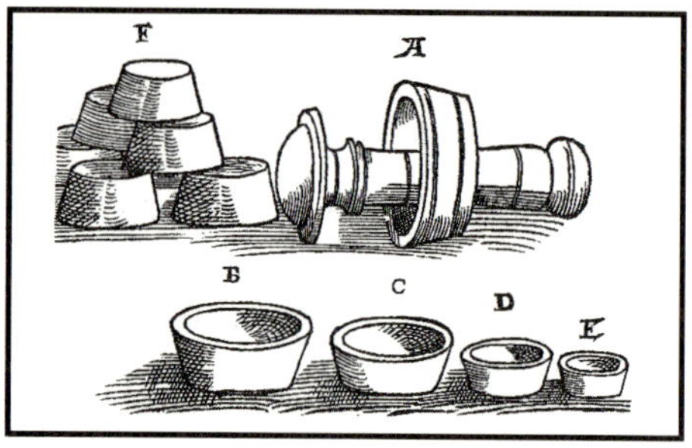

Formen zur Herstellung von Kupellen aus Asche, um 1570; daneben Kupellen beim Trocknen.

Ein Handwerker von heute wiegt eine Probe, die kupelliert werden soll.

Die geschmolzene Probe.

Die weiße Kupelle ist durch Oxyde verunreinigt. Doch das Gold ist nun gereinigt und kann gewogen werden.

Sand

Im folgenden soll von einem großen Sandstrand die Rede sein, der sich breit zwischen Küste und Landesinnerem erstreckt, so daß ein einzelner Mensch auf ihm kaum auffällt. Wichtig ist die Größe: Nur an einem großen Strand können Wind und Wetter sich in der charakteristischen Weise auswirken; ein kleiner Sandstreifen ist in dieser Hinsicht kein richtiger Strand.

Im Unterschied zu einer Felsenküste ist ein Strand kein starres Gebilde. Er verändert sich unter dem Einfluß von Wind und Wasser. Zweierlei ist also für einen Strand charakteristisch: der weite, offene Raum und die Myriaden kleiner, vom Wind bewegter Sandkörnchen.

Im folgenden wollen wir uns Sand einmal mit Hilfe einer Lupe genauer ansehen. Schon auf den ersten Blick wird deutlich: Das Wort Sand faßt ganz verschiedene Dinge zusammen. Unter der Lupe erscheinen schwarze, rötliche und milchig weiße Körnchen. Blickt man über den Strand, sieht man manchmal, daß Wind und Wellen die verschiedenen Sandkörnchen sortieren, freilich nach einem gröberen Raster, als ich das von Hand tun kann.

Menschen sind Augenwesen. Wir sortieren Sandkörnchen automatisch nach Farbe und Größe. Das ist sicherlich eine Möglichkeit, aber es gibt auch noch viele andere.

Eine eher ungewöhnliche Methode bedient sich eines Magneten. Manche Körnchen werden sofort vom Magneten angezogen. In unserem Fall sind es die schwarzen. Wir dürfen nun aber nicht glauben, daß die schwarzen Körnchen, die wir nach der Farbe aussortiert hatten, mit denen identisch sein müssen, die vom Magneten angezogen werden. Vielleicht zieht der Ma-

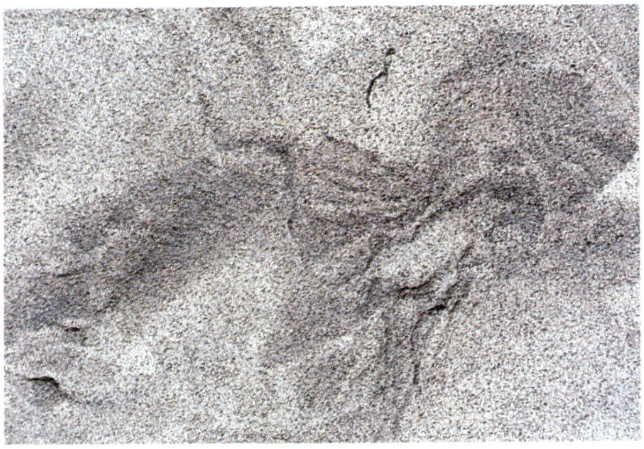

Verschiedene Sandkörner.

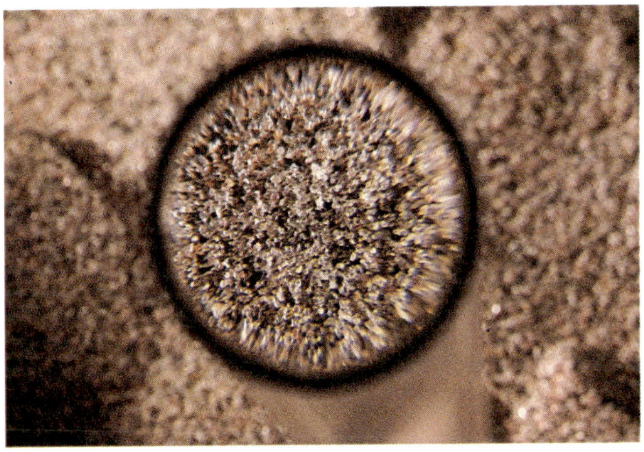

Hier haben Wind und Wasser sortiert:

heller und dunkler Sand, und Sand mit kleinen, glänzenden Glimmerkörnchen, durch eine Lupe gesehen.

Der Magnet sortierte die schwarzen Sandkörnchen vom Strand aus.

gnet nur eine bestimmte Sorte schwarzer Körnchen an. Das bedeutet aber, daß unsere Methode, nach Farben zu sortieren, unzulänglich ist. Wir müssen die verschiedensten Eigenschaften so lange untersuchen, bis wir uns überzeugt haben, daß eine bestimmte Sorte bestimmte, gemeinsame Eigenschaften hat. Erst dann haben wir reinen Sand, der aus Körnern von ausschließlich einer Sorte besteht. Allerdings können wir nie mit Gewißheit sagen, ob sich diese Sorte nicht doch durch ein weiteres Verfahren noch weiter unterteilen läßt. Festhalten können wir aber zunächst, daß eine Probe dann als rein bezeichnet wird, wenn ihre Bestandteile bestimmte Eigenschaften gemeinsam haben, die man experimentell nachgewiesen hat.

Diese Definition gilt allgemein. Reines Wasser zeichnet sich durch einen ganz bestimmten, unverwechselbaren Geschmack aus. Reines Gold wird von den Handwerkern der ganzen Welt geschätzt, weil es sich in charakteristischer Weise gut verarbeiten läßt.

Sandkörnchen sind keine Atome; wichtig ist aber, daß die grundsätzliche Überlegung, ein bestimmtes Material, in unserem Fall Sandkörnchen, nach seinen Eigenschaften zu sortieren, sich verallgemeinern läßt zu der Vorstellung, daß im Inneren der Materie auch so etwas wie Sandkörnchen seien, die man sortieren kann, nämlich Atome.

Der Sand war verhältnismäßig leicht in seine verschiedenen reinen Bestandteile zu zerlegen. Wir sortierten die Körnchen einzeln von Hand oder mit dem Magneten. Gehen wir noch einmal zurück. Als in der Kupelle die Reinheit der Goldprobe geprüft wurde, war nirgendwo eine körnige Struktur auszumachen. Das Goldklümpchen hatte eine glatte, schimmernde Oberfläche. Aber könnte es nicht sein, daß beide Methoden in Wirklichkeit identisch sind, auf einer Ebene freilich, auf der wir nichts mehr sehen können? Vielleicht existieren auch im Gold eine Art Körnchen – nennen wir sie Atome –, die in der Kupelle genauso sortiert werden, wie der Wind oder der Magnet die Sandkörnchen am Strand sortiert.

Elemente

Ich wollte noch ein anderes Sortierverfahren ausprobieren, das noch älter und verbreiteter als das Goldschmelzverfahren ist. Dazu wandte ich mich an meine hilfsbereite Nachbarin, eine bekannte Biochemikerin.

»Ich bin Julia Child und bereite nach Philips Anweisungen eine ganz spezielle Mahlzeit zu. Das Essen ist far-

Kohlenstoff. Nahrungsmittel zersetzen sich, mit Ausnahme von Salz, zu Kohlenstoff.

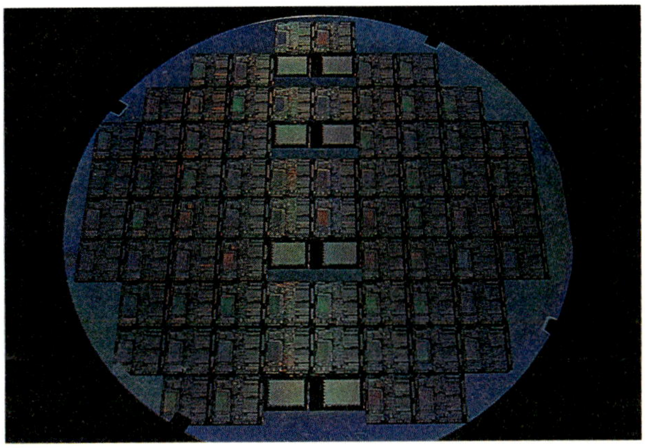

Silizium. Bei dem Mikroplättchen mit den komplexen, Chips genannten Schaltkreisen handelt es sich um ein Kristall aus Silizium, dem reinsten Element, das je für die industrielle Massenproduktion verwendet wurde.

benfroh: frische grüne Bohnen, hellroter Kürbis, Kartoffelkroketten, Lendenfilet mit Pilzsauce. Ich garniere das Ganze der Farbe wegen mit etwas Grün. Jetzt für Philip noch einen Teelöffel grobkörniges Salz in die Mitte des Tellers. Und nun der letzte Schliff, die spezielle Zubereitung im Backofen.

Jetzt nehme ich den Hauptgang aus dem Backofen. Aha! Das sieht sehr gut aus. Es geht doch nichts über eine gute Köchin. Schauen Sie sich das an: ein königliches Mahl, gekocht von Julia Child für Professor Morrison. *Bon appétit!*«

Mit dem ihr eigenen Humor und Können hat Julia Child nach meinem Rezept ein Essen gekocht und jeden Gang des Essens schwarz werden lassen. Das war keineswegs ein Versehen, sondern Absicht: Ich wollte eine bestimmte Eigenschaft der Materie deutlich machen.

Indem Julia das Essen verkohlen ließ, hat sie die Atome sortiert. Auf der Oberfläche der verschiedenen Nahrungsmittel bildete sich einheitlich eine schwarze Schicht. Natürlich ist es keine Kunst, Essen anbrennen zu lassen; das kann jeder. Das angebrannte Essen machte eines deutlich. Es zeigte, daß unsere Nahrung Kohlenstoff enthält. Eine Ausnahme sind Salz und Wasser, aber beide spielen in der Ernährung eine zwar wesentliche, aber besondere Rolle.

Ein skeptischer Chemiker würde eine Überprüfung vornehmen, bevor er überzeugt wäre, daß diese gleich aussehenden, schwarzen Krusten tatsächlich dieselbe Substanz sind. Er würde getrocknete Stücke derselben Nahrungsmittel nehmen, sie an der Luft verbrennen und mit chemischen Methoden überprüfen, ob bei dieser vollständigen Verbrennung wirklich die gleichen Substanzen entstehen. Das wäre tatsächlich überwiegend der Fall; der Chemiker würde also folgern, daß Kohlenstoff in fast jedem Nahrungsmittel vorkommt. Die Tatsache, daß man aus einer Vielzahl verwandter Substanzen eine bestimmte Komponente gewinnen kann, ist ein wesentlicher Bestandteil unserer Vorstellung vom atomaren Aufbau der Materie.

Eine Klasse solcher sortierter Körnchen nennen wir ein chemisches Element. Jeder kann leicht eine so vertraute Substanz wie Wasser in ihre elementaren Bestandteile zerlegen und wieder zu Wasser zusammensetzen. Man braucht dazu nur eine etwas seltsam aussehende Apparatur aus verschiedenen Glasröhren.

Analyse des Wassers: Auf 2 H kommt 1 O.

Synthese des Wassers: Auf 2 H kommt 1 O.

Leitet man elektrischen Strom durch Wasser, kann man es in die zwei bekannten gasförmigen Elemente trennen, aus denen es besteht. Der Gleichstrom wird bei unserem Apparat am unteren Ende der einen Röhre eingeleitet und tritt am Ende der anderen Röhre wieder aus (die Zugabe von etwas Säure verbessert die Leitfähigkeit des Stroms im Wasser). In beiden Röhren bildeten sich Bläschen, die durch das Wasser nach oben stiegen. In der einen Röhre waren es Wasserstoffbläschen, in der anderen Sauerstoffbläschen, wie wir leicht feststellen konnten. Die vielen Bläschen sammelten sich als große Gasblasen an den oberen Enden der Röhren.

In beiden Röhren sank, während sich die Bläschen bildeten, der Wasserspiegel, wobei das Größenverhältnis der beiden Gasblasen zueinander konstant blieb. Die bekannteste chemische Formel wurde vor unseren Augen sichtbar: Zwei Teile Wasserstoff reagieren mit einem Teil Sauerstoff – H_2O. Ein inneres Gesetz mußte sich hinter dieser einfachen Formel verbergen, denn das einfache Zahlenverhältnis war sicher nicht durch den Apparat bedingt.

Die Umkehrung dieses Prozesses, das Verbinden der beiden gasförmigen Elemente zu Wasser, ist seltener zu beobachten. Bei unserem Versuch benutzten wir zwei Stahlzylinder: einen mit reinem Sauerstoff, einen anderen mit reinem Wasserstoff; beide Gase standen unter Druck. Nacheinander leiteten wir von beiden Gasen das gleiche Volumen in eine dickwandige, mit Wasser gefüllte Glasröhre, deren Öffnung in ein Wasserbecken getaucht war. Am oberen Ende der Röhre entstand ein gasgefüllter Raum. Zu Wasser verbanden sich die Gase immer dann, wenn wir in dem gasgefüllten Raum durch einen elektrischen Funken eine Reaktion auslösten, die eine kleine Gasexplosion verursachte.

In dieser Geode waren Quarzkristalle versteckt. Was die andere wohl enthält?

So kam zu dem vorhandenen Wasser noch ein wenig neu entstandenes Wasser dazu. (Wir filmten die Gasexplosion in Zeitlupe; interessanterweise zeigte der Film deutlich, daß selbst während der Explosion kein Gas durch die ins Wasser getauchte Öffnung der Röhre entwich.)

Im oberen Ende der Röhre war noch etwas Gas übrig. Wir versuchten einen ganzen Nachmittag lang, diesen Zustand zu ändern, aber das Gas blieb hartnäckig, wo es war.

Wir hatten das mit Gas gefüllte obere Röhrenende mit einer Markierung in vier gleiche Abschnitte unterteilt. Vor der Explosion war das Röhrenende je zur Hälfte mit Wasserstoff und Sauerstoff gefüllt gewesen. Wasserstoff und Sauerstoff reagierten miteinander, und das übriggebliebene Gas füllte noch einen der Abschnitte: Zwei Teile Wasserstoff hatten sich mit einem Teil Sauerstoff verbunden, und es war Wasser entstanden; das restliche Gas war der Sauerstoff, der bei der Bildung des Wassers nicht gebraucht worden war, also ein Viertel des gesamten Gases. Wieder hatten wir die Bedeutung der Formel H_2O erfahren; anscheinend konnte das Wasser rechnen.

Ob wir Wasser nun chemisch auflösen oder zusammensetzen, das Ergebnis war immer gleich: Zwei Teile Wasserstoff verbinden sich mit einem Teil Sauerstoff. Ich will nicht behaupten, daß es dafür nur eine Erklärung gibt. Aber angenommen, es gäbe Atome, die sich im Fall von Wasser zu identischen kleinen Gruppen derselben Art zusammenschließen, bestehend aus jeweils zwei Wasserstoffatomen und einem Sauerstoffatom – dann kämen wir auf die Formel H_2O. (Es könnten genausogut mehr Atome sein, solange das Verhältnis gewahrt bleibt, also etwa H_4O_2, oder H_6O_3; die Anzahl der Atome können wir aufgrund unserer beiden Experimente nicht bestimmen.)

Form

Vor 1900 versuchten die Chemiker, dem unsichtbaren Atom mit subtilen Methoden auf die Spur zu kommen: mit Glasapparaturen, in denen Reaktionen stattfanden, mit der Feinwaage und über die einfachen ganzzahligen Verhältnisse, zu denen man durch die Experimente mit Gewicht und Volumen gekommen war. In der Materie fanden sich aber auch noch andere Anhaltspunkte, die, sobald man erst einmal auf sie aufmerksam geworden war, sogar mit bloßem Auge wahrnehmbar waren.

Der kleine, kugelähnliche Stein, der oben abgebildet ist, hat eine auffällige Form, ist aber keineswegs selten. Als ich ihn mit dem Hammer aufschlug, war er innen mehr oder weniger hohl. Das Innere enthüllte einen kleinen funkelnden Schatz, der hier schon länger verborgen liegt, als es Menschen auf der Erde gibt. Solche Steine – man nennt sie Geoden – haben im Inneren oft herrliche Kristalle. (Daher ist es immer spannend, eine Geode zu öffnen; man weiß nie, was man finden wird. Manche bestehen enttäuschenderweise nur aus festem Gestein.) Ein Kristall besteht aus glatten, glänzenden und von geraden Linien begrenzten Flächen, obwohl

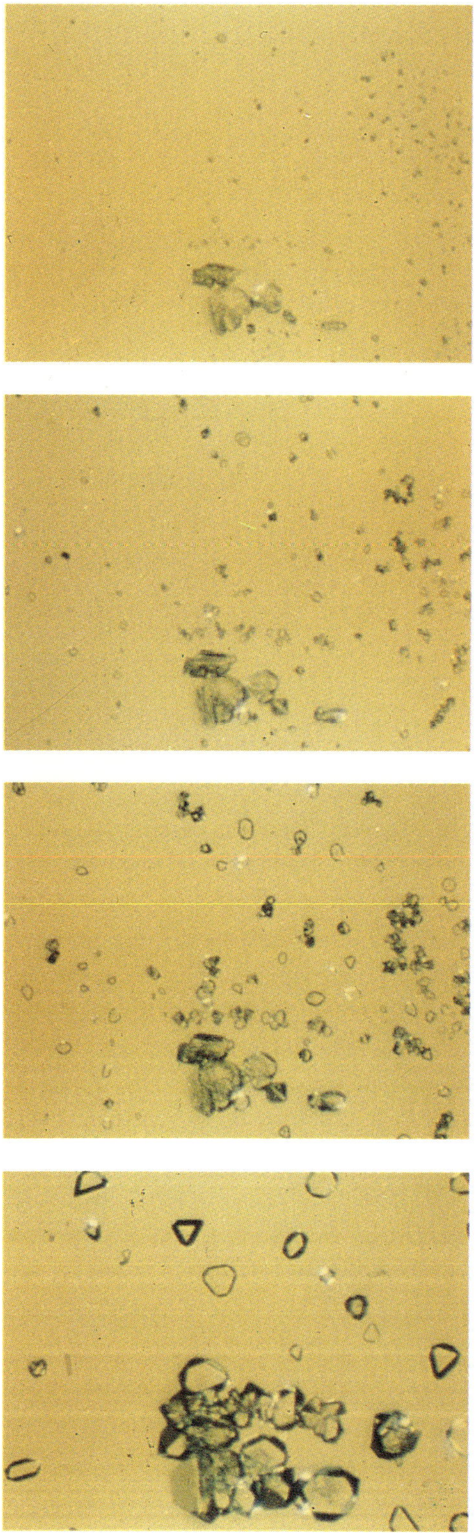

Eine mineralogische Zeitmaschine: Innerhalb von Sekunden bilden sich Kristalle. Unter dem Mikroskop entstehen in einer klaren Lösung vor unseren Augen schön geformte Alaunkristalle.

ganz offensichtlich kein Steinschneider sie geschnitten und poliert hat.

Minerale scheinen eine natürliche Formkraft zu besitzen, die sich in dieser eleganten Geometrie ausdrückt. Schon die ersten Höhlenmenschen waren von der seltsamen Geometrie der natürlichen Kristallformen fasziniert. Diese geometrischen Formen sind in unserem Zusammenhang ein weiterer Fingerzeig. Wir stoßen im mineralischen Bereich fast überall auf sie – so etwa bei der Schneeflocke.

Wir wollten die Entstehung von Kristallen beobachten. Große natürliche Kristalle wachsen allerdings sehr langsam. Wenn wir uns für unsere Zwecke mit kleinen Kristallen begnügen wollten, wäre die Entstehungszeit entsprechend kürzer. Sollten wir also auf Größe verzichten, um Zeit zu sparen? Ein Ausweg ist, die Kristallbildung unter dem Mikroskop zu beobachten. Unter dem Mikroskop erscheinen selbst solche Kristalle noch einigermaßen groß, die in Wirklichkeit so klein sind, daß man sie im Gestein gar nicht sieht. Wir bereiteten also ein entsprechendes Experiment vor, was einiges an Erfahrung voraussetzt.

Mit zwei Mineralen hatten wir Erfolg: Sie wuchsen vor unseren Augen. In einer klaren Lösung bildete sich eine Reihe winziger, blitzender Kristalle reinen Silbers. Die meisten wissen nicht, daß Metalle fast immer eine kristalline Struktur haben. Die Kristalle sind nur unsichtbar klein und oft durch Bearbeitung zerstört.

In einer zweiten klaren Lösung entstanden kleine, durchsichtige Alaunkristalle. Innerhalb von dreißig Minuten waren die Kristalle so groß wie ein Körnchen Tafelsalz. Wären wir Zwerge, könnten wir sie im Museum ausstellen. Beobachtet man, wie die geometrischen Formen in der Lösung entstehen, drängt sich einem das Gefühl auf, daß die Ausbildung der Kristalle einer inneren Gesetzmäßigkeit folgt.

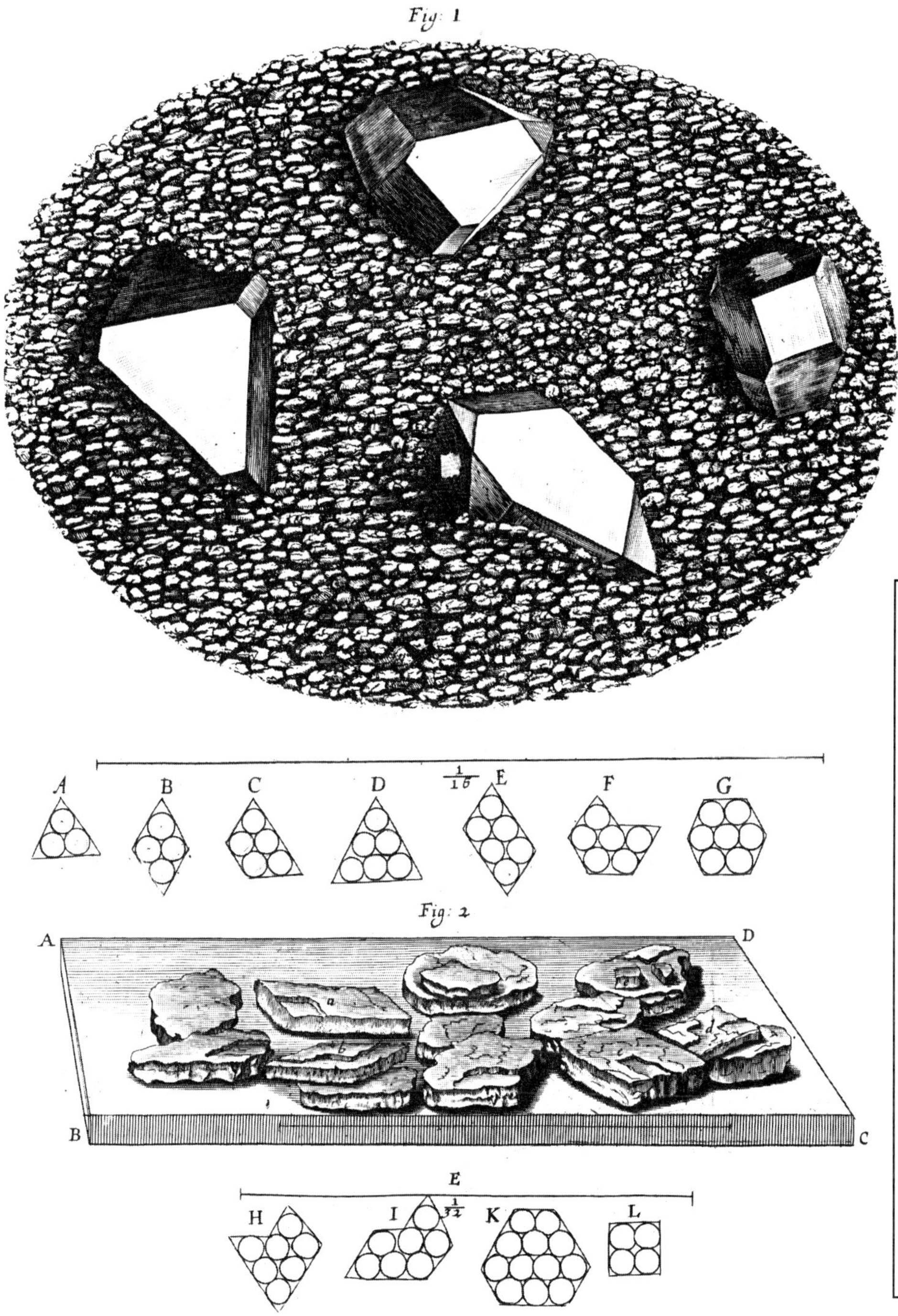

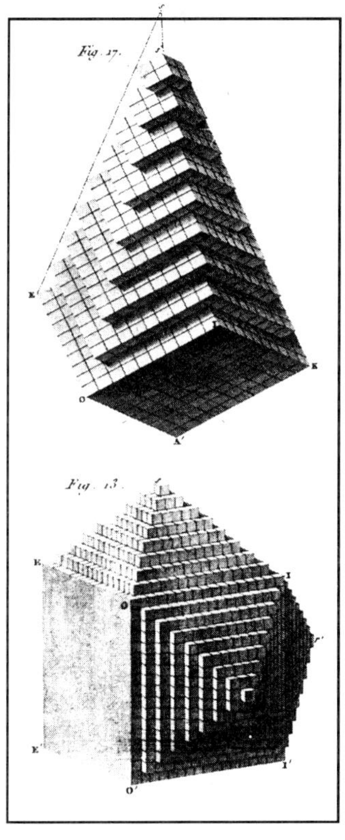

Kristalle, wie Robert Hooke sie unter dem Mikroskop sah. Die Billardkugeln passen in einfache geometrische Formen mit nur wenigen verschiedenen Winkeln. Robert Hooke, der sehr erfinderisch war, dachte sich diese zweidimensionale Anordnung von »Kügelchen« 1665 als Modell für Kristalle aus. Die dritte Dimension bezog er noch nicht ein.

Ein Bauwerk mit seltsamen Ziegeln: Um 1800 zeigte ein Pariser Mineraloge, wie man die räumliche Form der Kristalle aus kleinen, identischen Ziegeln aufbauen konnte. Auf seinen Zeichnungen sieht man ein gestuftes Oktaeder, das aus winzigen Würfeln besteht und ein Modell für die Pyritkristalle ist, die wir uns angesehen haben. (Einen Würfel aus Würfeln zu bauen ist kein Kunststück!)

Pyritkristalle haben viele Formen. Die würfelförmige Grundform ist freilich allen gemeinsam. Links ist ein einfacher Würfel zu sehen; schaut man sich das Gebilde rechts im Bild genauer an, entdeckt man viele kleine Oktaeder.

Salzwürfel. Wie man unter dem Mikroskop sieht, sind Salzkörner häufig würfelförmig.

Das häufig vorkommende Mineral Pyrit bildet von Natur oft erstaunlich gleichmäßige Würfel. Zwar findet man häufig auch Pyritkristalle, die keine Würfel, sondern achtseitige Festkörper sind, Oktaeder, aber die sechs Ecken des Oktaeders zeigen genau auf die Seiten eines imaginären, um den Oktaeder gezeichneten Würfels. Die Pyritkristalle gehören alle zu einer Familie, deren Strukturprinzip der Würfel ist.

Auch in anderen Kristallen findet sich die Würfelform. Ein Körnchen Tafelsalz etwa kann die Form eines Würfels haben, was ohne Lupe allerdings nicht erkennbar ist.

Geometrische räumliche Formen, basierend auf bestimmten Winkeln zwischen den Kristallflächen, findet man bei Mineralen aller Größen und Farben. Minerale werden nach ihrer Form in Familien eingeteilt. Seit 1800 weiß man in der Geometrie, wie sich die verschiedenen spezifischen Kristallformen aus kleinsten Modulziegeln aufbauen lassen, wobei die Gestalt des Moduls eine ganze Formfamilie festlegt. Wieder war man zwar den Atomen noch nicht direkt auf der Spur, aber man kam ihnen langsam näher.

Nach so vielen häufig vorkommenden Mineralen konnte ich der Versuchung nicht widerstehen, mir nun einen seltenen Stein anzusehen, einen natürlichen Diamanten. Er hat nicht die zahlreichen Facetten des geschliffenen Brillanten, wie man ihn aus der Werbung kennt. Dazu hätte erst ein Steinschneider den Diamanten bearbeiten müssen. Unser Rohdiamant war ein natürlich gewachsenes Oktaeder.

Eine andere, allerdings noch ausgefallenere Art des »Kochens« kann die innere Geometrie der Materie verdeutlichen. Auch dieser Versuch ist schon lange bekannt. Zuerst besorgten wir uns einen Diamanten. Dann trieben wir in einem Labor des MIT einen Vakuumofen auf, in dem in einem versiegelten, luftleeren Innenraum eine hohe Temperatur erzeugt werden

Ein Rohdiamant hat die natürliche Form eines Diamanten. Dieser hier ist als Oktaeder gewachsen und wurde nicht von einem Diamantschleifer bearbeitet.

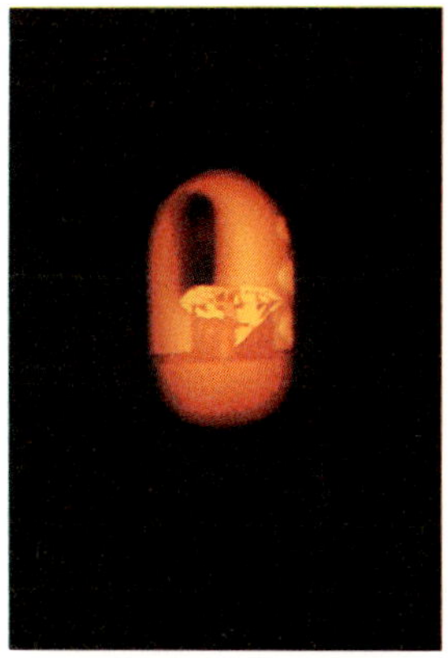

Der erhitzte Diamant glüht immer stärker.

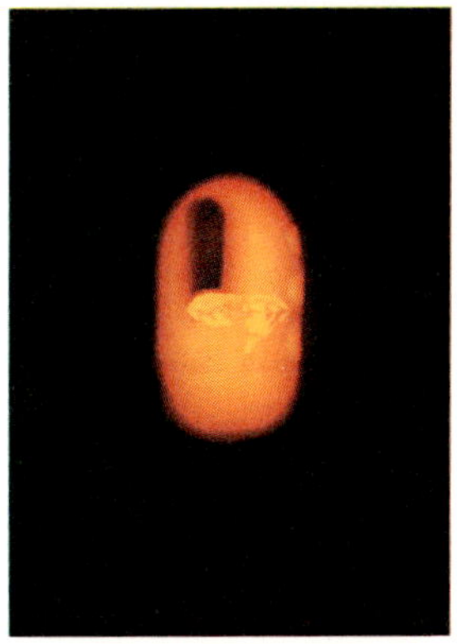

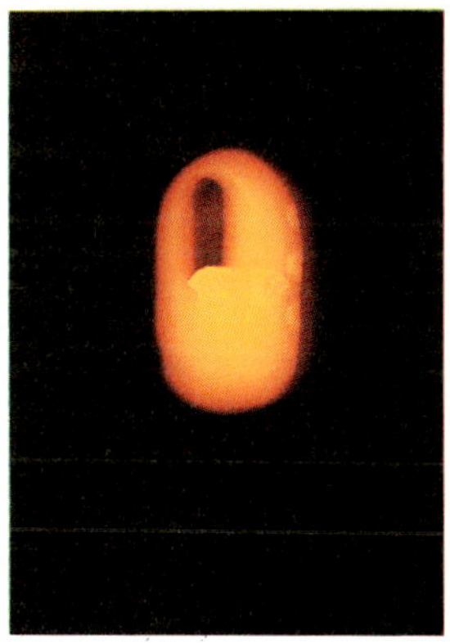

kann. Nach einer Reihe von Versuchen mit kleineren und weniger wertvollen Diamanten brachten wir unseren Diamanten in das Vakuum und ließen ihn bei 1700 Grad Celsius drei Stunden lang »kochen«. Als der Ofen wieder ausgekühlt war, öffneten wir ihn und sahen, nicht ohne ein Gefühl des Bedauerns, was von dem Diamanten übriggeblieben war.

Alles, was von dem Diamanten übrig ist, liegt hier auf einem kleinen Teller. Der schwarze Rest erinnert stark an das verkohlte Essen. (Als Julia Child ihn sah, meinte sie, er sähe aus »wie ein verbranntes Miniatursoufflé, ein deprimierender Anblick«.) Ich führte einen primitiven Vergleich durch: Zuerst zog ich mit der Diamantenkohle einen Streifen über ein Blatt Papier. Dann machte ich dasselbe mit einem Stück verkohlter Stangenbohne. Beide Streifen sahen gleich aus.

Der Diamant wurde im Vakuum extrem stark erhitzt. Hätte Luft hinzutreten können, wäre der weißglühende Diamant nicht zu Kohlenstoff, sondern zu einem unsichtbaren Gas, dem Kohlendioxyd, verbrannt. Ebenso oxydiert ja auch der Kohlenstoff in unserer

Der geschliffene Diamant kommt in den Ofen.

Das Ende eines harten, funkelnden Diamanten.

Die Herstellung von Nudeln durch fortgesetztes Zusammenfalten des Teigstrangs.

Nahrung erst im Inneren des Körpers und wird dann als Kohlendioxyd ausgeatmet. Bei entsprechenden Vorkehrungen kann man fast das volle Gewicht des Diamanten als Kohlenstoff wiedergewinnen. (Diamanten bestehen, wie mir gesagt wurde, zu über 99 $^{44}/_{100}$ Prozent aus Kohlenstoff!)

Zwischen einem Diamanten und Kohlenstoff besteht aber trotzdem ein gewaltiger Unterschied. Sie sind ganz und gar nicht dasselbe, wie schon der unterschiedliche Preis zeigt, den man im Geschäft dafür bezahlt. Worin besteht der Unterschied? Die übriggebliebenen Atome sind fast ausschließlich Kohlenstoffatome, und als der Diamant verkohlte, ging nur sehr wenig Substanz verloren, die keine Rolle spielt. Der Unterschied muß daher in der geometrischen Anordnung der Kohlenstoffatome im Raum liegen. Ein Diamant ist eine spezifische räumliche Anordnung von Kohlenstoffatomen; bei ausreichend hohen Temperaturen gruppieren sie sich um und bilden ein anderes Muster, das der Kohle. Auch die grünen Bohnen – die viel komplizierter aufgebaut sind als ein Diamant und noch andere Atomarten enthalten – verbrannten zu Kohlenstoff, als wir sie so lange erhitzten, bis nur noch die am wenigsten flüchtige Komponente, ebender Kohlenstoff, in Form von Kohle übrig war.

Größe

Die Kristallform ist ein Schlüssel zur Welt der Atome. Atome sind in der Materie zu spezifischen räumlichen Mustern angeordnet. Als nächstes wollen wir nun versuchen, das geometrische Volumen herauszufinden, das ein Atom hat und das wir als seine Größe betrachten können.

Wer wissen will, was ein Atom ist, muß die Materie immer weiter unterteilen, bis er an eine endgültige Grenze stößt. Methodisch kann dieses Unterteilen auch durch eine geometrische Reihe erfolgen, was weitaus reizvoller ist als die Arbeit mit einer arithmetischen Reihe. Könnten wir nicht, anstatt einfach das kleinstmögliche Teil abzutrennen, unsere Probe immer wieder halbieren, bis wir bei den winzigen Atomen angelangt sind, die in so unglaublich großer Zahl die Materie aufbauen?

Ein faszinierender Vorstoß in diese Richtung – ohne dabei an das Atom zu denken – wird seit langem in der hohen Schule der chinesischen Kochkunst unternommen. Wir haben einen solchen Virtuosen der Kochkunst aufgesucht.

Küchenchef Mark verknetet glutenreiches Weißmehl portionsweise sorgfältig mit den anderen Zutaten, die er für seinen Nudelteig braucht: drei Becher Mehl, die Hälfte dieser Menge an Wasser, ein viertel Teelöffel Salz und Backpulver. Dann zieht er den Teig mit ausge-

streckten Armen zu einem dicken Strang aus. Daraufhin faltet er den Strang in der Mitte und zieht die beiden Hälften wieder in die Länge, bis er zwei dünnere Stränge derselben Länge erhält. Das wiederholt er mehrere Male …

KÜCHENCHEF MARK: Herzlich willkommen! Ich bin Chef des Dragon House in Wildwood, New Jersey. Heute bereite ich Nudeln zu, die auf chinesisch *so* heißen. Dafür muß der Teig zäh und weich sein, sonst werden die Nudeln nichts.

Beim ersten Falten des Teigstrangs erhält man zwei Nudeln, beim zweitenmal vier. Faltet man weiter, hat man beim zwölftenmal schon viertausendsechsundneunzig Nudeln.

Fertig! Sie sind fast anderthalb Meter lang, die sogenannten Drachenbartnudeln – und so fein wie Menschenhaare.

In zwei Minuten hatte Küchenchef Mark sechseinhalb Kilometer Nudeln ausgezogen. (Sie waren in Wirklichkeit zwei- bis dreimal so dick wie ein Haar.) Legendäre Küchenchefs sollen bis zu dreizehn Verdopplungen erreicht haben, während es ein geschickter Laie auf acht bis zehn bringen kann. Hätte Küchenchef Mark die Verdopplungen fortgesetzt, wäre er mit seinen Nudeln nach fünfunddreißig weiteren Verdopplungen, also nach weiteren sechs Minuten Arbeit, in atomare Größenordnungen vorgestoßen. Natürlich muß man in der Praxis abbrechen, lange bevor die atomare Größe erreicht ist. (Teig ist allerdings keine primitive Substanz; wahrscheinlich legt die Verdunstung des Wassers aus dem Teig die erreichbare Grenze von rund zwölf Verdopplungen fest.)

Das verblüffende an diesem Prozeß des Halbierens und Auseinanderziehens ist, daß man so schnell in extreme Größenbereiche kommt. Bei sechsundvierzig Verdopplungen hätte man im Prinzip Nudeln von atomarer Feinheit. Wer ein solches Kunststück fertigbrächte, hätte Nudeln hergestellt, die bis zum Pluto und noch weiter reichen!

Auch Gold kann sehr fein geschlagen werden; Blattgold ist 0,00011 bis 0,00014 mm stark, tausendmal dünner als ein Haar. Aber niemand kann Materie bis zur Größe eines Atoms unterteilen, wenn wir uns auch mit den einfachen Mitteln natürlicher Prozesse dieser Größe erstaunlich weit annähern können.

Es war Sommer und fast windstill. In einem Park gaben wir vorsichtig einen Löffel bestes Olivenöl – biologisch abbaubar – auf die glatte Oberfläche eines Teiches. Von einer Brücke aus beobachteten wir, wie sich der Ölfleck vergrößerte und einen großen Teil des Teiches überzog. Man sah ihn deshalb so gut, weil er fast spiegelglatt auf dem Wasser auflag und den Himmel reflektierte, während die übrige Wasserfläche durch die

Die Regenbogenfarben der Ölschicht auf dem Wasser entstehen, wenn die Schicht noch ein Zehntel der Stärke eines Papiers hat. Sie wird allerdings noch viel dünner werden.

leichte Brise etwas gekräuselt war, und Spiegelbilder auf ihr verschwammen. (Die regenbogenfarbige Ölschicht, die man häufig auf Straßenpfützen sieht, ist im Gegensatz zu unserem Fleck ziemlich dick, und in unserem Experiment sah man sie nur in den ersten paar Sekunden, als sich das Öl noch nicht verteilt hatte.)

Ich beobachtete also, wie das Öl sich ausbreitete. Einige Enten, die auf dem Teich schwammen, halfen uns dabei. Der Ölfilm breitete sich erst schnell, dann sehr langsam aus, bis er seine maximale Ausdehnung erreicht hatte. Ich schätzte, daß die Fläche, die er schließlich überzog, etwa zehn auf zwanzig Meter groß war, also zweihundert Quadratmeter.

Die Fläche, die das Öl nun überzog, war eine halbe Million Male so groß wie die Fläche, die es im Löffel eingenommen hatte. Das Volumen das Öls muß natürlich trotzdem konstant bleiben. Daher muß die Ölschicht in dem Verhältnis an Dicke abgenommen haben, wie sie an Fläche zugenommen hat. Ihre ursprüngliche Dicke war 0,3 Zentimeter gewesen.

Der Ölfilm war damit durchschnittlich zehn- bis zwanzigmal dünner als das Blattgold des Goldschlägers. Damit hatte er aber immer noch nicht die Dicke eines einzelnen Atoms. Öl besteht nicht aus nur einer Art von Atomen; seine Module sind komplizierte Verbindun-

Unser Ölfleck breitet sich aus. Deutlich ist er als fast spiegelglatte Fläche auf dem Wasser zu sehen. Auch die Enten tragen etwas zur Verteilung des Öls bei.

Die Brownsche Bewegung

Der gesunde Menschenverstand verbindet mit Bewegung, die nicht durch äußere Einflüsse wie Wind, Wellen oder Schwerkraft verursacht ist, etwas Lebendiges. Unter dem Mikroskop sieht man, daß sich in Wassertropfen winzige Partikel von selbst bewegen. Robert Brown war ein bekannter und angesehener Londoner Botaniker mit vielen Interessen. Durch seine mikroskopische Arbeit wurde die Existenz eines besonderen Teils innerhalb der lebenden Zelle aufgedeckt, den Brown »Kern« nannte. 1827 sah Brown im Mikroskop, daß sich im Inneren der hohlen Körnchen eines bestimmten, winzig kleinen Pollens Teilchen in ständiger, zielloser Bewegung befanden.

Brown vergewisserte sich zunächst, daß die Bewegung nicht auf Strömungen oder andere äußere Einflüsse zurückzuführen war. Waren die Teilchen etwa lebendig? Offensichtlich waren sie das nicht; selbst als er sie auf hundert Grad erhitzte, änderten sie ihr Verhalten nicht. Ganz gleich, welche Substanzen Brown in pulverisierter Form im Wasser löste, immer sah er die gleiche, eigenartige Bewegung, selbst bei pulverisiertem Stein vom Sockel einer ägyptischen Pyramide!

Die Entdeckung dieser rätselhaften Bewegung war ein Meilenstein in der Geschichte der Naturwissenschaften, und seither spricht man von der Brownschen Bewegung. Jahrzehntelang hat niemand ihre Natur und Herkunft begriffen; erst Anfang des zwanzigsten Jahrhunderts konnten aufgrund der neuen Erfolge der Atomtheorie Albert Einstein und Marian Smoluchowski, ein junger theoretischer Physiker aus Polen, unabhängig voneinander eine vollständige Erklärung des Phänomens vorlegen.

Wie jede Flüssigkeit und jedes Gas besteht auch Wasser aus einer Ansammlung von Atomen in ständiger, willkürlicher Bewegung. Die Atome sind natürlich viel zu klein, um sichtbar zu sein. Wird aber ein kleines Teilchen, das unter dem

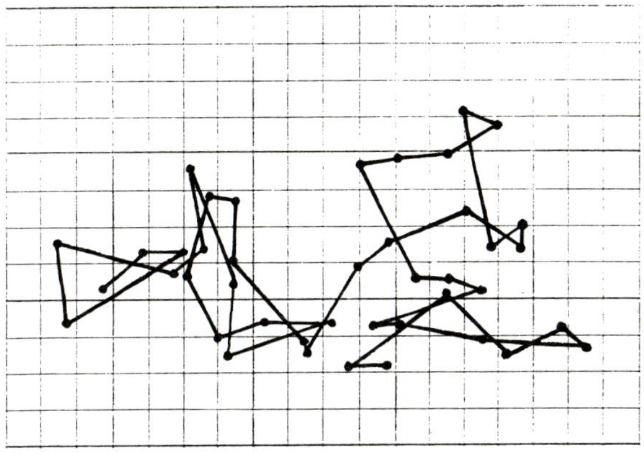

Die Brownsche Bewegung ist willkürlich. Diese ziellos wandernde Linie zeichnet die Bewegung eines winzigen, in einer Flüssigkeit suspendierten Teilchens nach, wie sie unter dem Mikroskop zu sehen ist. Das Teilchen wird ständig von unsichtbaren Wassermolekülen umhergestoßen. Seine Position wurde alle dreißig Sekunden aufgezeichnet. Die geraden Linien, welche die beobachteten Positionen verbinden, sind physikalisch bedeutungslos; der Weg, den das Teilchen zwischenzeitlich genommen hat, war genauso unstet und willkürlich wie der eingezeichnete Weg, nur in kleinerem Ausmaß.

Mikroskop gerade noch sichtbar ist, in eine Flüssigkeit gegeben, beginnt es sich infolge des von allen Seiten erfolgenden Aufpralls der sich unregelmäßig bewegenden Atome nun seinerseits unregelmäßig zu bewegen. Größere Teilchen sind zu schwer, um sichtbar auf die Bewegung der Atome zu reagieren. Die Bewegung, die tatsächlich vollkommen willkürlich ist, kann im einzelnen aufgrund statistischer Berechnungen mit Erfolg vorhergesagt werden.

In unserem Zeitalter der Elektronik ist das elektrische Äquivalent zur Brownschen Bewegung sogar von noch größerer Bedeutung. Die Ladungsträger eines Leiters sind der unregelmäßigen Bewegung der Atome ausgesetzt, die sich in Form winziger, willkürlicher Signale bemerkbar macht; bei starker Stromzufuhr wird die Bewegung zu einer Quelle willkürlicher elektrischer Störungen, gegen die es kein Mittel außer Kühlung des Leiters gibt. Die Atombewegung verlangsamt sich mit dem Abfall der Temperatur.

Eine Parade von Atomen: Videobilder winziger, sich bewegender Goldkristalle. Manche der Kristalle bestehen nur aus ein- bis zweitausend Goldatomen, deren geordnete Struktur auch in der Bewegung erhalten bleibt. Die Kristalle sind zehnmillionenfach vergrößert.

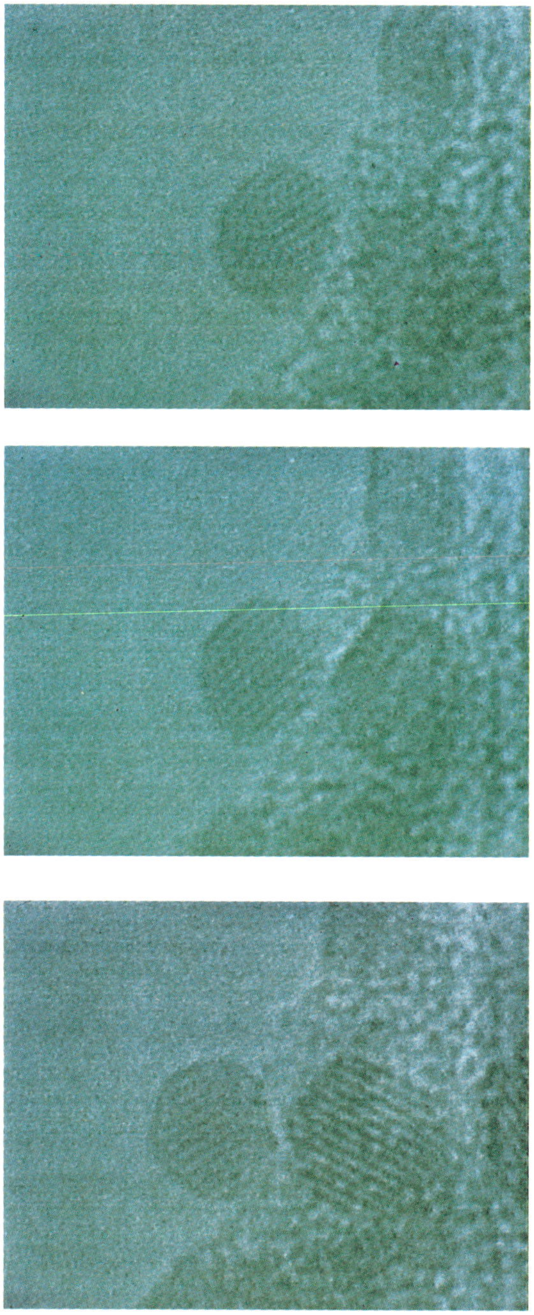

gen aus mehreren Atomen. Diese Atomgruppen sind nicht größer als der zweimillionste Teil eines Zentimeters.

Der Versuch mit dem Öl ist nicht neu, sondern aus hundert Jahren chemischer Arbeit im Labor bekannt. Und schon vor mehr als zweihundert Jahren war Benjamin Franklin mit unserem Problem in Berührung gekommen. Ursache war sein Interesse nicht an Atomen, sondern an der praktischen Frage, ob man eine bewegte Wasseroberfläche mit Öl glätten kann. Er fand heraus, daß man zwei Teelöfel Öl brauchte, um 4000 Quadratmeter Wasser mit einem glatten Ölfilm zu überziehen, und das entspricht ungefähr dem Verhältnis, das wir für den Teich errechnet hatten. Daß man mit dieser Methode irgendwann an eine äußerste Grenze kommt, ab der sich die Ölfläche nicht mehr weiter ausbreitet, ist ein starkes Argument dafür, daß das Atom eine meßbare Größe hat.

Die Atome des Öls konnten also nicht viel kleiner sein als der vierzigste Teil eines millionstel Zentimeters. Denn wäre das der Fall, hätte der Ölfilm sich noch weiter ausbreiten und eine unbeschränkt große Fläche überziehen können. Das tat er aber weder auf unserem Teich noch vor zweihundert Jahren bei Benjamin Franklin.

An der Universität von Arizona in Tempe gibt es ein Durchstrahlungs-Elektronenmikroskop mit einem so starken Elektronenstrahl, daß man damit Bilder in Videogeschwindigkeit aufnehmen kann. Mit dem Mikroskop lassen sich Videofilme von Atomen in fast zehnmillionenfacher Vergrößerung herstellen. Nun sind zwar Standbilder, welche die Anordnung schwerer Atome, etwa der Goldatome, zeigen, im Grunde nichts Neues, aber ein »Echtzeit-Film« wie in Tempe ist etwas

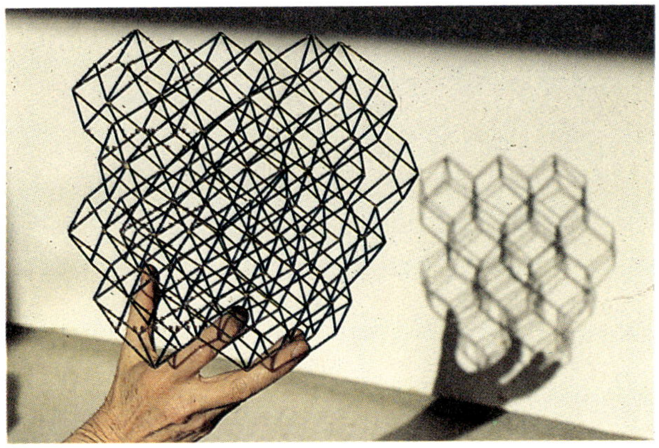

Der einfache Schatten einer komplizierten Anordnung: Ein solches Schattenspiel mag der Veranschaulichung dienen, auch wenn es nicht als genaues Modell, sondern als Analogie gedacht ist. Zu sehen ist der Schatten eines Drahtgitters. Dreht man das Drahtgitter im Licht, sieht man etwas Ähnliches wie bei den sich im Videomikroskop bewegenden atomaren Strukturen der Goldkristalle: eine deutliche geometrische Anordnung. Hin und wieder sieht man, wie durch Zufall, ein unerwartet einfaches Muster, wenn sich eine ganze Reihe von Formen in einer Linie ausrichtet, so daß sie alle zu einem Schatten verschmelzen.

Einzigartiges. Vergleichen wir einmal diese hochmodernen Bilder der Atome mit dem, was wir bereits über ihre Größe wissen.

Wir untersuchten mit diesem Mikroskop winzige Goldkristalle, deren schwere Atome deutliche Schattenbilder werfen. Die Goldkristalle waren auf einem dünnen Film aus Kohlenstoff ausgebreitet, dessen einzelne Atome sich in der Größe nicht unbedingt von den Goldatomen unterscheiden, aber viel leichter sind. Weil leichtere Atome im Elektronenstrahl mehr oder weniger durchsichtig sind, werfen sie keine sichtbaren Schatten auf den Leuchtschirm.

Auf dem Leuchtschirm des Mikroskops sah man einen winzigen Ausschnitt unserer Probe. Selbst wenn der betrachtete Gegenstand nicht größer als ein Stecknadelkopf ist, kann man, wenn man das Mikroskop in gerader Linie von einem Ende des Gegenstands zum anderen bewegt, eine Stunde lang etwas Neues sehen. Unsere Goldkristalle aber waren so klein, daß alle zusammen unter einem gewöhnlichen Lichtmikroskop nicht sichtbar wären.

Erst unter dem Durchstrahlungs-Elektronenmikroskop wurden die Atome eines solchen Kristalls sichtbar. Wie erwartet waren sie regelmäßig geometrisch, in kristalliner Struktur angeordnet. Es ist relativ leicht, die Größe eines Goldatoms innerhalb einer solchen Struktur zu messen. Während wir die Videobilder beobachteten, verschoben und drehten sich die kleinen Kristalle; hin und wieder machten einzelne Teile sogar kleine Sprünge oder schienen wegzufliegen. Manchmal sahen wir auf dem Leuchtschirm eine etwa hundert Atome dicke Struktur, dann wieder eine Kante mit nur wenigen übereinandergelagerten Atomen. Diese schnellen Bewegungen sind noch nicht im einzelnen geklärt. Bisher sieht man sie nur in normaler Bildgeschwindigkeit, man kann die sehr schnelle Atombewegung daher nur schlecht erfassen. Zum Teil bewegen die Atome sich auch deshalb so schnell, weil sie durch die heiße Strahlung des Mikroskops gestört werden.

David Smith von der Universität in Tempe arbeitet mit einem Elektronenmikroskop, das selbst ein winziges Goldstäubchen so abbilden kann, daß wir das Muster sehen, in dem die einzelnen Atome angeordnet sind. Da die Goldkristalle sich bewegen, ist es oft schwer, die sich in komplizierter Weise verschiebenden Schattenformen auf dem Leuchtschirm zu deuten.

Erst als wir den Endpunkt einer Kette atomarer Schattenbilder in den Blick bekamen, konnten wir die räumliche Ausdehnung der einzelnen, übereinandergelagerten Atome richtig einschätzen. Sie machte etwa den vierzigsten Teil eines millionstel Zentimeters aus und

Gold

Goldschmiedearbeiten sind seit alters in vielerlei Formen auf der ganzen Welt bekannt. Sie besitzen eine Vollkommenheit, die sowohl auf der unerschöpflichen Phantasie des Menschen als auch auf den spezifischen Eigenschaften der atomaren Struktur des Goldes beruht. Abgebildet sind sechs erlesene Beispiele der Goldschmiedekunst.

Die Kunst der Granulation war lange Zeit vergessen; diese anderthalb Zentimeter große Goldkugel mit ungefähr 2000 aufgelöteten Goldkügelchen ist eine zeitgenössische Arbeit: Es gibt wieder Meister dieser Kunst.

Fünfhundert Jahre bevor Abraham Ur in Chaldäa verließ, wurde dort dieser geriffelte Becher vergraben, damit der König auch im Jenseits trinken konnte. Die fließende Form aus gehämmertem Goldblech zeugt davon, wie leicht sich dieses geschmeidige Metall schon vor über 4500 Jahren verarbeiten ließ.

Die Goldarbeiten der Neuen Welt sind unabhängig von denen der Alten Welt entstanden. Der innen hohle Jaguar aus dem alten Peru, der Mittler zwischen den Menschen und dem himmlischen Kaimanengott, ist aus einem Dutzend einzelner Teile zusammengesetzt, deren jedes aus einem von Hand behämmerten Goldblech besteht. Das Zusammenfügen der Teile erforderte mehrere Schmelz- und Löttechniken, die von einem Spezialisten ausgeführt werden mußten. Das Stück ist rund 2500 Jahre alt; es gehörte zu einer Gruppe von sieben ähnlichen Figuren, die einst zusammen verehrt wurden, heute aber über drei Kontinente verstreut sind und dort bewundert werden können.

Die Tierdarstellungen auf dieser Nadel sind aus winzigen Goldkügelchen in der Granulationstechnik gefertigt. Sie wurden alle von Hand an ihre Stelle gesetzt. Es erforderte großes Geschick, die winzigen Kügelchen herzustellen und auf die Oberfläche zu löten. Das Stück ist etruskisch und etwa 2500 Jahre alt.

Die kleine geschmückte Figur aus Kolumbien ist mit Sicherheit über tausend Jahre alt. Sie ist aus Gold gegossen, die Farbschattierungen auf der unterschiedlich gestalteten Oberfläche entstanden durch Verfahren, die den Goldgehalt der äußeren Schichten verstärkten. Auch bei dem Jaguar ist das Gold der äußeren Schicht reiner als der Rest.

So glänzend wie an dem Tag, an dem sie vor fünfhundert Jahren gefertigt wurden, sagen diese Bilder der Sonne partielle Verfinsterungen der Sonne voraus und beschreiben sie. Die halbverdeckten Sonnenscheiben funkeln in Blattgold auf den Pergamentseiten eines handgeschriebenen Almanachs, der für den persönlichen Gebrauch hergestellt wurde.

war damit noch zwei Dutzend Male dünner als die Minimalstärke des Ölfilms auf dem Wasser. Wir wußten, daß die Ölschicht stärker gewesen sein mußte als ein einzelnes Atom, weil die kleinste Einheit des Öls eine Gruppe mehrerer Atome ist. (Chemiker haben die Struktur des Öls aufgrund seiner Reaktionen als im wesentlichen eine lange Kette aneinanderhängender Kohlenstoffatome charakterisiert.) Wir waren davon ausgegangen, daß wir die Größe eines Atoms nicht stark überschätzt hatten, und diese Erwartung hatte das Durchstrahlungs-Elektronenmikroskop bestätigt.

Die Größe der Atome wird täglich von vielen hochmodernen Instrumenten bestätigt, doch nur von wenigen auf so direkte Weise wie von dem Durchstrahlungs-Elektronenmikroskop, das Dr. Smith uns so anschaulich vorgeführt hatte. Die Atome der verschiedenen Elemente unterscheiden sich nur wenig in der Größe. Es überrascht, daß Goldatome, die fast zwanzigmal so schwer sind wie Kohlenstoffatome, den gleichen Durchmesser haben wie diese.

Jedes Experiment, das zum Atom hinführte, verdeutlichte den Aufbau der Materie durch identische Atome, durch mehr oder weniger gleich große Atome, die durch einfache geometrische Formen und Anordnungen gekennzeichnet sind. Im Innersten der Materie existiert eine Vielzahl identischer Atome in unablässiger Bewegung.

Die erste Erfahrung von dieser Beschaffenheit der Materie machten die Handwerker. Handwerker, die Gold verarbeiteten, wußten aufgrund der langen Tradition ihres Gewerbes, daß die erwünschten Eigenschaften – Glanz, Farbe, Geschmeidigkeit, Beständigkeit – zunahmen, je besser die Techniken waren, mit denen das Metall gereinigt wurde. Die Goldschmiede waren davon überzeugt, daß es sich bei reinem Gold um einen einzigen Stoff handelte, der unabhängig von Ort und Zeit immer die gleichen Eigenschaften aufwies.

Die meisten frühen Philosophen und auch die berühmten Alchimisten, die ihnen nachfolgten, waren einen anderen Weg gegangen. Sie wollten durch ihre Analyse nicht reine Stoffe, sondern reine Eigenschaften isolieren. Sie suchten nach dem Glanz, nicht nach dem Material, das glänzte. Die Gewinnung spezifischer Substan-

Verschiedenfarbige Flammen: Eine leicht bläuliche Gasflamme wird leuchtend karmesinrot durch Strontium, grün durch Barium, blau durch Kupfer, violett durch Rubidium, gelb durch Natrium. Auge, Emulsion und Druckfarbe stimmen in bezug auf Farbschattierungen nicht immer überein. Die Farbbezeichnungen sind deshalb bestenfalls Annäherungen.

zen war für sie zweitrangig. Manche sagten, die Materie bestehe aus Luft, Wasser, Erde und Feuer. Diese alten Kategorien beschreiben, wenn man sie nicht zu wörtlich auffaßt, weniger die Materie als die Eigenschaften der Materie; sie bezeichnen eher den gasförmigen, flüssigen und festen Zustand als eine konkrete Substanz wie Gold, Quecksilber oder Sauerstoff. (Feuer kam wohl deshalb zu den anderen Elementen dazu, weil es durch Hitze Stoffe verwandeln konnte.)

Meiner Meinung nach waren die alten Philosophen im Irrtum. Die Alchimisten entdeckten deshalb nie die Eigenschaften des Goldes, weil sie von Anfang an mit unedlen Metallen arbeiteten. Es waren vielmehr die Handwerker, die, geführt von Erfahrung und Intuition, auf dem richtigen Weg waren. Bestimmte Eigenschaften lassen sich am leichtesten auf einzelne Substanzen zurückführen, und man wird die gewünschte Eigenschaft am ehesten erhalten, wenn man genau weiß, mit welcher Substanz man arbeitet.

Es gab natürlich in Griechenland und Rom auch schon früh Philosophen, die glaubten, daß die Welt aus Atomen aufgebaut sei. Aber erst die Pioniere der Chemie des neunzehnten Jahrhunderts konnten mit einem schlagkräftigen Beweis für die Existenz von Atomen aufwarten, auch wenn sie Atome nie gesehen, gezählt oder sonstwie gemessen hatten.

Die Chemiker hatten die chemischen Reaktionen in ihrem Gesamtzusammenhang studiert, ein verwirrendes Geflecht von Beziehungen, das viel komplizierter ist als alles, was wir gestreift haben. Falls Materie tatsächlich aus nur wenigen Atomarten bestand, die sich millionenfach zu winzigen Haufen verbinden und wieder auseinandergehen, konnte man damit alle chemischen Reaktionen erklären. Deshalb waren Chemiker

Die Färbung der Flamme beginnt über dem heißen Draht, darunter sieht man das brennende Gas schwach bläulich glühen. Der Draht wurde in die Testsubstanz eingetaucht; bereits eine winzige Menge der Substanz bewirkte eine Verfärbung.

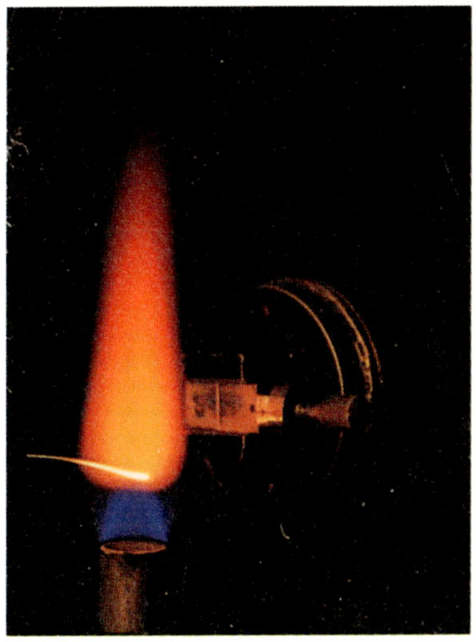

zunehmend davon überzeugt, daß sie es bei ihrer Arbeit mit Atomen zu tun hatten. Die innere Logik und Geometrie eines solchen Modells bot sich als Erklärung der verschiedensten Reaktionen geradezu an. Die Wissenschaftler stellten sich das Atom als eine Art winziges Körnchen, als unsichtbare, aber universale Substruktur der Materie vor. Mit diesem Modell konnten sie Voraussagen machen, auch wenn das Modell nicht auf direktem Weg bewiesen werden konnte.
Erst in unserem Jahrhundert konnte die Existenz von Atomen nachgewiesen werden. Der wahrscheinlich direkteste Nachweis gelang mit dem Spinthariskop, in dem Blitze zu sehen sind: Jeder Blitz bedeutet, daß ein Atom in seinem schnellen Flug gestoppt wurde. Ich sehe immer noch das grelle Licht dieser Blitze vor mir, das von einem sehr seltenen atomaren Prozeß herrührt, bei dem gewaltige Energien freigesetzt werden: der Radioaktivität. Eine faszinierende Welt! Mittlerweile dürfen wir mit Gewißheit davon ausgehen, daß es nur wenige Atomarten sind, die in einer Vielfalt geometrischer Muster in allen Größen die Materie aufbauen, die wir kennen. Materie ist so gesehen nichts weiter als eine Formation unendlich vieler Atome, die sich unablässig im Raum bewegen.
Wollen wir nun aber auch die innere Struktur der Atome kennenlernen, dürfen wir nicht bei festen Substanzen stehenbleiben, sondern müssen uns über Feuer und Licht Gedanken machen.

Quantentheorie

Die Pyrotechnik ist eine alte Kunst; sie hat sich mit zunehmender Kenntnis der einzelnen Substanzen stets verändert. Zischend und funkensprühend zum Himmel aufsteigende Raketen sind seit der Erfindung des Schießpulvers bekannt. Daß Raketen aber auch grün und rot leuchten können – das ist ein Geschenk der Chemiker des achtzehnten Jahrhunderts an das Publikum und die Hersteller von Feuerwerkskörpern. Ein Feuerwerk ist nur eine besonders spektakuläre Darbietung solcher überraschender Lichteffekte. Die Effekte sind das Produkt spezifischer Substanzen, die der Feuerwerksmischung beigemengt sind. Man kann eine ganz normale Gasflamme, die innen gelb und außen bläulich ist, in den verschiedensten Farben leuchten lassen, etwa blauviolett, grün, hellgelb. Man braucht

Die Farbe als Anhaltspunkt: Flamme und elektrische Entladung stimmen farblich überein. Das Element Rubidium ist beide Male in den glühenden Gasen enthalten.

Signalfeuer, aufgenommen mit einem Beugungsgitter vor der Kameralinse. Das Beugungsgitter zeigt rechts von jedem Signalfeuer ein Farbband, das Spektrum des Signalfeuers.

dazu nur eine kleine Menge einer bestimmten Substanz in die heiße Flamme zu halten. Enthält die Substanz Strontium, färbt sich die Flamme rot. Bei rubidiumhaltigen Salzen färbt sie sich blauviolett, Natriumsalze bewirken ein kräftiges Gelb. Auf diese Weise kann man leicht verschiedene Flammenfarben erzeugen und hat das Grundprinzip der freilich komplizierteren Rezepte der Feuerwerker erkannt.

Auf amerikanischen Landstraßen ist manchmal ein Lichtsignal zu sehen. Es handelt sich um eine spezielle, lange brennende Art von Feuerwerk, deren charakteristische, weithin zu sehende rote Flamme eine Gefahrenstelle auf der Landstraße markiert. Die rote Farbe ist Ergebnis einer Mischung, die, wie bemerkenswerterweise bereits aus großer Entfernung zu erkennen ist, unter anderem Strontium enthält.

Befestigt man vor dem Auge einer Kamera ein sogenanntes Beugungsgitter, eine Plastikplatte, in die eine große Zahl feiner paralleler Linien eingeritzt sind, kann man etwas Merkwürdiges beobachten.

Durch das Beugungsgitter sieht man die Flamme des Leuchtsignals umgeben von weiteren Flammen, die mit der einen roten Flamme in Form und Bewegung identisch sind. Die identischen verschiedenfarbigen Flammen sind alle ein Teil des Leuchtsignals.

Das Beugungsgitter hat das Licht, das in die Kamera oder das Auge einfällt, nach bestimmten Qualitäten zerlegt. Schaut man ohne das Beugungsgitter auf das Leuchtsignal, sieht man die Farben, aus denen sich das Signal zusammensetzt, übereinandergelagert als ein einziges Bild. Das Auge nimmt nur die Summe der Farben wahr. Durch das Beugungsgitter wird das Licht zerlegt, so wie man Wasser chemisch in die beiden Elemente zerlegen kann, aus denen es besteht. Durch die Zerlegung des Lichts sah man die Farben für sich und dadurch vielleicht klarer.

Bei Regentropfen ist ein ähnliches Phänomen schon lange bekannt. Hier wird das weiße Sonnenlicht in die Farben des Regenbogens zerlegt. Ein Glasprisma würde das Licht in der gleichen Weise brechen. Das farbige Lichtband, das dabei entsteht, nennt man ein Spektrum. Instrumente, die das Licht in sein Spektrum zerlegen können, sind eine Erweiterung des menschlichen Farbensinns.

Statt des roten Leuchtsignals hätten wir genausogut ein grünes wählen können. Es hat eine andere chemische Zusammensetzung: Anstelle des Strontiums wird Bariumsalz verwendet. Im Spektrum des grünen Leuchtsignals erscheinen bestimmte grüne Farbwerte oder Spektrallinien, die bei dem roten Signal nicht sichtbar waren. Das Spektrum ermöglicht die objektive Beurteilung verschiedener Farben vor allem dadurch, daß die Position der Spektrallinien auf dem Spektrum feststeht (selbst ein Farbenblinder könnte die Farben an ihrer Position erkennen, und dasselbe wäre auch auf einer Schwarzweißphotographie noch möglich).

Sobald eine Natriumverbindung beigemischt wird, wird die Flamme leuchtend gelb. Im Spektrum könnte

Ein Blitz und sein Spektrum: Die Lichtquelle und das Bild ihrer Spektralfarben haben die gleiche Form; eine zackenförmige Quelle hat zackenförmige Bilder.

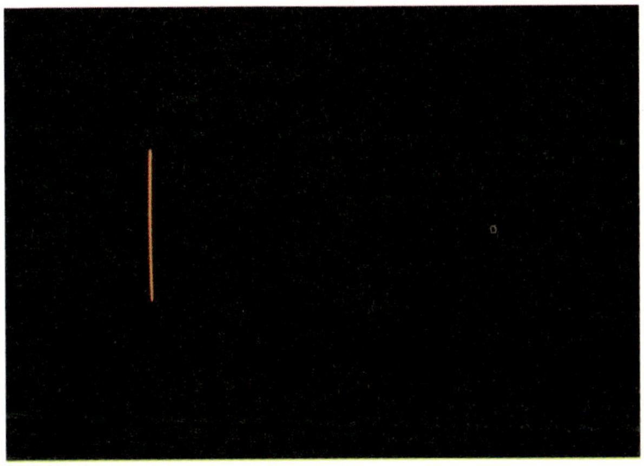

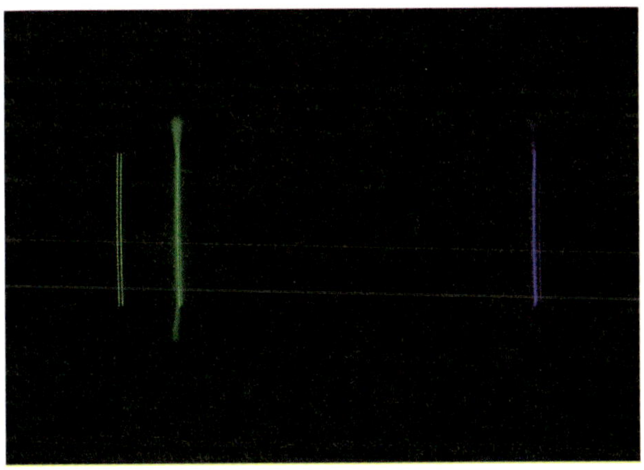

Ausschnitte aus einem Regenbogen: Ein Laborspektrum besteht aus einer Anzahl farbiger Spektrallinien. Um die Überlagerung der Spektrallinien zu reduzieren, läßt man das Licht durch einen schmalen Spalt fallen. Zu sehen ist das kontinuierliche und farbenfrohe Regenbogenspektrum des weißen Lichts, darunter das schmale Spektrum glühenden Natriumdampfs, das aus einer einzigen gelben Linie besteht. Ganz unten das Spektrum des Quecksilbers, dessen Farben an das blaugrüne Licht von Quarzlampen erinnern.

man sehen, daß dieses Gelb einer ganz bestimmten gelben Spektrallinie entspricht. Die Farbe einer Flamme, die das Auge sieht, ist eine Art Durchschnittswert des gesamten in ihr enthaltenen Lichts; man könnte das Natriumgelb auch in einem Lichtspektrum finden, dessen Licht das Auge überhaupt nicht als gelb wahrnimmt, weil andere, sattere Farben das Gelb überdekken. Im Spektrum der Gasflamme dagegen, die durch Natrium gelb gefärbt wurde, sieht man fast ausschließlich eine bestimmte gelbe Spektrallinie.

Um die Anordnung der farbigen Spektrallinien noch genauer zu sehen, stellt man nicht das ganze Licht der Gasflamme im Spektrum dar, sondern läßt es durch einen Spalt fallen. Die Spektrallinien dieses Lichtspalts zeigen die in der Flamme enthaltenen Farben. Die Überlagerung der Spektrallinien durch andere, benachbarte Farben ist jetzt auf ein Minimum reduziert. Betrachten wir einen Blitz: Er ist von Natur aus so dünn, daß man nicht noch einen Spalt braucht, um sein Spektrum aus verschiedenen, dicht nebeneinander liegenden Spektrallinien abzubilden. Das durch einen Spalt gesehene Spektrum der mit Natrium gefärbten Flamme zeigt nur eine, vielleicht auch zwei dicht nebeneinander liegende gelbe Spektrallinien in einer be-

Aufgenommen von einer Kamera mit Beugungsgitter, zeigt die Beleuchtung des Parkplatzes wie die Signalfeuer regenbogenfarbige Bänder. Wir werden auf dieses Muster noch einmal stoßen.

stimmten Position auf dem Gesamtspektrum, sozusagen das Skelett des Regenbogens. Um die Mitte des neunzehnten Jahrhunderts wurden Spektren in den chemischen Laboratorien als analytisches Werkzeug zur Bestimmung der Elemente eingesetzt; im Spektroskop konnte man die Spektrallinien eines bestimmten Elements, das man einer Flamme beigegeben hatte, erkennen. Ein Dutzend neuer Elemente kannte man zuerst nur als geheimnisvolle Spektrallinien, bevor man sie als Substanzen chemisch isolieren konnte.

Natürlich wurden nicht alle Elemente auf diese Weise entdeckt, und längst nicht alle Lichtquellen zeigen interessante Spektrallinien. Man fand heraus, daß das Licht glühender Gase etwa einer Flamme oder einer

Unsichtbare Spektrallinien: In dem großen, oberen Spektrum sind die Spektrallinien des Quecksilbers auf eine weiße Wand projiziert; im kleineren Spektrum vorne rechts sieht man einen vor das große Spektrum gestellten Projektionsschirm. Dieser Schirm reagiert auf Ultraviolett und ergänzt daher das große Spektrum. Auf ihm sind die zwei violetten Linien des großen Spektrums um eine dritte ergänzt, die gelb aussieht, obwohl sie weit rechts liegt, jenseits der violetten Position. Auge und Film können diese Linie nicht direkt wahrnehmen, sie wird hier deshalb durch die Pigmente des Schirms in eine für Auge und Kamera sichtbare gelbe Spektrallinie verwandelt. Entscheidend ist dabei nicht die Farbe, sondern die Position der Linie!

Eine Blüte, wie eine Biene sie sieht: Das blaue Bild zeigt die Blüte einer Nachtkerze, im ultravioletten Licht photographiert; die Stelle, wo der Nektar zu finden ist, ist dunkel umrandet. Auf dem Bild, das die Blüte zeigt, wie der Mensch sie sieht, fehlt diese Umrandung. Die Bienen sehen im ultravioletten Bereich und machen sich dieses Signal zunutze. Ihre Sehwerkzeuge unterscheiden sich von denen der Menschen.

Neonröhre immer ein Spektrum ergibt, das aus einzelnen diskreten Spaltbildern besteht, ein sogenanntes Linienspektrum. Handelt es sich dagegen um einen glühenden Feststoff wie den Glühfaden einer Glühlampe oder um die weiß beschichtete Röhre einer Leuchtstofflampe, erscheint ein Regenbogenband, ein sogenanntes kontinuierliches Spektrum. Bei Flammen (dasselbe gilt auch für Funken und andere helle elektrische Entladungen von Gasen) sind die farbigen Spektrallinien in einem bestimmten Muster angeordnet. Durch den Vergleich dieses Musters mit dem der Spektrallinien einzelner Elemente können die in der Flamme enthaltenen Elemente identifiziert werden.

Ein solches Muster ist eine Art »Fingerabdruck« eines Elements. Natürlich sind die Spektren, die das Spektroskop erzeugt, unterschiedlich breit, aber da man die einzelnen Positionen der Spektrallinien gemessen und notiert hat, können die Spektren aufeinander abgestimmt und verglichen werden. Das Spektrum ist genauso eine Eigenschaft etwa der Atome des Quecksilbers, wie die silbrig glänzende, flüssige Beschaffenheit eine Eigenschaft des reinen Quecksilbers ist. Den »Fingerabdruck« des Quecksilbers sieht man in der Regel selbst dann, wenn man nur eine Quecksilberverbindung in die Flamme hält. Sind keine Quecksilberatome vorhanden, fehlt er. Das Spektrum des Quecksilberdampfs ist leicht zu erkennen: Das Licht scheint bläulich, es wirkt fremdartig und zugleich vertraut durch die vielen hellen Straßenlaternen, die dieses Licht aussenden, das durch das starke Glühen elektrisch erregten Quecksilberdampfes in der Lampe entsteht. Man kann im sichtbaren Teil des Spektrums von Quecksilberdampf ein halbes Dutzend Spektrallinien ausmachen.

Schon bald stellte man Listen mit den Positionen Tausender von Spektrallinien zusammen, die nach den Elementen geordnet waren, welche die jeweiligen Linien zeigten. Selbst übereinandergelagerte »Fingerabdrücke« konnten nun zur Identifizierung der Elemente einer glühenden Substanz entzerrt werden. Offensichtlich sind es die Atome eines Elements, die das Licht aussenden. Die für jedes Element spezifischen Spektralmuster lassen vermuten, daß die Atome eines Elements nur bestimmte Spektrallinien aussenden können.

Die Analyse der Spektralfarben wurde zu einem wertvollen Ersatz für den immer noch unerfüllbaren Traum einer Reise zu den fernen Sternen, um von dort Proben zu entnehmen. Man besaß nun eine Methode, die Zusammensetzung des Universums zu bestimmen.

Mit Hilfe des Spektroskops wurden die glühenden Gase der Sonne und der Sterne analysiert. Die gefundenen Elemente waren von der Erde her vertraut. Ein neues Element, das Helium (es ist nach der Sonne benannt), kannte man zuerst nur als Verursacher bestimmter gelber Linien im Spektrum des Sonnenrands, Linien, die damals von keinem Element der Erde bekannt waren. Schließlich konnte man nachweisen, daß sie von einem neuentdeckten gasförmigen Element herrührten, das in bestimmten seltenen Mineralen auftritt. Damals füllte man Luftballone noch nicht mit Helium, es war zu kostspielig. Erst als man später in Erdgaslagerstätten in den Vereinigten Staaten und Kanada große Mengen von Helium entdeckte, änderte sich das. (Einmal gab es dabei eine Überraschung: In Kansas wollte eine Gemeinde die Entdeckung einer neuen Lagerstätte feiern; das Gas, das die Feier erleuchten sollte, wollte allerdings einfach nicht brennen: Es enthielt zu viel Helium.)

Ein Spektrum liegt immer innerhalb der Bandbreite des Sonnenlichts, der Regenbogenfarben. Das Auge sieht eine Farbskala, die von Rot bis Violett reicht. Wird das Sonnenlicht aber durch ein Prisma oder durch ein Beugungsgitter gelenkt, wird deutlich, daß es jenseits des violetten Endes des sichtbaren Lichts einen Bereich unsichtbaren Lichts gibt, der physikalisch gesehen das Spektrum fortsetzt und den wir nur deshalb nicht sehen, weil das menschliche Auge diese Farbe nicht wahrnehmen kann. Dieser Bereich ist das Ultraviolett.

Das Spektrum des Quecksilbers hat seine ausgeprägtesten Linien im Ultraviolett, jenseits der letzten violetten Spektrallinie, die man im Spektrum einer Quarzlampe noch sieht. Viele chemische Substanzen können einen Teil des ultravioletten Lichts in eine für das menschliche Auge sichtbare Farbe umwandeln. So kann eine Platte, die man mit einer entsprechenden fluoreszierenden Farbe überzogen und im Spektrum des Quecksilbers jenseits des violetten Endes angebracht hat, die ultravioletten Spektrallinien des Quecksilbers in einer anderen Farbe sichtbar machen. Das noch weiter außen liegende Ultraviolett dringt nicht durch gewöhnliches Glas, das sehr weit außen liegende ultraviolette Licht nicht einmal durch Luft. (Eine Leuchtstoffröhre ist eine Quarzlampe, bei der das ultraviolette Licht des Quecksilberdampfs im Inneren der Röhre durch eine innen auf das Rohr aufgebrachte Schicht von Leuchtstoff sichtbar gemacht wird.)

Die Atome, die im sichtbaren Farbbereich stark ausgeprägte Spektrallinien hatten, waren schon früh identifizierbar. Die Linien außerhalb des sichtbaren Bereichs dagegen konnte man nur mit speziellen Geräten finden. Der photographische Film etwa reagiert höchst empfindlich auf Ultraviolett; ein Farbfilm gibt Ultraviolett gewöhnlich als Weiß wieder. Das also ist die Antwort auf die Frage, warum bei früheren Versuchen viele Elemente scheinbar keine Spektrallinien hatten: Die Spektrallinien waren sehr wohl da, aber man konnte sie nicht sehen, weil sie außerhalb des dem menschlichen Auge zugänglichen Spektrums lagen.

An dieser Stelle sei noch einmal kurz rekapituliert, was wir auf unserem abwechslungsreichen Weg vom Goldschlagen bis zum Spektrum über die Atome gelernt haben. Atome scheinen tatsächlich zu existieren; es sind kleine, separate Einheiten, die in riesigen, aber endlichen Mengen auftreten und sich dabei zu Verbindungen und Gruppen zusammenschließen; sie sind immer in Bewegung. Man kann sie nach einer überschaubaren Anzahl von Klassen sortieren, den soge-

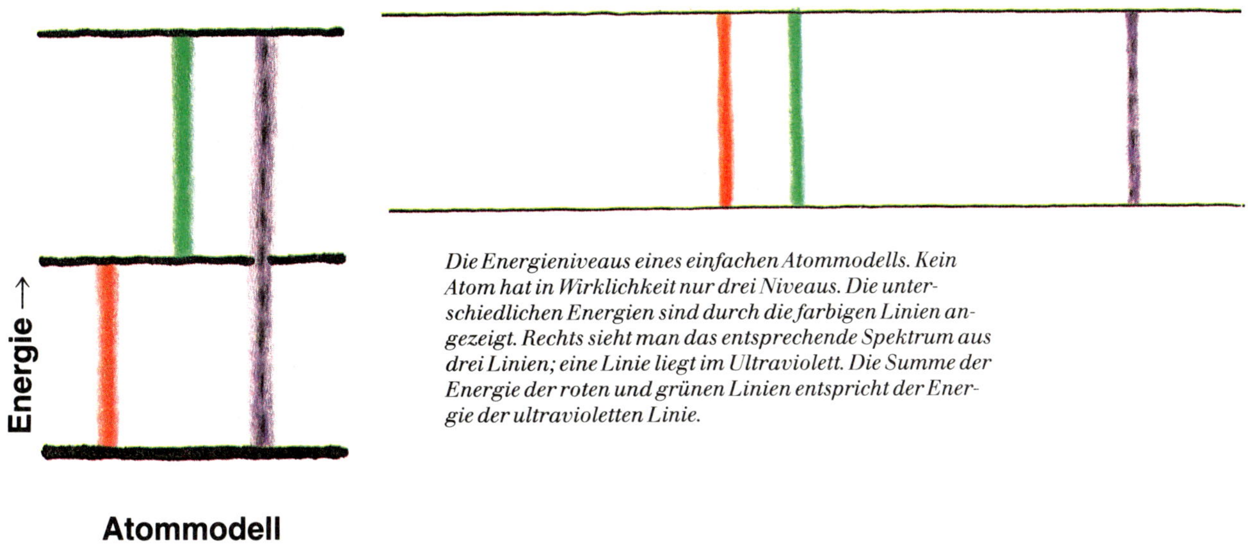

Die Energieniveaus eines einfachen Atommodells. Kein Atom hat in Wirklichkeit nur drei Niveaus. Die unterschiedlichen Energien sind durch die farbigen Linien angezeigt. Rechts sieht man das entsprechende Spektrum aus drei Linien; eine Linie liegt im Ultraviolett. Die Summe der Energie der roten und grünen Linien entspricht der Energie der ultravioletten Linie.

nannten chemischen Elementen. Wir haben Atome gezählt, ihre Größe gemessen und sogar ihre sich extrem schnell bewegenden Schatten in enormer Vergrößerung auf einem Videoschirm beobachtet.

Eine zentrale Frage führt uns zu den frühen Philosophen zurück, die über die Natur der Stoffe und ihre Veränderungen spekuliert hatten. Wie kommt es, daß Atome, sagen wir die Atome des Goldes, so unveränderbar, so stabil sind, obwohl sie sich doch ständig neu ordnen und miteinander kollidieren? Die alten Atomisten waren überzeugt, daß die Atome unglaublich harte, unveränderbare Körper sein mußten, damit sie so beständig wie die Edelmetalle selber sein konnten. Sie hielten diese kleinsten Teilchen für unteilbar, wie das Wort *Atom* im Griechischen besagt.

Wir wissen heute, daß diese Vorstellung falsch ist. Atome haben eine komplexe Struktur und können teilweise sogar leicht zerlegt werden. Es genügt, einige Elemente in Wasser aufzulösen oder über Feuer zu verdampfen, und schon wird ihre Struktur aufgebrochen. Daß Atome ein charakteristisches Licht aussenden, läßt darauf schließen, daß ein Teil ihrer inneren Struktur Veränderungen unterliegt.

Das Spektrum ermöglichte den Forschern erste Einblicke in die innere Struktur der Atome. Der Weg, den wir im folgenden nachzeichnen wollen, beginnt kurz vor dem Ersten Weltkrieg. Er setzt mit der Entdeckung des diskontinuierlichen Verhaltens des Atoms ein, mit der Quantentheorie.

Man wußte damals, daß jedes Atom, das Licht aussendet, zuvor Energie aufgenommen haben muß – gewöhnlich durch irgendeine Art von Kollision –, die es dann als Licht wieder abgibt. Wenn man Licht erhalten will, muß Energie in Form von Treibstoff, Elektrizität oder chemischen Reagenzien zugeführt werden. Die Energie des Lichts ist nicht im Atom gespeichert. Die Farben des Lichts, die bestimmte Atome ausstrahlen, verändern sich nicht: Natrium hat immer dasselbe Gelb. Die Atome nutzen sich auch nie ab, sie können Energie stets erneut aufnehmen und wieder abgeben.

Eine starke Lichtquelle gibt in einer bestimmten Zeit bekanntlich mehr Lichtenergie ab als eine schwache. Beschränken wir uns der Einfachheit halber auf eine einzige Spektralfarbe, das Gelb des Natriums. Je intensiver das gelbe Licht strahlt, desto mehr Natriumatome sind daran beteiligt. Jedes einzelne der identischen Natriumatome trägt zur Summe des Lichts einen bestimmten Teil bei, sobald es angeregt wird und Energie abgibt, was gewöhnlich viele Male hintereinander passiert.

Kollisionen haben das Atom mit Energie angereichert. Es strahlt Licht einer bestimmten Farbe aus, und die Energie dieser winzigen Lichtmenge muß mit der Menge an Energie identisch sein, die das Atom aufgenommen hatte. Die Energiemenge, die das Atom mit dem ausgestrahlten Licht abgibt, steht in einer Beziehung zu der Farbe des Lichts. Man weiß, daß das Licht einer bestimmten Farbe immer eine bestimmte Energiemenge an das Atom abgibt, welches das Licht absorbiert.

Die deutlich ausgeprägte Struktur der Spektrallinien ließ den Physikern keine Ruhe mehr. Das Natriumatom sang, um einen musikalischen Vergleich heranzuziehen, eine Melodie, die aus einem Ton bestand. Vielleicht, so die Überlegung der Physiker, entsprachen der Aufnahme und der Abgabe von Energie bestimmte Zustände des Natriumatoms, wobei die abgegebene Energie natürlich der aufgenommenen Energie entsprechen mußte, da auch hier das Gesetz von der Konstanz der Energie gilt. Dann würden Spektren mit mehreren Linien bedeuten, daß es mehrere solcher energetischer Zustände innerhalb eines Atoms gibt, so wie ein Klavier verschiedene Tasten hat.

Diese Theorie klang zwar plausibel, aber sie konnte vorerst nicht bewiesen werden, sie konnte mit den atomaren Spektren nicht zur Deckung gebracht werden. Doch schließlich fand Niels Bohr um 1913 den Schlüssel. Ein Atom hat tatsächlich eine Reihe klar definierter Energieniveaus oder -stufen (Anregungszustände). Es muß sich auf einem dieser Energieniveaus befinden, denen ein bestimmter Energiewert entspricht. Wenn ein Atom Energie in Form von Licht abgibt, geht diese Energie dem Atom natürlich verloren. Das Atom befindet sich dann auf einem niedrigeren Energieniveau, und auch dieses Niveau muß eines der für das Atom charakteristischen Energieniveaus sein.

Bohr entdeckte, daß jede Spektrallinie deshalb die ihr eigene Farbe bzw. Energie hat, weil die Energie, die das Atom mit dem ausgestrahlten Licht abgibt, der Energie*differenz* zwischen zwei verschiedenen Energieniveaus des Atoms entspricht.

Bohrs Theorie, die für jede Spektrallinie ein Anfangs- und ein Endniveau annahm, wurde im Experiment glänzend bestätigt. Bohr hatte die Theorie zunächst für das Spektrum des Wasserstoffs aufgestellt. Die erfolgreiche experimentelle Bestätigung führte dazu, daß er die Theorie verallgemeinerte.

Als nächstes wollen wir uns ein vereinfachtes Modell des Atoms ansehen. Nehmen wir einmal an, unser Atom habe nur drei charakteristische Energieniveaus. Die Zeichnung zeigt diese drei Energieniveaus, wobei die Energie nach oben zunimmt.

Welches Spektrum hat unser Modellatom? Stellen wir uns ein Element vor, das wir T nennen wollen. Jede Probe von T enthält unzählige Atome. Ist unsere Lichtquelle hell, dann emittieren innerhalb einer bestimmten Zeit viele Atome Licht; ist das Licht schwächer, sind es entsprechend weniger Atome.

Jedes Atom von T kann eines der drei Energieniveaus einnehmen. Das Licht, das die Flamme erzeugt, kann im T-Spektrum nur drei Linien zeigen. Eine Linie kommt durch die Atome zustande, die vom obersten Energieniveau zum untersten springen, die zweite Linie durch Atome, die vom obersten auf das mittlere Energieniveau springen, die dritte durch Atome, die vom mittleren auf das unterste Energieniveau springen. Die Energieniveaus entsprechen bestimmten Energiewerten und legen die Position der Spektrallinien im Spektrum fest. Damit ist das Element T eindeutig identifizierbar. Zusätzlich stehen die Energiewerte der drei Spektrallinien auch miteinander in Beziehung. Die energiereichste Linie hat so viel Energie wie die anderen beiden Linien zusammen! Das war die größte

Überraschung; die den Linien zugeordneten Energiewerte standen auch zueinander in einer bestimmten Beziehung.

Überlegen wir uns dazu ein Experiment. Angenommen, wir regen die Atome nicht willkürlich und stark an, sondern geben nur eine genau dosierte Energiemenge zu. Wir führen so viel Energie zu, daß ausreichend viele Atome angeregt werden und Licht emittieren, das wir messen können. Im Experiment können wir dafür sorgen, daß es nur zu schwachen Kollisionen kommt. Die Atome auf dem untersten Energieniveau nehmen dann zu wenig Energie auf, um auf das oberste Niveau zu springen. Sie erreichen nur das mittlere Niveau. Und selbst wenn sie kurze Zeit auf dem mittleren Energieniveau wären, könnten sie durch die schwachen Kollisionen nicht auf das oberste Niveau springen. Das Element zeigt daher nur eine seiner drei Spektrallinien. Das Experiment verdeutlicht, daß der aus drei Linien bestehende »Fingerabdruck« das Ergebnis physikalischer Prozesse ist, für die es eine rationale Erklärung gibt.

Zeichnet man die charakteristischen Energieniveaus eines Atoms gegen die ihnen entsprechenden Energiewerte auf, erhält man ein Diagramm, das wir die Quantenleiter eines Atoms nennen könnten, ein Name, der anschaulicher ist als die abstrakt klingende Bezeichnung »Diagramm des Energieniveaus«. Die Quantenleiter eines bestimmten Atoms ist eine Art Karte seines spektralen Verhaltens und noch viel mehr.

Wir sind nun bei einer physikalischen Theorie des Verhaltens der Atome angelangt, der Quantentheorie. Das darin zusammengefaßte Verhalten der Atome ist schwer zu verstehen; es ist anders als alles, was wir aus der alltäglichen Erfahrung kennen.

Machen wir uns klar, wann der Übergang von einem Energieniveau zum anderen eintritt. Wenn wir ein Atom nur leicht anregen, also nicht so stark, daß es seinen ersten Sprung macht, nimmt es die Energie überhaupt nicht auf; es bleibt unverändert wie ein harter Ball. Erst wenn so viel Energie zugeführt wird, daß es auf das nächsthöhere oder übernächste Energieniveau springen kann, findet eine innere Veränderung statt. Reicht die angebotene Energie für einen Sprung nicht aus, liegt sie also gewissermaßen in einer Lücke zwischen den Energieniveaus, dann verhalten sich die Atome so, als ob sie unveränderlich seien.

Die Quantenleiter macht uns mit spezifischen und festen Eigenschaften der Atome bekannt, die trotzdem nicht unveränderlich sind. Darin spiegelt sie die Beschaffenheit unserer Welt, in der auch das glänzende Gold geschmolzen und der harte Diamant verbrannt werden kann. Es ist eine Welt des Seins und Werdens. Die Theorie der Materie, mit der wir uns hier befassen, kann alles, was bisher entdeckt wurde, in sich vereinen.

Die Experimente, durch die die Physiker auf das seltsame Verhalten der Atome zum erstenmal aufmerksam gemacht wurden, stammen nicht aus neuerer Zeit, sondern aus der Zeit vor und während des Ersten Weltkriegs. Sie sind aber von grundlegender Bedeutung und faszinieren durch die Einfachheit ihrer Mittel, durch die man mit Hilfe der Linienspektren das Quantenverhalten von Atomen beobachten kann.

Wir führten eine optisch wahrnehmbare Version eines der wichtigsten Experimente zum Quantenverhalten der Atome durch, bei dem man vom Linienspektrum eines Atoms ausgeht. Anstelle unseres einfachen Elementes T mit seinen drei Energieniveaus benutzten wir aus verschiedenen praktischen Gründen Quecksil-

Unser Apparat: Die Lampe ist mit einem Gerät verbunden, das die den Atomen im glühenden Gas der Birne zugeführte Energie elektrisch reguliert. Das Licht der Lampe dringt durch das kleine Gehäuse mit einer Skala, die so konstruiert ist, daß sie jeweils die Farbe des Spektrums durchläßt, auf die sie eingestellt ist. Das Licht trifft nicht auf ein Auge oder eine Kamera, sondern auf einen photographischen Detektor, der diese Farben sieht und aufzeichnet.

ber. Unsere Lichtquelle war eine kleine Glühbirne aus einem besonderen, für ultraviolette Strahlung durchlässigen Glas. Solche Birnen wurden früher zur Desinfektion von Kühlschränken hergestellt, sie werden aber heute nicht mehr verwendet. Die Glühbirne erzeugte das etwas unheimliche bläuliche Licht des Quecksilberdampfes. Sie war so abgeschirmt, daß außer dem Licht der Birne kein Streulicht in die Apparatur eindringen konnte.

Das Licht fiel auf eine kleine, optische Vorrichtung, welche das Licht filterte, nicht streute wie ein Beugungsgitter. Die Wirkung ist dieselbe; das Filter kann so eingestellt werden, daß es zu jeder Farbe ein enges Farbband erzeugt. Ein elektronischer Detektor löste mich als Beobachter ab; er reagierte gleichermaßen auf sichtbares und ultraviolettes Licht und verdeutlichte beispielhaft, wie weitgehend wir unseren Erkenntniszuwachs der Tatsache verdanken, daß wir die natürlichen Sinnesorgane instrumentell erweitern können. Ein Registrierschreiber zeichnete eine Karte des Spektrums, das der Detektor beobachtete. Die Nadel des Schreibers lief in horizontaler Richtung über das Band und zeichnete die Positionen der Spektralfarben auf, wie sie sich durch das Filter ergaben. Eine Spektrallinie erschien auf der Karte als Ausschlag nach oben. Die Höhe des Ausschlags, den die Nadel für jede Position aufzeichnete, markierte die Stärke der Spektralfarbe.

Um Licht zu erzeugen, führt man meist viel Energie zu und läßt die Atome frei kollidieren. Hier verfolgten wir allerdings ein anderes Ziel; wir wollten die zugeführte Energie und damit die Stärke der Kollisionen zwischen den angeregten Teilchen innerhalb der Glühbirne so genau wie möglich dosieren. Erst bei den Kollisionen nimmt ja das Atom die Energie auf, die es dann als Licht aussenden kann. Wir kontrollierten die Energiemenge elektrisch mittels Radiowellen, die wir in den Quecksilberdampf im Inneren der Glühbirne schickten. So konnten wir bestimmen, wieviel Energie einem kollidierenden Teilchen zugeführt wurde. Je mehr Energie man zuführt, desto mehr Energie kann ein Atom bei einer Kollision maximal aufnehmen. Die Skala für die Energiezufuhr war wie bei den Diagrammen des Energieniveaus vertikal angeordnet. Die willkürliche Bewegung, zu der die Atome durch die Temperatur des Dampfes in der Glühbirne angeregt wurden, war, verglichen mit der elektrischen Anregung, für die wir sorgten, geringfügig.

Dieser handliche Apparat verschafft einem innerhalb weniger Minuten Aufschlüsse über das Quantenverhalten der Atome. Wir stellten fünf Testreihen her, wobei wir die Energiemenge, welche die Kollisionen der Quecksilberatome in der Glühbirne verursachte, zunehmend erhöhten. Für jede Versuchsreihe zeichnete der Schreiber das Spektrum auf.

Erster Versuch: Die Atome wurden nicht elektrisch angeregt. Eine geringfügige thermische Anregung ist immer da, sie soll aber hier vernachlässigt werden. Die Nadel bewegte sich über die graduierte Karte; sie begann bei der gelben Spektrallinie des Quecksilberdampfs und wanderte zuletzt über den Bereich der sichtbaren Farben hinaus ins Ultraviolett. Wie erwartet

Das zerlegte Spektrum: hier eine Zusammenstellung der fünf Versuche, die wir durchführten. Die Versuche sind durch übereinander eingezeichnete Linien dargestellt, die veranschaulichen sollen, um wieviel die Energie jeweils erhöht wurde. Der kräftige Ausschlag ganz rechts ist die stärkste ultraviolette Spektrallinie; der Ausschlag links ist die gelbe Spektrallinie der Quecksilberatome.

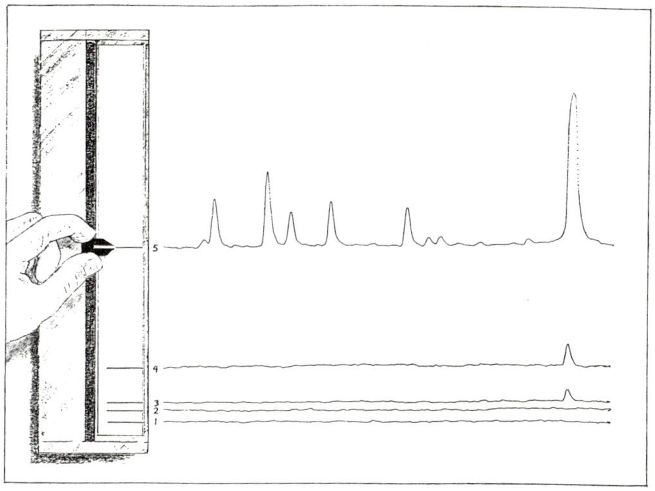

verzeichnete sie keine Ausschläge. Der Detektor war empfindlich, die Grundlinie daher leicht wellenförmig, was nur das immer vorhandene Rauschen anzeigte. Bei jedem neuen Durchlauf waren die gewellten Linien anders geformt, ein Zeichen, daß sie zufällig und für uns bedeutungslos waren.

Zweiter Versuch: Ich schob den Eingabehebel etwas nach oben, um eine geringe Menge Energie zuzuführen. Wieder keine Reaktion. Die angebotene Menge war nicht ausreichend gewesen, die Atome hatten sie nicht aufgenommen und als Licht ausgestrahlt. Sie waren im Wartezustand. Offensichtlich gab es ein notwendiges Energieminimum, das wir noch nicht erreicht hatten.

Dritter Versuch: Energiezufuhr verstärkt. Die Nadel begann wieder zu zeichnen, aber im sichtbaren Bereich erscheint keine Spektrallinie – bis zuletzt am ultravioletten Ende unseres Spektrums ein Ausschlag nach oben in einer Position erfolgt, die man vom Spektrum des Quecksilbers kennt.
Die zugeführte Energie hatte einen atomaren Fingerabdruck hinterlassen; wir hatten den Atomen des Quecksilbers genau so viel Energie zugeführt, daß von den üblichen zwölf Linien des Spektrums eine zu sehen war.

Vierter Versuch: Energiezufuhr nochmals verstärkt, aber keine weiteren Linien; nur der Ausschlag im Ultraviolett verstärkt sich. Wir haben das nächsthöhere Energieniveau noch nicht erreicht, obwohl wir die Gesamtenergie erhöht haben. Das angebotene Maximum ist größer geworden, gleichzeitig gibt es aber auch mehr Atome, welche die wenige Energie, die sie noch

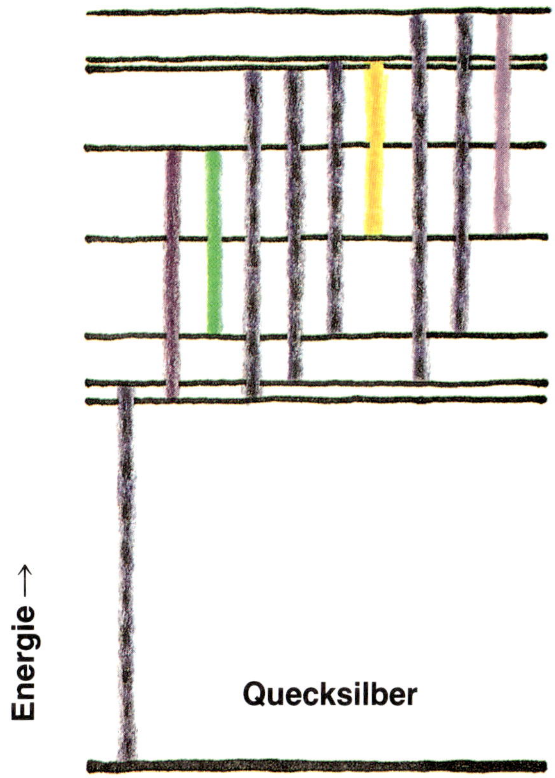

Die Quantenleiter des Quecksilbers. Zu sehen sind die niedrigen Energieniveaus des Quecksilberatoms. In unserem Experiment kletterten wir die Stufen dieser Leiter empor, wobei wir manchmal mehrere auf einmal nahmen. Die Linien des Spektrums, die wir fanden, sind in ihrer natürlichen Farbe eingezeichnet. Ultraviolette Farben, die das menschliche Auge nicht sehen kann, sind in einem schwarz gestrichelten Purpur dargestellt.

Die Quantenleiter des »Atomzirkus«: Die drei Energieniveaus sind die in unserem Zusammenhang wichtigen Stufen der Quantenleiter des Bariumatoms. Die Farben der Laserstrahlen im Labor passen zu zwei der gezeigten Sprünge; der dritte Sprung findet unsichtbar im Infrarot statt. Das Atom springt nach dem Willen der Experimentatoren die Energieniveaus hinauf und hinunter.

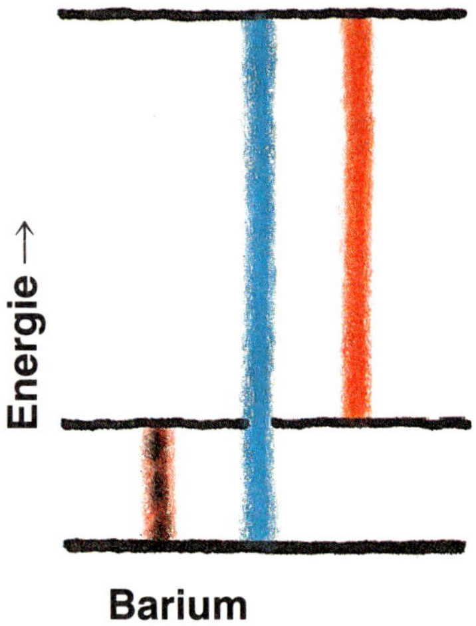

benötigen, aufnehmen können. Für das Energiemaximum lassen sich keine präzisen Werte aufstellen.

Fünfter Versuch: Energiezufuhr enorm gesteigert. Sofort schlug die Nadel nach oben aus; alle sichtbaren Linien sind vorhanden (Gelb, Grün, Blau, Violett), dazu kommen verschiedene im ultravioletten Bereich; auch jene erste, stärkste ultraviolette Linie ist wieder da. Wir haben die Atome so stark angeregt, daß sie das vollständige Spektrum ausbildeten. Vor uns entstand der vertraute Fingerabdruck des Quecksilbers.

Fassen wir zusammen: Wir erhalten erst dann überhaupt Licht, wenn wir eine Art erster Energieschwelle überschreiten. Dann sehen wir zunächst nur eine

Brief eines Chemikers

Hier ein Zeugnis aus der Zeit kurz vor dem Ersten Weltkrieg, als das Quantenverhalten der Atome gerade entdeckt worden war. Es handelt sich um den Brief des begabten jungen Chemikers George de Hevesy, der damals bei Rutherford in Manchester in jenem Laboratorium arbeitete, in dem auch der soeben nach Kopenhagen zurückgekehrte Niels Bohr ein Jahr gearbeitet hatte. Bohr war vor kurzem die Anwendung der Quantentheorie auf das Atommodell Rutherfords gelungen, und er hatte das Spektrum des einfachsten Elements, des Wasserstoffs, berechnet.
Bei einem Treffen in Wien 1913 berichtete der achtundzwanzigjährige Chemiker erfreut Albert Einstein das Neueste aus Kopenhagen. Damals war Einstein noch nicht die Symbolfigur, zu der er später werden sollte; er war ein vielbewunderter Physiker von vierunddreißig Jahren. Einstein war selbst einer der Hauptschöpfer der Quantentheorie. Der junge Mann berichtete Einstein von einer kürzlichen Bestätigung von Bohrs genialem Modell der Energieniveaus, das auf der grundsätzlichen Annahme basierte, daß Spektrallinien nicht aufgrund eines Energieniveaus, sondern aufgrund der Energiedifferenzen zweier verschiedener Niveaus entstehen. Bohrs Modell der Atomstruktur, das noch viele weitere Details beinhaltete, stimmte in seinen Prognosen in wesentlichen Punkten mit dem Heliumspektrum überein, das der Londoner Experimentator Alfred Fowler kurz davor beobachtet hatte.

Nach der Begegnung schrieb Hevesy an Bohr: »Als er [Einstein] das hörte, war er äußerst erstaunt und sagte zu mir: ›Dann hängt die Frequenz des Lichts überhaupt nicht von der Frequenz des Elektrons ab … Und das ist eine *ungeheure Erkenntnis.* Dann muß die Theorie von Bohr stimmen.«

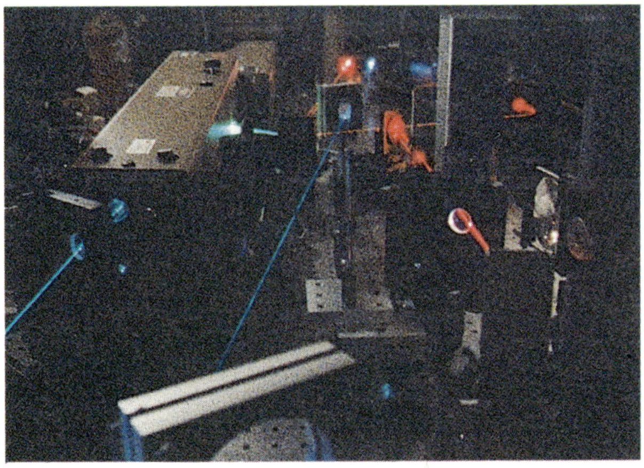

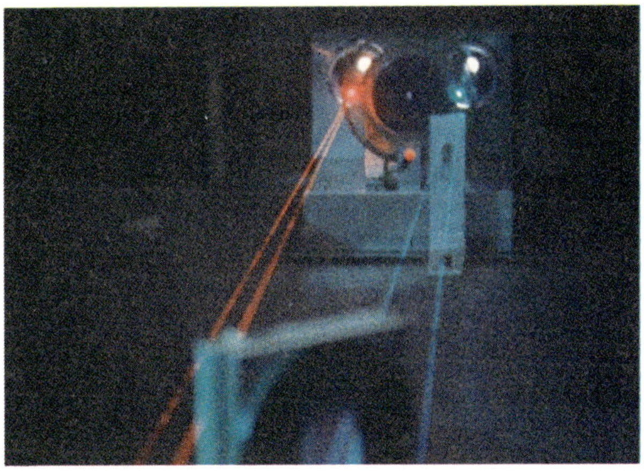

Ein Blick in den »atomaren Zirkus«: Die beiden Laserstrahlen sind auf die Lücken in der Energieleiter des Atoms abgestimmt. Ferner sind verschiedene Apparaturen optischer und elektronischer Art und zur Erzeugung des Vakuums zu erkennen.

Spektrallinie. Erst nach einer großen Steigerung der Energiezufuhr sehen wir alle Spektrallinien. Vielleicht hätten wir bei noch feinerer Dosierung der Energie eine zeitliche Abfolge im Auftauchen der Linien entdeckt; die Linien wären nacheinander einzeln oder in kleinen Gruppen erschienen. Doch dazu braucht man viel Zeit und exaktere Möglichkeiten der Dosierung.

Wir sind mit den atomaren Spektren umgegangen, als seien sie Fingerabdrücke – entweder das ganze Spektrum war da oder überhaupt nichts. Der Fingerabdruck des Quecksilbers ist das Spektrum dieses Elements: So haben die Menschen mit gutem Grund hundert Jahre lang geglaubt. Ganz so ist es allerdings nicht. Das Spektrum hat eine physikalische Struktur; wir können es unterteilen und nach und nach eine oder mehrere Linien erzeugen, indem wir die Energie dosieren, die den Atomen zugeführt wird.

Das war das Ergebnis unseres Experiments, das erstmals vor einem Menschenalter durchgeführt wurde. Daß die Linien des atomaren Spektrums durch weite Zwischenräume voneinander getrennt sind, paßt sehr gut zu der Vorstellung einer sprunghaft erfolgenden Reaktion auf die zugeführte Energie. Selbst unser Experiment, bei dem wir die Energiezufuhr nur grob dosieren konnten, hat das gezeigt. Genauere Dosierungen machen dasselbe Ergebnis noch deutlicher.

Wichtig ist nicht nur die Anzahl von Spektrallinien, die wir sehen. Ebenso wichtig ist, daß es für jede Spektrallinie eine genaue Übereinstimmung gibt zwischen der gemessenen Energielücke – der Differenz zwischen den einzelnen Niveaus der Energieleiter – und der Lichtenergie, die bei jedem Sprung von einem atomaren Energieniveau in das nächsttiefere abgegeben wird. Das Spektrum eines Atoms kann daher vorhergesagt werden, ohne daß man überhaupt Licht sieht; es genügt die elektrische Messung der zugeführten Energie, welche die Atome anregt. Sobald man die Quantenleiter kennt, kann man das Verhalten der Atome bei unterschiedlicher Energiezufuhr zumindest teilweise vorhersagen.

Die Quantenleiter eines Atoms wie des Quecksilberatoms ist nicht einfach gebaut. Bei unserem eher groben Versuch wurden nicht alle Feinheiten deutlich, da dabei verschiedene Energieniveaus in einer einzigen Reaktion aufgingen. Ist der Versuch präziser und die Energie genauer dosiert, können alle Stufen der Leiter, die das Spektrum mit all seinen Linien bestimmen, lokalisiert werden.

Daß es verschiedene Energieniveaus gibt, daß Lücken vorhanden sind, die man bei der Energiezufuhr überspringen muß: dieser Sachverhalt ist gemeint, wenn man vom Quantensprung spricht. Das Wort Sprung ist

Hier die erste Farbphotographie eines Atoms, mit einem gewöhnlichen Film und einer gewöhnlichen Kamera aufgenommen (mit einem speziellen Objektiv für Großaufnahmen). In der Mitte sieht man einen blaugrünen Punkt, das Atom. Es handelt sich um ein einzelnes, räumlich lokalisiertes Bariumion, das fast still steht, ein Atom in seiner natürlichen Farbe, gesehen in reflektiertem Licht. (Das Metall der Falle erscheint im Streulicht rot, weiß und blaugrün.)

Quantenleitern

Das Diagramm der Energieniveaus – die Quantenleiter – ist keineswegs auf Atome beschränkt. Sie ist vielseitig anwendbar. Sehen wir uns als Beispiel das Sauerstoffatom an. (Wasserstoff ist so einfach gebaut, daß bei ihm einige Möglichkeiten wegfallen.)

Die ersten Energieniveaus des Sauerstoffs liegen recht hoch; die Spektrallinien liegen im Ultraviolett-Bereich. Vergrößert man die Energiezufuhr, beginnen die Atome nacheinander ihre Elektronen zu verlieren, und es bilden sich weitere Leitern, je eine für ein halbes Dutzend Ionen, wie man die unvollständigen Atome nennt.

In der Mitte des Sauerstoffatoms ist sein Kern. Wird Sauerstoff einer Energie ausgesetzt, die sehr viel stärker ist als ultraviolettes Licht, zeigen sich schließlich die Niveaus des Kerns. Sie bilden eine ganz neue Leiter, deren Stufen grob geschätzt eine Million Male weiter auseinander liegen als die atomaren Niveaus. Diese Niveaus beschreiben die Struktur des Kerns.

Die äußerste Grenze ist damit aber noch nicht erreicht. Erhöht man die Energie noch einmal um das Fünfzig- bis Hundertfache, erreicht man allmählich die Niveaus, welche die innere Struktur jener Teilchen bestimmen, deren wechselseitige Anordnungen die Energieniveaus des Kerns festlegen. Geht man noch weiter, kommt man zu neuen, flüchtigen Teilchen, die durch die Energiezufuhr erzeugt werden, aber in der Materie zunächst nicht vorhanden sind. Sie haben ihre eigenen Diagramme der inneren Energie.

Sehen wir uns das andere Ende des Spektrums an. Sauerstoffatome sind in der Luft immer paarweise gebunden. Dieser paarweisen Struktur müssen Energieniveaus mit einer großen Lücke im Bereich der sichtbaren Farben entsprechen, sonst wäre die Luft nicht durchsichtig. Gäbe es viele Energieniveaus innerhalb des Bereichs der sichtbaren Farben, würde das entsprechende Licht absorbiert werden, und die Luft wäre farbig. Weit unterhalb des sichtbaren Bereichs gibt es aber im Infrarotbereich eine Reihe von Niveaus, wo die Sauerstoffatome ganz sicher eine Reaktion zeigen. In diesem Abschnitt des Spektralbandes ist die Luft auch nicht mehr durchsichtig.

Quantenleitern gibt es überall.

in diesem Zusammenhang keine Metapher, es drückt konkret das diskontinuierliche Verhalten der Atome der Materie aus, wie wir es in Versuchen beobachten können.

So wie ein Gummiball innerhalb gewisser Grenzen eine beliebige Energiemenge aufnehmen oder abgeben kann, kann eine Posaune in einem bestimmten Tonumfang jeden Ton hervorbringen. Bei einem Xylophon mit einer begrenzten Anzahl von Stäben ist das anders. Wenn ein Xylophon aber eine Million Stäbe hätte, würden wir seinen Tonumfang dann immer noch als begrenzt im Gegensatz zum kontinuierlichen Tonbereich der Posaune empfinden?

Die Welt besteht, wie ich glaube, aus Quanten, aber die Stufen einer Quantenleiter, welche den Energiehaushalt bestimmter Strukturen beschreibt, sind so zahlreich und folgen so dicht aufeinander, daß man sie nicht unterscheiden kann. Nur auf der Ebene winziger molekularer und atomarer Partikel sind die Energieniveaus weit genug voneinander getrennt, daß man von einem diskontinuierlichen Verhalten sprechen könnte.

An der Universität von Washington in Seattle leiten Professor Hans Dehmelt und seine Mitarbeiter einen wohldressierten atomaren Zirkus. Ihre spektakulärste Nummer besteht darin, ein einzelnes Atom zum Still-

stand zu bringen, damit man es photographieren kann. Betritt man das verdunkelte Labor von Professor Dehmelt, fallen einem sofort zwei Laserstrahlen auf – einer blau, einer rot. Diese Laserstrahlen sind genau auf die Lücken zwischen den Energieniveaus der dressierten Atome abgestimmt. In einem Diagramm wird die jeweilige Quantenleiter reproduziert, die Sprünge sind farbig kenntlich gemacht. Das Diagramm ist der Schlüssel zum Verhalten der dressierten Atome.
Nun wird uns der Zirkusdirektor persönlich seine berühmte Nummer vorführen.

DEHMELT: Ein Ion ist ein Atom in einem besonderen Zustand: Es hat mindestens eines seiner Elektronen verloren und ist daher elektrisch geladen. Ein eingefangenes Ion gleicht einer Murmel in einer Schüssel. Gibt man der Murmel in der Schüssel einen Stoß, kreist sie so lange in der Schüssel, bis sie sich infolge der Reibung dann schließlich wieder beruhigt.
Unser Gerät hier enthält eine zu der Schüssel analoge Vorrichtung, eine winzige »Falle«, die durch die elektrische Kraft, die sie aussendet, ein Ion in einem Vakuum festhält. Die Vorrichtung (ihre Größe entspricht etwa einem Nadelöhr) besteht aus einem Ring aus rostfreiem Stahl und zwei Elektroden. Zwischen den Elektroden wird eine Hochfrequenzspannung angelegt, die ein elektrisches Kraftfeld erzeugt, mit dem man das Ion festhalten kann.
Würde man sich dieses Bariumion bei Tageslicht ansehen – ich glaube nicht, daß dieser Versuch schon einmal durchgeführt wurde! –, hätte es eine bläulichgrüne Farbe. Es ist also korrekt, sich ein Bariumion als einen kleinen blaugrünen Punkt vorzustellen.

Der Direktor und die Dompteure des atomaren Zirkus schicken einen schwachen Strahl aus Bariumatomen in das Vakuum, das sie sich für ihre Arbeit geschaffen haben. (Für unbefugte Atome kein Zutritt!)
Ein schwacher Elektronenstrahl kreuzt den Bariumstrahl im Inneren der Falle, und es kommt zu Kollisionen. Dabei verliert ein kleiner Teil der Bariumatome ein wenig Ladung (ein Elektron). Diese Atome sind nun nicht mehr elektrisch neutral, sondern geladen, sie können also in der elektrischen Falle festgehalten werden. Man bezeichnet Atome in diesem unvollständigen Zustand als Ionen; etwas weiter gefaßt kann man Ionen auch einfach als besondere, energiereiche Zustände des ursprünglichen Atoms betrachten, in unserem Falle des Bariumatoms.
Ein paar dieser unvollständigen Bariumatome – Ionen – werden auf diese Weise eingefangen und wie in einer winzigen Schüssel, in der es allerdings keine Reibung gibt, festgehalten. Die Ionen können sich durch ihre unregelmäßige Bewegung allmählich aus der Falle befreien. Aber die Experimentatoren haben auch noch die beiden Laserstrahlen so eingestellt, daß sie die Falle kreuzen. Die Laserstrahlen haben die Aufgabe, für etwas Reibung zu sorgen und die willkürliche Bewegung der gefangenen Bariumionen durch viele Kollisionen mit den starken, genau abgestimmten Laserstrahlen zu verringern. Konkret sieht das so aus, daß der Laserstrahl durch das Ion erhitzt und umgekehrt das Ion entsprechend »gekühlt«, also in seiner willkürlichen Bewegung stark verlangsamt wird.
Die eingefangenen, unvollständigen Atome springen wiederholt drei benachbarte Energieniveaus auf der Quantenleiter hinauf und hinunter, während sie rotes oder blaugrünes Laserlicht aufnehmen bzw. abgeben. Die schnelleren Atome entkommen der Falle. Langsa-

me Atome werden gezählt, indem man die Lichtmenge bestimmt, die sie aussenden. Das Lichtsignal wird stärker, wenn im Inneren der Falle immer mehr geladene Atome erzeugt werden, und nimmt dann stufenweise wieder ab, wenn die Atome entkommen.
Irgendwann zeigt das Lichtsignal an, daß nur noch ein einziges Bariumion in der Falle ist. Dieses einzelne Ion wird nun immer wieder von dem Laserstrahl angeregt. Es sendet selbst blaugrünes Licht in die verschiedensten Richtungen aus. Das Licht, das auf ein Beobachtungsfenster aus Glas trifft, kann aus dem Vakuum aus- und in eine vor dem Fenster aufgestellte Kamera eintreten.
Auf dem Bild erscheint das Atom als ein winziger, farbiger Punkt!
Mehr ist nicht zu schaffen: Den inneren Aufbau eines Atoms kann das Auge bei keinem Licht wahrnehmen. Allein der Umstand, daß man das Diagramm des Energieniveaus, die Quantenleiter, kennt, ermöglicht eine so genaue Kontrolle eines Atoms durch äußere Kräfte. Man kann Atome zählen und ein einziges Atom stundenlang an einem Platz halten und farbig photographieren, während es eine Million identischer Quantensprünge macht.

Kein Bild eines Atoms ist so nützlich wie die Quantenleiter, die Reihe seiner internen Energieniveaus. Atome sind zu klein und zu ungewöhnlich, um im gewöhnlichen Raum darstellbar zu sein. Aber die Anordnung der Energieniveaus erklärt zusammen mit den Eigenschaften der jeweiligen Niveaus das Verhalten der Atome so gut, daß wir mit Hilfe der Quantenleiter die bestmöglichen Bilder eines Atoms erhalten und Atome auf verschiedene Weise manipulieren, abbilden, arrangieren und messen können. Die Quantenleiter ist die genaueste Darstellung, die wir von einem Atom haben.
Überhaupt hat jede beständige Struktur, nicht nur die der Atome, ihre eigene, spezifische Anzahl von Quantenniveaus. Auch Chemiker, die Riesenmoleküle mit empfindlichen Radiotechniken oder im Infrarotbereich untersuchen, arbeiten mit den Quantenniveaus. Dasselbe gilt natürlich für Kernphysiker, die mit den Strahlen ihrer großen Beschleuniger wie mit einem Hammer subatomare Teilchen zerschmettern, um Aufschlüsse über deren Struktur zu erhalten. Auch diese Struktur wird durch die Quantenniveaus der Teilchen beschrieben.
Die Anwendungsmöglichkeiten der Quantenleiter sind unbegrenzt. Die Theorie hat sich als haltbar erwiesen. Sie ist bereits siebzig Jahre alt und wird bis heute unverändert angewandt. Natürlich sind die Strukturen, die wir heute untersuchen, andere. Zwar untersuchen wir immer noch Atome und ihre Anordnung, aber wir dringen auch ins Innere des Atoms ein. Mit immer besseren Theorien können wir erklären, was die Strukturen zusammenhält. Wir entdecken immer mehr subatomische Teilchen und kennen inzwischen sogar neue subatomische Kräfte.
Aber um das Neue zu beschreiben, greifen wir immer noch auf die Quantenniveaus zurück. Ich glaube, sie sind ein bleibender Teil unseres Wissens, der seine Geltung behalten wird wie die Kontinente ihre Position auf der Landkarte und die vielen Monde des Jupiter ihren Platz in einer vollständigen Beschreibung des Sonnensystems.
Wir leben in einer Welt der Quanten.

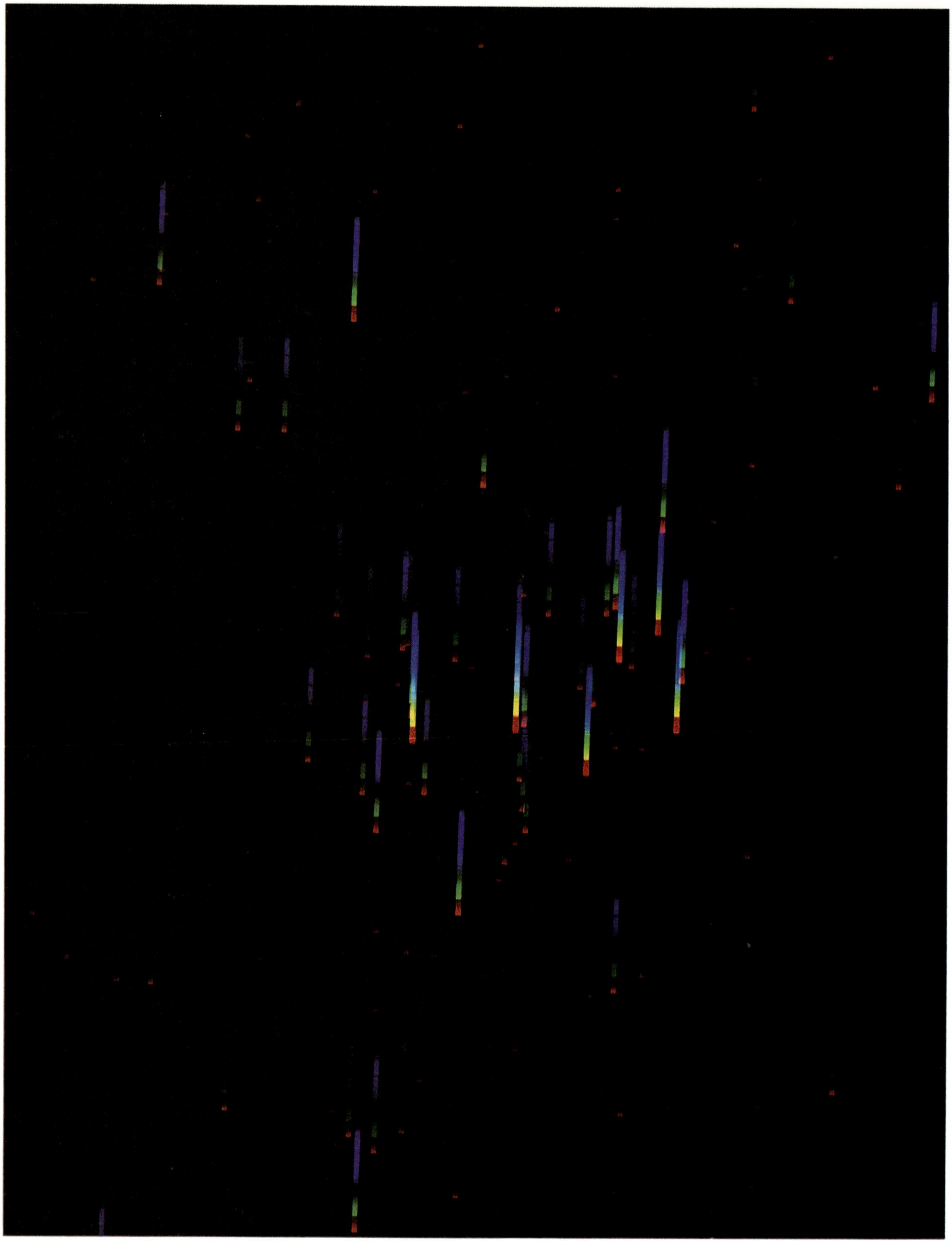

Die Plejaden in Farbe. Jeder helle Stern ist nicht als leuchtender Punkt abgebildet, sondern in ein Regenbogenband, sein Spektrum zerlegt.

6

GEWISSHEIT UND ZWEIFEL

In Winternächten ist am Himmel ein winziger, dichter Sternhaufen zu sehen, die Plejaden, die seit jeher die Neugier der Sterngucker erregt haben. 1603, noch vor Erfindung des Fernrohrs, gaben in Augsburg Johann Bayer und sein begabter Illustrator ein Buch mit wunderbaren Illustrationen heraus, die erste gedruckte Sternkarte des Himmels. Auf der Karte sind alle mit bloßem Auge sichtbaren Sternbilder verzeichnet, darunter natürlich auch die Plejaden als sechs in einer Reihe stehende, eng benachbarte Sterne.

Lange Zeit war umstritten, wie viele Sterne in dem Haufen zu sehen sind. Sehr scharfe Augen kamen in dunklen Nächten auf zehn bis zwölf Sterne. (Im ersten Kapitel dieses Buches ist eine Zeichnung der Plejaden von Maestlin um 1579 abgebildet.) Mittlerweile beobachtet man den Nachthimmel seit mehr als dreihundert Jahren mit Fernrohren und weiß mehr denn je über die Sterne.

Man vergleiche nur den Ausschnitt einer modernen Photographie des Himmels mit den alten Illustrationen und achte darauf, was das Teleskop in der Gegend der Plejaden alles entdeckt hat. Zunächst sieht man dieselben hellen Sterne in der bekannten Anordnung, womit das Auge bestätigt ist. Aber außerdem sind schwach sichtbare, größere helle Flecken auszumachen und im Umkreis der hellen Sterne noch Hunderte matterer Sterne, die man mit bloßem Auge nicht sehen kann.

Damit sind wir bei der Veränderung, die unsere Wahrnehmung des Sternenhimmels durchgemacht hat, seitdem das Sehvermögen der Astronomen durch neue Instrumente enorm gesteigert wurde.

Betrachten wir eine Farbphotographie der Plejaden, die eigenartig aussieht. Erst bei genauerem Hinsehen erkennt man, daß wieder die Plejaden abgebildet sind. Die Sterne sind aber nicht als Punkte oder Lichtflecken zu sehen; vielmehr ist jeder Stern als Regenbogenband, als sein Spektrum, abgebildet.

Das Spektralbild der Plejaden wurde im Observatorium von Kitt Peak in Arizona mit einer modernen Teleskopkamera gemacht. Ein sechs Zentimeter großes Prisma vor der Blende zerlegt das Licht jedes hellen, sichtbaren Sterns in seine Farben und erzeugt dadurch auf einer Photoemulsion ein Spektralbild.

Seit hundert Jahren hat man mit solchen Spektralbildern ein Wissen über das Universum gesammelt, das man sich nie erträumt hätte. Als man in der Physik erst einmal verstanden hatte, wie glühendes Gas Licht erzeugt, konnte man die chemische Zusammensetzung der fernen Sterne aus den Merkmalen dieser Farbbänder ablesen. Ein großer, matt geschliffener und polierter Glaskeil, der einem Prisma entspricht, wurde vorne in das Fernrohr eingesetzt und ersetzte so eine Materialprobe der Lichtjahre entfernten Plejaden, die wohl nur durch Zauberei zu beschaffen wäre.

Man muß schon genauer hinschauen, um die Informationen zu erkennen, nach denen die Astronomen damals suchten. Wir haben einen typischen Stern aus unserem Photo der Plejaden ausgewählt und sein Spektrum vergrößert. Jetzt sieht man deutlich, wonach die Astronomen mit dem Mikroskop auf den photographischen Platten gesucht hatten. Das Spektrum war ein kontinuierliches Spektrum und erstreckte sich über die ganze Regenbogenpalette von Rot bis Violett. Die gesuchten Informationen sind die dunklen Linien, die das Spektrum durchziehen. Sie enthalten Informationen über die chemische Zusammensetzung der Sterne. Schon vor geraumer Zeit hat man erkannt, daß das Muster dieser Linien, ihre Position im Regenbogenband, auch wieder eine Art Fingerabdruck eines chemischen Elements ist. Die meisten Elemente besitzen

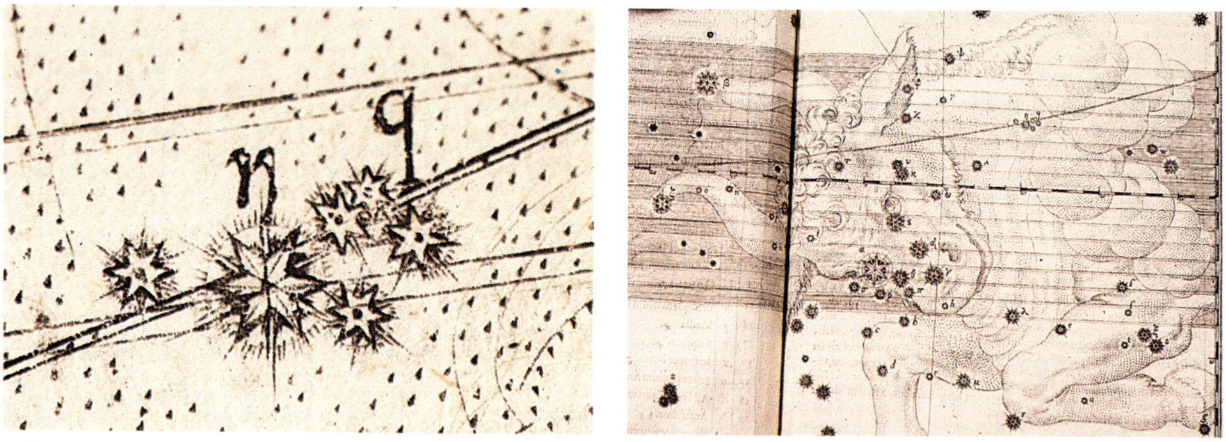

Das Sternbild Stier in Bayers Sternatlas von 1603. Der kleinere Sternhaufen rechts vom Kopf des Stiers, die Plejaden, ist in dem Ausschnitt vergrößert wiedergegeben.

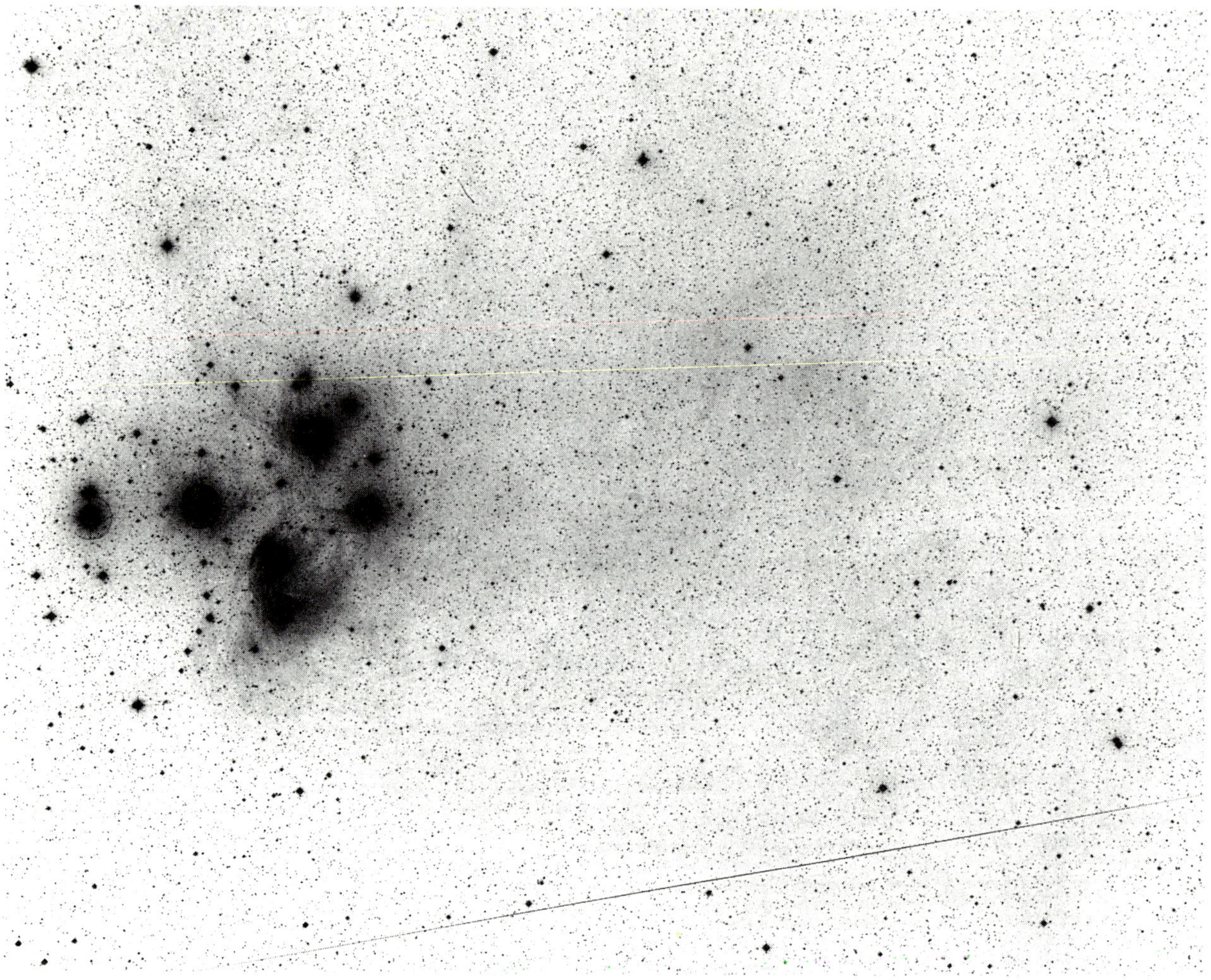

Die Plejaden in einem modernen Himmelsatlas, dessen Bilder mit einer schnellen Großfeldkamera in einem Teleskop von über einem Meter Durchmesser aufgenommen sind. Die Kamera arbeitet mit langen Zeitaufnahmen und empfindlichen Emulsionen. Der Sternhaufen hat viele lichtschwache Sterne.

Die Plejaden hoch oben am winterlichen Himmel, in dieser Nacht vom vorbeiziehenden Mond überstrahlt. Hier gibt die Kamera den Himmel wieder, wie wir ihn sehen.

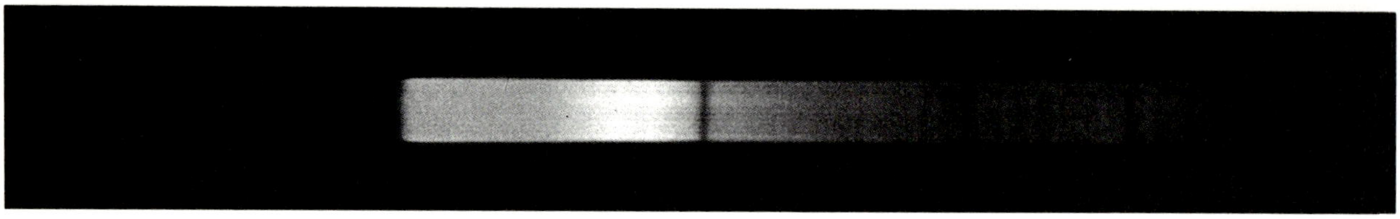

eine charakteristische Anzahl solcher Linien. Sobald die Anordnung der Linien erkennbar ist, gibt es keinen Zweifel mehr: In dem leuchtenden Gas, zu dem dieses Spektrum gehört, müssen Atome eines bestimmten Elements vorhanden sein. Nun bestehen Sterne nicht aus reinen Substanzen. Sie stellen vielmehr natürliche Mischungen dar. Wer mit dem Spektroskop arbeitet, muß mit vielen übereinanderliegenden Mustern der bekannten atomaren Linien rechnen. Die Analyse ist daher alles andere als einfach. Aber der Lohn der Mühe ist eine so großartige Sache wie die Kenntnis der inneren Beschaffenheit eines Sterns, und deshalb wurde bei der Sortierung der einzelnen Muster keine Mühe gescheut. Wir wollen diese Arbeit ein Stück weit verfolgen.

Der Glaskeil, der am vorderen Ende dieses Fernrohrs eingeschoben ist, ist ein rundes Prisma. Es zerlegt jeden Lichtpunkt – jeden Stern – in ein farbiges Band, sein Spektrum. Die Zeichnung soll die Form des großen Glaskeils verdeutlichen.

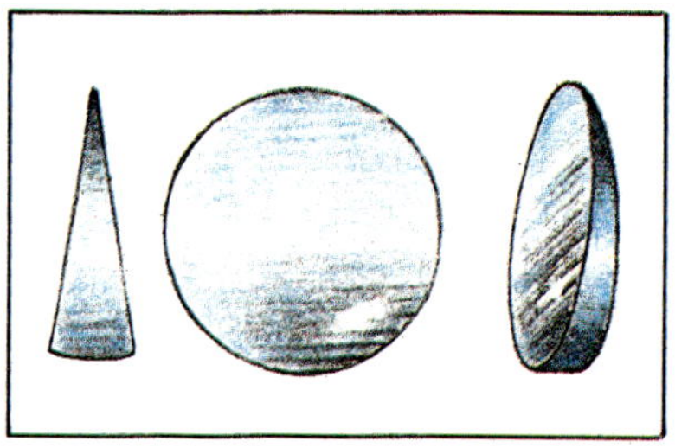

An der Universität von Michigan haben wir Nancy Houk, einer Spezialistin, über die Schulter geschaut. Nancy Houk ist Astronomin und untersucht und klassifiziert schon seit Jahren systematisch Sternenspektren. Die Daten für ihr ehrgeiziges Projekt liefert ein Instrument, das in Arizona steht und die Spektren aufgenommen hat, die wir uns angesehen haben. (Ein zweites, ähnliches Instrument steht in Chile.) Frau Houk klassifiziert die Spektren, indem sie sich ihre Linienmuster notiert und sie anhand dieser Muster in aussagekräftige Kategorien einteilt.

Das Spektrum eines Sterns der Plejaden, zuerst in Farbe, dann in Schwarzweiß. Das Spektrum wurde vergrößert, um zu zeigen, wonach ein Astronom mit dem Mikroskop auf der Platte sucht. Spektren in Schwarzweiß sind zwar nicht so schön wie farbige Spektren, aber auch sie enthalten die gesamte Information über das Spektrum unseres Beispiels. Auch wenn keine Farben zu sehen sind, erstreckt sich das Farbband von Rot nach Blau. Die Spektrallinien bleiben sichtbar. Und der Physiker muß nur die Position dieser Linien messen, um zu wissen, wo in der Farbskala zwischen dem roten und dem violetten Ende sie liegen. Er sieht somit alles, was er wissen will. Astronomen arbeiten meist mit schwarzweißen Spektralbildern. Farbbilder sind für die tägliche Arbeit der Astronomen immer noch zu teuer, und oft sieht man auf den Schwarzweißbildern auch mehr Einzelheiten.

So sieht ein Spektrum aus. Die Muster der Linien sind die Grundlage für die Klassifikation. Jedes Sternenspektrum hat irgendwo auf der langen Liste der Spektren seinen Platz. Spektren sind von unterschiedlicher Intensität, und sie werden danach unterteilt, welche Linien stark oder schwach ausgeprägt, schmal oder breit sind.

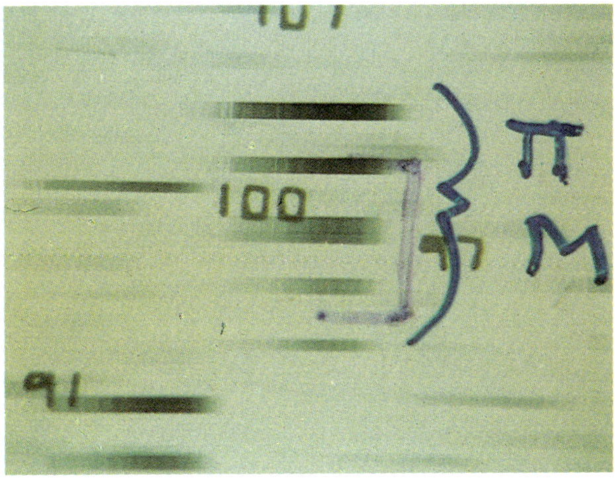

HOUK: Meine Erfahrungen habe ich im Laufe mehrerer Jahre gesammelt. Mittlerweile habe ich über 100 000 Sternenspektren untersucht, und eine Einteilung hat sich fast automatisch aus dieser Praxis ergeben. Das menschliche Auge ist wirklich ein Wunderwerk, wenn man überlegt, wie sicher es kleine Unterschiede in der Stärke der photographierten Linien wahrnehmen kann. Eine einzelne Person ist dabei aufgrund der Gleichmäßigkeit ihres Urteils einem Team überlegen, und deshalb führe ich die eigentliche Klassifizierung allein durch.

Der Vorgang, der in mir abläuft, wenn ich einen Stern das erstemal klassifiziere, geht inzwischen großenteils unbewußt vor sich. Ich schaue, wie viele Linien da sind, ob sie schmal oder breit sind und ob breite Linien das Spektrum durchziehen. Wenn ich das Spektrum untersuche, verraten mir die Einzelheiten der Linien die ungefähre Temperatur und Helligkeit des Sterns. Dann lege ich ein normiertes Sternenspektrum neben dasjenige, das ich klassifiziere, und vergleiche beide, um meinen Eindruck zu überprüfen.

Inzwischen haben wir die Hälfte geschafft. Wenn wir fertig sind, haben wir den Himmel vom Süd- bis zum Nordpol photographiert, und ich werde fast eine viertel Million Sterne klassifiziert haben. Annie Cannon hat diese Sterne in den zwanziger Jahren in rund

Astronomin Houk in Ann Arbor untersucht Spektralplatten mit dem Mikroskop.

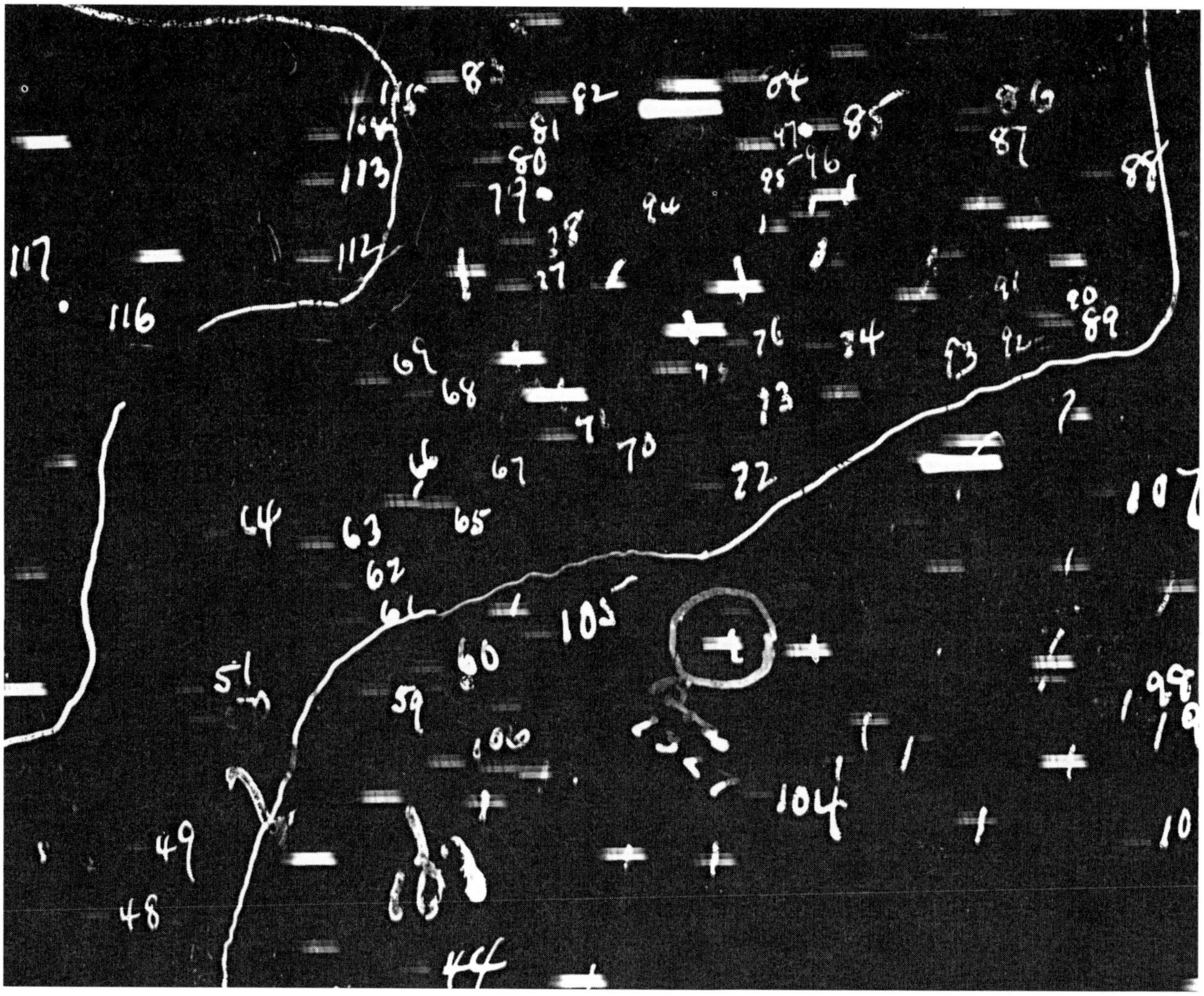

Spektralplatte eines Teils des südlichen Himmels, die 1895 von der Bergstation von Harvard in Peru aus belichtet und Jahre später von Annie J. Cannon eigenhändig mit Anmerkungen versehen und klassifiziert wurde.

sechsundvierzig Gruppen eingeteilt, aber dank der modernen Technik kann ich mehrere hundert Kategorien aufstellen. Das wird noch eine Weile dauern; unser ganzes Projekt ist vielleicht in fünfundzwanzig Jahren beendet.

Das Observatorium von Harvard war über dreißig Jahre das Weltzentrum für die Spektroskopie der Sterne. Begonnen wurde das langfristig angelegte Projekt vor der Jahrhundertwende. Edward Pickering, der es organisiert hatte, Annie Cannon, die zu seiner berühmtesten Wissenschaftlerin wurde, und eine ganze Generation von Mitarbeitern erstellten einen wahren Schatz von Spektralbildern der Sterne (alle Bilder sind in Schwarzweiß). Heute beherbergen die Archive von Harvard über eine halbe Million Photographien des Himmels.

Ein Berg wichtiger Informationen war hier zusammengetragen worden, denn nur über die Spektren der Sterne kann man herausfinden, aus welchen Elementen sie zusammengesetzt sind. Zu Beginn des Projekts hatte man diese Möglichkeit der Verwendung noch nicht in ihrer ganzen Tragweite erkannt. Man vertraute einfach darauf, daß zuverlässige Daten eines Tages von großem Wert sein würden, was sich dann auch als richtig erwies.

Das in Harvard geschaffene Verzeichnis einer viertel Million Sternenspektren wurde nach dem New Yorker Astronomen Henry Draper, der als erster solche Spektren photographiert hat, Henry Draper Catalogue genannt. Mrs. Draper förderte das Projekt im Gedenken an ihren Mann großzügig. Die Studie wuchs im Lauf der Jahrzehnte durch die hingebungsvolle Arbeit eines großen Mitarbeiterstabes, der sich hauptsächlich aus Frauen rekrutierte. Die berühmteste Frau war Annie Jump Cannon. Dr. Cannon erwarb sich eine so große Erfahrung, daß man ihr ehrfürchtig die Fähigkeit zuschrieb, schon durch bloßes Hinsehen sagen zu können, auf welcher Photoplatte sich welches der viertel Million Spektren befand, die sie klassifiziert hatte. Ihr neunbändiger Katalog war 1924 fertig. (Im einundzwanzigsten Jahrhundert wird man mit den Nachfolgebänden arbeiten, die Nancy Houk gerade vorbereitet.)

Astronomin Cannon bei der Arbeit an einer Spektralplatte im Observatorium von Harvard: Sie benutzt das Oberlicht, das durch einen Spiegel auf die Platte geworfen wird.

Annie Cannons einzigartige Sammlung von Sterndaten wird noch viel verwendet. Die Bibliothekare, die diesen Schatz heute verwalten, zeigten mir eine der Photoplatten, an denen Cannon gearbeitet hatte. Die Ähnlichkeit mit den modernen Platten Houks war unverkennbar. Cannon hatte mit Tinte ein ganzes Zahlengerüst darauf eingetragen, das die klassifizierten Sterne kenntlich machte. Die Spektralmuster sind deutlich zu sehen, aber sehr klein.

Gerade im Klassifizieren dieser unzähligen kleinen Spektren bestand Cannons Stärke. Sie, ihre Kolleginnen und Kollegen fanden für die Spektren nach kurzer Zeit eine Ordnung, die sich fast natürlich zu ergeben schien: Die Sterne wurden nach ihren Spektrallinien klassifiziert. Während sich zwei zur selben Klasse gehörige Sterne in bezug auf ihre Spektrallinien kaum voneinander unterscheiden, ist der Unterschied innerhalb der gesamten Menge der Spektralbilder beträchtlich. Worauf diese Ordnung zurückging, wußte man damals noch nicht genau. Es gab Spekulationen, aber keine stimmige Theorie.

Einiges war allerdings schon zu Cannons Lebzeiten bekannt. So war die Bedeutung der Linienmuster klar; sie wurden mit bestimmten chemischen Elementen identifiziert, die man von der Erde kannte und später im Sonnenspektrum wiederfand. Nicht alle Sterne enthielten dieselben Elemente; einige Sterne hatten viele Wasserstofflinien, andere die Linien von Eisen und anderen Metallen.

Bereits vor 1920 versuchte man in Harvard aufgrund der Farben eines Sterns Rückschlüsse auf die Temperatur der Sternoberfläche zu ziehen. Rote Sterne hatten Spektralbänder, die verblaßten, bevor sie das blaue Ende erreichten. Aus gutem Grund glaubte man, daß

Dr. Cecilia Payne, die kurz zuvor promoviert wurde, sitzt ganz rechts vor einem Pult mit Platten im Observatorium von Harvard. Die Frauen der Forschungsgruppe setzten sich 1925 für das Gruppenbild zusammen. Antonia Maury ist links im Bild zu sehen, Annie Cannon sitzt als dritte von links vor ihrem Vergrößerungsapparat; diese beiden waren damals die bekanntesten Mitglieder des Teams. Payne-Gaposchkin schreibt später über sie: »Die beiden Frauen ... waren die Geburtshelfer der Astrophysik ... Miss Cannon hatte ein untrügliches Gespür für die Klassifikation der Spektren ... Miss Maury war leidenschaftlich um das Verstehen bemüht ...«

Das Observatorium von Harvard um 1920. Payne arbeitete in dem neuen Backsteingebäude links im Bild.

solche Sterne rotglühend wie ein Hufeisen seien, das auf einem Amboß auskühlte. Sterne mit Spektren, die bis ins Violett hinein reichten (rotes Licht war mit den alten Emulsionen nur schwer aufzuzeichnen), wurden als weißglühend eingestuft.

So wurden ganze Farbpaletten aufgezeichnet, die mit den komplizierten Linienmustern übereinstimmten. Aber warum? Auf diese Frage hatte man keine Antwort. Zwar war die damalige Klassifizierung viel detaillierter, als wir es hier in unserer Vereinfachung dargestellt haben, aber im Grunde war sie empirisch und fast ausschließlich qualitativ. Die lange Liste enthielt zudem Tausende von Sternen, die sich in kein Schema einordnen ließen und die man bis heute nicht entschlüsselt hat. Das Buch der Spektren war in einer Sprache geschrieben, die damals noch nicht entzifferbar war, wenn auch hin und wieder eine Bedeutung klar wurde.

Die Zusammensetzung der Sterne

Anfang der zwanziger Jahre, als man allmählich mehr über die Spektren der Atome wußte, kam eine brillante junge Studentin aus England, Cecilia Payne, an das Observatorium von Harvard. Cecilia Payne kannte sich bei den neuen Quanten aus. Sie wußte, was ein Spektrum war, und spürte, daß sie den Willen und die Fähigkeit besaß, die Hieroglyphen der Sternenspektren zu entziffern. Sie ahnte außerdem, daß diese womöglich Aufschlüsse über die Zusammensetzung des Kosmos geben würden.

Fünfzig Jahre später erinnert Cecilia Payne-Gaposchkin sich in ihrer im Ruhestand verfaßten Autobiographie an diese Zeit:

Im September 1919 trat ich in das Newnham College in Cambridge ein. Es herrschte eine euphorische Stimmung. Der »Krieg, der den Krieg beenden sollte«, war vorbei. Nur wenige von uns jungen Leuten zweifelten daran, daß nun ein Zeitalter des Glücks und des Friedens anbrechen würde ... Das intellektuelle Klima war stimulierend ... Die Physik war an einem Scheideweg angelangt. Die klassische Physik konnte immer noch den Stundenplan eines Studenten ausfüllen, wenn er sie in ihrer ganzen Symmetrie und Eleganz durch Mechanik, elektromagnetische Theorie und Thermodynamik hindurch verfolgte, aber was uns eigentlich interessierte, war die Radioaktivität. Ihr galt die Arbeit im Cavendish-Laboratorium, wo Rutherford dabei war, die erste Kernreaktion zu erzeugen ... Bohr hatte uns mit seinem Atommodell persönlich bekannt gemacht

... die Neue Physik gewann allmählich an Boden ... Vom Cavendish-Laboratorium ging eine unwiderstehliche Faszination aus.
So sah ich das wissenschaftliche Panorama Ende 1919. Ich stand damals vor dem Tor, durch das ich bald selbst in diese Welt eintreten sollte. Plötzlich, auf dramatische Weise, öffnete es sich ... Das Ergebnis war die vollständige Umkehrung meines Weltbildes ... Ich entschied mich ganz für die Physik.
Die Kurse in Physik für Fortgeschrittene begannen mit den Vorlesungen Rutherfords. Ich war die einzige weibliche Zuhörerin ...
Mein Leben im College näherte sich dem Ende. Nahezu alle meine Freundinnen suchten nach einer Stelle als Lehrerin an einer Mädchenschule, praktisch der einzigen Art von Arbeit, die uns offenstand ... Mein Einblick in die Welt der Wissenschaft hatte mich für diesen Beruf untauglich gemacht.

Selbst für eine hochbegabte Frau war es in England unmöglich, in die Forschung zu gehen. Payne war aber dazu entschlossen, und die Neue Welt bot ihr mehr Möglichkeiten. Der junge neue Direktor des Harvard College Observatory lud sie ein, als erste Doktorandin nach Harvard in Cambridge, Massachusetts, zu kommen.
Das Harvard Observatory war mit seinen Spektralbildern, die noch auf ihre Entzifferung warteten, für Cecilia Payne der ideale Zielpunkt, die Universität von Cambridge in England war der ideale Ausgangspunkt.
Es war ungefähr zehn Jahre her, seit der Theoretiker Niels Bohr und der Praktiker Ernest Rutherford, die beide in enger Verbindung arbeiteten, wenn auch nicht zusammen, die erste Quantentheorie des Atoms aufgestellt hatten, auf der jeder Versuch, die Spektren und die Substanz der Sterne zu enträtseln, aufbauen mußte.
Cecilia Payne kannte diese Theorie. Sie hatte in Cambridge sowohl die Vorlesungen Bohrs wie Rutherfords gehört. Die Theorie wuchs zusehends in den Händen weiterer Physiker. Payne war voller Bewunderung für die Quantentheorie. Sie war überzeugt, sie auf das Licht der Sterne anwenden zu können. Mit dieser Arbeit war zwar schon begonnen worden, aber »nur auf sehr allgemeiner Ebene«.
Auf der Grundlage einiger zentraler Vorstellungen – der Physik glühender Gase, der Quantenleiter der Atome, der zwei Energieniveaus, die zu einer Spektrallinie gehörten – wollte sie die chemische Zusammensetzung der Sterne anhand der Photoplatten entziffern, die in Harvard die Regale füllten.
Cecilia Payne segelte mit großen Hoffnungen im Herbst 1923 von Southampton aus nach Boston.

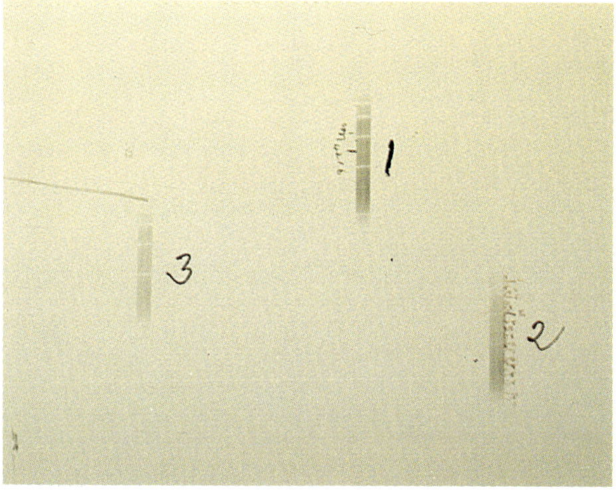

Die Kunst der Spektroskopie: Payne kennzeichnete das große, leuchtende Spektrum (Nummer 2), das schon Jahre zuvor belichtet worden war, um es als Muster zu benutzen.

Cecilia Payne 1924 als Stipendiatin am Observatorium von Harvard. Im Hintergrund das Leverett House.

Als ich in Cambridge ankam, hatte ich einen Weg hinter mir, der weiter war als die Strecke über den Atlantik. Ich hatte die Welt der Träume verlassen und war in die Wirklichkeit eingetreten. Das abstrakte Studium gehörte der Vergangenheit an, und ich bewegte mich ab jetzt sozusagen unter Sternen …
Am Tag nach meiner Ankunft in den Vereinigten Staaten bekam ich einen Schreibtisch in jenem Backsteingebäude zugewiesen, das damals das modernste Gebäude auf dem Gelände des Observatoriums war … Man hatte es zur Aufbewahrung der großen Sammlung der Photoplatten gebaut … Hier waren auch die Büros meiner Kollegen, die mit den Platten arbeiteten.
Ich war erstaunt, als ich die Platten, nach denen der Henry-Draper-Katalog zusammengestellt worden war, das erstemal sah. Die Spektren sahen wie längliche, parallel zueinander stehende Schmierer aus … Es schien mir fast unmöglich, daß jemand in diesen winzigen Schmierern genug sehen sollte, um Spektren zu klassifizieren. Und manchmal entdeckte ich tatsächlich eine Nummer von Miss Cannon an einer Stelle, an der ich nichts als einen undeutlichen Fleck sah.

Cecilia Payne begann also mit dreiundzwanzig Jahren in Harvard mit der Analyse der Sterne.
Sie nahm selbst kaum neue Bilder auf; an Bildmaterial war kein Mangel. Aber auch so war sie gezwungen, sich umfangreiche handwerkliche Kenntnisse für einen Beruf anzueignen, den sie mehr oder weniger selbst erfand. Denn man muß eine Vielzahl technischer Arbeiten verrichten, bevor man den kleinen, grauen Flecken auf den photographischen Platten Informationen über die Sterne entlocken kann.
Der Bibliothekar des Observatoriums brachte uns eine der Platten, mit denen die junge Cecilia Payne gearbeitet hatte. Auf den Platten sind die Spektren einzelner Sterne zu sehen, die entsprechend größer und aufschlußreicher sind als die Spektren der Platten, auf denen alle Sterne einer bestimmten Region zusammen abgebildet sind. Wir hatten Paynes Notizbuch bei uns und konnten durch einen Vergleich feststellen, daß die Schrift auf der Platte wirklich von ihr stammt.
Eine solche Platte also ersetzt eine Materialprobe des Sterns. Sie hält nur das Licht fest, aber das Licht kann uns Aufschluß über die Materie des Sterns geben.

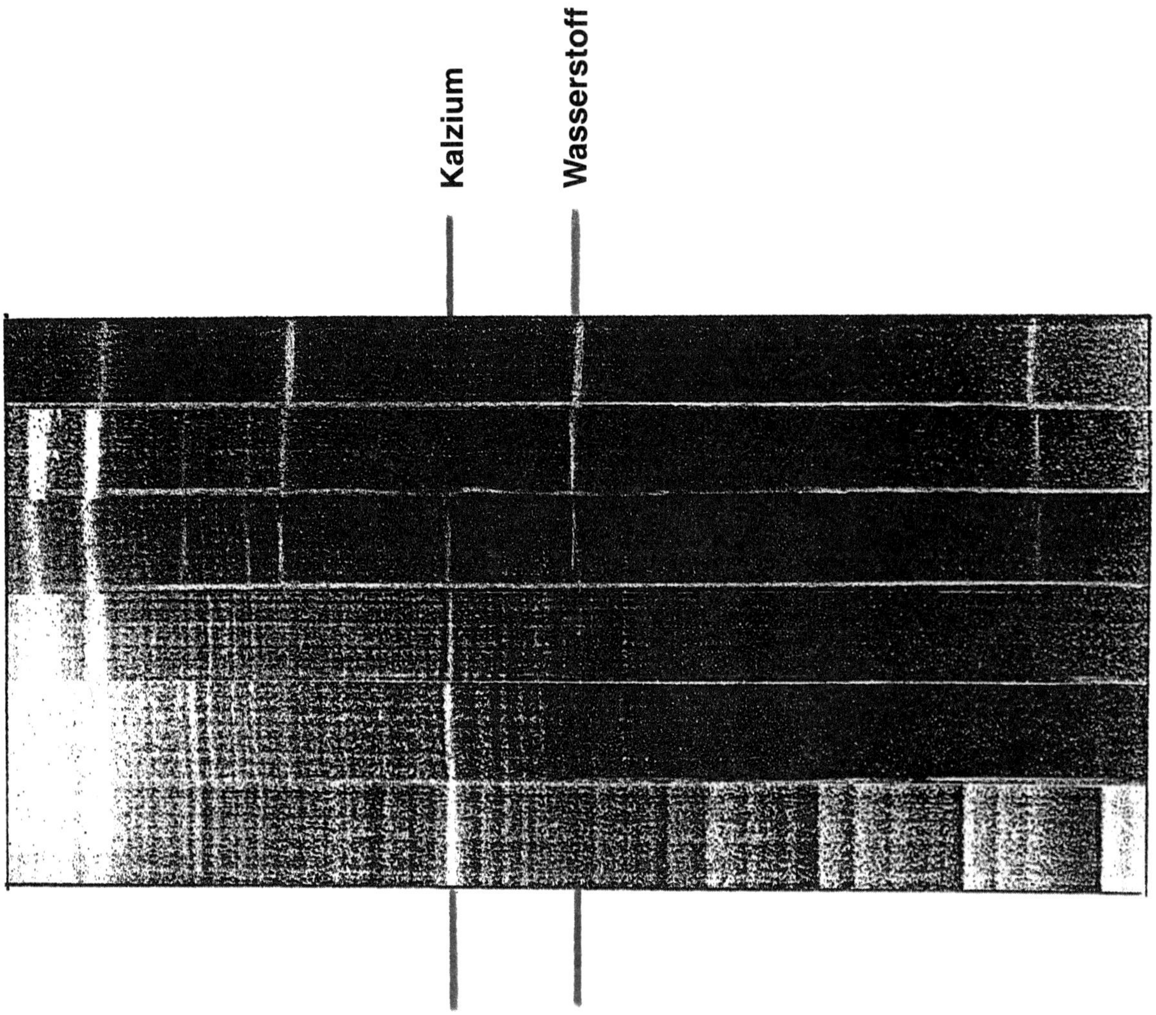

Violette Linien in heißen und kalten Sternen. Sechs Spektren verschiedener Sterne, nach der Temperatur geordnet, die man für jeden Stern ermittelt hat. Der kühlste Stern steht an unterster, der wärmste an oberster Stelle. Zwei Linien im Violett sind gekennzeichnet. Die linke Linie ist die Kalziumlinie, die Payne untersucht hat; sie fehlt bei den heißen Sternen. Daneben die Wasserstofflinie. Sie ist nur bei den heißen Sternen vorhanden. Wie kommt der Unterschied zustande?

Payne studierte das Spektrum (das schon vor längerer Zeit in einer Außenstation Harvards auf einem Berggipfel in Peru aufgenommen worden war) auf ganz neue Art. Sie wollte zwei Aufgaben lösen. Zuerst einmal wollte sie feststellen, ob eine Spektrallinie schwach oder stark ausgeprägt war. Sie tat das mit bloßem Auge, indem sie die Linien mit den Linien vieler anderer Photographien verglich. Als zweites wollte sie die Herkunft jeder Linie bestimmen. Das heißt, sie mußte die Linie der richtigen Stufe der atomaren Quantenleiter zuordnen, sonst konnte sie die

Linie nicht für ihre Analyse der chemischen Zusammensetzung des Sterns benutzen. Eine Spektrallinie, die der Quantenleiter eines Atoms nicht genau zugeordnet werden kann, kann durch ihre Existenz lediglich anzeigen, daß das Atom vorhanden ist, aber sie verrät nichts über deren Menge.

Es war klar, daß man eine quantitative Methode entwickeln mußte, um die Intensität der Spektrallinien zu bestimmen. Ich versuchte also, ein grobes System von Werten aufzustellen, die ich mit dem Auge geschätzt hatte. Darauf folgte ... die mühsame Arbeit, Hunderte von Spektren auf ihre Intensität einzuschätzen ...

Ich erinnere mich, daß ich monatelang, ja fast ein Jahr zutiefst verunsichert war. Oft befand ich mich in einem Zustand der Erschöpfung und Verzweiflung. Ich arbeitete den ganzen Tag bis spät in die Nacht ...

Endlich fiel Licht in das Dunkel.

Wir können der Logik von Paynes Argumentation auch ohne ihre imposanten Berechnungen folgen. Nehmen wir als Beispiel eine violette Linie, die Payne dem Element Kalzium zuordnet. Kalzium ist bekanntlich ein Hauptbestandteil von Knochen und Muschelschalen und ein wesentlicher Bestandteil der Nahrung. Die Spektrallinien des Kalziums hatte man im Spektrum der Sonne und der meisten Sterne gefunden.

Payne wußte nun aber noch eine wichtige Tatsache mehr über die Spektrallinie des Kalziums. Sie wußte, daß sie nur dann auftrat, wenn ein Kalziumatom, das auf seinem tiefstmöglichen Energieniveau war, exakt die nötige Energiemenge aufnahm, um auf die nächsthöhere Stufe der Quantenleiter des Kalziums zu springen.

Payne suchte in jedem Stern nach der violetten Linie im Spektrum des Kalziums. Sie ordnete die Sternenspektren so, daß am einen Ende die kühlsten Sterne waren, die schwach rot glühten, am anderen Ende die heißen, blauweißen Sterne. Die Spektrenserie zeigte eine unerwartete, aber völlig unmißverständliche Regelmäßigkeit. Bei den kühleren Sternen war die Kalziumlinie verhältnismäßig stark ausgeprägt. Dann nahm sie von Stern zu Stern langsam und kontinuierlich ab. Bei den heißen Sternen war sie nur noch schwach ausgeprägt.

Früher hätte man daraufhin angenommen, daß es in den heißen Sternen kein Kalzium gebe, sie also eine andere chemische Zusammensetzung hätten.

Aber das ist keineswegs der Fall. Cecilia Payne hat den Sachverhalt mit Hilfe der Quantentheorie so erklärt: Ist ein Stern sehr kühl, dann müssen dort die meisten Kalziumatome auf ihrem niedrigsten Energieniveau sein. Nur durch die Energie, die ein Atom bei willkürlichen Kollisionen mit Licht und mit anderen Atomen aufnimmt und abgibt, wird es angeregt. Die Atome springen auf ein höheres Niveau und wieder herunter oder umgekehrt, und dieser Vorgang wiederholt sich immer wieder. Unter den Atomen eines Elements sind deshalb zur gleichen Zeit die verschiedensten Energieniveaus vertreten.

Wenn man also in den kühlen Sternen eine stark ausgeprägte Linie im Spektrum des Kalziums findet – vorausgesetzt, es ist genug Licht vorhanden, um die Sterne überhaupt zu sehen –, begreift man leicht, warum das so ist. Die meisten Kalziumatome sind aufgrund der kühlen Temperatur kaum angeregt. Sie befinden sich auf dem niedrigsten Niveau, auf dem Niveau also, auf dem die Linie, um die es uns geht, entstehen kann. Ist der Stern hingegen sehr heiß, können die Kalziumatome durch Kollisionen viel Energie aufnehmen. Sie haben im heißen Gas genügend Energie, um sich auf viele unterschiedliche Niveaus zu verstreuen. Ein Atom kann immer nur ein Energieniveau haben, aber die Wahrscheinlichkeit, daß auch die vielen möglichen höheren Energieniveaus von Atomen besetzt sind, ist größer. Daher muß die Anzahl der Kalziumatome auf dem niedrigsten Niveau, auf dem sich die Atome befinden müssen, wenn diese besondere Linie sichtbar sein soll, entsprechend klein sein. Die violette Linie des Kalziums – dasselbe gilt natürlich nicht für alle Spektrallinien des Kalziums – ist somit bei kühlen Sternen stark ausgeprägt und wird kontinuierlich schwächer, je heißer die Sterne werden.

Cecilia Payne konnte dieses Problem sogar durch eine quantitative Analyse klären, aber ohne die entsprechende Mathematik kann man ihr hier nur sehr schwer folgen. Aufgrund der Statistik schätzte sie, welche Temperatur ein Gas haben müßte, das eine schwach ausgeprägte Kalziumlinie im Violett zeigt, und prüfte nach, ob diese Angabe mit ihrer Berechnung der Gastemperatur, die von der Farbe des Sterns ausging, übereinstimmte: eine Methode, die gänzlich ohne die Daten der einzelnen Spektrallinien auskam. Es ergab sich ein einheitliches Bild. Das Verhalten der Kalziumlinie war nicht ungewöhnlich, viele Linien anderer Atome verhielten sich genauso.

Payne suchte nach einem Vergleichsfall. Zufällig wählte sie das Element Wasserstoff, dessen Linie im benachbarten Blauviolett lag. Wasserstoff ist bekanntlich ein Bestandteil des Wassers. Er findet sich daher in großer Menge im menschlichen Körper und überhaupt in der gesamten lebenden Materie und im Meer. Wasserstoffatome treten im heißen Gas der Sterne einzeln auf, da die auf der Erde häufige Verbindung H_2 dort unstabil ist. In nahezu allen Sternen findet man einige

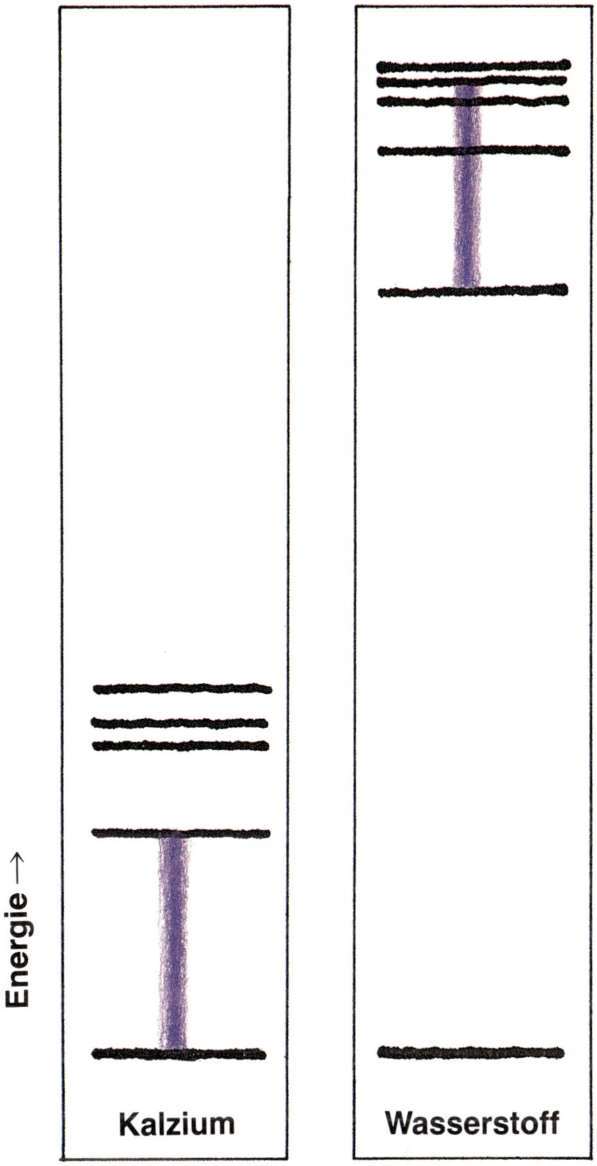

Diagramme zu den Energieniveaus der Kalzium- und Wasserstoffatome. Für jedes Atom sieht man hier die violetten Linien des Sternenspektrums, die Payne analysiert hatte. Die violette Kalziumlinie beginnt auf dem niedrigsten Niveau. In kalten Sternen sind viele Kalziumatome auf diesem Niveau, die Linie ist deshalb stark ausgeprägt. In heißen Sternen sind nur wenig Atome auf dem Niveau, die Linie ist schwach ausgeprägt. Beim Wasserstoff ist es umgekehrt, denn diese Linie entsteht nur dann, wenn die Atome ein höheres Energieniveau haben. Folglich ist die violette Wasserstofflinie nur bei heißen Sternen stark ausgeprägt.

Wasserstofflinien, aber nur bei wenigen Sternen sind sie deutlich ausgeprägt.

Fängt man wieder bei den kühlen roten Sternen an und verfolgt den Temperaturanstieg schrittweise bis zu den heißen blauweißen Sternen, sieht man, daß auch die violette Wasserstofflinie sich in ihrer Intensität merklich wandelt. Allerdings ist ihr Verhalten dem der violetten Linie des Kalziums genau entgegengesetzt. Die Wasserstofflinie im Violett ist bei den roten Sternen relativ schwach ausgeprägt und bei den blauweißen sehr stark. Warum?

Die Wasserstofflinie, die Payne untersuchte, entsteht nicht durch den Sprung des Wasserstoffatoms vom niedrigsten Niveau zum nächsthöheren. Bei dieser Linie geht der atomare Sprung vom zweiten Energieniveau des Wasserstoffatoms aus und endet ein ganzes Stück höher im fünften Energieniveau. Auf einem kühlen Stern können zu keiner Zeit viele Wasserstoffatome das zweite Niveau erreichen. Tatsächlich findet man dort auch kaum Atome in diesem Zustand. Fast alle müssen sich auf der niedrigsten Stufe befinden und sind nur selten so angeregt, daß sie die erste Energielücke bis zum zweiten Niveau überspringen. Diese Lücke ist außerdem bemerkenswert groß. Das Licht, das ihr entspricht, liegt weit im Ultraviolett (noch weit jenseits der Linie des Quecksilbers im Ultraviolett, von der im vorigen Kapitel die Rede war).

Bei den energiearmen Kollisionen der langsamen Atome eines kühlen Gases wird zu wenig Energie aufgenommen und abgegeben, um ein Wasserstoffatom so anzuregen, daß es auf das zweite Niveau springt.

Erst wenn die Temperatur steigt, nehmen zunehmend mehr Wasserstoffatome aus dem Licht oder aus Kollisionen mit anderen Atomen genügend Energie auf, um auf das zweite Energieniveau zu springen. Doch nur solche Atome, die auf dem zweiten Niveau sind, können potentiell die Wasserstofflinie bilden, die Payne gefunden hatte. Darum gilt für diese spezielle Wasserstofflinie mit gutem Grund: Sie muß in den kühlen roten Sternen schwach und in den heißen blauweißen stark ausgeprägt sein.

Payne wurde immer zuversichtlicher, als sie ähnlich geartete Übereinstimmungen bei einigen Dutzend Spektrallinien verschiedener Atome fand. Sie begann der Theorie zu vertrauen, die sich so hervorragend bestätigte. »Zwei Jahre des Schätzens, Aufzeichnens und Rechnens, und die Arbeit, die ich mir vorgenommen hatte, war getan. Ich hatte eine Temperaturskala der Sterne erstellt und die astrophysikalische Häufigkeit der chemischen Elemente gemessen.«

Cecilia Paynes Arbeit während dieser Jahre hatte ein bemerkenswertes Ergebnis erbracht, das sie in ihrer 1925 veröffentlichten Dissertation ausführte. Man hat diese Dissertation, meiner Meinung nach zu Recht, »die beste Dissertation« genannt, »die in der Astronomie jemals verfaßt wurde«.

Zunächst machte die Arbeit deutlich, daß die Zusammensetzung der meisten Sterne im großen ganzen identisch ist. Insgesamt gehen die Unterschiede der Sternenspektren eben nicht auf verschiedene chemische Elemente zurück, sondern auf verschiedene Temperaturen desselben Gasgemischs.

Aber Payne entdeckte noch etwas, und diese Entdekkung war so spektakulär, daß sie selbst und ihre Dozenten es kaum glauben konnten. Die Linie des Wasserstoffs im Violett war gleich stark ausgeprägt wie die Linie des Kalziums im Violett, obwohl sie nur von den wenigen Wasserstoffatomen herrühren konnte, die sich zufällig auf der energiereichen zweiten Stufe der

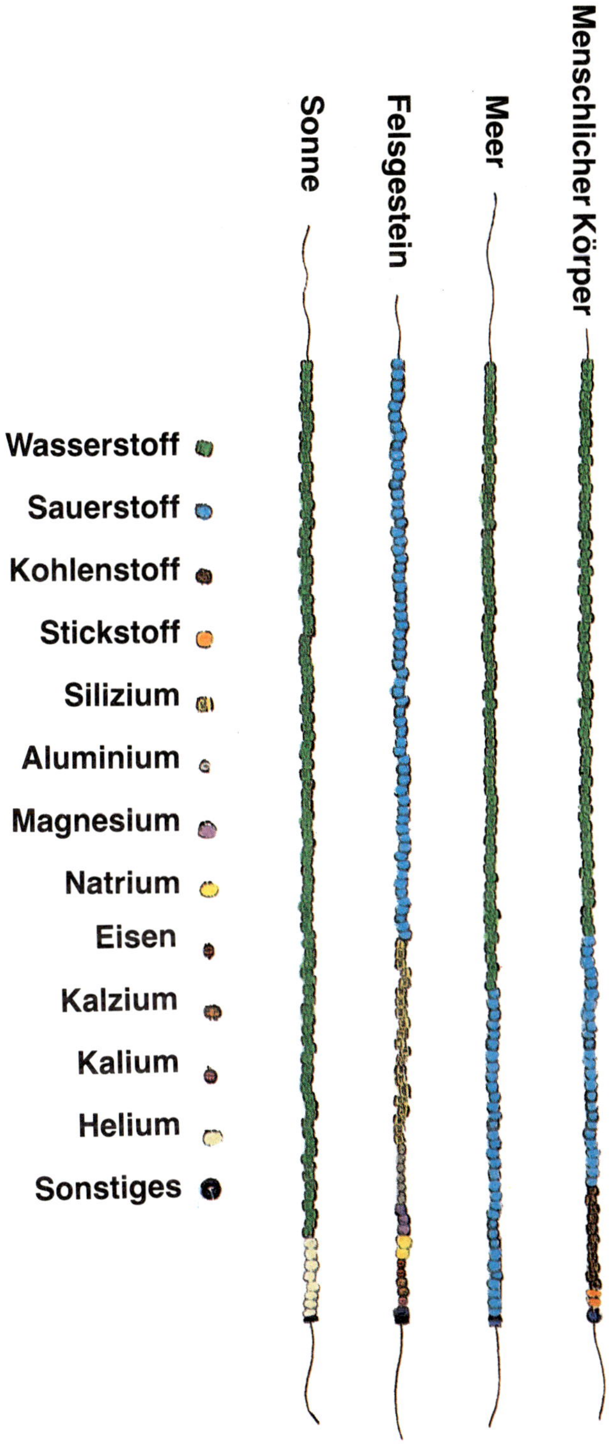

Vier vereinfachte Beispiele für die chemische Zusammensetzung der Welt: Angezeigt ist jeweils, wieviel Prozent des betreffenden Elements im menschlichen Körper, im Meer, im Felsgestein der Erde und in der Sonne ist. (Nur solche Elemente sind aufgeführt, deren Anteil mindestens ein Prozent beträgt.)

Quantenleiter befanden. Wenn aber nur außergewöhnlich energiereiche Wasserstoffatome diese Linie bilden konnten und die Linie trotzdem so stark wie die Linie des Kalziums war, zu der fast alle vorhandenen Kalziumatome beitrugen, konnte man daraus nur eine zulässige Folgerung ziehen: Das heiße Gas des Sterns mußte viel mehr Wasserstoffatome als Kalziumatome enthalten. Auf die gleiche Weise konnte Payne auch für andere Elemente die relative Häufigkeit erschließen.

Ihre Berechnungen führten zu einem unglaublichen Ergebnis. Auf einem Stern kommen auf ein Kalziumatom durchschnittlich eine Million Wasserstoffatome; die Menge der Wasserstoffatome ist wesentlich größer als die der anderen Elemente zusammen. Payne hatte den Schlüssel zur Zusammensetzung der Sterne geliefert.

In ihrer Dissertation schrieb sie mit der tiefverwurzelten Skepsis des Theoretikers, der eine neue Theorie das erstemal vorstellt: »Im Fall von Wasserstoff und Helium ergab sich eine auffallende Diskrepanz zwischen astrophysikalischem und irdischem Vorkommen. Die enorme Häufigkeit dieser Elemente in der stellaren Atmosphäre dürfte kaum den wirklichen Verhältnissen entsprechen.« Die meisten anderen Elemente waren in Anteilen vorhanden, die annähernd denen auf der Erde entsprachen. Natürlich gab es auch viele Elemente, die Payne nicht fand. Bei einer Anzahl relativ verbreiteter Elemente war der Grund klar: Sie hatten keine Linien im sichtbaren Licht, die stark ausgeprägt und eindeutig einem Niveau zuzuschreiben waren.

Heute sind wir überzeugt, daß Cecilia Payne recht hatte. Ihre Vorsicht, zu der sie zweifelsohne auch ihre Berater drängten, stellte sich als überflüssig, wenn auch vollkommen verständlich heraus. Die enorme Häufigkeit des Wasserstoffs im Universum entspricht

Wasserstoff ist überall; im Spektrum wurde sein Vorkommen nachgewiesen, in den glühenden Gasen um die hellen jungen Sterne, in unserer Sonne, in den gigantischen gashaltigen Planeten und in den fernen Galaxien.

der Wirklichkeit. Tatsächlich besteht alles, was wir am Himmel leuchten sehen, von unserer kleinen Erde und noch kleineren Himmelskörpern einmal abgesehen, hauptsächlich aus Wasserstoff. Was heute ein Gemeinplatz in jedem Lehrbuch ist, war 1925 eine revolutionäre Erkenntnis über die chemische Zusammensetzung des Universums.

Als mein erster Aufsatz über Astrophysik fertig war, suchte ich Eddington auf. In meinem jugendlichen Enthusiasmus erzählte ich ihm, daß ich glaubte, es gebe *in* den Sternen mehr Wasserstoff als andere Elemente. »Sie meinen nicht *in* den Sternen, Sie meinen *auf* den Sternen«, lautete sein Kommentar. In diesem Fall jedoch hatte ich recht, und in späteren Jahren erkannte auch er das an.

Es fiel zunächst schwer, zu glauben, daß 99 Prozent aller Atome im Universum Wasserstoff- und Heliumatome waren, die zwar auch auf der Erde vorkommen, aber weit weniger häufig.

Die Wissenschaftler waren vorsichtig und hatten lange ihre Zweifel. Die erste Version der Quantentheorie, auf der diese Annahme beruhte, wies gravierende Lücken auf. Aber in weiteren fünf Jahren konnte diese Theorie enorm ausgebaut werden, und auch die Techniken, Spektren photographisch zu untersuchen, wurden ver-

Ein Leitfaden der Himmelsspektroskopie: Was uns ein Sternenspektrum zeigt

1. Bestimmte Spektrallinien zeigen, besonders durch ihre Kombination, daß in einem glühenden Gas ein bestimmtes Element – Atom oder Ion (unvollständiges Atom) – vorhanden ist. Ist mehr als eine Substanz vorhanden, ist mehr als eine Reihe von Linien zu sehen.
2. Jede Linie zeigt an, daß Atome von einem Energieniveau auf ein anderes springen.
3. Die Stärke der Linien verrät, wie oft ein Sprung von einem Energieniveau auf ein anderes stattfindet. Diese Zahl hängt zum einen davon ab, wie viele Atome der Substanz vorhanden sind, zum anderen davon, welches Energieniveau sie haben.
4. Die Temperatur des Gases in einem Stern kann aus den Spektrallinien des Atoms abgelesen werden. Sterne, die heißer sind, haben mehr Atome mit einem höheren Energieniveau. Dieses Ergebnis bestätigte im einzelnen die grobe Beurteilung nach der Farbe, der zufolge bläuliche Sterne heißer sind als rote Sterne.
5. Im Kontrast der Linien gegen den Hintergrund (heller oder dunkler) zeigt sich, ob das Licht nach seiner Emission durch ein dünneres und kühleres Gas geht oder nicht. Die Linien gewöhnlicher Sterne erscheinen dunkel vor einem helleren Hintergrund, was von der dichteren, heißeren Materie unterhalb der äußeren Atmosphäre herrührt.
6. Die Position der sichtbaren Linien, die, verglichen mit ihrer Position im Laborspektrum, nach Rot oder Blau hin verschoben sind, zeigt an, mit welcher Geschwindigkeit sich die Lichtquelle auf den Betrachter zubewegt bzw. von ihm entfernt.

Und das ist noch lange nicht alles.

bessert. Am Ende der fünf Jahre waren die meisten der gewichtigen Kritiker verstummt. Sie verkündeten nun ihrerseits laut, daß das Universum zum größten Teil aus Wasserstoff bestehe.

Diese Tatsache ist viel wichtiger, als es zunächst scheint. Nicht allein deswegen, weil niemand damit gerechnet hatte und weil die Entdeckung, daß die Materie um uns nicht repräsentativ für das Weltall ist, unsere alten kopernikanischen Vorstellungen erschütterte. Die Bedeutung der Entdeckung geht noch darüber hinaus.

Sehen wir uns die beiden am häufigsten vorkommenden Atome genauer an. Auf hundert Atome kommen über neunzig Wasserstoffatome, von den übrigen Atomen sind die meisten Heliumatome. Daß es gerade diese zwei Atome sind, ist kein Zufall. Von den rund hundert Elementen hat der Wasserstoff das leichteste Atom mit dem einfachsten Aufbau, und den zweiten Platz nimmt Helium ein!

Der Aufbau der Materie des Universums ist somit im Grunde einfach. Die Atome des Universums entsprechen einem frühen, noch relativ wenig entwickelten Stadium. Diese Schlußfolgerung müssen wir aus Paynes glänzender Entdeckung ziehen. Und jede Theorie vom Ursprung des Universums muß sich mit dieser Tatsache auseinandersetzen.

Der einfache Hornstrahler aus Kupfer, mit dem die Linie des atomaren Wasserstoffs der kalten Gase zwischen den Sternen im Mikrowellenbereich entdeckt wurde; er zeigt in etwa auf das Zentrum der Milchstraße.

Die Bestätigung

Die Spektren, welche die Astronomen bis in die vierziger Jahre unseres Jahrhunderts erhielten, umfaßten die Bandbreite des sichtbaren Lichts und gingen nur gelegentlich knapp über die Ränder der sichtbaren Farben hinaus. Erst nach dem Zweiten Weltkrieg entstand, hauptsächlich wegen ihres Nutzens für die Funkmeßtechnik, die neue Mikrowellentechnik. Auch außerhalb der Astronomie war wachsendes Interesse unter Physikern und Ingenieuren zu verzeichnen; dort wurden die ersten Umrisse eines durch die neue Ausdehnung unseres Sehvermögens ermöglichten neuen Bilds des Universums mit Aufmerksamkeit verfolgt.

Im Laborversuch zeigte sich, daß mit dem niedrigsten Niveau des Wasserstoffatoms eine Komplikation verbunden war, die man in der Theorie vorhergesehen hatte. Das niedrigste Niveau bestand nicht aus einer einzigen Stufe, sondern war durch eine sehr kleine Energielücke in zwei Stufen aufgeteilt. Diese Lücke war bei keiner im gängigen Maßstab gezeichneten Quantenleiter des Wasserstoffs zu sehen. Sie müßte millionenfach vergrößert werden, um überhaupt erkennbar zu sein.

Das Licht, das bei diesem winzigen Quantensprung ausgestrahlt wird, ist kein sichtbares Licht, sondern eine Strahlung, die weit jenseits des roten Endes des Spektrums liegt, sogar noch weit jenseits des infraroten Endes des Spektrums. Sie liegt im Bereich der Mikrowellen, also der Wellen, die in einem Mikrowellenherd erzeugt werden und im Fernsehen der Ultrahochfrequenz entsprechen.

Durch Messungen hatte man im Labor die Position dieser Linie im Mikrowellenbereich festgestellt. Die geringe dafür notwendige Erregungsenergie konnte selbst in einem sehr kalten Gas enthalten sein, solange es genügend Wasserstoffatome hatte. Diese Überlegungen brachten Harold Ewen und Edward Purcell, einen Physiker aus Harvard und seinen Doktoranden, der im Krieg Erfahrungen mit der Elektronik gesammelt hatte, auf die Idee, eine neue Art der spektroskopischen Astronomie zu versuchen. Sie wollten nach dieser Linie des Wasserstoffs im kalten interstellaren Raum suchen, in den Gasen im Dunkel des Alls fernab von jedem Stern oder Nebel.

Harold Ewen und Edward Purcell erinnerten sich für uns an ihre berühmte Entdeckung aus dem Jahr 1951.

PURCELL: Hier ist das Fenster, durch das der Hornstrahler ins Freie ragte. Wir nahmen einfach die Fensterscheibe heraus, steckten den Hals des Hornstrahlers durch und schauten an der Sonne vorbei nach Süden. Die Astrophysiker hatten vermutet, daß es da draußen Wasserstoff gebe, der bedeutend kälter sei als auf der Erde. Die Stärke dieser speziellen Frequenz betrug nur ein Watt über die ganze Erde verteilt. Wir suchten also nach einem extrem schwachen Signal.

EWEN: Meine Sorge war, die These meiner Disser-

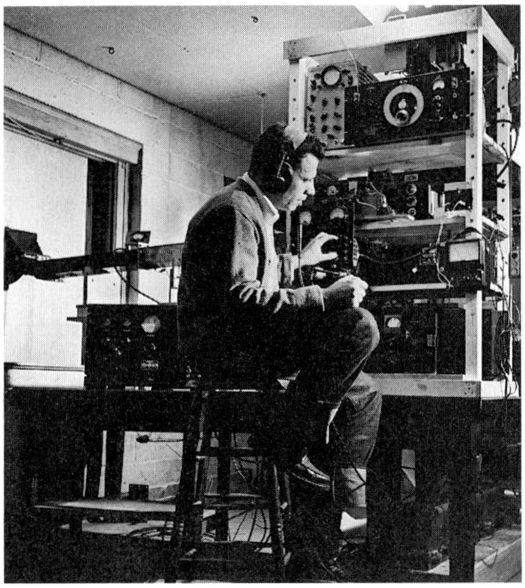

Der frischgebackene Doktor Ewen inmitten seiner Elektronik, 1951.

tation nicht empirisch belegen zu können. Wenn man keine neuen Ergebnisse vorzuweisen hat, muß man wenigstens deutlich machen, aufgrund welcher Voraussetzungen man nichts gefunden hat. Sonst interessiert das negative Ergebnis niemanden. Ed sagte immer nur: »Es sind ein paar Jahre deines Lebens, aber sie lohnen sich bestimmt. Und wenn du etwas entdeckst, stehst du morgen in allen Zeitungen.« Er hatte recht.

PURCELL: Ich erinnere mich noch genau. Es war an einem Morgen. Harold war die ganze Nacht über aufgeblieben, ich lag zu Hause im Bett. Dann kam sein Anruf: »Ich glaube, meine Dissertation ist gesichert.« Ich machte mich sofort auf die Beine.

EWEN: Es war Ostern. Ich schaltete das Gerät zum erstenmal ein und ging das ganze Spektrum durch. Am Ende der ersten Abtastung schlug das Signal plötzlich höher aus. Ein Schreiber zeichnete das Signal auf einen Papierstreifen auf.

PURCELL: Wir rollten den rund sechs Meter langen Papierstreifen hier auf dem Flur aus und gingen ihn auf den Knien durch. Es war unglaublich spannend.

EWEN: Wir hatten die gesuchte Kurve gefunden. Sie sah aus, wie wir erwartet hatten, wenn die Wasserstofflinie etwas über dem Kontinuum lag. Wir hatten sie gefunden, und nun konnte die Arbeit beginnen.

PURCELL: Bald waren wir unserer Sache sicher. Wir hatten zwar noch keine unanfechtbaren Beweise und konnten unsere Ergebnisse noch nicht veröffentlichen, aber wir wußten, daß wir auf der richtigen Spur waren.

EWEN: Ich weiß noch, welche Diskussionen Ed und ich hatten, als wir ein Thema für meine Doktorarbeit suchten. Dann mußten wir entscheiden, was für ein Instrument wir dafür brauchten. Dann mußten wir das Instrument bauen und testen. Und dann schalten wir es an, gehen das Spektrum durch, und schon haben wir die gesuchte Linie, alles kein Problem. Unser Vorgehen war also richtig gewesen. Wir hatten richtig gedacht. In so einem Augenblick überläuft es einen heiß, und man sagt: »Das ist es.« Man vergißt das nie. Es ist ein wunderbares Gefühl.

Das häufige Vorkommen von Wasserstoff im Universum wurde so erneut bestätigt: Ein großer Teil des kalten, leeren Raums zwischen den Sternen der Milchstraße ist tatsächlich mit ungebundenen Wasserstoffatomen angefüllt. Der Abstand zwischen den einzelnen Atomen ist dabei groß. Der Weltraum kommt einem Vakuum näher als alles, was wir im Labor herstellen können. Aber er ist so ungeheuer groß, daß die einzelnen Wasserstoffatome zusammen immer noch einem Zehntel des in den Sternen der Galaxie vorhandenen Wasserstoffs entsprechen. Auch hier ist Wasserstoff das häufigste Element.

Reiner Wasserstoff ist ein wichtiger Grundstoff der Industrie. Doch die uns von der Erde her bekannte Form des Wasserstoffs findet man so im interstellaren Raum nicht. Schon bei mäßigem Druck und mäßiger Temperatur verbinden die Wasserstoffatome sich zu Paaren. Bei zwei verbundenen Atomen spricht man von einem Wasserstoffmolekül, H_2. Wird die Bindung wieder aufgebrochen, zeigen beide Atome das bekannte atomare Spektrum mit vielen Linien im sichtbaren, ultravioletten und infraroten Bereich und der berühmten Linie im Mikrowellenbereich. Die stabile Verbindung des kalten H_2 dagegen hat weder im sichtbaren Spektrum noch im Infrarot oder im Bereich der Radiowellen ausgeprägte Spektrallinien.

Im Laborversuch zeigen die beiden verbundenen Wasserstoffatome stark ausgeprägte, charakteristische Linien im Ultraviolett, aber diese Linien gehören zu einer Strahlung, die die Erdatmosphäre nicht durchdringen kann. Auf der Erde kann man deshalb diese Form des Wasserstoffs im Weltraum nicht sehen. Um sie experimentell nachzuweisen, muß man das natürliche Filter der Erdatmosphäre umgehen. Und das funktioniert mit einer modernen Form der Astronomie: Ein ultraviolettes Spektroskop wird mit einer Rakete in den Weltraum geschickt!

Auf diese Weise gelang es George Carruthers, einem jungen Physiker am U. S. Naval Research Laboratory, den molekularen Wasserstoff nachzuweisen, das häufigste Element in den wolkigeren und dichteren Teilen des interstellaren Raums. Das Instrument, das Carruthers für diesen Zweck entworfen hatte, wurde 1970 in einer Raketensonde von der White Sands Missile Range in New Mexico aus gestartet.

Als wir George Carruthers aufsuchten, bereitete er gerade den zweiten Start eines ultravioletten Spektrographen 1986 von White Sands aus vor. (Dieses Mal war der Halleysche Komet sein Ziel – dort fand Carruthers Wasserstoffatome, aber keine Wasserstoffmoleküle.) Carruthers erinnert sich noch gut an damals:

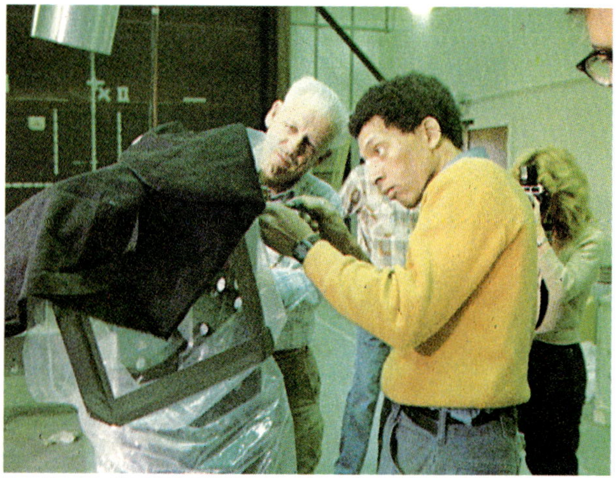

George Carruthers in White Sands Missile Range, 1986.

CARRUTHERS: Wir mußten ein besonders empfindliches Instrument entwickeln, das uns während des rund fünfminütigen Fluges der Raketensonde alle notwendigen Daten beschaffen würde. Die Rakete steigt in etwa 200 Kilometer Höhe auf und ist dann weit oberhalb des atmosphärischen Filters. Zu Beginn der sechziger Jahre stand die entsprechende Technologie noch am Anfang. Wir hatten viele Mißerfolge, bis uns ein Versuch glückte. Die Raketensonde mußte nicht nur über die Atmosphäre hinauskommen; ihre Position mußte über ein System kontrolliert werden, das die Rakete mit ausreichender Genauigkeit auf die Sterne ausrichtete, die wir ausgesucht hatten.

Das wesentliche Merkmal unseres Spektroskops war seine hohe Empfindlichkeit im extrem kurzwelligen Bereich des Ultravioletts, wo sich Linien des molekularen Wasserstoffs befanden. Wir benutzten außerdem ein elektronisch verstärktes Kamerasystem, das weitaus empfindlicher war als eine herkömmliche Kamera. Wir konnten selbst lichtschwache, verdunkelte Sterne erkennen, was deshalb wichtig war, weil man die Wasserstoffmoleküle im Staub zwischen den Sternen vermutete.

Wir erwarteten die Daten einer Raketensonde immer mit Spannung, denn wir wußten, daß wir hier Dinge sahen, die noch kein Mensch vor uns gesehen hatte. Im Fall des Wasserstoffmoleküls war uns sofort klar, daß das Raketenexperiment ein Erfolg war. Aber wir brauchten noch mehrere Wochen, um die Daten zu sichten, bevor wir wirklich behaupten konnten, wir hätten Wasserstoffmoleküle im Spektrum gefunden.

Kurze Zeit später starteten andere Wissenschaftler einen Satelliten in den Orbit. Anders als eine Raketensonde konnte der Satellit nicht nur Minuten, sondern Jahre im Weltraum bleiben. Bau und Konstruktion einer derart großen Weltraumsonde übersteigen die Möglichkeiten eines einzelnen Forschers, selbst wenn er ehrgeizig genug ist, Verantwortung für eine Raketensonde und ihren Start zu übernehmen. Die Weltraumsonde mit dem Namen Kopernikus hatte ein raffiniertes ultraviolettes Spektroskop an Bord, das uns seither detaillierte Informationen über den molekularen Wasserstoff im Weltraum übermittelt hat. Als erster hatte freilich Carruthers auf dem fünfminütigen Flug seiner Raketensonde den molekularen Wasserstoff in den Wolken des Weltraums entdeckte.

Diese Form des reinen Wasserstoffs, die man im Kosmos zuletzt fand, ist zugleich die Form, die auf der Erde am häufigsten vorkommt. Im gesamten Weltraum scheint es ungefähr ebensoviel molekularen wie atomaren Wasserstoff zu geben, nur ist der molekulare Wasserstoff schwieriger zu entdecken. Durch die Entdeckung der Wasserstoffmoleküle wurde noch einmal abschließend bestätigt, was bereits die anderen Spektren deutlich gemacht hatten: Wasserstoff war der Hauptbestandteil der chemischen Zusammensetzung des Kosmos.

Zweifel

Im Lauf der Zeit vervollständigten weitere Ergebnisse die mehrfach bestätigte Analyse Cecilia Paynes. Sie hatte gezeigt, daß die meisten sichtbaren Sterne überwiegend aus Wasserstoff und Helium bestehen.

Wenn wir den Weltraum mit neuen Instrumenten untersuchen, entdecken wir überall Wasserstoff und Helium: in den Nebeln, jenen warmen Wolken aus Wasserstoff und Helium, die zwischen den Sternen im Weltraum glühen und ein, wenn auch sehr schwaches, rotes und grünes Licht ausstrahlen; in den kalten, gigantischen Planeten des Sonnensystems, die hauptsächlich aus Wasserstoff und Helium bestehen; in den schnellen Teilchen der kosmischen Strahlen. Die Radioastronomen fanden in den kalten Gasen des Weltraums hauptsächlich Wasserstoff. Auch die Detektoren an Bord der Raketen übermittelten dieselbe Nachricht: Wasserstoff ist in den dichteren interstellaren Wolken in einer Form vorhanden, wie man sie auch auf der Erde kennt, aber bisher nie im Weltall bemerkt hatte. Wohin wir auch schauen, welche Strahlung wir auch untersuchen, es ergibt sich immer dasselbe Bild: ein Universum, das von dem einfachsten, leichtesten und kleinsten Atom beherrscht wird, dem Wasserstoffatom. Die Astronomen suchten und rechneten fünfzig Jahre, und je genauer ihr Ergebnis wurde, desto zwingender war die Schlußfolgerung: Alles, was wir im Weltall sehen, ist reich an Wasserstoff.

Wir müssen hundertprozentig sicher sein, daß dieses Ergebnis stimmt, denn es ist von größter Bedeutung: Wir können die Entstehung und das Schicksal unseres Universums erst dann verstehen, wenn wir wissen, woraus es besteht. Nun gibt es eine simple, bodenständige Methode, das Ergebnis zu überprüfen. Ich kaufte dazu zwei Kartons mit je einem halben Liter Vanille-Eis. Von außen haben beide Behälter die gleiche Größe, und laut Etikett ist der Inhalt beide Male derselbe. Gibt es eine Methode, den Inhalt der Kartons zu überprüfen, ohne sie zu öffnen?

Es gibt sie. Wir brauchen die Kartons nur zu wiegen. Wir wogen also beide mit einer gleichschenkligen Waage und waren nicht einmal sonderlich überrascht, als der eine deutlich schwerer war. Ohne den Karton zu öffnen, haben wir etwas über seinen unsichtbaren Inhalt herausgefunden. Wir wissen nun, daß im Inneren der leichteren Schachtel irgendeine leichte Substanz häufiger vorkommt als in der schwereren.

Allzuviel über den Inhalt wissen wir damit freilich nicht. So können wir aus diesem Ergebnis allein nicht folgern, um welche leichte Substanz es sich handelt. Wer sich mit Eiscreme auskennt, kann die Zutat vielleicht erraten, besonders dann, wenn ich den Hinweis gebe, daß der schwerere Behälter auch der teurere war. Aber allein aus unserer quantitativen Methode geht nicht hervor, um welche Zutat es sich handelt.

Um noch mehr Informationen zu erhalten, als ein optisches Instrument uns durch Farben mitteilt, brauchen wir eine Methode, mit der wir entfernte Substanzen wiegen können. Eine Waage nützt dem Astronomen dabei wenig; er braucht eine Methode, Sterne und Gas im Weltraum zu wiegen.

Hier wird der Inhalt gewogen.

Es gibt viele Gruppen von Sternen, die man nur zusammen wiegen könnte. Ich meine die Galaxien, sie sich weit jenseits der Sterne befinden, die wir am Nachthimmel sehen. So wie bestimmte Blätter zu bestimmten Bäumen gehören, gehören bestimmte Sterne zu bestimmten Galaxien. Wenn jemand auf einem großen Baum lebte und die anderen Bäume des Waldes betrachten wollte, dann würden zunächst viele Blätter seines eigenen Baumes seine Blickrichtung kreuzen. Zwischen den Blättern würde er andere Bäume in der Nähe erkennen. Die Bäume in seiner Nähe würde er womöglich noch genau sehen, bei einigen könnte er selbst einzelne Blätter unterscheiden. Richtete er seinen Blick aber noch weiter, würde er entferntere Bäume als grüne Schemen wahrnehmen und keine Blätter mehr erkennen.

Dieses Beispiel ist eine Analogie zu unserer Situation in bezug auf das Weltall: Jeder Stern, den wir nachts mit bloßem Auge sehen, ist ein Stern, der noch zu unserer eigenen Galaxie gehört, gewissermaßen ein Blatt unseres eigenen Baumes. Unsere Galaxie, die Milchstraße, die uns als heller Streifen am Himmel erscheint, ist in Wirklichkeit eine große Scheibe von Sternen, deren seitliche Kante wir sehen und die so groß ist, daß die Sterne für unsere Augen miteinander verschmelzen, obwohl sie noch zu unserer Galaxie gehören. Das bloße Auge kann am Himmel nur ein bis zwei weitere Galaxien sehen, nur ein bis zwei Bäume des Waldes, um im Bild zu bleiben. Mit großen Teleskopen hingegen sieht man einen endlosen Wald mit Bäumen und Baumgruppen.

Wir leben in einer recht typischen, ziemlich großen Galaxie mit ein paar hundert Milliarden Sternen. Die Sonne ist im Vergleich zur ganzen Galaxie winzig. Selbst unser Sonnensystem ist im Vergleich zur Milchstraße viel kleiner, als es ein Blatt im Vergleich zum Baum ist. Die Sterne werden durch die Gravitation zusammengehalten; sie drehen sich auf Kreisbahnen und werden von den zentraleren Sternhaufen angezogen. Die Astronomen haben mit ihren Teleskopen die großen und kleinen Galaxien im Raum hinter den Sternen unserer Milchstraße untersucht. Die Galaxien ähneln in etwa der Milchstraße, so wie Bäume sich weitgehend gleichen, auch wenn niemals zwei identisch sind. Die Galaxien sind so im Raum verteilt wie Bäume in einer offenen Parklandschaft. Die engsten Nachbarn sind in der Regel das Zwölffache ihres Durchmessers voneinander entfernt.

Es gibt etwa 10 000, vielleicht auch 20 000 Galaxien, die so nahe beieinanderliegen, daß wir sie mit großen Fernrohren genauer untersuchen können. Allerdings sind kaum hundert davon so nahe, daß man einzelne helle Sterne unterscheiden kann. Wir wissen, daß die Sterne der Galaxien unseren eigenen Sternen gleichen. Und wir wissen aus der Spektralanalyse der Galaxien, bei der das Licht vieler Sterne in ein Spektrum zusammenfließt, daß auch die anderen Galaxien aus Sternen und interstellaren Gasen bestehen, deren Hauptbestandteile Wasserstoff und Helium sind.

Wir können sogar viele Galaxien identifizieren, die so weit entfernt sind, daß wir den winzigen, verschwommenen Bildern nur wenige und oberflächliche Informationen entnehmen können. Wahrscheinlich liegen rund eine Milliarde Galaxien innerhalb der momentanen Reichweite unserer besten Instrumente. Niemand hat alle Bilder gezählt, wir schließen wie Meinungsforscher anhand von Stichproben auf die Gesamtzahl.

Das Wiegen im Weltraum geschieht mittels der Analyse der Gravitationsbewegungen. Schließlich kann man eine Galaxie oder einen Planeten nicht auf eine Waage legen. Auf der Erde wirkt die Erdanziehungskraft auf die Schalen einer Waage ein; verändert sich diese Kraft, verändert sich auch die Stellung des Balkens. Nun bestimmt dieselbe Gravitation auch die Bahn der Monde um die Planeten und die Bahn der Planeten um die Sonne sowie die Bahn der vielen sich gegenseitig anziehenden Doppelsterne, die wir in unserer Milchstraße sehen. All das konnte man überzeugend nachweisen, und wir können die einzelnen Bahnen im Detail vorhersagen. Unsere Kalender sind absolut zuverlässig.

Wahrscheinlich ziehen sich auch in anderen Galaxien Myriaden kreisender Sterne wechselseitig an. Sichere Beweise dafür gibt es nicht, aber die Ergebnisse vieler einzelner Versuche deuten übereinstimmend in die

Richtung. Voraussagen sind freilich nicht mit der Genauigkeit von Voraussagen innerhalb des Sonnensystems möglich. Das Wiegen einer Galaxie folgt denselben Prinzipien wie das Wiegen der Erde oder der Sonne, das bereits Isaac Newton vertraut war. Die Anwendung der Methode auf so große Gebilde wie Galaxien wirft zwar besondere Probleme auf, aber die Methode funktioniert und ist nicht schwer nachzuvollziehen. Das Ergebnis schließlich ist so überraschend, daß es jede Mühe lohnt.

Es war Galilei, der als erster begriff, daß jedes Objekt in derselben Weise der Gravitation ausgesetzt ist, gleichgültig, aus welchem Material und wie schwer es ist. Wir heute haben Feder und Hammer auf dem luftleeren Mond zu Boden fallen sehen. Wir wissen, daß Satelliten von der Größe einer Grapefruit in denselben anderthalb Stunden wie die großen Raumlabors auf einer niedrigen Umlaufbahn einmal um die Erde kreisen.

Dann kam Newton, der den Einfluß der Gravitation auf die Bahnen der Sterne bestimmte. Newton entdeckte eine allgemeingültige Gesetzmäßigkeit, die er sowohl an Satelliten des Sonnensystems als auch an künstlichen Satelliten überprüfte, die er sich vor dreihundert Jahren als Gedankenexperiment vorstellte.

Die Geschwindigkeit eines Objekts, das um ein Schwerkraft ausübendes Zentrum wie zum Beispiel die Erde, den Jupiter oder die Sonne kreist, hängt allein von der Größe seiner Umlaufbahn ab. Außerdem gilt, daß die Geschwindigkeit eines solchen Objekts mit dem Gewicht des Zentrums und der vom Zentrum ausgeübten Schwerkraft zunimmt. Das kreisende Objekt »wiegt« sozusagen die Materie, von der es angezogen wird. Seine Bewegung wird vom Gewicht der Materie bestimmt, um die es kreist, und dieses Gewicht verrät es uns. Das Objekt selbst ist der passive Teil, seine Bahngeschwindigkeit wird nicht von ihm selbst bestimmt, sondern allein von dem Gravitation ausübenden Zentrum im Inneren seiner Bahn. Allein durch das Studium der Bahnen konnten die Astronomen schon in der Mitte des achtzehnten Jahrhunderts ziemlich genaue Angaben für die Massen der Erde, des Jupiter, des Saturn und der Sonne machen.

Im Sonnensystem bildet die Sonne das Zentrum. Der der Sonne nächststehende Planet ist der Merkur, der seine relativ kleine Umlaufbahn in nur drei Monaten durchläuft. Die Bahn des Merkur ist knapp halb so lang wie die der Erde; gemessen an seiner Umlaufzeit von einem Vierteljahr, ist er also deutlich schneller als die Erde. Der Saturn dagegen braucht dreißig Jahre für eine Umlaufbahn, die etwa zehnmal so lang ist wie die der Erde. Je weiter von der Sonne entfernt ein Planet ist, desto langsamer bewegt er sich. Die Anziehungskraft der Sonne nimmt mit zunehmender Entfernung eines Planeten zur Sonne ab, und die langsamere Bahngeschwindigkeit ist die Folge der verringerten Anziehungskraft.

Doch wie können wir nun die Sonne wiegen? Es geht wie folgt: Für jede Planetenbahn gibt es eine einfache Formel Newtons, mit der man das Gewicht der Materie im Zentrum der Umlaufbahn bestimmen kann. Mit dieser Formel erhalten wir im Sonnensystem für jeden Planeten dasselbe Ergebnis, denn im Zentrum der Kreisbahnen der Planeten steht als einziges bedeutendes Gewicht die Sonne. Zeichnet man um den Mittelpunkt der Sonne immer größere Kreise, so steigen Gewicht und Masse nur, solange die Kreise nicht größer sind als die Sonnenscheibe; sobald sie größer sind, bleiben Gewicht und Masse innerhalb dieser Kreise konstant. In anderen Worten, die gesamte Masse unseres Sonnensystems entspricht im wesentlichen der Masse

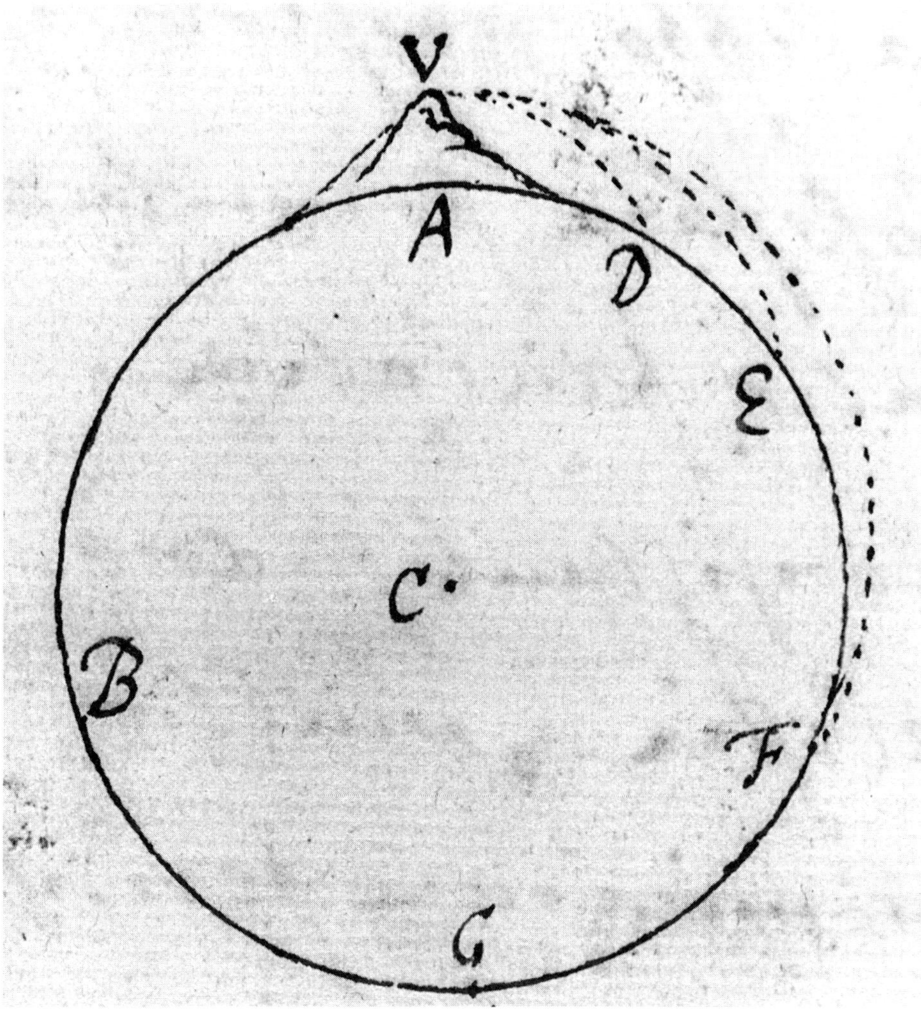

Eine Skizze Newtons, mit der er die Umlaufbahn eines Erdsatelliten erklärt. Der Entwurf liegt der im ersten Kapitel abgebildeten Illustration zugrunde.

der Sonne. Natürlich haben auch die Planeten Masse, aber ihre gesamte Masse kann, verglichen mit der dominierenden Masse der Sonne, vernachlässigt werden. Auf die gleiche Weise kann man auch das Gewicht der Erde anhand der Bahnen ihrer natürlichen und künstlichen Satelliten errechnen. Das Ergebnis ist immer dasselbe: Das Gewicht unseres Planeten macht ein Dreihunderttausendstel des Gewichts der Sonne aus. Man kann sich kaum vorstellen, wie groß die Sonne dann sein muß; ihr Volumen ist eine Million Male so groß wie das der Erde.

Damit ist deutlich geworden, wie man Galaxien wiegt. Galaxien sind einfach kreisende Sterne und Gas und Staub. Wenn wir einen Stern oder eine Gruppe von Sternen in einer Galaxie auswählen, brauchen wir nur zu beobachten, wie sich der betreffende helle Punkt langsam um das Zentrum der Galaxie bewegt, und wir können die Rotationskurve der Galaxie bestimmen. Sobald wir die Bahnen einer repräsentativen Auswahl kreisender Sterne aufgezeichnet haben, können wir über die Gravitation die Masse, die im Zentrum der Bahnen steht, bestimmen – wie wir das im Sonnensy-

Ein Wald von Galaxien: Ein galaktischer Leitfaden

Im folgenden wollen wir zeigen, was Galaxien sind. Dazu wollen wir uns keiner Mathematik und keiner Instrumente bedienen, sondern ein paar Photographien des Himmels betrachten und dazu unsere Überlegungen anstellen.

Was sind Galaxien?

Die ersten zwei Farbphotographien machte ein sehr erfahrener Amateur-Astronom aus Los Angeles mit seinem eigenen Teleskop. Sie zeigen in Richtung des Sternbildes Coma Berenices (Haar der Berenike) einen feuerradähnlichen Flecken blauen Lichts. Die wenigen verstreuten Sterne des Sternbilds, die wir sehen, sind, bildlich gesprochen, wie Blätter eines Baums, auf dem wir selbst sitzen.

Die beiden Bilder zeigen eine Veränderung, die bei einem solchen Objekt selten ist. Auf dem linken Photo sieht man einen sehr hell leuchtenden Stern, eine Supernova, die man auf dem rechten Bild ein Jahr später nicht mehr sieht. Daß ein neuer Stern auftaucht und wieder verschwindet, ist nichts Neues. Dasselbe geschah um 1054 mit dem Crabnebel. Aber mit bloßem Auge können wir das nur alle paar hundert Jahre beobachten (beispielsweise 1987). Im Teleskop allerdings sehen wir diese Erscheinung ungefähr zehn bis fünfundzwanzig Male pro Jahr und immer in der Nähe eines zentralen hellen Fleckens wie hier. Was können wir daraus folgern? Wir sehen einen anderen Baum mit vielen Blättern oder Sternen, von denen hin und wieder einer zu einer Supernova wird. Dadurch wissen wir, daß es in dem entfernten Flecken Sterne gibt und daß diese Galaxie gerade so weit von uns entfernt ist, daß ihre Sterne wie die Blätter eines weit entfernten Baums im Teleskop zusammenfließen. Eine weit entfernte Supernova ist nur mit dem Teleskop erkennbar. Wäre sie nä-

Eine Galaxie mit und ohne Supernova.

Die Galaxie mit ihren Spiralarmen ist eine kreisförmige Scheibe, wenn man sie von vorn sieht; sie hat einen kleinen Begleiter.

M81 ist leicht elliptisch.

Die Galaxie Andromeda, M31, erscheint als noch flachere Ellipse.

Die Galaxie NGC 4565, von der Seite her gesehen.

her bei uns, wäre der ganze Nachthimmel erleuchtet. Da jeder Flecken eine ganze Galaxie ist, dürfen wir damit rechnen, daß etwa alle hundert Jahre eine Supernova in einer Galaxie auftaucht. Und da wir Hunderte, ja Tausende Galaxien im Teleskop sehen, dürfen wir erwarten, sogar ziemlich häufig in der einen oder anderen Galaxie auf eine Supernova zu stoßen. Diese Überlegung trifft tatsächlich zu.

Galaxien sind ferne Gruppen von Sternen und gleichen mehr oder weniger der Milchstraße.

Welche Form haben Galaxien?

Schaut man beim Essen auf den Teller vor sich, ist er leicht elliptisch. Hält man den Teller in Augenhöhe, ist er rund. Vom anderen Ende des Tisches her sieht der Teller noch stärker elliptisch aus. Schauen wir uns den Teller von der Seite an, ist er schmal und abgeplattet.

Auf den vier Bildern mit Galaxien sehen wir vergleichbare Formen. Wir folgern daraus, daß alle vier Galaxien kreisförmig sind, wir sie aber jeweils aus einem anderen Blickwinkel sehen. Wir Menschen leben in der Milchstraße wie auf einem Teller; die Milchstraße umgibt uns auf allen Seiten wie ein Band dicht gehäufter Sterne. Wenn wir von der Seite auf den Rand einer Galaxie blicken, sehen wir relativ wenig Sterne; wir sehen den Teller von der Schmalseite, nicht von oben. Die meisten Galaxien sehen wir in den zwei Himmelsregionen über und unter unserem Teller der Milchstraße. Warum das so ist, kann man sich leicht klarmachen, wenn man sich in Gedanken in die Galaxie NGC 4595 auf dem obersten Bild (S. 261) versetzt.

Viele Galaxien, darunter unsere eigene, sind dünne, kreisförmige Scheiben aus Sternen, die um eine Masse im Zentrum kreisen. (Es gibt auch andere Arten von Galaxien.)

Wie groß sind Galaxien?

In jedem Wald gibt es große und kleine Bäume. Weit entfernte Bäume sind immer klein und nur undeutlich zu sehen, selbst wenn sie in Wirklichkeit groß sind. Freilich ist immer schwer zu sagen, ob der aus der Ferne klein erscheinende Baum groß und weit entfernt oder weniger weit entfernt und klein ist.

Die vier Bilder wurden maßstabsgetreu nach Photoplatten einer Kamera reproduziert. Die Bildgröße und die Details mögen zwar eine Vorstellung von der Größe und Entfernung einer jeden Galaxie vermitteln, aber noch mehr Information wäre nötig, um die Größe und Entfernung sicher beurteilen zu können. Hier warten noch zahlreiche Aufgaben auf den Astronomen.

Galaxien können alle möglichen Größen haben und verschieden weit von uns entfernt sein.

Die Namen der Galaxien

Man kennt 10 000 und mehr Galaxien, die entweder groß oder nahe genug sind, um deutlicher sichtbar zu sein. Die meisten davon sind in einem Katalog verzeichnet, dem *New General Catalogue,* der im letzten Jahrhundert begonnen wurde. Sie tragen Seriennummern, die jeweils mit einem NGC beginnen. Die am besten sichtbaren Galaxien stehen in einer Liste, die Charles Messier um 1770 zusammenstellte. Ihr Name beginnt mit einem M, dann folgt eine Zahl bis etwas über 100. Diese Galaxien werden am häufigsten dargestellt. Einige haben sogar Kosenamen wie »Whirlpool« (Strudel).

Galaxie M101.

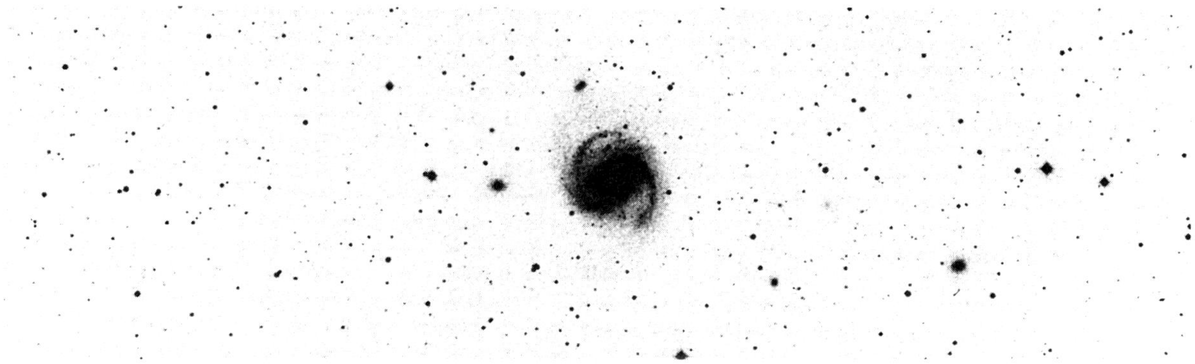

Galaxie M100.

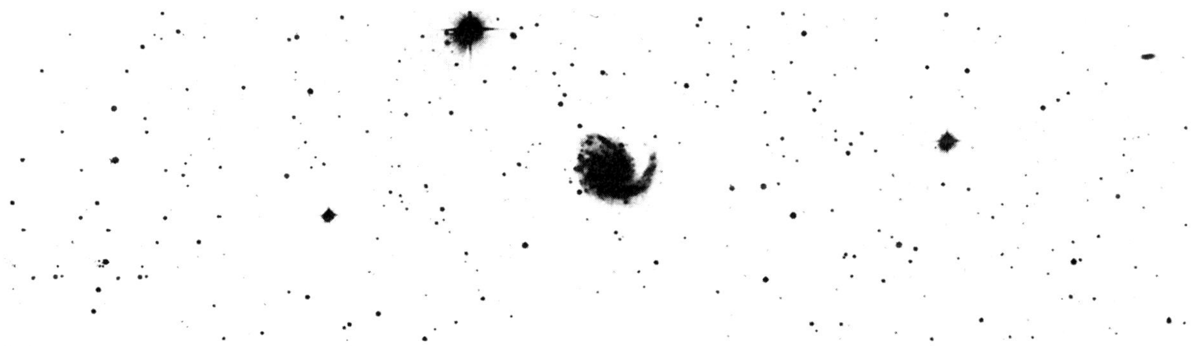

Galaxie M99.

Galaxie NGC1087.

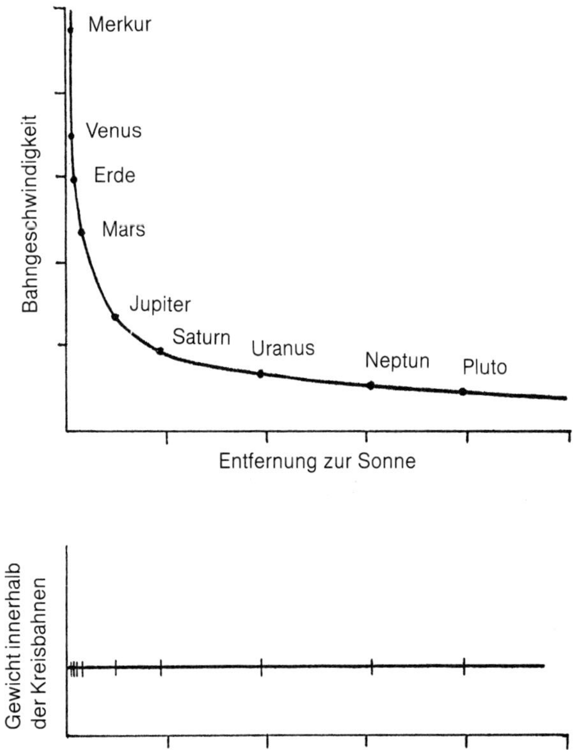

Newton wiegt das Sonnensystem: Zwei Schaubilder fassen zusammen, was Newtons Theorie für das Sonnensystem aussagt. Die erste Kurve ist die Rotationskurve, die Newton für die Planeten errechnet hat. (Newton tat dies nur bis zum Planeten Uranus, da Neptun und Pluto noch nicht entdeckt waren.) Auf der vertikalen Skala ist die Geschwindigkeit verzeichnet, mit der jeder Planet sich bewegt, auf der horizontalen Skala seine jeweilige Entfernung zur Sonne. Die Erde ist der dritte Planet. Wir sehen, daß Merkur und Venus sich viel schneller bewegen als die weiter vom Zentrum entfernten Planeten. Wendet man Newtons Methode auf die beobachteten Planetengeschwindigkeiten an, kommt man zu dem Ergebnis, das man im zweiten Schaubild sieht. Das Gesamtgewicht, die Gesamtmasse, im Zentrum der verschiedenen Umlaufbahnen ist, wie die horizontale Linie anzeigt, immer gleich. Das Gesamtgewicht des Sonnensystems entspricht im wesentlichen dem der Sonne, die im Zentrum aller Umlaufbahnen steht. Der am besten sichtbare Körper ist zugleich der schwerste.

stem getan haben. Zugleich ist dies auch eine Kontrolle, ob die Galaxie wirklich die Masse hat, die wir für sie bereits aufgrund der Zahl ihrer Sterne, ihrer Größe oder einfach durch den Vergleich ihrer Sterne mit unserer Sonne und den anderen Sternen unserer Galaxie veranschlagt haben. Denn die Sterne unserer Galaxie haben wir ja in vielen Fällen anhand ihrer im Teleskop sichtbaren Satelliten wiegen können. (Und bis jetzt kennen wir nur ein Planetensystem: unser eigenes.)

Nun gibt es aber ein unschwer zu sehendes und einigermaßen entmutigendes Hindernis: Im großen Maßstab der Galaxien ist Bewegung überhaupt nur schwer zu erkennen. Denken wir an das Sonnensystem. Der Planet Saturn kreist in dreißig Jahren um die Sonne. Wer ihn einen Monat lang beobachtet, sieht vor dem Hintergrund der anderen Sterne auch ohne Fernrohr, daß er sich bewegt, wenngleich es einiger Mühe und Überlegung bedarf, den Einfluß unseres eigenen, sich bewegenden Standorts Erde abzuziehen.

Galaxien sind nun aber weit größer als das Sonnensystem. Unsere Sonne zum Beispiel dreht sich in ungefähr 200 Millionen Jahren in einem großen Kreis um das ferne Gravitationszentrum der Milchstraße. Bei einer solchen Zeit, die sich mit erdgeschichtlichen Dimensionen vergleichen läßt, würde es 10 000 Jahre dauern, bis ein Himmelskörper einer nahen Galaxie sich auf seiner Bahn so weit fortbewegt hat, daß man seine Positionsveränderung im Fernrohr gerade noch wahrnehmen kann. Bei noch entfernteren Galaxien wäre die Veränderung noch entsprechend kleiner. Je größer also die Entfernung, desto schwerer ist die Bewegung wahrzunehmen. Nun sind Astronomen zwar schon überaus geduldig, aber eine derartige Wartezeit ergibt natürlich keinen Sinn!

Zum Glück gibt es eine schnellere Methode. Stellen wir uns vor, wir fahren in einem Auto: Wie schnell das Auto ist, kann man abschätzen, indem man beobachtet, wie schnell die Landschaft vorbeizieht. Oder man kann auf den Tachometer sehen. Entscheidend ist, daß wir bei dem Wort Bewegung an zweierlei denken können: einmal an die Ortsveränderung innerhalb einer bestimmten Zeit und zweitens an die innerhalb eines winzigen Zeitintervalls gemessene Geschwindigkeit. Nun wissen wir, daß man in der physikalischen Akustik eine Methode kennt, Geschwindigkeit unmittelbar zu messen, ohne erst darauf warten zu müssen, bis innerhalb eines langen Zeitraums eine Ortsveränderung stattgefunden hat.

Machen wir dazu ein Experiment. Wir brauchen eine kleine elektronische Schallquelle: eine Kaffeedose, in der eine Batterie, die entsprechende Elektronik und ein Lautsprecher untergebracht sind. Der Lautsprecher gibt, wenn er angeschaltet ist, einen kontinuierlichen lauten und wohlklingenden Ton von sich.

Ein trainierter Helfer schwang die Dose mitsamt der Elektronik an einer zwei Meter langen Schnur mit ausgestreckten Armen über seinem Kopf im Kreis. An der Kaffeedose hatten wir zuvor ein Mikrophon befestigt, um den Ton hören zu können, während die Schallquelle kreiste. Solange das Mikrophon mit der Dose kreiste, konnten wir keine Veränderung der Tonhöhe durch die Bewegung feststellen. Als wir aber das Mikrophon an einem festen Platz installierten und den Ton von dorther hörten, während die Schallquelle weiterhin im Kreis geschwungen wurde, bemerkten wir einen gewaltigen Unterschied. Wir, die Zuhörer, standen dabei außerhalb des Kreises. Das Mikrophon empfing den Ton der bewegten Schallquelle von einem Platz aus, der ungefähr auf der Höhe der Kreisbahn lag.

Als das Mikrophon an einem festen Platz installiert war und nicht mehr die Bewegung der Schallquelle mitmachte, veränderte sich der Ton: Er wurde deutlich höher, wenn sich der Lautsprecher dem Mikrophon näherte, und tiefer, wenn der Lautsprecher sich entfernte.

Natürlich wurde der Ton auch lauter, wenn die Geräuschquelle näher kam, und leiser, wenn sie sich entfernte. Doch die Veränderung, auf die es uns ankam, bezog sich nicht auf die Lautstärke, sondern auf die Tonhöhe, und um sie besser hören zu können, konzentrierten wir uns nur noch auf bestimmte Ausschnitte. Wir schnitten das Band mit den Tonaufzeichnungen so, daß wir den Ton nur noch dann hörten, wenn sich die Schallquelle am weitesten links beziehungsweise rechts vom Mikrophon befand, sich also einmal auf das Mikrophon zu-, das andere Mal von ihm wegbewegte. Näherte sich die Schallquelle dem Mikrophon, wurde der Ton höher. Entfernte sie sich, wurde er tiefer. Bewegte sich die Geräuschquelle weder direkt auf das Mikrophon zu noch von ihm weg, war fast keine Veränderung zu hören.

Erinnern wir uns an die Trommel aus dem dritten Kapitel und daran, wie wir mit Hilfe des Schalls kartographiert hatten. Stellen wir uns vor, wir hörten eine regelmäßige Folge von Schlägen. Wenn sich der Trommler nicht bewegt, entsprechen die Pausen, die wir zwischen den einzelnen Schlägen wahrnehmen, denen, welche der Trommler tatsächlich macht. Kommt er näher, während er spielt, müssen die einzelnen Schläge eine kleinere Strecke zurücklegen, bis sie bei uns ankommen. Jeder neue Schlag erreicht uns noch etwas schneller als sein Vorgänger: Die Trommelschläge erreichen in einer schnelleren Folge unser Ohr, als der Wirklichkeit entspricht.

Die Größenordnung, in der sich bei unserem Versuch die Tonhöhe veränderte, lag innerhalb überschaubarer Grenzen. Bei einer Geschwindigkeit der Schallquelle von vierzig Kilometern in der Stunde variierte der Ton um einen Halbton. Je schneller die Geschwindigkeit ist, desto größer ist die Veränderung. Mit ihr kann man die Geschwindigkeit messen, mit der sich eine Geräuschquelle bewegt.

Dieselbe Erscheinung gibt es auch beim Licht. Hier entspricht die Farbe dem Ton. Eine bewegte Lichtquelle, deren Spektralfarben man kennt, verschiebt sich im Spektrum leicht nach Rot, wenn sie sich vom Beobachter entfernt, und leicht nach Blau, wenn sie sich dem Beobachter nähert. Der Radarschirm der Verkehrspolizei sendet ein feststehendes Radarsignal aus und vergleicht damit dessen Echo, die Farbe, wenn man so will, das sich durch die Bewegung des Autos, auf welches das Signal auftrifft, verändert hat. Auch in der Astronomie kennt man glücklicherweise ein derartiges Phänomen. Astronomen können die Geschwindigkeit vieler Lichtquellen dadurch messen, daß sie für jede

Der Doppler-Effekt: Der Athlet läßt die Dose mit der Elektronik an einer langen Schnur über seinem Kopf kreisen. Die elektronische Schallquelle erzeugt einen gleichbleibenden Ton. Über ein an einem festen Platz aufgestelltes Mikrophon hört man aber denselben Ton verschieden. Das Schaubild zeigt die Tonverschiebung: Wenn die Schallquelle sich vom Mikrophon entfernt, ist der Ton hörbar tiefer als dann, wenn sie sich dem Mikrophon nähert.

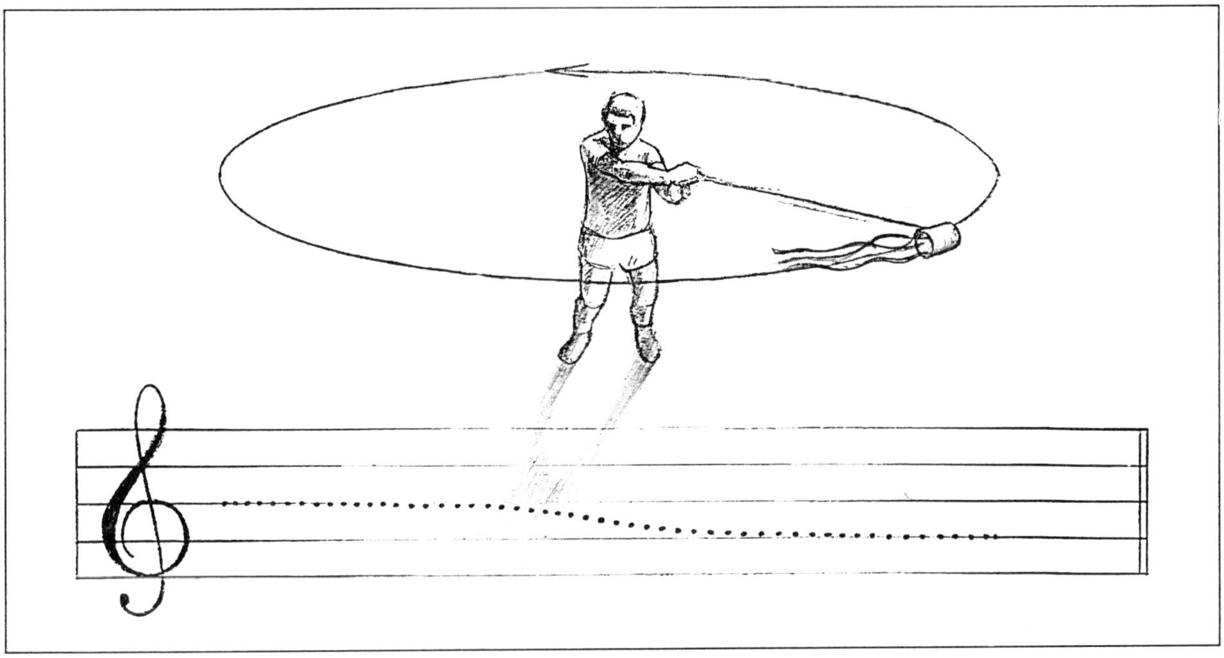

Spektrallinie der Lichtquelle die Positionsverschiebung nach Rot für die sich entfernende Quelle, nach Blau für die näher kommende Quelle messen.

Diesen Effekt hat Christian Doppler vor langer Zeit beschrieben. Er wurde seither immer für das Licht, die Radiowellen und den Schall bestätigt. Mit dieser direkten Messung der Geschwindigkeit umgeht man das Problem der aus der Entfernung ungeheuer langsam erscheinenden Veränderung der galaktischen Positionen.

Mit Hilfe dieser Gesetzlichkeit, bezogen auf Licht, können wir die Geschwindigkeit der galaktischen Rotation durch das genaue Studium der Spektren messen. Anhand der einzelnen Geschwindigkeiten können wir eine Rotationskurve und dann eine Massenkurve erstellen und so die ganze sichtbare und nicht sichtbare Materie einer Galaxie wiegen.

Die Erweiterung unseres Sehvermögens durch das Spektroskop brachte uns erstaunliche Erkenntnisse über entfernte Himmelskörper. Wir haben schon gesehen, wie man Temperatur und chemische Zusammensetzung entfernter glühender Gase erkennen kann. Nun werden wir sehen, daß man mit Hilfe des Lichts auch die Bewegung ferner Lichtquellen messen kann, die deutlich ausgeprägte Spektrallinien aussenden. Wie das Fernrohr ist auch das Spektroskop ein unentbehrliches Instrument der Astrophysik.

Die Astronomin Vera Rubin vom Carnegie-Institut in Washington wiegt Galaxien mit Hilfe der oben beschriebenen physikalischen Gesetzmäßigkeiten. Um eine möglichst große Auswahl vergleichbarer Galaxien zu haben, untersucht sie die zahlreichen Galaxien in mittlerer Entfernung zur Erde. Ihr Arbeitsinstrument ist eines der großen Teleskope südlich und nörd-

Ein Astronom bei der Arbeit, umgeben von elektronischen Schaltpulten und Monitoren: Vera Rubin während eines Beobachtungslaufs im Kontrollraum des vier Meter großen Mayall-Teleskops, des größten Fernrohrs in Kitt Peak.

lich des Äquators. Wir wollen diese Künstlerin der Spektroskopie aufsuchen, um zu sehen, wie sie eine Galaxie wiegt.

Das größte Teleskop des Kitt Peak National Observatory auf einem Berg in Arizona, ungefähr sechzig Kilometer westlich von Tucson, hat einen Spiegel von vier Meter Durchmesser. Seit zehn Jahren untersucht man die Rotation der Galaxien mit diesem Teleskop, mit einem optischen Spektrographen, der Licht in ein sehr breites Spektrum zerlegen kann, und mit modernen elektronischen Bildverstärkern, die das schwache Licht in den breitgestreuten Spektren aufzeichnen.

Die in Kitt Peak versammelten Instrumente sind selten und teuer. Die Astronomen reißen sich darum, sie benutzen zu dürfen, aber die zur Verfügung stehende Zeit reicht nur für ein Drittel der Bewerber. Diejenigen, die mit ihrer Bewerbung Erfolg hatten, können die Instrumente in der Regel nur ein paar Nächte lang benutzen, und das vielleicht ein- bis zweimal im Jahr. Rubin und ihr Kollege John Graham hatten diese Möglichkeit 1986 in drei dunklen Frühlingsnächten, und wir durften sie bei ihrer Arbeit beobachten.

Die beiden hofften, ein Dutzend verschiedene Galaxien photographieren zu können – vorausgesetzt, die mondlosen Nächte waren windstill und klar. Ein Astronom an einem großen Teleskop erinnert ein wenig an den Kapitän eines kleinen Schiffes. Es gibt einen Steuermann, der das Teleskop bedient und in die gewünschte Richtung ausrichtet. Ein automatisches Lenksystem sorgt dafür, daß die Ausrichtung exakt beibehalten wird. Techniker sorgen dafür, daß der Detektor einwandfrei arbeitet. Heute sieht man nicht mehr direkt durch das Fernrohr, sondern auf einen Videomonitor, der das Bild des Teleskops in der offenen, unbeheizten Kuppel in einen bequemen Kontrollraum überträgt.

Es war nicht das erstemal, daß Rubin, umgeben von Monitoren, Kontrolltafeln und elektronischen Vorrichtungen, im Kontrollraum saß, die Augen auf den Videoschirm gerichtet, wo die Galaxie, die sie ausgewählt hatte, auftauchte.

Die Kuppeln und Teleskope des Observatoriums von Kitt Peak. Die ungewöhnlich geformte Bergspitze am Horizont ist nach einer Sage der Papagoindianer der Mittelpunkt des Universums.

RUBIN: Die Zeit am Teleskop ist kostbar, man muß deshalb ein minutiös geplantes Programm haben und schon vorher genau wissen, was man in jeder Stunde tut. Normalerweise dauern die Aufnahmen, die ich mache, zwei Stunden. Es dauert vielleicht zehn Minuten, bis das Teleskop auf die Galaxie ausgerichtet ist. Man muß das Teleskop drehen, bis es auf die richtige Stelle zeigt. Diese Galaxien sind nur schwach zu sehen, und man sollte sich bei der Ausrichtung möglichst nicht irren. Keiner will zwei Stunden am falschen Objekt verschwenden. Wir arbeiten hart zu einer Zeit, in der man sonst schläft, und dabei darf uns kein noch so kleiner Fehler unterlaufen.

Man kommt also mit einem sorgfältig ausgearbeiteten Stundenplan an, und dann passiert erst einmal alles mögliche. Vielleicht fällt wegen des Windes eine Richtung aus, und man erhält nur die Erlaubnis für eine Richtung, die man eigentlich nicht wollte. Immer steht man vor schwierigen Entscheidungen. Angenommen, man will ein bestimmtes Objekt unbedingt untersuchen. Soll man das nun zur Sicherheit gleich in der ersten Nacht erledigen, auch wenn die Nacht recht unbeständig ist, oder lieber darauf spekulieren, daß die nächste Nacht besser wird? Der größte Unsicherheitsfaktor ist das Wetter; andere Schwierigkeiten können sich durch technische Probleme mit den komplizierten Geräten ergeben.

Je größer das Teleskop ist, mit dem man arbeitet, desto weniger sieht man vom Himmel. Benützt man ein kleineres Fernrohr, steht man direkt unter dem Himmel und sieht in die Nacht. Hier dagegen ist es im

Prinzip möglich, drei oder vier Nächte lang Beobachtungen zu machen, ohne das Teleskop auch nur einmal zu Gesicht zu bekommen. Der Detektor ist betriebsbereit, sobald man ankommt. Man richtet ihn selbst aus und stellt ihn exakt so ein, wie man ihn haben will. Den Rest der Zeit sitzt man dann womöglich am Kontrollpult, ohne den Himmel ein einziges Mal zu sehen.

Aber wenn alles gutgeht, ist es ein wunderbares Erlebnis. Der Himmel ist so schön und die Astronomie eine wunderbare Wissenschaft. Nur die wenigsten Astronomen verlieren das Gespür dafür. Während einer langen Belichtungszeit gehen wir immer wieder hinaus, um den Himmel mit eigenen Augen zu beobachten. Das hat nicht nur den konkreten Sinn, nach dem Wetter zu sehen. Es ist auch ein Vergnügen.

In den wenigen langen Nächten intensiver Arbeit am Teleskop sammelt ein Astronom Daten, die vielleicht erst nach Monaten vollständig ausgewertet sind. Ich besuchte Rubin an ihrer Forschungsstelle im Carnegie-Institut, wo sie mir von den aufregenden Erkenntnissen der letzten Jahre berichtete.

Das Ergebnis ihrer Arbeit ist auf einem Computerterminal zu sehen. Zwar besitzt Rubin auch viele Photographien, aber die informativsten Bilder sind auf Videoband gespeichert und jederzeit auf einem schwarzweißen Monitor abrufbar. Ich war beeindruckt, wie viele Bilder Rubin und ihr Partner von den Galaxien aufgenommen hatten, die sie gewogen hatten. Ich hatte vielleicht zehn erwartet. »Wir haben bisher rund hundert untersucht«, erklärte Rubin. Dann zeigte sie uns »eine der schönsten Galaxien« mit dem Namen NGC 7541, eine der Galaxien, die sich für das eingehendere Studium mit starken Teleskopen besonders eignen. Sie liegt so weit hinten im Sternbild Fische, daß sie zu klein und lichtschwach ist, um mit bloßem Auge gesehen zu werden. Sie ist eine Million Male weiter entfernt als die meisten hellen Sterne unseres Himmels.

Eine Galaxie auf der Waage

Die gleiche Galaxie, NGC 7541, sieht man hier als Negativ, als dunkle Sternbilder vor einem hellen Himmel. Die Galaxie ist eine der Galaxien in mittlerer Entfernung und ein paar hundert Millionen Lichtjahre von uns entfernt (auf der Übersichtskarte des gesamten Himmels hat sie einen Durchmesser von nur zweieinhalb Millimeter). Die verschwommenen Flecken sind keine einzelnen Sterne, sondern eher ganze Sternbilder, die ihrerseits aus hellen Sternen und glühendem Gas bestehen. Die übereinander gelagerten Spektren dieser Lichtflecken werden gemessen.

Der Eingangsspalt des Spektrographen ist so auf die Galaxie ausgerichtet, daß er nur das Licht aus dem unbeschatteten Teil der Galaxie auf das Bild fallen läßt. Das Spektrum ist in der vertikalen Richtung weit auseinandergezogen (so wie der Ton bei unserem Experiment zum Doppler-Effekt langgezogen war). Hier sieht man lediglich den roten Abschnitt des Spektrums. (Das blaue Ende wäre einen Meter über dem Bild.) Nur die auffällig gebrochenen Linien sind Spektrallinien der Galaxie; die starken Lichtflecken der Galaxie erscheinen in jeder Spektrallinie als Knötchen. Die stärkste Spektrallinie überhaupt ist die rote Linie des atomaren Wasserstoffs. Am einen Ende der Galaxie ist sie leicht zum roten Ende hin verschoben, am anderen Ende leicht zum blauen Ende hin, im Zentrum der Galaxie ist sie gebrochen.

Andere Linien der Galaxie bestätigen diesen Befund. (Die lichtschwächeren ungebrochenen Linien stammen nicht von der Galaxie, sondern aus dem schwachen nächtlichen Glühen der oberen Erdatmosphäre.)

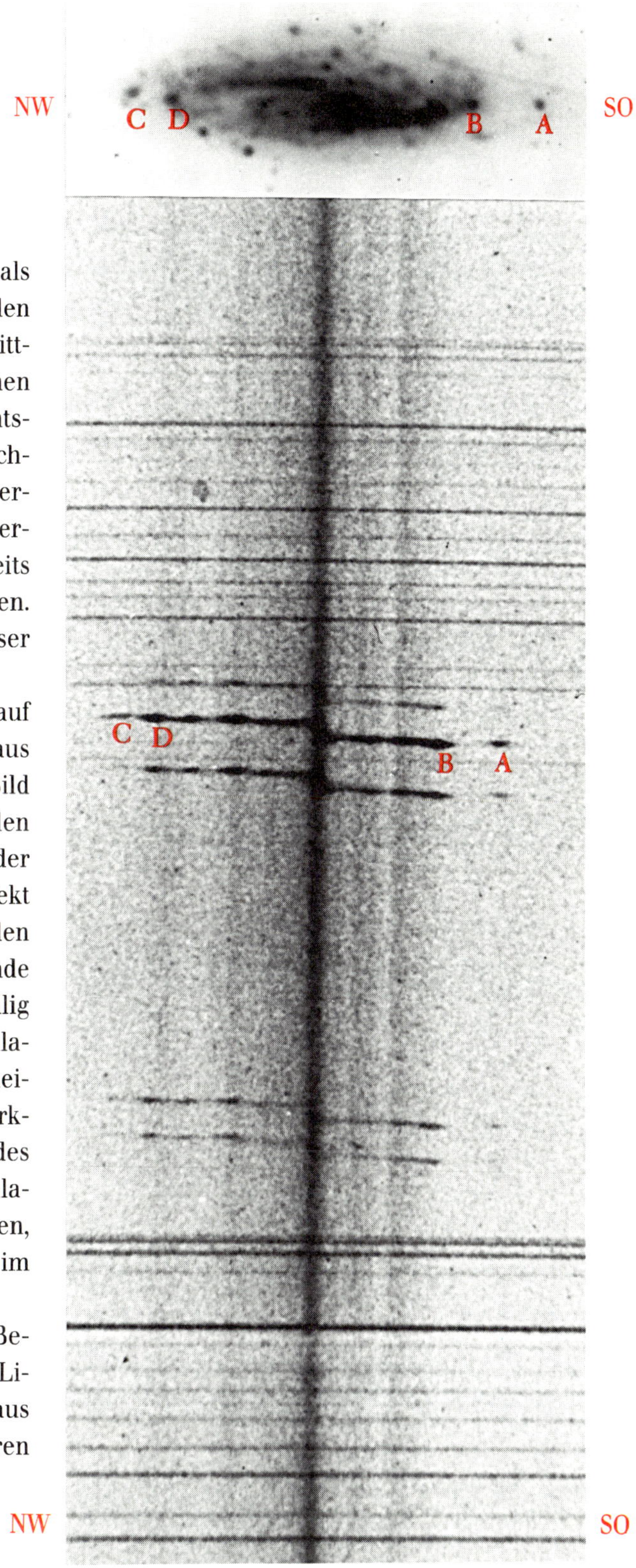

Genauso wie die Tonverschiebungen unserer Schallquelle zeigen die Verschiebungen der roten Wasserstofflinie an, daß die Galaxie sich bewegt; die Lichtflecken rechts vom Zentrum entfernen sich von uns, die Lichtflecken links davon nähern sich uns. Im leuchtenden Zentrum verläuft die rotierende Bewegung nur im engen Umkreis der Sichtlinie. Aus der relativen Verschiebung der Spektrallinien kann man die Geschwindigkeit bestimmen, mit der die glühende Materie der Galaxie sich bewegt.

Rubin gab ein paar Kennzahlen ein, und kurz darauf erschien das Bild: ein dunkles, spindelförmiges Gebilde mit einer feinen Struktur vor dem blaugrünen Hintergrund des Monitors. Daneben sah man auf dem Monitor eine kleinere Galaxie, die die große begleitete. Der Abstand zwischen beiden Galaxien entsprach ungefähr dem Durchmesser der größeren Galaxie. Wir sahen uns die größere der beiden an. »Das Bild ist natürlich vergrößert. Ich kann die Galaxie auch anders darstellen, als helles Bild gegen einen schwarzen Himmel, wie man es in der Natur sieht. Dann sieht man die Galaxie ungefähr so wie in der Wirklichkeit.«

Ein bis zwei Dutzend helle Punkte heben sich deutlich von der Galaxie ab. Diese Punkte sind keine Sterne, denn einzelne Sterne sind nicht erkennbar. Sie sind leuchtende Gaswolken, die Gruppen von Sternen umgeben. Das erinnert an die hellen Sternbilder unserer Galaxie, etwa den Orion. Das Bild wurde mit einer langen Belichtungszeit aufgenommen, deshalb ist das schwache Leuchten deutlich zu sehen.

Rubin zog auf dem Monitor eine Linie, die parallel zur Achse der Galaxie verlief. Hier hatte sie die enge Blende des Spektrographen angesetzt, als sie am Teleskop saß. Das Licht, das die Spektrallinie ergibt, kommt ausschließlich aus dem so markierten Bereich. Am einen Ende sind es ein paar helle Lichtflecke aus der lichtschwächeren äußeren Region, deren Licht in die Spektrallinie einging, dann kam das Licht der helleren zentralen Region, und am anderen Ende kreuzt die Linie weitere ein bis zwei helle Flecken, die nicht ganz so weit vom Zentrum entfernt sind.

Das Spektrum, das man so erhält, liefert die benötigten Informationen, um die Galaxie zu wiegen. An Aufzeichnungen haben wir nur einen kurzen Ausschnitt aus dem roten Bereich, einen kleinen Ausschnitt des vollständigen Regenbogenbandes, das bei diesem Maßstab vom roten bis zum blauen Ende anderthalb bis zwei Meter breit wäre. Dieser rote Bereich enthält die ausgeprägteste Linie, welche die glühenden Gaswolken aussenden, nämlich die berühmte tiefrote Spektrallinie des atomaren Wasserstoffs.

Beim Betrachten der Linie erkennt man, aus welchem Teil der Galaxie das jeweilige Licht stammt. Am einen Ende erscheinen drei helle Wolken in der Linie als helle Knoten. Das stark leuchtende Zentrum erscheint als ein heller Kern, und fast am anderen Ende sieht man einen schwächeren Abschnitt, dessen Licht aus dem verdunkelten Teil der Galaxie stammt. Wir wissen, daß die Wasserstoffatome überall dieselbe Linie in derselben Position ausstrahlen, aber unser Spektrum zeigte, daß die Linie nicht bei allen Himmelskörpern der Galaxie in derselben Position im Spektrum gemessen wurden. Die Linie war am einen Ende der Galaxie leicht zum roten Ende des Spektrums hin verschoben, am anderen Ende zum blauen. Die Verschiebung ist minimal. Das Auge würde keine Farbveränderung wahrnehmen, wohl aber der Spektrograph. Bei einem Spektrum von anderthalb Meter Länge macht die Abweichung gerade zweieinhalb Millimeter aus.

Warum zeigt das eine Ende der Galaxie eine andere Position für die Spektrallinie des Wasserstoffs als das andere? Bei den Atomen der beiden äußeren Regionen handelt es sich sicher nicht um eine seltsame neue Form von Wasserstoff, sondern um die bekannten Wasserstoffatome. Aber sehr wohl können sich die beiden Enden einer Galaxie unterschiedlich bewegen. Und bei bewegten Lichtquellen verschieben sich die Farben, so wie bei bewegten Schallquellen die Tonhöhe variiert. Es geht um den Dopplereffekt beim Licht, den man seit einhundertfünfzig Jahren kennt. Beim Schall führt eine Bewegung zum Beobachter hin zu einem höheren Ton, beim Licht zu einer Blauverschiebung; eine Bewegung vom Beobachter weg führt zu einem tieferen Ton bzw. einer Rotverschiebung. Je schneller die Bewegung ist, desto größer ist die Verschiebung. Die entgegengesetzten, etwa gleich großen Verschiebungen an den Enden der Galaxie verraten uns, daß sich die Licht emittierenden Wolken des einen Endes auf uns zubewegen und die des anderen Endes sich mit gleicher Geschwindigkeit von uns entfernen.

So wie unser Athlet die kleine elektronische Schallquelle an einem Seil über seinem Kopf kreisen ließ, hält die Gravitation innerhalb der Galaxie die leuchtenden Gaswolken auf einer riesigen Kreisbahn. Der Teil des Lichts der Spektrallinie, der aus der Nähe des Zentrums der Galaxie stammt, kommt von Sternen und Gaswolken, die sich weder auf uns zu- noch von uns wegbewegen, sondern in gleichmäßigem Abstand von uns kreisen. Bei ihnen ist keine rotationsbedingte Doppler-Verschiebung feststellbar.

Die Galaxie rotiert um ihr Zentrum. Ihre Sterne und Gaswolken bewegen sich auf Umlaufbahnen mit jeweils verschiedener Geschwindigkeit. Wir können nun durch die gemessenen Verschiebungen herausfinden, welche Rotationsgeschwindigkeit die vom Zentrum der Galaxie unterschiedlich weit entfernten Himmelskörper haben.

Die nötigen Daten dazu liegen vor. Die Positionen der Spektrallinien wurden für die ganze Breite der Galaxie unter dem Mikroskop sorgfältig gemessen. Am einen Ende bewegt sich die Wolke auf uns zu, am anderen Ende von uns weg. Wäre die Bewegung kreisförmig, dann müßte die Bewegung auf uns zu genauso schnell sein wie die Bewegung von uns weg. Wir zeichneten die Geschwindigkeiten der beiden Bewegungen in ei-

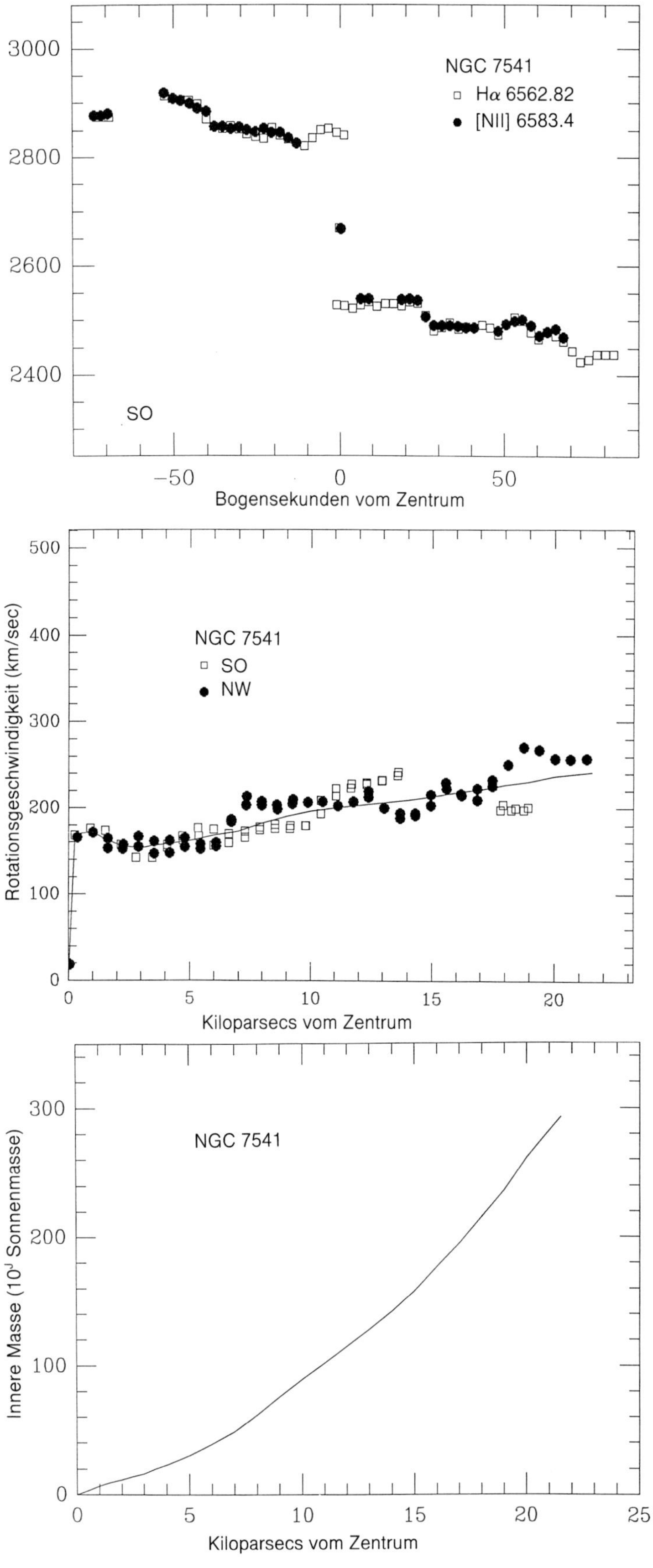

Eine Galaxie wird gewogen. Wenn man sich die Einsichten Newtons und Dopplers sowie die heutigen Instrumente zunutze macht, reichen drei Schaubilder aus, um eine ferne Galaxie zu wiegen. Im ersten Schaubild sehen wir die Rotation der Galaxie. Die Geschwindigkeit wurde aus den Geschwindigkeiten der beiden Enden des Spektrums errechnet, von denen das eine näher kommt, das andere sich entfernt. Weil die Kreisbahn symmetrisch ist, ergibt sich beide Male dasselbe Ergebnis, die Geschwindigkeit der Annäherung entspricht der Geschwindigkeit der Entfernung. Das zweite Schaubild zeigt, wie die Geschwindigkeit von der Größe der Kreisbahn abhängt. Auch hier ergibt sich für beide Enden dasselbe Ergebnis in bezug auf die Geschwindigkeit. Das dritte Schaubild ist das eigentlich interessante. Auf jede Kreisbahn wurde die Newtonsche Formel angewandt, so als ob die Sternenhaufen kreisende Planeten wären. Für jede Entfernung vom Zentrum kann man aus der gemessenen Geschwindigkeit das Gesamtgewicht ersehen, das sich im Zentrum der betreffenden Kreisbahn befinden muß. Die Galaxie ist gewogen.
Aber die horizontale Linie, die wir für das Sonnensystem erhalten haben, taucht hier nicht auf. In dieser Galaxie wird das Gewicht ständig größer. Die Massenkurve steigt, je weiter man ins All hinausgeht, obwohl das Licht der Galaxie im Zentrum konzentriert ist. Es ist mehr da, als wir sehen: Der größte Teil der Galaxie besteht aus Dunkelmaterie.

nem Diagramm gegeneinander auf. Sie stimmten fast genau überein, die Bewegung mußte deshalb ungefähr einer Kreisbahn entsprechen. Wir können unser Ergebnis auch noch mit der schwächer ausgeprägten roten Linie eines anderen Atoms, des Stickstoffs, überprüfen und erhalten dasselbe Resultat wie beim Wasserstoff. Auch in den wenigen Fällen, in denen man Spektrallinien der Sterne und nicht nur der großen Gaswolken fand, wies das Ergebnis auf eine Kreisbahn hin. Sterne und Gaswolken folgen der Gesetzmäßigkeit der Gravitation.

Für jede einzelne Galaxie kann man ein Schaubild erstellen, in dem man die Bahngeschwindigkeiten einträgt, die man für zunehmend größere Kreisbahnen errechnet hat. Dieses Schaubild ist die Rotationskurve der Galaxie.

Rotationskurven für Galaxien kennt man nun seit über fünfzig Jahren. Selbst dann, wenn sie noch grob und unvollständig sind, sind sie wertvoll, weil sie auf schönste Weise bestätigen, daß Galaxien Ansammlungen von der Gravitation ausgesetzten, kreisenden Sterne sind. Die alten Newtonschen Gesetze wurden auf Entfernungen angewandt, die schätzungsweise eine Million Male größer sind als die Entfernungen unseres Sonnensystems, an denen Newtons Ergebnisse überprüft und bestätigt wurden. Daher ist ein Irrtum sicher möglich, aber bisher ist die Rechnung immer aufgegangen.

Die ersten galaktischen Rotationskurven ergaben für uns Bewohner des Sonnensystems einige bekannte Tatsachen. Wie das Sonnensystem haben auch die Galaxien helleuchtende Zentren, die zwar nicht aus einer zentralen Sonne, sondern aus vielen Sternen bestehen, aber den Löwenanteil des Lichts aussenden. Die Rotationskurven zeigten das erwartete Verhalten: Je größer die Kreisbahn der Sterne in der Nähe eines Zentrums ist, desto schneller bewegen sie sich, weil die auf sie einwirkende Schwerkraft mit der Menge des Lichts innerhalb der Kreisbahn wächst. Die Geschwindigkeit ist am Rand des leuchtenden galaktischen Zentrums am höchsten (in unserer Galaxie entspricht dieser Rand ungefähr der Bahn der Sonne). Weiter draußen verlangsamen sich die Bahngeschwindigkeiten allmählich, weil Licht und Anziehungskraft der Sterne schwächer werden, genauso wie das in unserem Sonnensystem mit zunehmender Entfernung von der Sonne der Fall ist.

Eine Schwierigkeit ergab sich dadurch, daß man nicht mit systematischen Messungen in die lichtschwächeren Regionen vordringen konnte. Gelegentlich erhielt man zwar einige Daten von dort, da diese aber nicht das erwartete Ergebnis zeigten, wurden sie als Kuriosität abgetan.

Die moderne Astronomie wurde von Astronomen entwickelt, die mit dem Sonnensystem vertraut waren. Die Sonne im Zentrum ist so hell, daß die Planeten dagegen bloße Flecken sind. Fast die ganze Masse unseres Systems ist die Masse der Sonne, Planeten, Monde und der Rest haben zusammen nicht einmal ein Tausendstel der Sonnenmasse. Die Verteilung des Lichts entspricht der von Masse und Gewicht. Mehr oder weniger das ganze Licht kommt von der Sonne.

Bei fast jeder Galaxie ist das Zentrum am lichtstärksten, die anderen Regionen dagegen sind lichtschwach. Daher lag es nahe, anzunehmen, daß in einer Galaxie die Verteilung des Lichts der Verteilung der Masse entspricht, so wie es sich bei der Sonne und den Planeten verhält.

Doch wir sollten eine große Überraschung erleben.

In der Galaxie NGC 7541 steigen mit zunehmender

Entfernung vom Zentrum der Galaxie die Umlaufgeschwindigkeiten enorm an. Wird die Entfernung zum Zentrum noch größer, steigen die Umlaufgeschwindigkeiten immer noch an, aber etwas langsamer. So geht das bis zu den Rändern der gesamten Galaxie. Die Geschwindigkeit wird schneller, je weiter man über das letzte nennenswerte Sternenlicht hinausschaut. Die Astronomen haben in diesen dunkleren Randbezirken zwar nach lichtschwachen Sternen gesucht, aber keine gefunden.

Eine Rotationskurve wie die von Galaxie NGC 7541 stellt uns schon auf den ersten Blick vor ein Problem. Wie kommt es zu diesen hohen Bahngeschwindigkeiten? Warum wird die Anziehungskraft dieser leuchtenden, zentralen Sterne nicht durch zunehmende Entfernung zumindest etwas abgeschwächt?

Greift man nun zur selben Methode wie beim Sonnensystem und wiegt die Galaxie, dann ist der Fall klar. Die Anziehungskraft der Masse im Zentrum auf die Wolken, die sie in bestimmter Entfernung umkreisen, nimmt nicht ab, sondern steigt an, je größer die Kreisbahnen der Wolken werden. Daraus folgern wir, daß noch weitere Materie innerhalb ihrer Kreisbahnen die Wolken anziehen muß. Die Masse, um die sie kreisen, wird größer, je weiter sie vom Zentrum entfernt sind. In großer Entfernung vom Zentrum sieht man fast kein Sternenlicht mehr. Trotzdem ist die Masse der Gravitation ausübenden Materie, die außerhalb der Ränder des leuchtenden Zentrums existiert, größer als die Masse der leuchtenden Materie im Zentrum.

Die Materie, die das größte Gewicht hat, strahlt nicht, weder im sichtbaren Bereich noch in irgendeinem anderen uns bekannten Wellenbereich. Wir nennen sie Dunkelmaterie. Der Wasserstoff mit seinen Spektrallinien und alle Materie, die durch Radiowellen, durch Röntgenstrahlung oder irgendeine Farbe nachzuweisen war, sind nur ein kleiner Teil der existierenden Materie. Die Sterne und die Gaswolken, die wir in der Galaxie fanden, wurden gewogen und für zu leicht befunden: Die existierende Materie hatte die zehnfache Masse der sichtbaren.

»Als ich eine größere Anzahl Rotationskurven der Galaxien beobachtet hatte«, erinnert sich Rubin, »wurde immer deutlicher, daß keiner der Sterne am Rand einer Galaxie seine Geschwindigkeit verringerte. Das widersprach völlig unserer Erwartung. Wir mußten uns aber damit abfinden, weil die Daten so eindeutig und unwiderlegbar waren. Die Natur hat den Astronomen einen Streich gespielt. Wir waren ausgezogen, das ganze Universum zu erforschen, und mußten nun feststellen, daß wir uns nur mit den fünf bis zehn Prozent des Universums beschäftigten, die strahlen!«

Kreisende Flecken, die hell genug sind, daß man sie messen kann, sieht man nur bis zu einer bestimmten Grenze. Wie weit über das galaktische Zentrum hinaus die Dunkelmaterie existiert, wissen wir nicht. Die Radiowellen, die der kalte Wasserstoff einiger Galaxien weit draußen im All ausstrahlt, lassen vermuten, daß die Dunkelmaterie noch weit jenseits der Reichweite unserer stärksten Meßgeräte existiert. Die Dunkelmaterie ist rund um das galaktische Zentrum in einer großen Kugel verteilt und nicht in einer Scheibe, selbst in einer Galaxie wie der unsrigen, wo das meiste Sternenlicht von einer flachen zentralen Scheibe kommt. Wir haben inzwischen hundert Galaxien gewogen und wissen, daß die meisten Galaxien (darunter vermutlich auch unsere eigene), dem Gewicht nach zu schließen, zu neunzig bis fünfundneunzig Prozent aus Dunkelmaterie bestehen, die unsichtbar in weiter Entfernung um die leuchtenden Himmelskörper verteilt ist.

Rubin faßte zusammen:

Wir wissen nicht, was die Dunkelmaterie ist. Wir wissen auch nicht genau, wieviel davon existiert. Je mehr wir beobachten, desto größere Fragen werfen wir auf. Aber Fragen können hilfreich sein. Die Wissenschaft wäre nicht halb so reizvoll, wenn man jedesmal eine endgültige Antwort finden würde. Das Beste, was einem als Forscher vielleicht passieren kann, ist, auf etwas zu stoßen, das einem die Notwendigkeit erneuten Lernens vor Augen führt.

Die Astronomen haben seit Cecilia Payne viel gelernt. Paynes eher indirekte Folgerungen aus den Spektrallinien wurden nicht gleich akzeptiert, aber durch die folgende Forschung als Tatsachen bestätigt. Es gibt heute viele Folgerungen in der Astronomie, die noch indirekter sind. Die Beobachtungen der Astronomen sind oft sehr vielschichtig. Man muß eine Unmenge an Daten und Theorien bewältigen, bevor man zu einem schlüssigen Ergebnis kommt.

Für die Rotationskurven gilt das allerdings nicht. Hier entspricht das, was man im Teleskop sieht, dem tatsächlichen Geschehen. Nur die daraus abgeleiteten Ergebnisse sind ein Rätsel, denn sie zeigen, daß es noch eine Größe gibt, die wir einfach nicht kennen.

Fünfzig Jahre lang glaubte man die chemische Zusammensetzung des Kosmos zu kennen. Jeder neue Kanal, der sich uns erschloß, bestätigte denselben Befund: Die Materie im Raum besteht hauptsächlich aus Wasserstoff. Diese Vorstellung gefiel uns, sie erschien gesichert und logisch, denn Wasserstoff ist das einfachste Atom überhaupt.

Vera Rubin und ihre Kollegen auf der ganzen Welt haben mit neuen Verfahrensweisen, Beobachtungen und Experimenten diese beruhigende Vorstellung innerhalb von zehn Jahren grundlegend verändert. Dabei war das, was wir vorher geglaubt hatten, nicht unbedingt falsch. Es stimmt wortwörtlich immer noch, daß alles, was wir da draußen sehen, aus Wasserstoff besteht. Aber dazu kommt jetzt noch eine weitere Tatsache von überragender Bedeutung: Gewichtsmäßig existiert im Kosmos das Zehnfache der sichtbaren Materie!

Wie das möglich ist, versteht noch niemand. Stimmt etwas mit den Gesetzen der Bewegung und der Gravitation nicht, so daß unser Rückschluß von der Gravitation auf das Gewicht ein Irrtum ist? Sehr wahrscheinlich ist das nicht, aber immerhin möglich, da viele unserer Annahmen auf Folgerungen beruhen, die weit über experimentell beweisbare Ergebnisse hinausgehen. Eine Reihe von Forschern sucht deshalb nach Erklärungen in dieser Richtung.

Kann der Wasserstoff eine Verbindung eingehen, die weder im sichtbaren noch im unsichtbaren Bereich des Spektrums glüht? Als Gas kann er jedenfalls nicht vorhanden sein, sonst würden wir ihn im Bereich der Röntgenstrahlen, des Ultravioletts oder der Radiowellen sehen. Vielleicht wimmelt es in den Galaxien von unendlich vielen winzigen und unsichtbaren, lichtschwachen Zwergsternen, die aus Wasserstoff bestehen und von denen jeder ungefähr die Größe des Planeten Jupiter hat. Vielleicht hat man sie übersehen. Keiner weiß, wie solche Haufen entstehen könnten, vor allem dann, wenn keine hellen Sterne in der Nähe sind. Stimmt diese Annahme, gäbe es rund tausendmal soviel dunkle Sterne wie Sterne, die wir kennen. Möglich wäre es.

Vielleicht gibt es aber auch irgendein alles durchdringendes Gas, dessen Atome wir noch nicht auf der Erde gefunden haben und das ein Überbleibsel aus einem früheren Stadium des Universums ist. Es wäre eine Materie, die ganz dunkel ist, Gewicht hat und Schwerkraft ausübt. Auch das wäre möglich, unter Physikern ist diese Ansicht sogar recht weit verbreitet.

Ich bin mir sicher, daß ein Großteil der Sterne, der leuchtenden Nebel und der kalten, dichten Gase im Weltraum aus Wasserstoff bestehen. Cecilia Payne und andere nach ihr haben das gezeigt. Dieser Wasserstoff ist leicht zu erkennen, wenn nicht im sichtbaren Licht, dann in einem anderen Bereich des Spektrums. Aber wir wissen heute auch, daß der Großteil der Materie im All dunkel und unsichtbar jenseits der sichtbaren Ränder der Galaxien existiert; keines unserer Instrumente konnte bislang dorthin vordringen.

Würde ich gefragt, woraus das Universum als Ganzes besteht, müßte ich gestehen, daß ich darauf gegenwärtig keine Antwort habe. Ich weiß es nicht. Aber eines weiß ich genau: Wir werden mit aller Kraft nach einer Antwort suchen.

Epilog

Aufgabe der Wissenschaft ist es zum einen, unsere Erfahrung zu erweitern, zum anderen, in diese Erfahrung eine Ordnung zu bringen. Diese Aufgabe umfaßt verschiedene Aspekte, die untrennbar miteinander verknüpft sind. Erst das Wachstum unserer Erfahrung ermöglicht uns, jene Gesetze zu erkennen, mit denen wir die Vielfalt der Erscheinungen ordnen können. Wenn unser Wissen wächst, müssen wir deshalb damit rechnen, daß sich auch der Blickwinkel ändert, der für die Ordnung der Erfahrung am besten geeignet ist.
Niels Bohr, *Atomtheorie und Naturbeschreibung (1929)*

Das Bemühen um eine Ordnung der Erfahrung ist älter als die Wissenschaft. Die Ordnung war bereits Ziel der alten Philosophen. Hingegen ist die Erweiterung der Erfahrung eine Aufgabe, die den Handwerker, den Künstler, den Reisenden und vor allem auch das Kind, das als der wißbegierige Teil in uns weiterlebt, beschäftigt. Aus dem allmählichen Verschmelzen der beiden Aufgaben entstand die Wissenschaft, und dieser Ursprung ist heute noch spürbar: Die Wissenschaft steht in der Schuld der Philosophie, der Kunst, des Handwerks, des Forschergeists und des Kindes in uns. In heutigen populärwissenschaftlichen Darstellungen spielen Ordnung und Systematik eine zunehmend wichtigere Rolle. Unser Ziel war es, dieser Einseitigkeit etwas entgegenzusteuern und die Erweiterung der Erfahrung an die erste Stelle zu setzen. Wenn dies zu wissenschaftlichen Ergebnissen führen soll, darf es nicht auf naive Weise geschehen, worauf Bohr hingewiesen hat. Nicht jeder Forschungsreisende, nicht jedes Kind ist ein Wissenschaftler. Vergessen darf man auch nicht, daß das Aufzählen von Planetennamen und das Auswendiglernen großer wissenschaftlicher Resultate von der DNA bis zum Kontinentaldrift zwar bewundernswert, aber noch keine Wissenschaft ist. Ebenso ist es zwar sicher der Mühe wert, über den Einfluß der Entdeckungen auf unser Leben nachzudenken, und das ist heute sogar dringend nötig in einer Welt gegenseitiger Verflechtung, die trotzdem in Nord und Süd, Ost und West gespalten ist, aber auch das ist nicht Naturwissenschaft.

Ein gewisses Urteilsvermögen, ein gewisser Grad an Teilhabe an der Wissenschaft ist notwendig, wenn nicht ein Gefühl der Entfremdung die Reaktion der meisten Menschen auf den schnellen technischen Wandel unserer Zeit bestimmen soll. Ein wenig Einblick in die Erfahrungen und Erkenntnisse, die wissenschaftlichen Systemen zugrunde liegen, ist nötig, wenn diese verständlich sein sollen. Natürlich kann der Laie nicht alle Erfahrungen nachvollziehen; das ist Sache des Fachmanns. Gerade die Vielfalt der Erkenntnisse der Wissenschaft ist es ja, die das Fachwissen des Wissenschaftlers auf ein enges Gebiet begrenzt. Was wir in Wort und Bild zu zeigen versucht haben, ist eine Reihe bestimmter Erkenntnisse; jede dieser Erkenntnisse ist der Baustein einer Ordnung – oder stellt eine solche Ordnung in Frage. Der Leser kann in Wort und Bild lebendiger an der Mühsal und den Freuden der Wissenschaft teilnehmen, als dies durch abstrakte Schlußfolgerungen allein möglich gewesen wäre.

Die Kapitel des Buches, denen jeweils ein einstündiger Fernsehfilm zugrunde liegt, eröffnen eine Reihe verschiedener Zugänge zu den Naturwissenschaften. Ich hoffe, daß ich mein Anliegen klarmachen konnte. Abschließend will ich noch einmal den Weg zusammenfassen, den wir gegangen sind, und mit einem Hinweis auf nicht eingeschlagene Wege schließen.

Das erste Kapitel, »Sehen«, beginnt mit einem Beispiel dafür, wie unzulänglich Bilder oder Worte unsere vierdimensionale und mannigfaltige Welt beschreiben. Das Kapitel zeigt, bis zu welch erstaunlichem Grad die wissenschaftlichen Instrumente unseren natürlichen Sinnesorganen ähneln. Genau wie in der Wissenschaft schließen wir im Alltag mit wechselndem Erfolg von unseren Wahrnehmungen auf die uns umgebende Welt. Als ein großartiges Beispiel diente uns das Fernrohr des Galilei, dessen Geschichte wir erzählt haben und das zeigt, wie durch die Verbesserung unseres Sehvermögens ein neues Bild des Kosmos entstand, das bis heute immer umfassender geworden ist.

Im zweiten Kapitel geht es um Veränderung. Das Auge nimmt eine Veränderung als allumfassend wahr. Doch mit so einfachen Mitteln wie einem versiegelten Behälter und einer gleichschenkligen Waage entdeckt man inmitten der Veränderung eine Konstanz; die alten Handwerker wurden zuerst darauf aufmerksam. Auch die Zyklen, die das Leben bestimmen, sind von dieser Konstanz geprägt. Um Einsicht in diese Prozesse zu erhalten, haben wir eine universell gültige Theorie auf die Rennfahrer der Tour de France angewandt. Ein solches Experiment läßt sich nicht im Labor durchführen. Wir sahen, daß selbst eine heroische menschliche Anstrengung nachweisbar durch das Gesetz der Konstanz bestimmt ist. Durch neue Theorien und eine verbesserte Meßgenauigkeit hat man immer deutlicher das Bleibende innerhalb der Veränderung erfaßt, bis die Zeit reif war für Einsteins Formel E = M.

Im dritten Kapitel wenden wir uns einem neuen Thema zu, der Kartographie. Wieder geht es um die instrumentelle Erweiterung unseres natürlichen Sinnesvermögens; diesmal wurde ein konkretes geometrisches Problem – das Vermessen einer Strecke – mit der Ordnung am Sternenhimmel und dem Fallen eines Lots verknüpft. Stufenweise wurden mit Zunahme des Wissens die Karten genauer. Heute kartographieren wir nicht mehr mit Hilfe der Geometrie, sondern mit der Zeit. Als visuell orientierte Wesen versuchen wir, auch nichträumliche Dinge auf einer Karte sichtbar zu machen. Die Wissenschaft stellt nicht mehr nur Karten von Landschaften her, sondern auch von abstrakten und theoretischen Zusammenhängen.

Im vierten Kapitel wenden wir uns der Geologie zu, wo der direkte, sichtbare Beweis immer noch sehr viel zählt und wo es mehr um schlüssige Argumentation als um Mathematik geht. Der Hammer des Geologen ist zu einem Bohrschiff geworden, und mit diesem neuen Instrument und den alten Forschungsmethoden konnte ein erstaunliches Stück unserer Vergangenheit ans Licht geholt werden. Am Anfang stand eine plötzliche Eingebung, die schrittweise durch die Untersuchung des Gerölls und die Kenntnis der Bauweise von Dämmen zu einer dokumentierten Chronik über ein ganzes Meer wurde, das in spektakulärer Weise plötzlich eine Wüste geworden war und sich ebenso plötzlich wieder in ein Meer zurückverwandelt hatte.

Die letzten beiden Kapitel hängen zusammen (als Physiker und Astronom habe ich mir den Schluß reserviert). Zuerst haben wir untersucht, wie bestimmte praktische Erfahrungen, die noch über die Arbeit der Goldschläger, Köche und Diamantenschleifer hinausgehen, bereits auf das Atom verweisen. Größe und Anzahl der Atome wurden uns durch die Beobachtung chemischer Reaktionen klar. Auf den überraschenden Quantensprung stießen wir durch das Studium der Farbe eines leuchtenden Gases. Von dort führte der Weg auf den Gipfel, den wir heute erreicht haben, veranschaulicht durch das meisterhafte Bild des Atoms in der Falle. Wir haben gezeigt, wie die verschiedensten Erfahrungen und Erkenntnisse hier zusammenfließen und manchmal zu Ergebnissen führen, die eine Änderung unserer Perspektive erzwingen.

Wir haben gesehen, wie meisterhaft man die chemische Zusammensetzung des Kosmos aus der Farbe des Lichts entschlüsselt hat. Fünfzig Jahre lang wurde immer wieder aufs neue bestätigt, daß das sichtbare Universum hauptsächlich aus dem einfachsten Atom besteht, dem Wasserstoff. Doch in den letzten zehn Jahren sind lautstark Zweifel angemeldet worden. Zwar stimmt immer noch, daß alles, was wir sehen, Wasserstoff ist. Doch über das Wiegen haben wir herausgefunden, daß wir nur einen Teil der im All vorhandenen Materie sehen. Der Großteil der Materie ist dunkel. Wie das kommt und woraus diese Materie besteht, müssen wir noch erforschen. Die Ungewißheit gehört ebenso zu einer lebendigen Wissenschaft wie die Gewißheit.

Wir haben versucht, auch etwas von der Atmosphäre wiederzugeben, in der Wissenschaft vor sich geht. Die Wissenschaftler bilden eine Gemeinde, die überall verstreut ist und in der ganz unterschiedliche Motive, Begabungen und Persönlichkeiten aufeinandertreffen. Die Orte, die wir aufgesucht haben, die Labors, Museen und Werkstätten, sowie die Menschen, die wir dort trafen, sind uns noch lebhaft in Erinnerung. Wir konnten uns nicht in allen Bereichen der Wissenschaft umsehen. Die Biologie etwa haben wir bei den Sinneswahrnehmungen, bei den physiologischen Prozessen beim Sport und bei den Versteinerungen gestreift, doch wurde das der gegenwärtigen Blüte dieser Wissenschaft nicht gerecht. Diese Aufgabe wird ein anderer leisten müssen.

Auch haben wir die Wissenschaften ausgelassen, die sich mit dem Menschen und der menschlichen Gesellschaft befassen. Für mich hängen die Sozialwissenschaften mit den Naturwissenschaften zusammen. Das Licht fällt durch das Fernrohr in das Auge, und um zu begreifen, was dabei vor sich geht, genügen Kenntnisse in der Astronomie nicht; man muß wissen, wer hier sieht. Das ist sehr schwer herauszufinden, aber auch hier weiß man zunehmend mehr. Die Geschichte spielt in den Naturwissenschaften eine immer stärkere Rolle. Erst allmählich begreifen wir die Anforderungen, die sich daraus für Methode und Experiment ergeben; sie beschränken sich keineswegs auf die Entwicklung des nächsten besseren Gewehrs. Auch auf diesem Weg werden andere uns führen müssen.

Als man noch mit Goldmünzen bezahlte, wußte man aus Erfahrung, daß man sie an ihrem Klang von gleich schwerem Falschgeld unterscheiden konnte. Man warf sie einfach auf eine Tischplatte, eine genial einfache Methode. Damit hatte man zwar noch keine Garantie ihrer Echtheit, denn einige Falschmünzen hörten sich ähnlich an. Aber es war eine Annäherung an die Wahrheit, und mehr können wir nicht erwarten.

Wir haben uns einige wenige der Wege angesehen, auf denen wir nach der Wahrheit suchen. Ohne einen eigenen Weg, ohne eigene Erfahrungen kann man kein begründetes Urteil fällen. Zwar müssen wir uns in der Wissenschaft weniger vor Täuschung als vor Selbsttäuschung hüten, aber in und außerhalb der Wissenschaft ist der sicherste Weg, nach dem Klang der Wahrheit zu suchen. Wer ihn einmal gehört hat, ist nicht mehr derselbe.

Philip und Phylis Morrison
Cambridge, Massachusetts
3. März 1987

Hinweise für den Leser

Quellen und Anmerkungen

Kapitel 1: Sehen

Seite 6 Das grüne Studiobild ist eine Photographie, die mit einer Kamera gemacht wurde; die anderen Photos wurden nach Videobildern in den Fernsehstudios von Vizwiz in Brookline, Massachusetts, aufgenommen, wo die ganze Szene hergestellt wurde. Wiedergabe der Bilder des Baseballspiels mit Genehmigung der Major League Baseball Productions in New York.

Seite 8 Aus René Descartes, *Tractatus de Homine*, 2. Auflage 1677. Abdruck mit Erlaubnis der Houghton Library in Harvard. Die Houghton Library hat uns in großzügiger Weise Zutritt zu ihrem Schatz alter und seltener Bücher gewährt. Viele der Photographien aus diesen Büchern, die unser Buch illustrieren, wurden von Rick Stafford, Michael Nedzweski und Elizabeth Gombosi, alle Photographen am Fogg Art Museum, sorgfältig anhand der alten Vorlagen reproduziert.

Seite 9 Die Zeichnung des Kameraverschlusses und viele andere Zeichnungen dieses Buches hat Al Jarnow aus Northport, New York, mit großer Sorgfalt hergestellt; er war zugleich der Trickfilmzeichner des Films.

Seite 10 Die Torte photographierte Michel Chalufour.

Seite 11 Die Photos von Jeff McBride entstanden in der Nähe des Quincy Market in Boston.

Seite 12 Die Spiegelaufnahme entstand bei einer Ausstellung im Exploratorium. Photo: Esther Kutnik.

Seite 13 Zeichnung mit Bildern Kanizsas im Exploratorium.

Seite 14 Die Bilder mit den Dreiecken stammen aus Bela Julesz, *Foundations of Cyclopean Perception*, University of Chicago Press, 1971.

Seite 15 Photo des Würfels von Parthiv Shah, Zeichnung von Al Jarnow.

Seite 16 Die Anleitung zum perspektivischen Zeichnen ist Dürers Schrift *Underweysung der messung mit dem zirckel und richtscheyt* von 1525 entnommen.

Seite 17 Die Architekturzeichnungen von Vreedeman de Vries stammen aus seinem Buch *Perspective* von 1604. Mit Erlaubnis der Houghton Library, Harvard.

Seite 18 Der Ames-Raum wurde von William Walton für das Science Museum von Richmond in Virginia entworfen. Photo: Cyane Lowden.

Seite 20 und 21 Die Fresken mit den gelehrten Mönchen befinden sich im Kapitelsaal des Dominikanerklosters von Treviso. Photos: Foto Fini.

Bruder Giordano hieß der Priester aus der Nähe von Pisa, der von seiner Begegnung mit dem Erfinder der Brille berichtete. Der verstorbene Edward Rosen überliefert diese Rede in einem Aufsatz, der ein klassisches Beispiel wissenschaftlicher Detektivarbeit ist: »The Invention of Eyeglasses«, in *Journal of the History of Medicine and Allied Sciences*, Bd. 11, 1956, S. 27.

Seite 22 und 23 Bei der Karte von Venedig aus der Vogelflugperspektive handelt es sich um eine große Wandkarte von ungefähr anderthalb Meter Höhe und zwei Meter Breite. Abdruck mit freundlicher Genehmigung der Verwaltung des British Museum.

Seite 24 Der Glasschmelzofen stammt aus *De Re Metallica* von G. Agricola, 1556. Aus der Sammlung von Cyril Stanley Smith.

Die Glasperlen sind Eigentum der Autoren. Photo: Michel Chalufour.

Eine informative Zusammenfassung der Geschichte der Glasherstellung in China findet man in Joseph Needham et. al., *Science and Civilization in China*, Bd. 4, Teil 1: Physics, Cambridge, 1962.

Seite 26 und 27 Das alte Linsenschleifgerät stammt aus Carlo Antonio Manzini, *L'Occhiale All' Occhio*..., 1660. Mit Erlaubnis der Folger Shakespeare Library, Washington, D.C.

Die Photos, die das Linsenschleifen zeigen, machte William Leatherman in Dilworth's Werkstatt.

Michel Chalufour photographierte die Linsen in den verschiedenen Stadien der Fertigung.

Seite 29 Text durch eine Linse gesehen; Photo: Michel Chalufour.

Seite 30 Galileis Linsen werden auf der Piazza San Marco ausprobiert.

Seite 31 Der Kirchturm wurde in Concord, Massachusetts, von Michel Chalufour photographiert.

Seite 32 Den Blick auf Murano durch das Fernrohr hat Antonio Priuli beschrieben. Wir zitieren nach seinem Bericht in *Le Opere di Galileo Galilei,* Bd. 19, S. 587, herausgegeben von E. Favaro.

Das Fernrohr Galileis zeichnete Al Jarnow. Nicht lange nach Galilei erfand Johannes Kepler ein anderes Fernrohr, das nach ihm benannt wurde. Es hat zwei konvexe Linsen, die unterschiedlich gekrümmt sind; die stärkere Linse ist vor dem Auge angebracht. Solche Fernrohre haben zwar in der Regel das größere Blickfeld, für den Gebrauch auf der Erde aber haben sie den fatalen Nachteil, daß sie das Bild auf den Kopf stellen. Astronomen stört das freilich nicht. Das Fernrohr wird oft astronomisches (Keplersches) Fernrohr genannt. Fern- und Operngläser funktionieren nach Galileis Prinzip.

Seite 33 Bei der Untersuchung der Fernrohre Galileis war der Historiker Thomas Settle, Brooklyn College, eine unentbehrliche Hilfe. Photo mit freundlicher Genehmigung des Museo di Storia della Scienza, Florenz.

Der Brief über die Benutzung des Fernrohrs stammt aus Stillman Drake, *Galileo at Work,* S. 147 (siehe Literaturhinweise).

Seite 34 Galileis wunderbare Skizzen des Mondes befinden sich in der Biblioteca Nazionale Centrale, Florenz, die uns die Genehmigung der Wiedergabe erteilte.

Seite 35 Die Passagen über die neue Welt auf dem Mond stammen aus Galileis erstem Werk über das Fernrohr.

Das Portrait Galileis befindet sich in der Biblioteca Marucelliana, Florenz.

Seite 36 Das Mosaik des Schöpfers, der von der Seite das Ergebnis seiner Arbeit betrachtet, befindet sich in der Kathedrale von Monreale bei Palermo; es wurde um 1200 vollendet. Photo: Scala/Art Resource.

Seite 37 Das Astrolabium ist eine signierte Arbeit von Nastulus aus den Jahren 927/28 und das älteste der tausend bis zweitausend Astrolabien, die es gibt. Es gehört zu der Al-Sabah-Sammlung im Nationalmuseum von Kuwait.

Seite 38 Eines der Bilder des Mondes, die Galilei zeichnete; ein Ausschnitt aus einer Reihe von sechs Mondbildern.

1579 zeichnete Michael Maestlin die Plejaden, wie er sie sah; die Zeichnung wurde 1666 in der von L. Barettus herausgegebenen *Historia Coelestis ex libris ... Tichonis Brahe* abgedruckt.

Galileis Karte der Plejaden stammt aus dem *Siderius Nuncius* von 1610. Wiedergabe mit Genehmigung der Houghton Library, Harvard.

Seite 39 Sonnenflecken aus Galileis *Istoria e Dimostrazioni ... intorno alle Macchie Solari* von 1613. Wiedergabe mit Genehmigung der Houghton Library, Harvard.

Zeichnung des Saturn in einem Brief vom 30. Juli 1610. Aus der Biblioteca Nazionale Centrale, Florenz.

Skizzen der Bewegungen der Jupitermonde, aus einem Notizbuch Galileis. Galileis Einheit für die Berechnung der Entfernungen der Monde war der Radius des Jupiter (den er nicht maßstabsgerecht zeichnete). Siehe dazu Stillman Drake, *Telescopes, Tides and Tactics,* University of Chicago Press, 1983. Dem Bild liegt ein Faksimile zugrunde aus *Le Opere di Galileo Galilei,* Bd. 3, Teil 2, 1907, herausgegeben von E. Favaro.

Drei Phasen der Venus, nach einem Brief Galileis vom 25. Februar 1611. Aus der Biblioteca Nazionale Centrale, Florenz.

Seite 42 Das Gemälde Cigolis befindet sich in der Kirche Santa Maria Maggiore in Rom. Photo: Wolfgang Achtner.

Seite 43 *Die Unbefleckte Empfängnis* von Murillo; Escorial, Prado. Photo: Scala/Art Resource.

Seite 44 Die Zeichnungen des Saturn stammen vom Rivalen Galileis, dem Astronomen Christopher Schreiner, aus dessen *Disquisitiones Mathematicae* von 1614. Mit Genehmigung der Houghton Library, Harvard.

Die Planetenzeichnungen stammen aus Huygens Manuskripten von 1650 (MS. Hug. 5), die sich in der Bibliothek der Rijksuniversiteit Leiden befinden.

Seite 45 Die Zeichnungen der Mondkrater und der Plejaden stammen aus der *Micrographia* Robert Hookes von 1665. Schema XXXVIII. Mit Genehmigung der Houghton Library, Harvard.

Seite 47 Die Zeichnung des Erdsatelliten und das Zitat finden sich in Newtons *System of the World.* Mit Genehmigung der Houghton Library, Harvard.

Seite 49 Dennis di Cicco, der selbst das Teleskop mit 28 Zentimeter Durchmesser im Vordergrund gebaut hat, photographierte die Amateurteleskopbauer in Stellafane.

Seite 50 Das Photo zeigt die Herstellung des Spiegels für ein Weltraumteleskop. Mit freundlicher Genehmigung der Perkin-Elmer Corporation, Hartford.

Array von Radioteleskopen in der Ebene von San Augustin bei Magdalena, New Mexico, Nahansicht einiger Parabolantennen. Mit freundlicher Genehmigung des National Radio Astronomy Observatory, Associated Universities, Inc.

Seite 51 Das 200-Inch-Teleskop wurde von Russell W. Porter 1938 gezeichnet. Photo des Palomar Observatory.

Seite 52 John Cocke, Michael Disney und D. J. Taylor von der Universität von Arizona entdeckten das Blinken des Crabnebels durch Aufzeichnung elektronischer Impulse. Die abgebildeten klassischen Stroboskopaufnahmen des Crabnebels wurden 1969 mit dem 2,1-Meter-Teleskop in Kitt Peak von Hong-Yee Chiu, Roger Lynds und Steven P. Maran aufgenommen; sie benutzten dabei den »Pulsar Hunter«, ein Instrument, das NASA-Goddard entwickelte. Photos: National Optical Astronomy Observatories, Tucson, Arizona.

Seite 53 Ein Bild des Crabnebels, durch eine polarisierte Platte aufgenommen; die Aufnahme wurde von Walter Baade in den späten fünfziger Jahren mit dem 200-Inch-Teleskop des Observatoriums auf dem Palomar gemacht. Palomar Observatory Photograph.

Seite 54 Newtons Spektrum, aus den *Eléments de la philosophie de Newton,* die Voltaire und seine hochgebildete Freundin Mme. du Châtelet 1738 veröffentlichten. Mit Genehmigung der Houghton Library, Harvard.

Die glaubwürdige Geschichte von der Erfindung des magnetischen Kompasses durch chinesische Wahrsager erzählt Joseph Needham in Bd. 4, Teil 1 seines bereits zitierten Werkes auf S. 229-279.

Die Photographie, die die Reaktion des Thermometers im Infrarot zeigt, machte Wolf Rueckner in Harvard. Von demselben Experiment, das auf dem alten Druck gezeigt wird, berichtet der Astronom Wilhelm Herschel in »Investigation of the Powers of the Prismatic Colours to Heat and Illuminate Objects«, in *Philosophical Transactions of the Royal Society,* London, 1800. MIT-Archiv.

Seite 55 Wir benutzten einen Carbonlichtbogen und ein großes Quarzprisma, um in unserem Spektrum einen möglichst großen Bereich des Ultravioletts darstellen zu können. Vorgeführt von Wolf Rueckner, Department of Physics, Harvard University. Photo: Parthiv Shah.

Das Röntgenbild der Eisenteile in der Kiste machte G. S. Moler, Cornell University, im Januar 1896. Mit freundlicher Genehmigung der Burndy Library, Norwalk, Connecticut.

Die Radiokarte des Himmels im Ultrahochfrequenzbereich (256 MHz) wurde mit einem 96-Helix-Radioteleskop in der Ohio State University von John Kraus gemacht. Sie findet sich in seinem Buch *Radio Astronomy,* 2. Auflage, Cygnus-Quasar Books, Box 85, Powell, Ohio 43065.

Seite 56 Schmetterlinge im ultravioletten und im sichtbaren Licht. Die zweite Aufnahme entspricht dem Bild, das unsere Augen sehen. Die bläulich aussehenden Schmetterlinge sind mit einem Filter aufgenommen, das nur ultraviolettes Licht durchläßt; die Kamera zeichnet dabei nur die Positionen der ultravioletten Farbe auf, obwohl im Licht alle Farben vorhanden sind. Photos: Tom Eisner, Department of Biology an der Cornell University.

Seite 58 Eine verschimmelte Tomate, die uns ein Lebensmittelhändler freundlicherweise zur Verfügung gestellt hat. Photo: Michel Chalufour.

Bakterienkolonien (Kolibakterien) wachsen in einer Nährlösung. Photos: Jack Goldstein.

Die Idee, klares Agar-Gel zu verwenden, um die wachsende Fläche der Kolonien fest werden zu lassen, kam Frau Fanny Hesse aus New Jersey, die während der achtziger Jahre des 18. Jahrhunderts zu dem Kreis um den großen Pionier der Bakteriologie Robert Koch gehörte. 1987 wurde die Petri-Schale hundert Jahre alt, eine Gelegenheit, Richard J. Petris zu gedenken. Siehe Ronald Atlas, *Basic and Practical Microbiology*, 1986.

Seite 59, 60 und 61 Die hüpfenden Herren finden sich in Muybridges *Animal Locomotion*, Bildtafel 169, 1887. Van Pelt Library, Universität von Pennsylvania, Philadelphia.

Seite 60 Stroboskopaufnahme der Tänzerin Nora Kaye von Gjon Mili. Life-Magazin, Copyright Time Inc.

Seite 61 Akt, eine Treppe hinabschreitend 2, Marcel Duchamp. Philadelphia Museum of Art: The Louise and Walter Arensberg Collection.

Kapitel 2: Veränderung

Seite 62 A. Einstein auf dem Fahrrad, Pasadena, 1931. Mit freundlicher Genehmigung des Archivs des California Institute of Technology.

Seite 64 und 65 Radrennfahrer bei der Tour de France. Photo: Presse-Sports.

Seite 64 Stroboskopaufnahme von platzendem Popcorn, in Intervallen von zwanzig Millisekunden aufgenommen von Bruce Dale und Gregory A. Dale.

Waldbrand im Nationalpark von Ocala in Florida. U. S. D. A., Forest Service.

Seite 65 Vulkan: Johnston Cascades Volcano Observatory in Vancouver, Washington. U. S. Geological Survey. Photo: Lyn Topinka.

Sonnenblumen in Minnesota. Photo: Donald S. Dean, Berea, Ohio.

Verrostetes Blech auf einem Schrottplatz. Photo: PM.

Seite 66 Eine Wunderkerze und ihre Überreste. Photos: Michel Chalufour.

Seite 68 Streichhölzer auf einer Waage. Photos: Michel Chalufour.

Seite 69 Die Versuchsröhre mit Quecksilber und rotem Quecksilberoxyd wurde photographiert von Chip Clark, Washington, D. C.

Seite 70 Die Vorrichtung zum Auffangen von Gasen ist abgebildet in Priestleys Schrift *Experiments on Air*, Bd. II, 1775. MIT-Archiv.

Seite 71 und 72 Tom Topkins und sein Assistent Thomas Fulghum bauten die versiegelte Kiste. Photos im Exploratorium: Pathiv Shah und Ron Scherl. Für die Photos von Scherl Copyright bei Ron Scherl.

Seite 74 Waagenraum von Carol Westmoreland in der ERT/A Resource Engineering Co., Bedford, Massachusetts. Bei dieser hochempfindlichen Waage übernimmt eine feine Quarzfaser das eigentliche Wiegen. Die Quarzfiber würde normalerweise nachgeben, aber bei dieser Waage wird sie durch eine automatisch regulierte und meßbare elektrostatische Gegenkraft daran gehindert. Die Waage wird in den Vereinigten Staaten von der Brinkmann Instrument Company vertrieben, Hersteller ist die Sartorius GmbH in Göttingen. Photo: PM.

Seite 77 Die Erde wurde von der NASA aufgenommen.

Die versiegelten Glaskugeln stellt EcoSpheres Associates in Tucson her. Die Pflanzen darin sind grüne Algen. Bei den Tieren handelt es sich um winzige rote Garnelen aus dem Pazifik, die etwa fünf Jahre leben, sich aber auf so kleinem Raum nicht vermehren. Die Bakterienbrühe enthält viele unsichtbare Arten. Die älteste versiegelte Glaskugel (ohne Garnelen) existiert seit fünfzehn Jahren. Das Photo machte Parthiv Shah.

Seite 78 Ein Radrennfahrer bei der Tour de France von 1986, photographiert von Marian White.

Seite 79 Die Karte der Tour zeichnete Al Jarnow.

Seite 81 Küchenchef Jean Colletaz und sein Personal im Hotel Novotel bei Toulouse bereiteten die Mahlzeiten zu, die wir hier zeigen, und hießen uns in der Küche willkommen. Photo: PM.

Seite 83 Das Menü wurde von Dr. Jack Harvey zusammengestellt.

Seite 84 und 85 Die Krapfen, die wir nach Frankreich importierten, wurden von Mr. Donut in Woburn, Massachusetts, hergestellt. Wir verbrannten sie in einer Sommernacht im Garten unseres Gastgebers M. Alberto Pellegrino in Lias. Sie waren von Bob White von den MLG-Laboratorien in Hingham, Massachusetts, gefriergetrocknet worden. Photo: PM.

Seite 86 Die offizielle metrische Energieeinheit ist das Joule. Eine Kilokalorie entspricht 4,19 Kilojoule.

Seite 88 Das Photo im Windkanal machte Dölf Preisig, Ringier Dokumentationszentrum, Zürich.

Das Photo der Tour de France machte Alexander Hubrick. Copyright Alexander Hubrick/The Image Bank.

Seite 89 Das Schaubild der Geschwindigkeitsrekorde stammt aus C. R. Kyles Aufsatz im *Spektrum der Wissenschaft* vom Februar 1984 (siehe Literaturhinweise). Nach der Vorlage gezeichnet von Al Jarnow.

Bewegung kann in Wärme und damit direkt in die benötigten Kalorien umgewandelt werden. Vor langer Zeit wurde die Umwandlung von Bewegung in Wärme in einem einfachen Versuch gemessen: Man ließ ein schweres Gewicht an einer Schnur fallen; während des Fallens drehte es ein großes Schaufelrad in einem hitzeisolierten Wassertank. Der Temperaturanstieg zeigte an, wieviel Wärmekalorien erzeugt wurden, wenn ein standardisiertes Gewicht infolge der Schwerkraft eine bestimmte Strecke weit fiel. Die Bewegung war damit in Kalorien ausdrückbar: Man kannte nun das mechanische Äquivalent der Wärme.

Seite 91 Steve Balls Fahrzeug Dragonfly, 1983 von David Gordon Wilson photographiert, MIT.

Der Prototyp Daedalus unternahm 1986 in Hanscom Field, Bedford, Massachusetts, dreißig kürzere Testflüge. Die Pilotin auf dem Bild ist Lois McCallin. Photo: Peggie Scott.

Seite 93 Kochendes Wasser im Kessel. Photo: Michel Chalufour.

Seite 95 Die von Menschenkraft betriebene Flugmaschine hebt an einem Dezembermorgen ab. Photo: Peggie Scott.

Seite 96 und 97 Die Stroboskopbilder des hüpfenden Spielzeugkänguruhs wurden in Intervallen von einer Zehntelsekunde von Dr. Harold E. Edgerton, jr., vom MIT aufgenommen.

Seite 100 C. J. Goebel und Wayne Amos zeigten uns in Mounds das glühende Wunder. Das Photo entstand im Mounds Laboratory, Monsanto Research Corporation, Moundsville, Ohio.

Kapitel 3: Kartographie

Seite 102 Der Taschenglobus von Lane und sein Behälter. Photo: Michel Chalufour.

Seite 104 und 105 Die Erde. Die Aufnahme eines Wettersatelliten zeigt die Wetterlage in Europa vom 8. April 1979. Mit Genehmigung von European Space Agency, Paris. Copyright ESA/METEOSAT.

Seite 104 Der Osten der Vereinigten Staaten und Europa bei Nacht. Zwei Satelliten vom U. S. A. F. Defense Meteorological Satellite Project zeichnen in 800 Kilometer Höhe routinemäßig ihre Beobachtungen auf. Die mosaikähnlichen Bilder zeigen das Mondlicht und die Morgenröte, außerdem Licht und Feuer der Menschen und der Natur. Hergestellt von USAFDMSP- Diapositiven, archiviert für NOAA/NESDIS an der Universität von Colorado, CIRES/National Snow and Ice Data Center, Campus Box 449, Boulder, Colorado 80309.

Seite 105 Japan. Da die Lichter eines einzelnen Schiffes nicht zu sehen sind, erscheint das Meer gewöhnlich schwarz. Eines Nachts aber sah man im Meer bei Japan über tausend Schiffe, von denen die meisten Scheinwerfer von ein- bis zweihundert Kilowatt eingeschaltet hatten. »... man hatte den Eindruck, es sei taghell.« Siehe Thomas A. Croft, *Scientific American* vom Juli 1978, S. 94.

Seite 106 Karte aus dem um die Jahrhundertwende weitverbreiteten deutschen *Handatlas* von Adolf Stieler, um 1892. Aus der Bibliothek des MIT. Photo: Parthiv Shah.

Karte von Thomas Jefferson Randolph von 1808. Massachusetts Historical Society, Boston.

Seite 107 Gemälde von Jane Bradick, *View of West Front of Monticello and Garden.* Wiedergabe mit Genehmigung der Thomas Jefferson Memorial Foundation.

Unsere kartographische Unternehmung in Monticello photographierte Peter Hawkins vom Hubschrauber aus.

Seite 108 Der liebenswürdige Berater und Leiter der Truppe (und Besitzer des Meßtisches) war der erfahrene Kartograph Fred Wiseman vom MIT. Die Photos unserer kartographischen Tagesarbeit machte Jack Goldstein, Professor für Physik an der Universität von Brandeis. Als scharfblickender Photograph und sorgfältiger Leser unseres Buches hat er uns bei diesem Buch auf vielfältige Art und Weise geholfen.

Die Zeichnungen aus George Adams Werk *Geometrische und graphische Versuche* von 1791 zeigen ein einfacheres Instrument, das aber immer noch etwas komplizierter war als unseres. Mit Genehmigung der Houghton Library, Harvard.

Seite 109 Eine solche Karte kann jeder selbst herstellen, im Zimmer oder draußen.

Seite 110 und 111 Zeichnungen der vorbeiziehenden Landschaft von Al Jarnow.

Seite 111 Dieses Schaubild gehört zum Begleitmaterial für Studenten, die mit George Adams' *Geometrischen und graphischen Versuche* arbeiten. Mit Genehmigung der Houghton Library, Harvard.

Seite 112 Die Karte von Indien stammt aus *The Great Trigonometrical Survey of India,* Bd. 1, J. T. Walker, 1870. Die gemessene Höhe des Mount Everest wurde mittlerweile als weitgehend richtig bestätigt. Sogar die wechselnde Schneehöhe wird heute berücksichtigt; sie macht bis zu einem Meter Unterschied aus.

Seite 113 Luftbilder, welche die Landnutzung im Wellsville, Ohio, Quadrangle, im Detail zeigen. Luftbilder des U. S. Geological Survey.

Seite 114 Der Orion zieht über den Himmel. Die Photos wurden von Dennis di Cicco in Texas nachts mit einer Minolta X-700 und einem 16-mm-Fischauge (Blende 2.8) auf Fujichrome 400 D aufgenommen.

Seite 115 Zeichnung des Orion auf einer Handschrift, die Sir Aurel Stein in Tunhuang fand. Nach einem Photo des British Museum.

Seite 116 Straßenkarte von Rand McNally. Copyright License Nummer RL-87-S-62.

Sichtlinien zu einem Stern von einem fahrbaren Untersatz aus: Die Geometrie stammt von Euklid, die Zeichnungen von Al Jarnow.

Seite 118 Den robusten Lastwagen des Eratosthenes lieh uns Kurt Skallerup von Ryder Truck Rentals, Omaha.

Seite 118 Dennis di Cicco photographierte in der Nacht, in der wir mit dem Vermessen der Erde anfingen, mehrmals den Himmel in der Nähe unseres Standorts in Bassett. Er benutzte die in der Anmerkung zu Seite 114 beschriebene Kamera, diesmal allerdings mit einem 28-mm-Weitwinkel (Blende 2). Den Bogen zeichnete Al Jarnow.

Seite 119 Schnurgerade führt die Straße über die Hügel; Bild aus dem Film der Fernsehserie.

Seite 120 Photo des Lastwagens: PM. Zeichnung von Al Jarnow.

Seite 122 Diese Karte des Ptolemäus aus dem zweiten Jahrhundert n. Chr. stammt aus einem Buch von 1522, das L. Phrisius in Straßburg herausgegeben hat: *Opus Geographiae.* Mit Genehmigung der Houghton Library, Harvard.

Seite 124 Die Erde; eingezeichnet sind der Äquator und ein paralleler Breitenkreis. Zeichnung von Al Jarnow.

Die Erde ist keine ganz runde Kugel, sondern an beiden Polen um rund ein Prozent abgeflacht (Meeresböden und Gebirge tragen dazu nur ein Promille bei). Bei einer Reise ließe sich das als leichte Verschiebung der Richtung der Sterne nachweisen, solange man nach Norden fährt, aber die Verschiebung ist nur schwer auszumachen und zu berechnen. Eine abgeflachte, rotierende Erde wirkt sich in komplizierter Weise auf die Richtung eines vertikalen Lots aus, das nicht mehr direkt zum Mittelpunkt der Erdkugel zeigt. Hierfür muß man sowohl die Geometrie wie auch die Physik der Gravitation bemühen. Man kann jedoch trotz dieser Schwierigkeiten durch sorgfältige Messungen die ganze Erdgestalt darstellen, wenn man nur reisewillig ist.

Seite 125 Wir verlassen Kansas. Photo: PM.

Jim Moss baute die Uhr nach einer Anleitung des späten achtzehnten Jahrhunderts. Sie zeigte die Zeit genau an, aber ihre Hemmung war auf einem älteren technischen Stand als die Ellicotts.

Diese Instrumente brachten wir nach Ellicott's Hill. Photo: PM.

Das etwa fünfzig Jahre alte amerikanische Meridianfernrohr der Marke Keuffel & Esser ist eine Leihgabe von Fred Wiseman. Man beachte die Kreise und Nivelliervorrichtungen. Der Experte, der das Fernrohr benutzte, war Thomas Handley, Vermessungsingenieur in Natchez. Thomas Handley opferte viel Zeit dafür, die alten Vermessungen Andrew Ellicotts und seiner Nachfolger in diesem Teil des Landes nachzuprüfen. Photo: PM.

Seite 126 Noch mal ein Bild von Lanes Globus, vgl. die erste Seite dieses Kapitels.

Seite 127 Dieses Teleskop und das Instrument mit dem gleichschenkligen Dreieck brachte Ellicott nach Natchez mit. Die höchst genaue Pendeluhr, die der Uhr Ellicotts gleicht, hat Ellicotts Freund David Rittenhouse vor 1769 gebaut. Ellicotts Instrumente befinden sich im Museum of American History, Smithsonian Institution, Washington.

Bild der Uhr Rittenhouses mit Genehmigung der American Philosophical Society, Philadelphia.

Seite 129 Das Zifferblatt der Sternuhr zeichnete Al Jarnow. Die vierundzwanzig Stunden eines Sterntags sind vier Minuten kürzer als der gewöhnliche Tag. Das bedeutet, daß alle Stunden, Minuten und Sekunden der Sternzeit gegenüber der gewöhnlichen Zeit entsprechend verkürzt sind.

Seite 130 Unsere Annäherung an die geographische Position von Natchez, gezeichnet von Al Jarnow.

Die von uns benutzten Tabellen finden sich im *Astronomical Almanach* für das Jahr 1986, der jährlich gemeinsam vom U. S. Naval Observatory und dem Royal Observatory of Greenwich herausgegeben wird. Mr. Ellicott benutzte Tabellen aus Paris und aus Greenwich.

Seite 132 Karte des alten Natchez aus dem Buch des französischen Reisenden Victor Collot, *A Journey in North America...*, Paris 1826. Mit Genehmigung der Houghton Library, Harvard.

Seite 133 Dennis di Cicco machte die Photos des Jupiter und seiner Monde mit einem 11-Inch-Celestron-Teleskop 1986 in Sudbury, Massachusetts. Er benutzte eine spezielle Optik, die eine besonders große Brennweite ermöglichte, und nahm in fünfminütigen Intervallen auf. Hier sieht man nur eine Auswahl der Bilder. Seine Arbeiten sind zusammen mit vielen anderen in der Zeitschrift *Sky and Telescope* abgebildet.

Seite 134 Der berühmte Stich vom Besuch des Königs bei seinen Wissenschaftlern stammt von dem Künstler Sebastien Le Clerc, der selbst ein zeitgenössischer Wissenschaftler war. Das Bild wird auf der kommentierten Titelseite von Singers *A Short History of Scientific Ideas to 1900* beschrieben (siehe Literaturhinweise). Es erschien in dieser Form 1676 in Denis Dodarts *Mémoires pour Servir a l'Histoire des Plantes.* Mit Genehmigung der Houghton Library, Harvard.

Seite 135 Cassinis Tabellen, die *Ephémérides,* wurden 1668 in Bologna unter einer Photographie des Jupiter und seiner Monde veröffentlicht. Wir haben zwei Seiten der Tabellen nebeneinandergelegt und auf dem Bild die Bewegungskurve eines Satelliten eingezeichnet, um eine Vorstellung davon zu vermitteln, wie die Vorhersagen gemacht wurden. (Galilei hatte sich für seine Berechnungen sogar ein Messingmodell der Umlaufbahnen gemacht.) Mit Genehmigung der Houghton Library, Harvard.

Seite 136 Die beiden übereinandergelegten französischen Karten wurden 1693 in Paris von Philippe de la Hire und Jean Picard veröffentlicht. Sie erschienen in *Recueil d'Observations*. Mit Genehmigung der Houghton Library, Harvard.

Seite 138 und 139 Die Weltkarte, die Planisphere Terrestre, wurde von der Clements Library der Universität von Michigan reproduziert. Die zuverlässigen geographischen Ortsbestimmungen, die hier rot markiert sind, sind in dem schönen Büchlein von L. Brown verzeichnet, das in den Literaturhinweisen angegeben ist.

Seite 140 Photo eines Kontrollpunktes von San Francisco von Parthiv Shah.

Seite 142 Die Benchmark No. 10 am Hafen von San Francisco ist auf diesem topographischen Stadtplan zusammen mit ein bis zwei Dutzend weiterer Kontrollpunkte eingetragen, die unterschiedlich genau sind. Die Position der Marke auf der Weltkarte soll bis auf fünfzehn bis dreißig Meter genau eingetragen sein, im globalen Maßstab also bis auf ein Millionstel genau.
U. S. Geological Survey Map.

Die überall erhältlichen Karten des United States Geological Survey sind in ihrer Vielfalt und Nützlichkeit eine Hilfe für jeden Reisenden in Amerika. Wir können uns gar nicht mehr vorstellen, wie wir ohne sie zurechtkämen. Die Mitarbeiter der vier Zentralen des U. S. G. S. haben uns sehr geholfen, insbesonders die Mitarbeiter der kartographischen Abteilung von Menlo Park, California.

Unsere Schlagzeugerin auf dem Fußballfeld des MIT, die ein Schlagzeug des Universitätsorchesters von Harvard benutzte, war die Bostoner Schlagzeugerin und Komponistin Joyce Kauffman.

Seite 143 Die Zeichnungen sind von Al Jarnow. Unser Schiff war die Amphitrite, der Kapitän war H. Arnold Carr. Das benutzte Echolot war eine Leihgabe der Lowrance Electronics, Inc.

Seite 145 Wir benutzten für das GPS einen tragbaren Terminal der ISTAC, Inc., Pasadena, California. Er wird hier bedient von Peter MacDoran, der ihn entwickelt hat, und dem Ingenieur Al Buennagel. Photo: PM.

Seite 146 So funktioniert GPS. Zeichnung von Al Jarnow.

Seite 147 Der Computerausdruck des ISTAC-GPS-Programms entstand 1986 im Hinterhof des alten Gasthauses auf Ellicott's Hill, Natchez.

Seite 148 Das Ergebnis des GPS für relative Entfernungen, etwa für die Endpunkte einer Sichtlinie, ist bis auf ein Millionstel genau. Zeichnung von Al Jarnow. Eine kürzlich erfolgte, probeweise Vermessung mittels Satellit bedroht den Höhenrekord des Mount Everest: Zwar bleibt der Berg so hoch wie bisher, aber der bisher zweithöchste Gipfel K-2 erscheint dreihundert Meter höher. Andere neue Ergebnisse mit GPS verändern die Lage aller USGS-Kontrollpunkte in den Vereinigten Staaten, freilich nur um wenige Meter.

Seite 151 Computerbilder zu den Verfinsterungen von Io. Das erste Bild zeigt die Verfinsterungen im zwanzigsten Jahrhundert, das zweite verfolgt die Verfinsterungen bis in die Mitte des sechzehnten Jahrhunderts zurück. Die rote Linie soll die Gesamttendenz veranschaulichen. Von Jay H. Lieske, Jet Propulsion Laboratory.

Seite 152 und 153 Abgebildet sind farbverstärkte Bilder der vier Jupitermonde, die Galilei entdeckt hat. Man sieht die Monde so, wie sie zum erstenmal Anfang 1979 beim Vorbeiflug der Videokameras von Voyager 1 und 2 gesehen wurden. Ihre relativen Größen sind im richtigen Maßstab wiedergegeben. Unser eigener Mond liegt größenmäßig zwischen Io und Europa. Photos: Jet Propulsion Laboratory.

Seite 154 Ein Teil des Videobandes, das das musikalische Gebirge aufzeichnete, eine Arbeit des Computerwissenschaftlers Peter Roos, New York City.

Seite 155 Dieser Körper stellt eine Version der Farbentheorie von A. H. Munsell dar und basiert auf vielen Experimenten mit gefärbten Flächen. Munsell bestimmte die drei Dimensionen nach Farbton, Farbwert und Farbintensität. Das System Munsells stammt aus den Anfangsjahren dieses Jahrhunderts und wird heute noch viel verwendet. Bei Farbabstimmungen und Farbreproduktionen wird häufiger mit farbigem Licht als mit Farbstoffen gearbeitet. Die Zeichnung machte Howard T. Fisher, Laboratory for Computer Graphics and Spatial Analysis, Harvard University Graduate School of Design, 1971.

Kapitel 4: Fingerzeige

Seite 156 Die Geysire des Yellowstone-Nationalparks werden von einer Gruppe von Naturfreunden beobachtet, die über dreißig Geysire in diesem nördlichen Teil des Norris Basin benannt haben und über ihren Zustand Buch führen. Siehe T. Scott Bryan, *The Geysers of Yellowstone*, Colorado Associated University Press, 1986. Photo: PM.

Seite 157 Das Röhrensystem eines Geysirs verläuft fast immer durch quarzhaltiges Gestein. Das heiße Wasser löst die Kieselsäure und lagert sie wieder an der kühleren Oberfläche ab. Um die Mündung der Geysire bildet die angesetzte Kieselsäure oft Sinter-Terrassen, und deshalb ändert sich das Aussehen eines Geysirs ständig.

Seite 158 Die Farbbilder machte Richard Yuretich auf seinen Streifzügen durch die versteinerten Wälder.

Seite 159 Die beiden alten Photos stammen von J. P. Iddings, U.S. Geological Survey; das Bild mit den Baumstümpfen wurde veröffentlicht in U. S. G. S. Monograph 32, Teil 2, 1899, das Bild vom Specimen Ridge in U. S. G. S. Folio 30, Abb. 2, 1896.

Bleistiftzeichnung des Amethyst Mountain von W. H. Holmes, um 1879. National Archives.

Seite 160 Die große Aschewolke des Mount St. Helens. Photo: Gary Rosenquist, Earth Images, Bainbridge Island, Washington.

Seite 161 Abgeknickte Bäume nach dem Ausbruch des Mount St. Helens. Photo von Lyn Topinka. U. S. Geological Survey, David A. Johnston Cascades Volcano Observatory, Vancouver, Washington.

Seite 162 Die angeschnittene Torte photographierte Michel Chalufour.

Seite 163 Alte Zeichnung der Waldschichten von Amethyst Mountain von W. H. Holmes, veröffentlicht im *Bulletin* des U. S. Geological and Geographical Survey of the Territories, Bd. 5, Nr. 1, 1879.

Seite 164 Route von Leg 13 der Glomar Challenger, gezeichnet von Al Jarnow.

Seite 165 Photos vom Forschungsbohrschiff *Glomar Challenger,* Deep Sea Drilling Project, Scripps Institution of Oceanography, U. C. S. D., La Jolla, Kalifornien.

Seite 166 und 167 Die Illustrationen sind dem *Report on the Scientific Results of the Voyage of HMS Challenger* (18 73-6) entnommen. Das Bild auf der linken Seite ist Tafel XI des Bandes über die Tiefseeablagerungen. Das Bild auf der rechten Seite ist Tafel 81 des 18. Bandes (Strahlentierchen 1887). Mit Genehmigung der Houghton Library, Harvard.

Seite 168 Während einer Bohrung müssen die durch Wasser und Wind verursachten Bewegungen des Schiffes ausgeglichen werden. Die über drei Kilometer lange Bohrstange darf sich leicht durchbiegen, aber das Schiff muß seine Position in etwa halten, wenn die Bohrspitze sich unten in ein Bohrloch eingräbt. Dies wird auf dynamischem Wege erreicht: Das Schiff wird mit Hilfe spezieller Antriebsmechanismen (vier Wasserstrahldüsen) über dem Bohrloch in Position gehalten, wobei Computer die Steuerung übernehmen. Der Computer überwacht an den Enden des Schiffes die Verzögerung der akustischen Signale, die von einem speziellen Leitstrahlsender auf dem Meeresboden aufsteigen. Eine Verschiebung der Position um bis zu sechzig Meter ist gestattet; die Bohrstange darf sich um ein Grad durchbiegen.

Seite 169 Die drei Zeichnungen von Al Jarnow zeigen das Ende der Bohrstange.

Seite 170 Schnappschuß an Bord. Deep Sea Drilling Project, Scripps Institution of Oceanography.

Maria Cita, photographiert von Ken Hsü.

Seite 171 Seismisches Echoprofil der M-Layer, das Bill Ryan auf dem Forschungsschiff *Robert D. Conrad* 1965 machte. Diese Profile warfen das Rätsel auf, das die Geologen lösen wollten. Lamont-Doherty Geological Observatory, Columbia University.

Seite 172 und 173 Das Geröll aus der Tiefe des Mittelmeeres, von Michel Chalufour photographiert.

Seite 175 Photo des großen Hoover-Damms von E. E. Hertzog, Bureau of Reclamation, Boulder City, Nevada.

Seite 176 Photo des Mittelmeers von Meteosat, dem geostationären Satelliten der European Space Agency (Europäische Weltraumorganisation). Man erkennt eine vulkanische Aschewolke vom Ätna auf Sizilien. Meteosat-Bild der European Space Agency. Copyright ESA/METEOSAT.

Seite 177 LANDSAT-Bild des Lake Mead, Dezember 1982.

Seite 178 Zeichnungen des austrocknenden Mittelmeers und seiner Salzseen von Al Jarnow.

Seite 179 Mosaikbilder einer austrocknenden Pfütze von Al Jarnow.

Seite 180 Bill Ryan in der Bohrkern-Sammlung des Lamont-Doherty Geological Observatory. Photo: William Leatherman.

Seite 181 Die Bohrkerne 13, 9 und 8 von Bohrloch 124 des Leg 13 des Deep Sea Drilling Project. Sie stammen von der ersten Mittelmeerfahrt (siehe Karte). Lamont-Doherty Geological Observatory, Columbia University.

Seite 183 Das Meerwasser in der Schüssel verdunstet. Photos: Ed Joyce, The Frame Shop, Newton, Massachusetts.

Seite 184 Der Nil bei Assuan, von Al Jarnow nach einer Vorlage gezeichnet. Das Profil unter der Wasseroberfläche entwarf der Geologe I. S. Tschumakow von der Akademija Nauk SSR, Moskau. Englische Zusammenfassung und Zeichnung aus *Reports of Deep Sea Drilling Project,* Band 13, Teil 2, 1973. Scripps Institution, U. C. S. D.

Seite 186 Wir sprachen mit Maria Cita in ihrem Labor in Mailand.

Seite 187 Die unvermittelte Aufeinanderfolge zweier geologischer Epochen signalisiert das Ende des kurzen Intervalls, in dem das Mittelmeer eine Wüste war. Die Fluten des Atlantiks bedeckten die Wüste wieder. Die Meeresfauna des heutigen Mittelmeers ist die gleiche, wie sie im Atlantik seit fünf Millionen Jahren existiert. Daß damals zwei Erdzeitalter einander ablösten, weiß man seit dem frühen neunzehnten Jahrhundert, als Sir Charles Lyell diesen Übergang als die Nahtstelle zwischen dem erdgeschichtlich jüngeren Pliozän und dem älteren Miozän bestimmte.

Frederick Edwin Church, *Niagara,* Gemälde aus der Sammlung der Corcoran Gallery of Art. Im Besitz des Museums.

Seite 188 Die Temperatur wirkt sich auf die chemischen Reaktionen beim Wachstum aus; sie bestimmt die relative Häufigkeit der Verbindung zweier Isotope des Sauerstoffs in der Muschel.

Die Unterhaltung auf dem Felsen von Gibraltar wurde 1986 geführt.

Seite 189 So stellte sich Al Jarnow die Wasserfälle von Gibraltar vor.

Kapitel 5: Atome

Seite 190 Auf dem Charles River, 4. Juli 1987; Photos: Michel Chalufour.

Seite 192 Das Feuerwerk photographierte Parthiv Shah.

Seite 193 Das Spinthariskop photographierte Michel Chalufour.

Wenn das an die Dunkelheit adaptierte Auge die Blitze wahrnimmt, reagiert es wie ein hochempfindlicher Lichtdetektor; es war nicht einfach, diese Blitze mit einer Kamera aufzunehmen, um sie hier zu zeigen.

Für die Photos wurden die atomaren Blitze der Alpha-Teilchen auf dem Schirm des Spinthariskops im Abstand einer Zehntelsekunde von einem CCD-System aufgezeichnet. Die Photos wurden elektronisch nach einer CCD-Aufzeichnung hergestellt. Edward Dunham vom MIT bediente das hochmoderne und empfindliche System.

Seite 195 Der Goldschläger bei seiner Arbeit: Szenen aus dem Film der Fernsehserie.

Seite 196 Das durchscheinende Gold photographierte Michel Chalufour.

Seite 197 Das chemische Labor schmückt das Titelblatt der Schrift *Beschreibung Allerfürnemisten Mineralischen Ertzt unnd Bergwercksarten, wie dieselbigen ... auff alle Metalla probirt, und im kleinsten Fewr sollen versucht werden* von Lazarus Ercker, Prag 1574. Aus der Sammlung Cyril Smith Stanley.

Seite 198 Die Herstellung von Kupellen, aus Erckers Schrift, *Beschreibung Allerfürnemisten ...*, Prag, 1574.

Das Schmelzverfahren.

Eine verunreinigte Kupelle und das gereinigte Gold. Photo: Parthiv Shah.

Seite 199 Den Strand photographierte Parthiv Shah in Crane's Beach, Ipswich, Massachusetts.

Den Sand unter der Lupe photographierte Michel Chalufour.

Seite 200 Den Magneten photographierte Michel Chalufour.

Seite 201 Die verkohlte Mahlzeit photographierte Parthiv Shah.

Das Silizium dieser aus einem Kristall bestehenden Mikroplättchen ist zu 99,99999999 Prozent rein, das heißt, es ist von allen anderen Atomen gereinigt. Das Photo stellte uns freundlicherweise 1987 die Digital Equipment Corporation zur Verfügung.

Seite 202 Das Instrument zur Wasserelektrolyse stellte uns Tracy Jones, Department of Chemistry, MIT, zur Verfügung. Photo: Parthiv Shah.

Das Experiment zur Wassersynthese führte Wolf Rueckner von Harvard durch. Photo: Parthiv Shah.

Seite 203 Die Geoden stammen aus einem Flußbett in Mexiko. Photo: Michel Chalufour.

Seite 204 Alaunkristalle wachsen in einer wäßrigen Lösung heran. Die größeren Kristalle filmte PM, die kleineren Boyd Estus.

Seite 205 Verschiedene Kristallformen. Die aneinandergereihten Kugeln stammen aus System VII der *Micrographia* von Robert Hooke, London 1665. Mit Genehmigung der Houghton Library, Harvard. (Die winzigen Kristalle auf dem oberen Bild fand Hooke im Hohlraum eines Feuersteins. Die darunter abgebildeten Teile, die an Schiefer erinnern, wurden im Urin gefunden und von Hooke in hundertfacher Vergrößerung dargestellt.).

Die bausteinartig aneinandergesetzten Kristalle, hier zum erstenmal gezeichnet, stammen aus dem *Traité de Minéralogie,* Band 5, von René-Just Haüy. Paris 1801. Archiv des MIT.

Seite 206 Tafelsalz kristalliert auf unterschiedliche Weise; der Leser mag selbst herausfinden, welches Salz immer zu Würfeln kristallisiert. Photo: Michel Chalufour.

Pyrit aus dem Mineralogical Museum, Harvard. Photo: Parthiv Shah.

Kristall eines natürlichen Diamanten: Mineralogical Museum, Harvard. Photo: Parthiv Shah.

Seite 207 Ein geschliffener und polierter Diamant, Bild aus dem Film.

Wir verbrannten den Diamanten im Vakuumofen des Labors von Robert L. Coble, Materials Science, MIT. Photos: William Leatherman.

Diamantenkohle. Photo: Parthiv Shah.

Seite 208 und 209 Kin Jing Mark, der Meisterkoch, ist Lehrer am China-Institut, New York. Die Bilder, auf denen er die Nudeln macht, sind Filmaufnahmen.

Seite 210 Den Ölfleck photographierte Parthiv Shah.

Seite 211 Brownsche Bewegung: die Position eines halben Mikron eines Harzpartikels in Wasser wurde jede halbe Minute aufgezeichnet. Nach F. Perrin, *Les Atomes,* Paris 1913 (oft nachgedruckt). Nach der Vorlage gezeichnet von Al Jarnow.

Seite 212 Diese spektakulären Bilder von atomaren Anordnungen wurden von einem Elektronenmikroskop mit hoher Auflösung gemacht (Modell JEM-4000 EX); das Mikroskop vergrößert dreiviertelmillionfach, die restliche Vergrößerung stellte das Videosystem des Films her. Videobänder von Dr. David J. Smith, Center for Solid State Science, Arizona State University, Tempe, Arizona.

Seite 213 Das Drahtgitter und seinen Schatten photographierte Michel Chalufour.

Seite 214 Goldbecher, 15 cm hoch. Aus den Königsgräbern von Ur, um 2600 v. Chr. Mit Genehmigung des University Museum, Philadelphia.

Die Figur des Jaguars aus gehämmertem und verlötetem Gold stammt aus der Mochica-Kultur in Peru, 400 v. Chr. bis 100 n. Chr., und ist 12 cm lang. Alsdorf Foundation and Primitive Art Purchase Fund, 1970.420. Photo Copyright 1987 The Art Institute of Chicago. Alle Rechte vorbehalten.

Fibel (Sicherheitsnadel), 8 cm. Etruskische granulierte Arbeit, um 650 v. Chr. Museum of Art, Rhode Island School of Design, Eigentum des Museums.

Die granulierte Goldperle ist eine Arbeit von Noma Copley und Jean Stark, New York. Photo: Michel Chalufour.

Seite 215 Die goldene Figur stammt aus der Gegend um Cali, Kolumbien, in der von 300 v. Chr. bis 1000 n. Chr. Gold bearbeitet wurde. Museo del Oro, Bogotá, Kolumbien. Photo: Jorge Mario Múnera.

Ewiger Kalender mit Sonnenverfinsterungen aus Blattgold, um 1461. Crawford Library, Royal Observatory, Edinburgh, Schottland.

Seite 216 und 217 Die Flammen photographierte Wolf Rueckner, Department of Physics, Harvard.

Seite 216 Glühender Draht in der Flamme. Photo: Parthiv Shah.

Seite 217 Rubidiumflamme und Gashahn. Photo: Parthiv Shah.

Seite 218 Photo des Leuchtsignals mit Beugungsgitter von Boyd Estus. Ein Beugungsgitter besteht aus einer Anzahl feiner, paralleler Spalten, die in eine durchsichtige oder reflektierende Fläche eingeritzt sind. Der Raum zwischen den Spalten ist vergleichbar mit dem Abstand zwischen den »Kämmen« einer Lichtwelle. Das Beugungsgitter, das wir benutzten, war eine durchsichtige Plastikplatte mit 13 000 Linien pro 2,5 cm; bei der Herstellung wird dem weicheren Plastik eine Metallplatte mit eingeritzten Linien aufgeprägt.

Seite 219 Ein Blitz und sein Spektrum. Photo: William Bickel, Department of Physics, University of Arizona, Tucson.

Die Spektren photographierte Wolf Rueckner, Harvard.

Seite 220 Lichter eines Parkplatzes bei Nacht. Photo: Boyd Estus.

Spektrum mit fluoreszierendem Schirm. Photo: PM.

Seite 221 Die Blumen photographierte Thomas Eisner, Department of Biology, Cornell University.

Seite 223 Die Energieniveaus und das Spektrum des Atommodells zeichnete Al Jarnow.

Seite 226 Quecksilberdampflampe für unsere Spektralanalyse; die Analyse nennt man gewöhnlich nach den ersten Physikern, die sie in den Jahren vor und nach dem Ersten Weltkrieg durchführten, den Franck-Hertz-Versuch. Photo: Parthiv Shah.

Unser Franck-Hertz-Versuch: Die Lampe in einem Gehäuse, ein justierbares Interferenzfilter und der Photomultiplier. Photo: Parthiv Shah.

Aus verschiedenen Gründen machten wir uns in unserem Experiment die schnelle Ansprechzeit des elektronischen Detektors zunutze. Durch den regulierbaren Hochfrequenzstrom in einer Spule um die Lampe wurde die Energie zugeführt, die die Elektronen im Inneren der Lampe dazu anregte, mit den Quecksilberatomen zu kollidieren. Die Elektronen wurden heiß und lösten sich vom Glühfaden. Das Experiment funktionierte am besten, wenn der Glühfaden während der einen Hälfte der Schwingungsphase des Wechselstroms, in der der Glühfaden erhitzt wurde, keine Elektronen anregte.

Der Apparat wurde von Scott Saleska, MIT, unter Anleitung meines Freundes und Kollegen vom MIT John King entwikkelt und gebaut. Wir alle bekamen zunehmend Respekt vor der Leistung der Pioniere der Quantentheorie vor fünfzig oder sechzig Jahren!

Seite 227 Die Aufzeichnung unseres Experiments zur Quantenleiter; von Al Jarnow zeichnerisch ergänzt.

Die Energieniveaus des Quecksilbers, gezeichnet von Al Jarnow.

Seite 228 Der Brief des Chemikers erschien in *Niels Bohr: A Centenary Volume,* Kapitel 5.

Drei Energieniveaus der Quantenleiter des Bariumatoms werden bei unserem Versuch berührt. Die beiden Laser sind gleichzeitig eingeschaltet. Das Bariumion springt auf das höchste Niveau, wenn es das Licht des blaugrünen Lasers aufnimmt. Dann springt es nicht vom obersten auf das mittlere Niveau zurück, sondern ganz nach unten. Denn sobald es das mittlere Niveau einnimmt, regt der rote Laser es so an, daß es wieder nach oben springt. Das Ion springt also gezwungenermaßen immer wieder zwischen dem obersten und untersten Niveau hin und her, und bei jedem Sprung nimmt es das blaugrüne Licht auf oder sendet es aus. In *Science* vom 3. Oktober 1986 berichtet Arthur L. Robinson auf S. 24 über dieses Verhalten.

Seite 229 Das Labor von Hans Dehmelt, University of Washington.

Seite 230 Dieses einzigartige Farbphoto eines einzelnen Atoms, das erste überhaupt, gelang Warren Nagourney von der Forschungsabteilung der University of Washington.

Nagourney beschreibt seine Vorgehensweise: »Photographie eines einzelnen, kalten Bariumions, das in einer Radiofrequenzfalle in einem Raum festgehalten wird, dessen lineare Ausdehnungen kleiner als 1 Mikrometer sind. Das Ion wird von zwei Lasern (rot und grün) beleuchtet, die für Kühlung sorgen und ermöglichen, das Ion mit dem Auge, dem Film oder dem Photovervielfacher zu beobachten. Das Bild wurde mit einer Nikon F2 und einem auf Blende 5.6 abgeblendeten Micro-Nikkor-Objektiv (2.8/55mm) aufgenommen, die Vergrößerung betrug etwa das Fünffache. Der Film, ein Kodacolor VR-400, wurde zwei Minuten lang belichtet. Ersetzt man das Kameragehäuse durch das Okular eines Mikroskops von zwanzigfacher Vergrößerung, wird das Ion für das Auge sichtbar; es erscheint als ein sternförmiger Punkt aus bläulichem Licht.«

Kapitel 6: Gewißheit und Zweifel

Seite 234 Photoplatte mit den Spektren der Plejaden, Warner & Swasey Observatory, Case Western Reserve University. Photographiert von dem Astronomen Richard E. Hill, 1986.

Seite 236 Der erste gedruckte Sternatlas des ganzen Himmels ist die *Uranometria* Johann Bayers, Augsburg 1603. Bayers Illustrator war Alexander Mair aus Ulm. Photo: Michel Chalufour.

Die Plejaden auf einem Bild des Palomar Observatory Sky Survey. Dieser große Himmelsatlas enthält einige tausend, in den fünfziger Jahren aufgenommene Bilder der meisten Himmelsregionen, jeweils in zweifacher Ausfertigung: rotempfindlich und blau-empfindlich. Der Atlas zeigt Millionen von Sternen und Galaxien, meist nur als kleine Punkte. Abgebildet ist ein rot-empfindliches Bild; auf dem blauempfindlichen Bild erscheint der Sternhaufen sehr neblig und staubig. Der dünne Strich unten ist kein Kratzer, sondern ein Meteor, der zufällig während der langen Belichtungszeit vorbeizog. Copyright 1960, National Geographic Society-Palomar Sky Survey. Wiedergabe mit Erlaubnis des California Institute of Technology.

Seite 237 Eine Ansicht der Plejaden, photographiert von Dennis di Cicco.

Seite 238 Ein vergrößertes Sternenspektrum, zuerst in Farbe, dann in Schwarzweiß. Hätte man es mit dem emfindlichen Schwarzweißfilm aufgenommen, der in der Astronomie gewöhnlich benutzt wird, wären mehr Spektrallinien zu sehen. Richard E. Hill, Warner & Swasey Observatory, Case Western Reserve University.

Richard Hill mit dem Prisma für das Teleskop (Szene aus dem Film).

Objektivprisma, Zeichnung von Al Jarnow.

Seite 239 Nancy Houk bei der Arbeit (Filmszene).

Beim Vergleich der Spektren (Filmszene).

Seite 240 Ausschnitt aus einer von Annie Cannons Platten, ungefähr in originaler Größe. Aus der Plattensammlung des Observatoriums von Harvard. Photo: Harvard College Observatory.

Seite 241 Annie Cannon bei der Arbeit. Photo: Harvard College Observatory.

Seite 242 Der Mitarbeiterstab 1925. Photo: Harvard College Observatory.

Seite 243 Gebäude des Observatoriums in Harvard. Photo: Harvard College Observatory.

Seite 244 Die markierte Spektralplatte, mit der Cecilia Payne arbeitete, ist die Platte C15698 aus der Plattensammlung des Harvard College Observatory; man sieht das Spektrum des Sternes 18 Comae Berenices. Photo: Parthiv Shah.

Cecilia Payne wurde hier von ihrer Tochter Katharine Haramundanis aufgenommen.

Seite 245 Die Spektren zeichnete Al Jarnow nach den photographischen Spektren in Nancy Houks und Michael Newberrys Spektren-Atlas *A Second Atlas of Objective-Prism Spectra,* Ann Arbor, 1984.

Seite 247 Al Jarnow zeichnete die Energieniveaus des Kalziums und des Wasserstoffs.

Seite 249 Die Verteilung der Atome nach ihrer Häufigkeit, zusammengestellt von den Autoren. Zeichnung von Al Jarnow.

Seite 250 Das Wasserstoffgas des Nebels wird durch das strahlende Licht des leuchtenden Haufens wasserstoffreicher Sterne in der Großen Magellanschen Wolke erleuchtet. Photo: National Optical Astronomy Observatories.

Die Oberfläche der Sonne, durch ein Filter gesehen, das nur das Licht der roten Wasserstofflinie durchläßt. Photo: National Optical Astronomy Observatories.

Der Saturn, hier auf einem Photo der Voyager-Sonde, besteht hauptsächlich aus Wasserstoff. Jet Propulsion Laboratory.

Die Galaxie NGC 4051, vom Astronomen James Wray in ihren natürlichen Farben photographiert.

Seite 252 Photo des Mikrowellenhornstrahlers, um 1951. Mit Genehmigung von Harold Ewen.

Seite 253 Die Elektronik, mit der Harold Ewen arbeitete. Mit Genehmigung von Harold Ewen.

Seite 254 George Carruthers 1986 (Filmszene).

Seite 256 Das Eis wird gewogen. Photo: Michel Chalufour.

Seite 259 Die Zeichnung einer Kanonenkugel, die um die Welt geschossen wird, stammt aus einem Manuskript Newtons. Mit Genehmigung des Senats der Universitätsbibliothek Cambridge, England.

Seite 260 Eine Supernova erschien im Frühjahr 1979 im unteren Spiralarm der Galaxie M100. Das zweite Bild wurde nach Verblassen der Supernova aufgenommen. Eine Supernova ist fast eine Milliarde Male heller als die Sonne; sie ist selbst auf eine Entfernung von zehn Millionen Lichtjahren noch als einzelner Stern zu erkennen und verrät, daß es sich bei dem bläulichen Spiralflecken um eine Galaxie handelt.

Die Farbphotos machte ein Amateur, Ben Mayer aus Los Angeles, mit einem 14-Inch-Fernrohr im Problicom Observatory nordwestlich von Los Angeles; Mayer verwendete einen gekühlten Film.

Seite 261 Alle vier dieser verschieden geneigten kreisförmigen Galaxien wurden im Lick Observatory aufgenommen. Die Galaxie Andromeda, unser nächster Nachbar unter den Galaxien, ist ungefähr 2,5 Millionen Lichtjahre entfernt. In klaren, dunklen Nächten ist sie mit bloßem Auge zu erkennen.

Seite 262 Zu den Namen der Galaxien: Galaxie Andromeda = M31 = NGC 224; M101 = NGC 4457; M99 = NGC 4254; NGC 1087 hat nur diesen einen Namen. Es gibt noch viele andere Listen von verschiedener Länge und Zielsetzung, aber die meisten Galaxien haben keinen Namen, sondern werden nur über ihre Position identifiziert.

Seite 263 Diese vier Bilder, die alle der Größe der Galaxien, so wie wir sie sehen, entsprechen, stammen von Platten des prächtigen Himmelsatlas des Palomar Observatory Sky Survey, der Quelle unserer modernen Aufnahmen der Plejaden. Die uns nächste der vier Galaxien ist M101, die ungefähr zehnmal so weit entfernt ist wie die Galaxie Andromeda. Copyright 1960, National Geographic Society-Palomar Sky Survey. Nachdruck mit Genehmigung des California Institute of Technology.

Seite 264 Newtons Schaubilder für das Wiegen der Sonne mittels der Planetenbewegungen zeichnete Al Jarnow.

Seite 266 und 267 Die Geräuschquelle war ein Audiooszillator, der von der Bostoner Helitron Company in eine Kaffeebüchse eingebaut worden war. Der Athlet war James Russell; ihn photographierte Parthiv Shah. Die Zeichnung von der Bewegung und der Tonverschiebung stammt von Al Jarnow.

Seite 268 Am Schaltpult des Mayall-Teleskops in Kitt Peak 1986.

Seite 269 Blick auf Kitt Peak. Photo der National Optical Astronomy Observatories.

Seite 270 Videobild der Galaxie NGC 7541; mit einer CCD-Kamera und dem 36-Inch-Teleskop von Kitt Peak aufgenommen von Judy Young.

Seite 271 Die Galaxie NGC 7541 einmal als fleckenförmige, helle Ellipse am Himmel und dann als Spektrum. Das Spektrum nahmen Vera Rubin und W. Kent Ford mit einem Bildverstärker am Spektrographen des 4-Meter-Fernrohrs in Kitt Peak auf.

Seite 274 Die drei Schaubilder zum Wiegen der Galaxie NGC 7541 stellte Vera Rubin bereit.

Wir danken unserem Regisseur Michael Ambrosino von der PBA und dem Verleger Hugh O'Neill und dem Art-director Robert Aulicino von Random House. Ohne sie wäre dieses Buch nicht möglich gewesen!

Das Buch zum Film

Als Schüler durften wir manchmal ins Kino in die Stadt. Das war für uns Kinder etwas ganz Besonderes, etwas anderes als der übliche Samstagnachmittag im alten Manor Theatre. In einem neuen Stummfilm waren für zwei Stunden Ramon Novarro oder Rudolph Valentino zu sehen, noch ohne Sprache, dafür begleitet von einer Kinoorgel, inmitten römischer Pracht oder als heldenhafte Kämpfer im Schlachtengetümmel. Beim Verlassen des Kinos kam man an Männern vorbei, die lautstark gebundene Heftchen anpriesen: »Das Buch zum Film.«

Auch dieses Buch ist ein »Buch zum Film«. Bei dem Film handelt es sich um die sechsteilige Fernsehserie »The Ring of Truth«. Das Bücherschreiben ist meist ein einsames Geschäft. Der Autor sitzt am Schreibtisch, umringt von einem Stapel Bücher und Notizen. In einer vertrauten Atmosphäre denkt er über Früheres nach, manchmal führt er ein Gespräch mit dem einen oder anderen Mitstreiter. Auch ein Film wird auf diese Weise entworfen, auf dem Papier, doch verwirklicht wird er dann auf ganz andere Art: schnell, in Teamarbeit, an Drehorten, die einem nicht vertraut sind.

Eines Sommerabends kamen wir mit dem Sonnenuntergang in der Lagune von Venedig an. Ein Motorboot trug uns durch den Kanal; wir saßen inmitten von Koffern, in denen unsere empfindliche Filmausrüstung verstaut war. Im Wasser des Canal Grande spiegelte sich der dunkler werdende Himmel, die reich verzierten Fassaden der Häuser leuchteten eine nach der anderen in der Abendsonne auf. Die Schätze, die wir mitbrachten, vorzüglich gearbeitete Linsen aus dem Orient und empfindliche Instrumente aus Paris, wirkten in dieser Umgebung keineswegs fehl am Platz. Immer schon hatten Reisende seltsame Waren in diese stolze und an Geheimnissen reiche Stadt mitgebracht. Später standen wir am Okular eines Fernrohrs, das Galilei selbst gebaut hatte. Berühren durfte man es nicht, dazu war es zu zerbrechlich. Wenn noch eines von Kolumbus' Schiffen existierte, würde ja auch niemand damit zur See fahren. Zurück in Amerika, bestiegen wir einen Hubschrauber und überflogen eine in der dünnen Luft des Lamar Valley friedlich grasende Bisonherde. Wir schwebten dicht über den steilen Felsen von Specimen Ridge und hatten einen hervorragenden Ausblick: Die linke Seitenwand der Hubschrauberkabine war entfernt worden, um der Kamera eine bessere Position und den Passagieren eine intensive Bekanntschaft mit der luftigen Höhe zu ermöglichen.

Genausowenig kann ich jenen Sommertag vergessen, als wir die Tour de France eingeholt hatten und die Menschenmenge sahen, die aufgeregt am Straßenrand darauf wartete, die ersten Fahrer durch die engen Gassen des kleinen Pyrenäendorfes flitzen zu sehen. Unvergessen sind auch der kalte Morgen auf der Straße in Nebraska, die weißen Schiffe auf dem blauen Meer, die ich von den Felsen von Gibraltar aus sah, und die feinen Eintragungen, die Dr. Cannon eigenhändig auf der alten Glasplatte mit den kleinen grauen Sternenspektren vermerkt hatte.

Solche Freuden erlebt man auf jeder Reise, die ein bestimmtes Ziel hat. Reisen und harte häusliche Arbeit bestimmen das zweite Stadium des Filmemachens, das eigentliche Filmen. Für unseren Film brauchten wir rund anderthalb Jahre, je ein halbes Jahr für die Vorbereitung, das Drehen und die abschließenden Arbeiten. Das erste Stadium erinnerte an das gemeinschaftliche Verfassen eines Manuskripts. Nach gründlicher Recherche in Bibliotheken und nach vielen direkten oder telefonischen Gespräche mit Fachleuten wurde ein

Drehbuch in mehreren Fassungen erstellt und diskutiert. Drei erfahrene Produzenten, jeweils begleitet von einem Koproduzenten und einem Assistenten, trugen die Verantwortung für je zwei der sechs Filme. Unsere Luftschlösser wurden durch die Erkundungsfahrten, welche die Produzenten zu den vorgeschlagenen Drehorten unternahmen, auf eine solide Grundlage gestellt (die Fahrten erforderten eine subtile Mischung aus Diplomatie und geschickter Logistik). Unsere Gruppe bestand während der ersten Phase aus etwa zwölf Leuten, den drei Aufnahmeteams und weiteren für Drehbuch, Organisation und Budget zuständigen Mitarbeitern.

Dann begann das Drehen der Filme. Der Arbeitstag – oder die Nacht – spielte sich innerhalb von zwei Metern ab: Am einen Ende dieser Strecke befindet sich die Kameralinse; am anderen stehen ein, zwei Leute, die vor der Kamera reden. An beiden Enden stehen Profis. Wir reisten immer als Gruppe von acht bis zehn oder mehr Personen, und meistens begleiteten uns ein Freund und ein oder zwei ortskundige Führer.

Für die Regie ist das Aufnahmeteam zuständig. Der Produktionsleiter und Regisseur ist für alles verantwortlich, und während des Filmens gibt er Anweisungen zu Mimik, Gestik, Wortwahl und Hintergrund: Der ernsten Sache wird mit den Mitteln der Schauspielkunst gedient. Der Koproduzent achtet auf den jeweiligen Zusammenhang der Szenen. Eine Szene wird meist aus anderer Perspektive und mit unterschiedlichem Ausdruck wiederholt, und man muß sicherstellen, daß die Teile der Szenen beim Zusammenschneiden trotzdem noch zueinander passen. Sagt ein Sprecher etwas und hat dabei die Hände auf dem Tisch, dann sollten die Hände auch bei jeder Wiederholung auf dem Tisch liegen. Die dritte Person des Aufnahmeteams, der Assistent, hat einen anderen Aufgabenbereich. Er kümmert sich um das Aussehen der Darsteller und sorgt vor allem dafür, daß die nötigen Requisiten vorhanden sind und die Parkerlaubnis bereitliegt und auf Verlangen einem Polizisten gezeigt werden kann. Die gemeinsamen Mahlzeiten mit der Gruppe waren ein besonderes Vergnügen, bei dem wir unsere Erfahrungen austauschen konnten.

Die Aufnahmeteams blieben während der ganzen drei Phasen zusammen. Das eigentliche Drehen ist die Arbeit der Kameraleute. Sie wechselten mit jedem Drehort, denn als Profis arbeiten sie tageweise nach Vertrag. Chef des dreiköpfigen Kamerateams ist der Kameramann. Mit scharfem Blick sucht er nach der richtigen Einstellung. Er trägt die Verantwortung dafür, daß Licht, Schatten, bestimmte Details und das räumliche Blickfeld nach Anweisung des Regisseurs auf den Film kommen. Der Kameraassistent bedient die empfindliche Kamera und besorgt ihre technische Wartung. Seine breitgestreuten Pflichten reichen von der Säuberung der Linse bis zur Beschaffung künstlichen Lichts, wenn nicht bei Tageslicht gedreht wird. Zuweilen hilft er sogar dem Sonnenlicht etwas nach, indem er einen

weißen Schirm aufstellt, der das Licht streut und so die dunkleren Schatten aufhellt. Das dritte Mitglied des Kamerateams ist für den Ton verantwortlich. Mit dem Mikrophon zeichnet er Gespräche und anderes auf. Nur er kann den Mitschnitt über Kopfhörer mithören, und bevor eine Einstellung endgültig akzeptiert wird, wird er gefragt, ob der Ton in Ordnung ist. Oder hat der bellende Hund oder das Flugzeug gestört?

Der einstündige Fernsehfilm ist ein Mosaik, sorgfältig aus dem zusammengesetzt, was die Kamera auf offenem Feld, am Meer, im Studio, im Haus oder im Labor aufgezeichnet hat. Bei uns sah das so aus, daß für eine Stunde des fertigen Films vierzehn bis sechzehn Stunden Farbfilm zusammengeschnitten werden mußten, also ein 16-Millimeter-Film von fast zehn Kilometer Länge mit vierundzwanzig Bildern in der Sekunde und über hundertzwanzig Bildern pro Meter. Dem Film wird dann, passend zur Einstellung, der Ton unterlegt. Dazu läßt man Ton und Film in der entsprechenden Geschwindigkeit durch eine Schneidemaschine laufen. Den Film verfolgt man dabei auf einem kleinen Projektionsschirm, der Ton kommt aus einem kleinen Lautsprecher. (Was mit den vielen Kopien passiert, von denen einige archiviert, andere für die unmittelbar nachfolgende Arbeit aufbereitet werden, ersparen wir uns hier.)

Der Film setzt sich aus Einstellungen zusammen, die jeweils aus einem zusammenhängenden Filmstreifen bestehen; der Beginn einer Einstellung wird optisch und akustisch durch eine Klappe signalisiert, das Ende bestimmt der Kameramann. Die Einstellungen sind unterschiedlich lang, doch in der Regel schafft man zwanzig bis vierzig pro Stunde. Nach Anweisung des Produzenten schneidet der Cutter aus dem gesamten Filmmaterial eine Auswahl von Einstellungen zusammen, die nach Gehalt, Ablauf und optischen Qualitäten ausgesucht wurden. Die Kameraeinstellungen sollten abwechseln, aber nicht zu häufig. Der Fluß der Geschichte sollte geglättet werden, darf aber nicht langweilig werden. Dazu ist sowohl Technik wie künstlerisches Talent erforderlich; die Arbeit ist der Überarbeitung eines Prosatextes vergleichbar. Für diese Phase wurde jedem Aufnahmeteam ein professioneller Cutter zugeteilt.

Eine Stunde des fertigen Films setzt sich aus 300 bis 400 kürzeren Ausschnitten aus 600 Einstellungen zusammen. Das ist nur mehr ein Fünfzehntel der Länge des gesamten Filmmaterials. Ein Kapitel dieses Buches, der Prosatext zu einer Stunde des fertigen Films, besteht aus ungefähr 600 bis 700 Sätzen. Eine Einstellung entspricht also zwei bis drei Sätzen. Ein Film setzt sich aus Zeitfragmenten zusammen, die jeweils für sich genausolang dauern wie in Wirklichkeit. Alles Unwesentliche wird, auch wenn es den wirklichen Verlauf der Ereignisse spiegelt, als überflüssig gekürzt.

Ein Film hat noch mehr Elemente. Ein illustriertes Buch besteht aus Bildern und Text, vom Hersteller über die Seiten verteilt; ähnlich kam auch in unserem

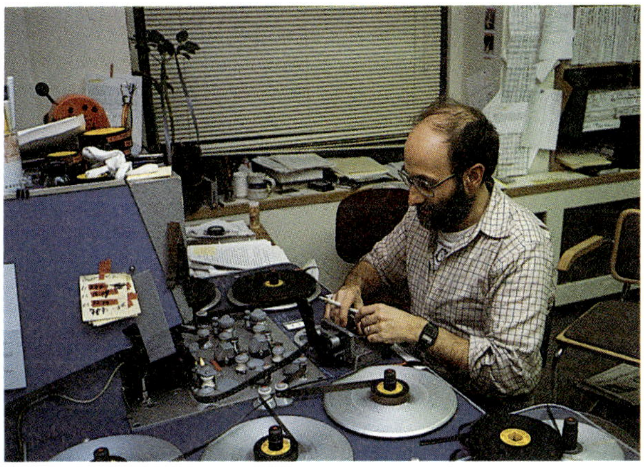

Fall ein weiteres Element dazu, nämlich der Trickfilm, einschließlich der recht komplizierten Videoeinspielungen in Ergänzung zu dem wirklich vorhandenen Bild vor der Kamera. In der Regel wird der Tonspur auch Musik unterlegt. Diese Elemente werden gesondert aufgezeichnet, nicht am Drehort – unser Zeichentrickfilmer war in Long Island –, und erst bei der endgültigen Fertigstellung zusammengebracht.

Am Ende waren die Filme die gemeinschaftliche Arbeit von uns allen. Der Prozeß ist dem Schreiben und Redigieren eines Buches und der Beschaffung und Anordnung der Bilder für dieses Buch vergleichbar. Die vielen technischen Schritte, die zwischen der Herstellung und dem Vertrieb des gedruckten Buches bzw. zwischen dem fertig geschnittenen Film und seiner Verteilung an hundert Sendestationen liegen, sind wichtig, verändern aber den Inhalt nicht mehr. Wenn heute im Vorspann des Films die Namen von Mitarbeitern genannt werden, so hat jeder von ihnen viel zum Gelingen des Films beigetragen.

Wir drucken an dieser Stelle deshalb dankbar die lange Liste unserer Freunde und Mitarbeiter ab, vom Produktionsleiter Michael Ambrosino, dessen Energie, Einfühlungsvermögen und menschliche Wärme in jeder Einstellung zu spüren sind, bis zu den unentbehrlichen und erfahrenen Technikern, von denen hier nicht alle erwähnt werden konnten. Einen Film zu machen ist immer ein Gemeinschaftsunternehmen. Es ist die für unser Jahrhundert charakteristischste Kunstform, auch wenn es in unserem Fall nicht um eine dramatische Handlung, sondern die Darstellung wissenschaftlicher Probleme geht.

The Ring of Truth, eine Produktion der Public Broadcasting Associates, Inc.
Produktionsleitung: Michael Ambrosino
Produktion/Geschäftsführung: Marian White
Produktion/Regie: Sanford Low, Ann Peck, Terry Kay Rockefeller
Ko-Produktion: Sheila Bernard, Melanie Wallace,
Peter Frumkin
Produktionsassistenz/Cutterassistenz: Mark Henderson, Janet Jennings, Bonnie Waltch
Beratung: Elizabeth Cavicchi
Leitung des Produktionsbüros: Ellen Murphy Bailey
Assistenz: Parthiv Shah
Schnitt: Michel Chalufour, Eric Handley, Lawrence Ross

Kamera: Jeri Sopanen, Boyd Estus, Jon Else, Dyanna Taylor
Kameraassistenz: Peter Hawkins, Dick Williams, Roger Haydock, Michael Chin
Ton: Michael Penland, John Haptas, Alex Griswold, John Osborne, John Dildine, Curtis Choy
Trickfilm: Al Jarnow
Musik: Guy Van Duser

Finanziert wurde »The Ring of Truth« zum größten Teil von der Polaroid Corporation aus Anlaß ihres fünfzigjährigen Bestehens. Außerdem waren beteiligt: Corporation for Public Broadcasting, Public Television Stations, National Science Foundation, Carnegie Corporation of New York, Arthur Vining Davis Foundations. Ihnen allen herzlichen Dank.

Chronologie

von Elizabeth Cavicchi

Kapitel 1: Sehen

1425 Filippo Brunelleschi – begründet das zentralperspektivische Projektionsverfahren

1610 Galileo Galilei – entdeckt mit dem Fernrohr die Beschaffenheit der Mondoberfläche, neue Sterne, Jupitermonde und die Phasen der Venus

1687 Isaac Newton – *Principia:* Gesetze der Gravitation und der Bewegung

1800 / 01 Wilhelm Herschel – entdeckt das Infrarot; J. W. Ritter – entdeckt das Ultraviolett

1887 R. J. Petri – Petri-Schale zur Aufzucht von Bakterienkulturen

1887 H. R. Hertz – experimenteller Nachweis elektromagnetischer Wellen

1895 W. C. Röntgen – entdeckt die nach ihm benannten Röntgenstrahlen

1912 V. F. Hess – entdeckt die kosmische Ultrastrahlung

1935 K. G. Jansky – entdeckt die Radiowellen im Weltraum

1969 W. J. Cocke, M. J. Disney, D. J. Taylor – entdekken den ersten blinkenden Pulsar im Crabnebel

1971 B. Julesz – das optische System des Menschen verarbeitet auf Papier aufgezeichnete Diagramme mit willkürlichen Pünktchenmustern zu dreidimensionalen Gebilden

Kapitel 2: Veränderung

1789 Antoine Lavoisier – Gesetz der Erhaltung der Masse; wies durch quantitative chemische Experimente nach, daß Atmung und Verbrennung auf Sauerstoffaufnahme beruhen

1824 Sadi Carnot – bei jeder Bewegung oder chemischen Reaktion wird Wärme erzeugt

1842 / 43 J. R. Mayer, J. P. Joule – Theorie und experimentelle Bestätigung der Äquivalenz von mechanischer Energie und Wärme

1847 H. L. F. von Helmholtz – Theorie über die Erhaltung der Energie

1881 J. K. Starley, J. B. Dunlop – Herstellung des »Rover«-Fahrrads mit direkter Steuerung, zwei gleich großen Rädern und Luftreifen

1899 W. O. Atwater, F. G. Benedict – Nachweis der Erhaltung der Energie im menschlichen Körper

1907 Albert Einstein – $E = mc^2$

1933 K. T. Bainbridge – Äquivalenz von Masse und Energie experimentell verifiziert

1942 Manhattan Project – erste Freisetzung größerer Mengen an Atomenergie

1977 P. MacCready (Pilot: B. Allen) – Flug über den Ärmelkanal mit einer von Menschenkraft betriebenen Maschine

Kapitel 3: Kartographie

240 v. Chr. Eratosthenes – Berechnungen über den Umfang der Erde mittels des Einfallswinkels der Sonne und der Entfernung zwischen zwei Städten

um 1100 Shen Kua, China – verwendet beim Kartographieren den Kompaß

1507 Martin Waldseemüller – auf seiner Karte ist die soeben entdeckte Neue Welt eingetragen

1615 Willibrord Snel – kartographiert mit Polygonzügen

1696 J.-D. Cassini und die Französische Akademie – erste wissenschaftliche Weltkarte

1761 John Harrison – erste präzise tragbare Uhr (Chronometer) zur Bestimmung der geographischen Länge auf See

1784 C. F. Cassini – erste Karte eines ganzen Landes, die auf polygonalen Vermessungen beruht

1920-1930 V. Kauffman, T. Abrams, S. M. Fairchild u. a. – verwenden Luftaufnahmen zur Erstellung von Karten

1924 L. Mintrop – seismische Karten

1963 H. H. Schmid (U. S. Army) – Kartographie mittels künstlicher Satelliten

1967 NASA Lunar Orbiters, ATS-3 (Farbe) – erste Photos der Erde aus dem Weltraum

Kapitel 4: Fingerzeige

vor 70 Millionen Jahren – die Dinosaurier sterben aus

vor 55 Millionen Jahren – Lava- und Ascheströme der Vulkane von Yellowstone begraben die Wälder von Specimen Ridge

vor 5 Millionen Jahren – das Mittelmeer trocknet aus

vor 1,5 Millionen Jahren – erste Hominiden in Afrika

1849 M. J. Usiglio – chemische Analyse der Rückstände von verdunstetem Meerwasser

1878 W. H. Holmes – beschreibt die versteinerten Wälder von Yellowstone

1950 ff. USA, UdSSR, Venezuela – Beginn der wissenschaftlichen Off-shore-Bohrungen

1970 K. Hsü, W. Ryan, M. Cita u. a. – entdecken mit der *Glomar Challenger,* daß das Mittelmeer einmal eine Wüste war

1977 B. Heezen, M. Tharp – Vervollständigung der Panoramakarte der Weltmeere

1980 Ausbruch des Mount Saint Helens

Kapitel 5: Atome

4000 v. Chr. Ägypten – Verarbeitung von Gold, Silber, Blei, Kupfer und Glas

400 v. Chr. Demokrit – Begründer der Atomistik

1807 John Dalton – Materie besteht aus unterschiedlichen Atomen, alle gleichartigen Atome haben das gleiche Gewicht, Atome verbinden sich in ganzzahligen Verhältnissen

1814 Joseph von Fraunhofer – erstes Spektroskop, erste Auflösung der Linien des Sonnenspektrums

1869 D. I. Mendelejew, J. L. Meyer – periodisches System der Elemente

1898 Marie und Pierre Curie – Entdeckung des radioaktiven Poloniums und Radiums

1908 C. G. Barkla – Entdeckung der Röntgenspektren der Atome

1911 Ernest Rutherford – Entdeckung des Atomkerns

1913 Niels Bohr – erstes Quantenmodell des Atoms

1913 J. Franck und G. Hertz – experimentelle Bestätigung von Bohrs Theorie

1919 Ernest Rutherford – erster Nachweis einer Kernreaktion

1925 / 26 W. Heisenberg, E. Schroedinger – Entwicklung der Quantenmechanik

1980 H. Dehmelt, M. Hohenstatt, W. Neuhauser, P. Toschek – Isolierung eines einzelnen Atoms in einer Laserfalle

Kapitel 6: Gewißheit und Zweifel

1687 Isaac Newton – Gesetze der Gravitation und Bewegung

1755 Immanuel Kant – die hellen Spiralflecken, die man im Fernrohr sieht, sind Galaxien

1827 Félix Savary – erste quantitative Anwendung der Newtonschen Gravitationsgesetze auf Doppelsterne jenseits des Sonnensystems

1842 C. J. Doppler – die relative Geschwindigkeit eines Objekts kann aus der Frequenz der emittierten Lichtwellen abgelesen werden

1859 G. R. Kirchhoff – jedes Element hat ein charakteristisches Spektrum

1876 W. Huggins – erste Photographien des Himmels

1924 Cecilia Payne – alle Sterne bestehen im wesentlichen aus derselben Materie

1926 E. Hubble – Schätzung der Massedichte des Universums (der sichtbaren Galaxien)

1958 J. H. Oort, F. J. Kerr, G. Westerhout – erklären aus der Verschiebung der Wasserstofflinie die Spiralstruktur der Milchstraße

1978 Vera Rubin, Kent Ford u. a. – die Rotationsgeschwindigkeit der Galaxien ist, gemessen an der Masse der sichtbaren Sterne, zu hoch

Literaturhinweise

von Elizabeth Cavicchi

Kapitel 1: Sehen

Allgemein zum Thema:

Album of Science: From Leonardo to Lavoisier, 1450-1800, I. Bernhard Cohen. Charles Scribner's Sons, 1980. Die Erfindungen und Bilder, welche die Wissenschaft revolutionierten, sind in zahlreichen Holzschnitten und Stichen nach den Originalquellen anschaulich dargestellt.
Discoveries and Opinions of Galileo, ins Englische übersetzt von Stillman Drake. Doubleday, 1975. Galileis eigener Bericht über die Entdeckungen, die er mit dem Fernrohr machte; mit historischem Hintergrund.
How to Make a Telescope, Jean Texereau, ins Englische übersetzt von Allen Stickler. Willmann-Bell, Richmond, Virginia, 1984. Detaillierte Anleitung zum Bau eines Fernrohrs.
The Mind's Eye, Aufsätze aus *Scientific American,* mit einer Einführung von Jeremy Wolfe. W. H. Freeman, 1986. Zwölf Aufsätze über unsere Art zu sehen, die Verarbeitung des Gesehenen im Gehirn und über optische Täuschungen, die uns die Arbeitsweise von Auge und Gehirn verdeutlichen.
The Birth of a New Physics, I. Bernhard Cohen. W. W. Norton, 1985. Wie die Vorstellung, daß die Sonne um die Erde kreist, als falsch entlarvt wurde.
Processo a Galilei, Giorgio de Santillana. Mailand, Mandadori, 1960. Hintergrundinformationen zu Galileis Verurteilung durch die Inquisition.
Wahrnehmung. Vom visuellen Reiz zum Sehen und Erkennen, Irvin Rock, Übers. Jürgen Martin und Ingrid Horn. Spektrum der Wissenschaft, 1985. Wie wir Bewegung und Räumlichkeit wahrnehmen.
Zehn hoch. Dimensionen zwischen Quarks und Galaxien, Philip Morrison, Phylis Morrison u. a., Übers. Peter Herbst. Spektrum der Wissenschaft, 1987. Eine Reise, die mit einem Picknick beginnt und in Welten von immer kleineren und größeren Dimensionen vorstößt.
Scientific Instruments, Harriet Wynter und Anthony Turner. Charles Scribner's Sons, 1975. Die vor dem zwanzigsten Jahrhundert gebräuchlichen, handgefertigten Instrumente werden in Text und Bild beschrieben.
A Short History of Scientific Ideas to 1900, Charles Singer. Clarendon Press, 1959. Ein historischer Überblick über wissenschaftliche Ideen.

Spezieller:

Invention of the Telescope, Albert van Helden. American Philosophical Society, 1977. Galileis Fernrohr und sein holländischer Vorläufer; mit Dokumenten.
Galileo at Work: His Scientific Biography, Stillman Drake. University of Chicago Press, 1978. Eine Biographie Galileis von einem der besten Galileiforscher.
The Senses, H. B. Barlow und J. D. Mollen. Cambridge University Press, 1982. Die Funktionsweise unserer Sinnesorgane, mit denen wir die Welt wahrnehmen.
»Das Weltraumteleskop«, John N. Bahcall und Lyman Spitzer jr., in *Spektrum der Wissenschaft,* September 1982, S. 24-36. Pläne für ein Teleskop im All. Siehe auch *Sky and Telescope,* Februar 1987, S. 146, über den neuesten Versuch.

Kapitel 2: Veränderung

Allgemein zum Thema:

Bicycling Science, von Frank R. Whitt und David Gordon Wilson. MIT Press, 1977. Der menschliche Körper und die Mechanik des Fahrrads werden beschrieben.
Breakaway: On the Road with the Tour de France, von Samuel Abt. Random House, 1985. Ein Bericht über die Tour de France von 1984.
Introductory Nutrition, 5. Auflage, Helen A. Guthrie. C. V. Mosby, 1983. Die Nahrung und ihre Bedeutung für den menschlichen Stoffwechsel; Mangelkrankheiten. Enthält eine Kalorientabelle der gebräuchlichen Nahrungsmittel.
PSSC Physics, 6. Auflage, D. C. Heath, 1986. Ein Lehrbuch der klassischen Physik für die höheren Klassen.
»Die Aerodynamik von Muskelkraft-Fahrzeugen«, Albert C. Gross, Chester R. Kyle und Douglas J. Malewicki, in *Spektrum der Wissenschaft,* Februar 1984, S. 68-77. Behandelt die Rolle der Stromlinienform und ihren Einfluß auf die Geschwindigkeit beim Radsport.
Space and Time in Special Relativity, N. David Mermin. McGraw-Hill, 1968. Die aufsehenerregenden Aussagen von Einsteins Relativitätstheorie, einschließlich der Formel zur Äquivalenz von Masse und Energie, sind mit hilfreichen Schaubildern erläutert.

Spezieller:

Raffiniert ist der Herrgott ... Albert Einstein. Eine wissenschaftliche Biographie, Abraham Pais, Übers. Roman U. Sexl, Helmut Kühnelt, Ernst Streernwitz. Vieweg, 1986.
»Energy and Exercise«, Henry A. Bent, in *Journal of Chemical Education,* Bd. 55 (1978), S. 456, 526, 586, 659, 726, 796. Auf humorvolle Weise wird der Energieverbrauch des Körpers behandelt.
Cycling Physiology for the Serious Cyclist, Irvin E. Farla, Charles C. Thomas, Springfield, Illinois, 1978. Für Trainer und Athleten werden Probleme der Atmung, der Ernährung, der Flüssigkeitsaufnahme, des Hitzeverlustes und des Energieverbrauchs behandelt.

Kapitel 3: Kartographie

Allgemein zum Thema:

The Mapmakers, John Noble Wilford. Alfred A. Knopf, 1981. Die Geschichte der Kartographie von Eratosthenes bis zur Mariner-Mission zum Mars.
Mapping, David Greenhood, illustriert von Ralph Graeter. University of Chicago Press, 1964. Ein praktischer Ratgeber, wie man mit Karten und Übersichtskarten arbeitet.
*Road Atlas,*Rand McNally, 1986. Ein brauchbarer Straßenatlas.
Jefferson's Monticello, William Howard Adams. Abbeville Press, 1983. Die architektonischen und persönlichen Ideale, die den Entwurf von Thomas Jeffersons Landsitz prägen. Mit schönen Zeichnungen und Farbphotographien.
The Life of Benjamin Banneker, Silvio A. Bedini. Charles Scribner's Sons, 1972. Biographie des schwarzen autodidaktischen Astronomen, der Ellicott bei der Vermessung von Washington, D. C., assistierte, mit zeitgenössischen Dokumenten. Siehe auch Bedinis *Tinkers and Thinkers* zu amerikanischen Erfindungen im wissenschaftlichen Instrumentenbau.
Sky and Telescope, Sky Publishing Corp., 49 Bay State Rd., Cambridge, Mass., 02239-1290. Verständlich geschriebene Artikel über die gegenwärtige Astronomie, mit monatlichen Karten der Positionen der Sterne und Planeten.
The Astronomical Companion, Guy Ottewell, Department of Physics, Furman University, Greenville, S. C., 29613, 1979. Große, verständliche Schaubilder zu Sternzeit, Verfinsterungen und anderen astronomischen Zyklen.
Jean Dominique Cassini and His World Map of 1696, Lloyd-A. Brown. University of Michigan Press, 1941. Die Geschichte von Cassinis Weltkarte und seinen verbesserten kartographischen Methoden.
Visual Display of Quantitative Information, Edward R. Tufte. Graphics Press, Cheshire, Conn., 1983. Ein Handbuch der graphischen Darstellung; auf klare und effektive Weise wird beschrieben, wie man Zahlenmaterial graphisch darstellen kann.

Spezieller:

»Who Discovered Mount Everest?« von Parke A. Dickey, in *Eos,* Bd. 66, Nr. 41 (8. Oktober 1985), S. 698-700. Geschichte der Landvermesser, die den Mount Everest als höchsten Berg der Welt bestimmten.
Elements of Cartography, 5. Auflage, A. R. Robinson, R. D. Sale, J. L. Morrison und P. C. Muehrcke. John Wiley & Sons, 1984. Geschichte und Praxis der Kartographie.
Scientific Instruments of the Seventeenth and Eighteenth Centuries, hg. und übers. von Maurice Daumas und B. T. Batsford. Praeger, 1972. Beschrieben wird die Geschichte der wissenschaftlichen Instrumente.
»Global Positioning System: Refined Processing for Better Accuracy«, Javad Ashjaee, in *Sea Technology,* März 1986, S. 22. Signale erdumkreisender Satelliten bestimmen die geographischen Positionen. Siehe dazu auch die Oktober-Ausgabe von *Proceedings of the IEEE* für eine ausführliche Diskussion.

Kapitel 4: Fingerzeige

Allgemein zum Thema:

Das Mittelmeer war eine Wüste. Auf Forschungsreise mit der »Glomar Challenger«, von Kenneth J. Hsü. Princeton University Press, 1983. Ein lebhafter Bericht über die Diskussionen und die harte Arbeit an Bord, die in einer unerwarteten Entdeckung gipfelten.
Geology Illustrated, von John S. Skelton. W. H. Freeman, 1966. Luftbilder zeigen die Auswirkungen von Wind, Wasser, Eis und Vulkanausbrüchen im Gelände.
Landprints: On the Magnificent American Landscape, Walter Sullivan. Times Books, 1984. Luftbilder von Landschaften, deren geologische Besonderheiten erklärt werden.

Roadside Geology of the Yellowstone County, William J. Fritz. Roadside Geology Series, Mountain Press Publishing Company, Missoula, Mont., 1985. Ein Überblick über die Vulkane, Gletscher und versteinerten Wälder bildet das Vorwort zu einem Dutzend Vorschlägen für Autotouren.

The Voyage of the »Challenger«, Eric Linklater. Doubleday, 1972. Die abenteuerliche Forschungsreise der *Challenger* im neunzehnten Jahrhundert durch die Weltmeere, mit schönen zeitgenössischen Illustrationen.

Minerals, Lands, and Geology for the Common Defence and General Welfare, Bd. 1, *Before 1879,* Mary C. Rabbitt. United States Government Printing Office, 1979. Die geologische Erforschung der zerklüfteten und mineralreichen Territorien des Wilden Westens und die daraus resultierende Politik im Osten.

Spezieller:

»The Petrified Forests of Yellowstone Park«, Erling Dorf, in *Scientific American,* April 1964, S. 107. Die versteinerten Überreste von über zwanzig übereinanderliegenden Schichten der alten Wälder werden datiert und beschrieben.

Report of Scientific Results of the HMS »Challenger«, C. W. Thomson und J. Murray. Johnson Reprint Co., 1895/1965. Dreißig Bände, in denen über die wissenschaftlichen Ergebnisse der Forschungsreise berichtet wird.

»History of the Mediterranean salinity crisis«, K. J. Hsü et al., in *Nature,* Bd. 267 (1977), S. 399. In Bohrkernen aus dem Untergrund des Meeresbodens fand man Hinweise darauf, daß das Mittelmeer früher einmal ausgetrocknet war. Siehe auch *Scientific American,* Dezember 1972, S. 26.

Initial Reports of the Deep Sea Drilling Project, University of California, Scripps Institute of Oceanography, über 80 Bände, 1969-1983. Die Ergebnisse der Forschungsreisen der *Glomar Challenger* und ihre Bedeutung für die Geologie. In Bd. 13, Teil 2 und in Bd. 42 wird über die Bohrung im Mittelmeer berichtet.

Kapitel 5: Atome

Allgemein zum Thema:

Descriptive Chemistry, Donald A. McQuarrie und Peter A. Rock. W. H. Freemann, 1985. Eigenschaften chemischer Elemente in reiner Form wie in Verbindungen werden durch Beispiele, Hinweise und anschauliche Photographien erläutert.

A Search for Structure: Selected Essays on Science, Art and History, Cyril Stanley Smith. MIT Press, 1981. Ein Metallurge und Historiker berichtet über seine lebenslangen Studien zum Zusammenspiel von Handwerk, Kunst und Material.

Crystals and Crystal Growing, Alan Holden und Phylis Morrison. MIT Press, 1982. Ein Bericht über die Erforschung von Kristallstrukturen, mit Anleitungen, wie man selbst einen Kristall erzeugen kann.

Natur im Schaffen: Erkenntnisse der modernen Naturwissenschaft, Übers. Getrude F. Weisskopf. Ullstein, 1980. Naturwissenschaftliche Erkenntnisse, vom atomaren Quantensprung bis zu den Theorien über den Ursprung des Lebens, werden anschaulich und klar vorgestellt.

Spezieller:

Discovery of the Elements, Mary Elvira Weeks und Henry M. Leicester. *Journal of Chemical Education,* Easton, Pa., 1968. Ein zum Teil anekdotischer Bericht über die Entdekkung der chemischen Elemente.

The Cambridge Guide to the Material World, Rodney Cotterill. Cambridge University Press, 1985. Die Vielfalt unserer Welt wird als direkte Folge des atomaren Verhaltens beschrieben.

Niels Bohr: A Centenary Volume, A. P. French und P. J. Kennedy. Harvard University Press, 1985. Zwei Schüler Bohrs berichten über die Arbeit, die Ideale und das Leben des Schöpfers der Quantentheorie.

Nobel Lectures in Physics, 1922-1941, Nobel Foundation, Elsevier, 1965. Abgedruckt sind auch die Nobelpreisreden von Franck und Hertz von 1925.

»Kühlen und Einfangen von Atomen«, William D. Phillips und Harold J. Metcalf, in *Spektrum der Wissenschaft,* Mai 1987, S. 64-71. Ein Bericht über die Methode, ein Atom in einer Falle einzufangen, um sein Verhalten studieren zu können.

Kapitel 6: Gewißheit und Zweifel

Allgemein zum Thema:

Cecilia Payne-Gaposchkin: An Autobiography and Other Recollections, hg. von Katherine Haramundanis. Cambridge University Press, 1984. In ihrer Biographie erzählt Cecilia Payne über die Verwirklichung ihres frühen Wunsches, Wissenschaftlerin zu werden, und über ihre schweren, aber erfolgreichen Jahre in Harvard.
Die Neue Astronomie, Nigel Henbest und Michael Marten, wiss. Beratung B. v. Koch, Übers. Tony Westermayr. Birkhäuser, 1984. Ein Bericht über die neuen Erkenntnisse über das Universum, die man durch Licht in Wellenlängen von langwelligen Radiostrahlen bis zu kurzwelligen Röntgenstrahlen erhalten hat. Mit Illustrationen.
Astronomy: The Cosmic Journey, William K. Hartmann. Wadsworth, 1982. Eine Einführung in die Welten jenseits unserer sichtbaren Welt: das Sonnensystem, die Sterne, die Galaxien.
The Lighter Side of Gravity, Jayant V. Narlikar. W. H. Freeman, 1982. Bekannte und weniger bekannte Aspekte der Gravitation.
»Dunkle Materie in Spiralgalaxien«, Vera Rubin, in *Spektrum der Wissenschaft,* August 1983, S. 68-81. Messungen in weiter Entfernung vom Zentrum der Galaxien haben ergeben, daß die Rotationsgeschwindigkeit viel höher ist als erwartet. Möglicherweise bewirkt nicht sichtbare Materie den Anstieg der Geschwindigkeit.

Spezieller:

A Source Book in Astronomy and Astrophysics, 1900-75, hg. von Kenneth R. Lang und Owen Gingerich. Harvard University Press, 1979. Die modernen Erkenntnisse, die das Weltbild der Astronomie veränderten, sind in Auszügen wiedergegeben, einschließlich der Arbeiten Paynes und der späteren Bestätigung ihrer Resultate.
The Analysis of Starlight: One Hundred and Fifty Years of Astronomical Spectroscopy, J. B. Hearnshaw. Cambridge University Press, 1986. Ein Bericht über Geschichte, Zielsetzung und Methoden der Sternenspektroskopie.
Stellar Atmospheres, Cecilia H. Payne. Harvard Observatory, 1925. Paynes außerordentliche Dissertation, in der sie von den Spektren der Sterne auf die Temperaturen und die chemische Zusammensetzung der Sterne schließt.
»Quantum Physics and the Stars I and II«, David H. De Vorkin und Ralph Kenat, in *Journal of the History of Astronomy,* Bd. 14 (1983), S. 102 und 180. Das historische Umfeld der astrophysikalischen Probleme, denen Payne und Russell gegenüberstanden.
Mehrere Enzyklopädien, die auch einfach zum Schmökern gut geeignet sind, vermitteln eine Fülle von Fakten. Besonders für Studenten sind sie nützlich; man findet sie in Bibliotheken, sie sind aber auch eine zwar teure, doch lohnende Anschaffung für die häusliche Bibliothek.
Joseph Needham u. a., *Science and Civilization in China,* Cambridge 1954ff Ein Dutzend dicker Bücher, von denen einige erst noch erscheinen werden. Jeder Band ist ein in sich geschlossenes Buch. Eine einzigartige Darstellung der Geschichte der Wissenschaft und Technik in China, die vor allem dadurch immer wieder angenehm überrascht, daß sie für viele Themen zum Vergleich einen knappen, aber gehaltvollen Überblick über Ereignisse und Vorstellungen in Europa und anderswo gibt. Ein deutscher Auszug erschien unter dem Titel *Wissenschaft und Zivilisation in China,* Übers. Rainer Herbster, Suhrkamp 1984.
Charles Singer, E. J. Holmyard und A. R. Hall, *A History of Technology,* in fünf Bänden chronologisch geordnet, Oxford, 1954. Zwar nicht mehr der neueste Stand, doch sind die Artikel gehaltvoll und komprimiert und so ausgezeichnet illustriert, daß das Werk immer noch eine Hauptquelle für die Zeit von der Entdeckung des Feuers bis zum neunzehnten Jahrhundert ist.
Concise Dictionary of Scientific Biography, New York 1981. Dieser gewichtige Band enthält ungefähr 5000 Kurzbiographien von Wissenschaftlern und Technikern aller Zeiten und Länder. Nicht illustriert. Ersetzt den Vorgänger mit sechzehn Bänden, den C. C. Gillispie herausgeben hat.

REGISTER

(Schrägstehende Ziffern verweisen auf Abbildungen)